PROJECTE
SABER
FER

# Física i Química

SÈRIE **INVESTIGA**

El llibre Física i química, per a 3r d'ESO, és una obra col·lectiva concebuda, dissenyada i creada al Departament d'Edicions Educatives de Grup Promotor / Santillana Educación, SL, dirigit per **Teresa Grence Ruiz** i **Pere Macià Arqué**.

En la realització han intervingut:
**Mª Carmen Vidal Fernández**
**David Sánchez Gómez**
**José Luis de Luis García**
**Colo Gómez Arozamena**
**Magda Belsa Hernández**

EDICIÓ EXECUTIVA
**David Sánchez Gómez**

DIRECCIÓ DEL PROJECTE
**Antonio Brandi Fernández**

Les activitats d'aquest llibre no s'han de fer mai al llibre mateix. Les taules, els esquemes i altres recursos que s'hi inclouen són models perquè l'alumnat els traslladi a la llibreta.



ESO 3

SANTILLANA
GRUP PROMOTOR

## Índex

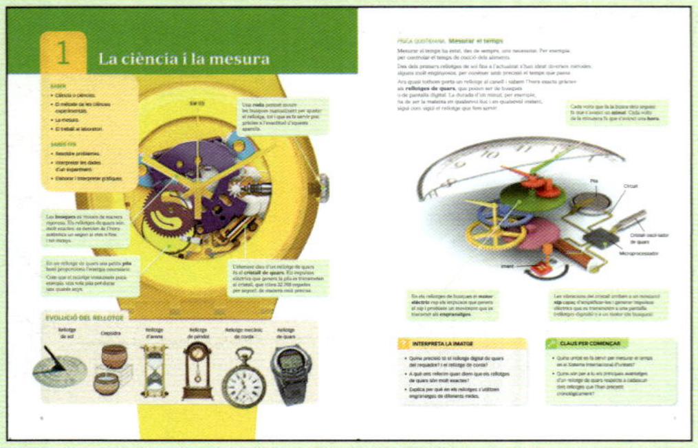
1 La ciència i la mesura



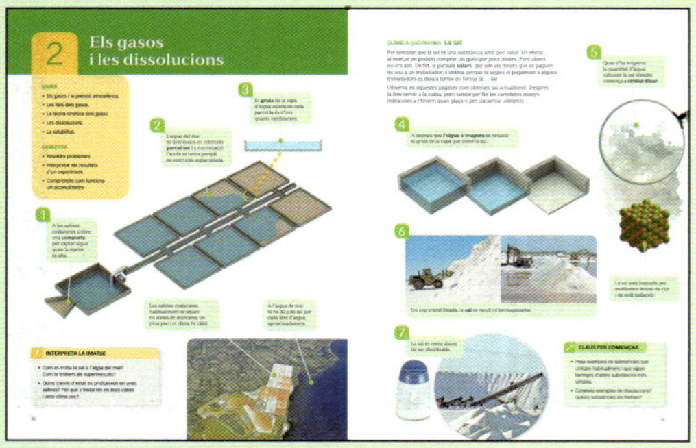
2 Els gasos i les dissolucions

3 L'àtom



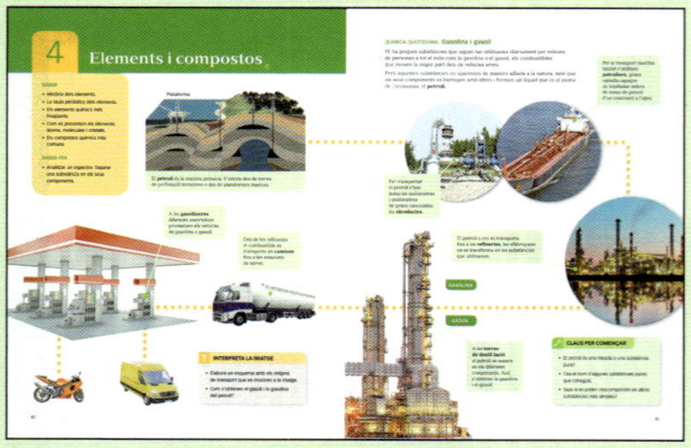
4 Elements i compostos



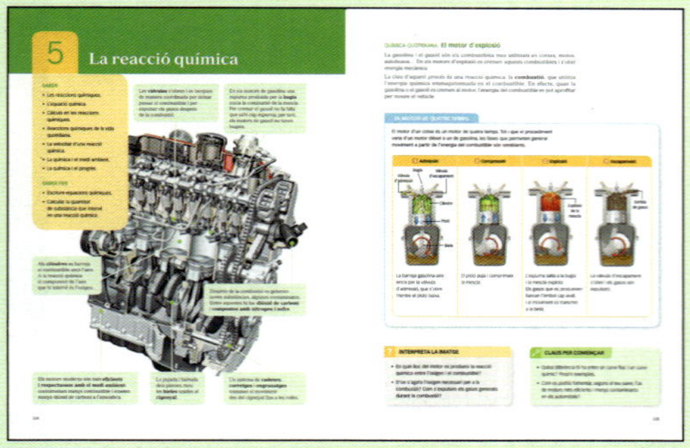
5 La reacció química

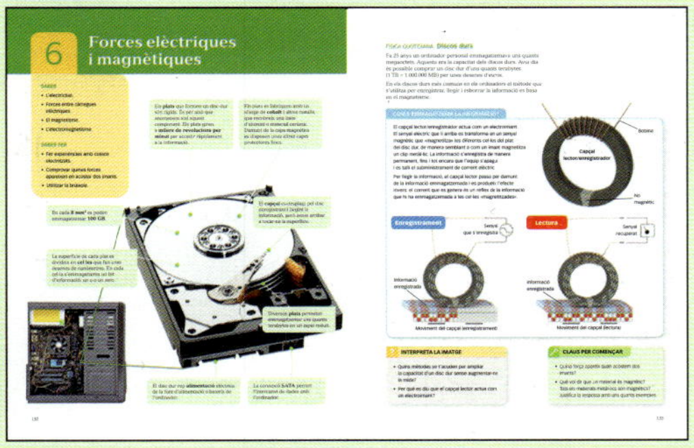
6
Forces elèctriques i magnètiques

7
Electricitat i electrònica



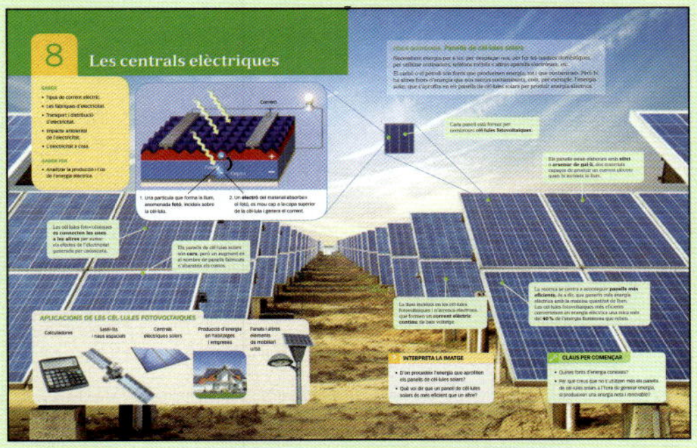
8
Les centrals elèctriques

ANNEXOS

# Esquema de les unitats

## Doble pàgina d'introducció a la unitat

**Continguts de la unitat.** S'hi inclou teoria (SABER) i tècniques o procediments (SABER FER).

**Il·lustració.** La doble pàgina presenta de manera gràfica una aplicació dels continguts de la unitat, que utilitzem molt sovint.

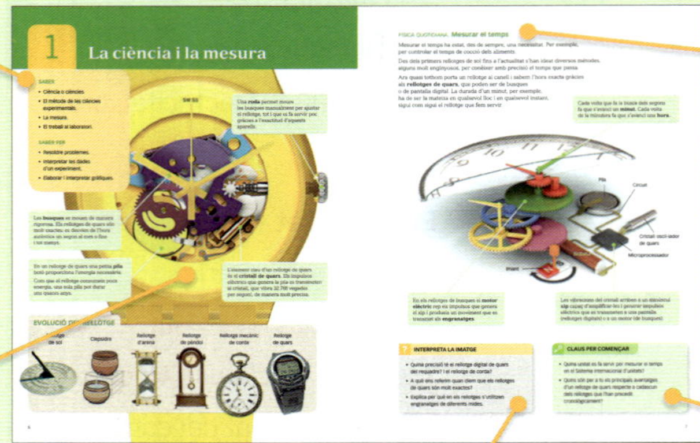


**Física o química quotidiana.** La introducció a cada unitat es presenta a partir d'una pregunta.

**Claus per començar.** Una o diverses activitats activen els conceptes previs dels alumnes relacionats amb la unitat.

**Interpreta la imatge.** Diverses activitats serveixen per consolidar els continguts que es presenten gràficament.

## Pàgines de desenvolupament dels continguts

**Repàs inicial.** Abans d'abordar els continguts de cada unitat s'inclou un repàs de continguts de matemàtiques, física o química, essencial per estudiar-la amb garanties.

**Exemples resolts.** Al llarg de tota la unitat s'inclouen nombrosos exemples resolts, numèrics o no, que ajudaran a resoldre els problemes que es proposen.

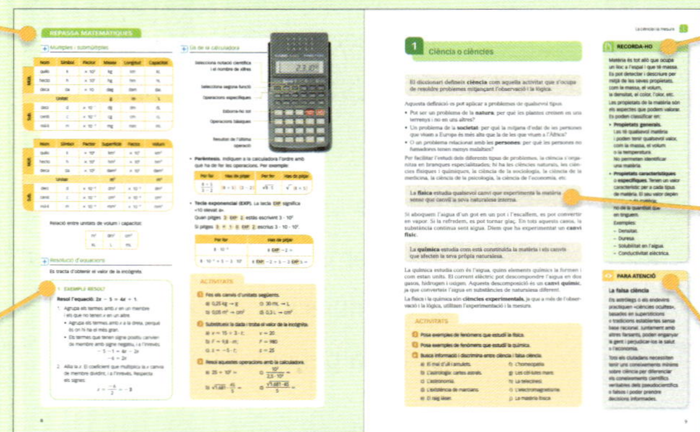

**Recorda-ho.** Aquí s'hi inclouen continguts d'altres cursos o estudiats en unitats anteriors.

**Destacats.** Els continguts i definicions essencials apareixen destacats amb un fons de color.

**Para atenció.** Requadre amb continguts essencials per estudiar la unitat.

**Saber-ne més.** S'hi inclouen continguts especialment rellevants, que no són essencials per al desenvolupament de la unitat.

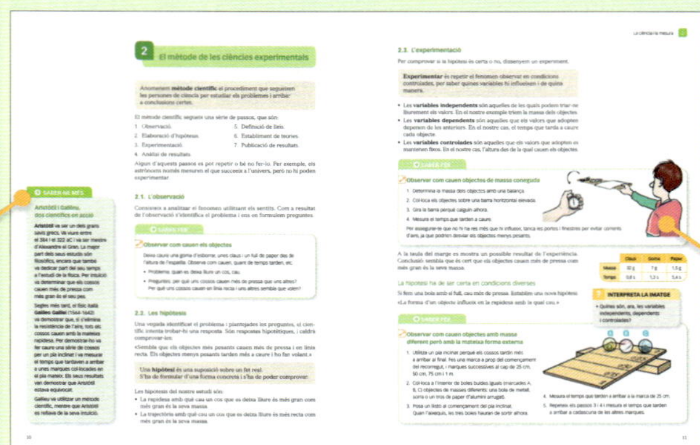

**Saber fer.** Mostra procediments senzills que cal dominar per assimilar els continguts de cada unitat.

## Pàgines amb activitats finals

**Repassa l'essencial.** Recull activitats que consolidaran els continguts essencials de cada unitat.

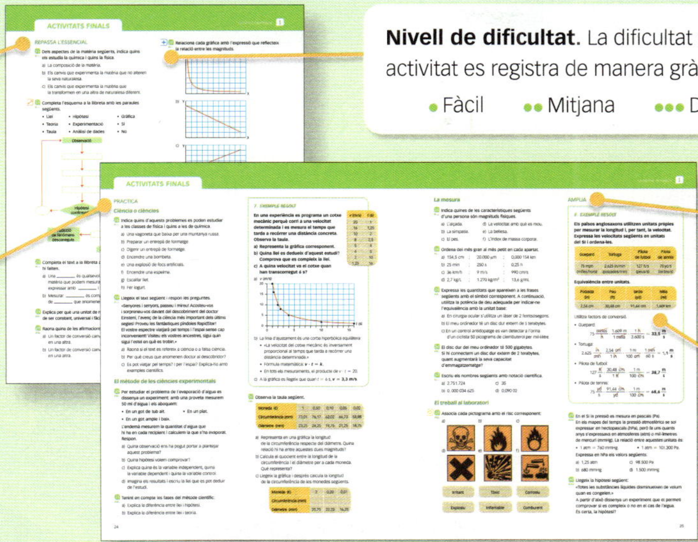

**Nivell de dificultat.** La dificultat de cada activitat es registra de manera gràfica:

● Fàcil ●● Mitjana ●●● Difícil

**Practica.** S'hi inclouen qüestions teòriques i problemes numèrics dels diferents apartats de la unitat.

**Amplia.** Aquí s'ofereixen activitats que presenten un nivell més alt de dificultat o bé d'ampliació de la unitat.

**Exemples resolts.** A les activitats també s'inclouen exemples resolts just abans d'abordar alguns problemes.

## Treball de les competències

**Competència en el coneixement i la interacció amb el món físic.** Inclou treball específic de les competències.

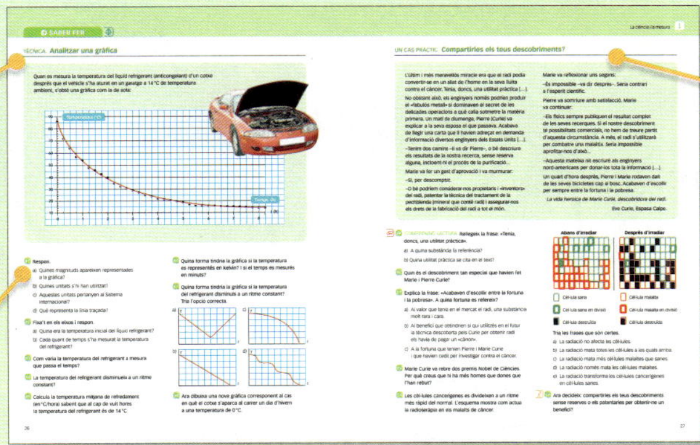

**Un cas pràctic.** Aquesta pàgina conté un o diversos documents i activitats de treball que fomenten la reflexió de l'alumne, que ha d'interrelacionar els continguts de la unitat amb les seves opinions pròpies.

Després de presentar informació amb estructura diversa (text, taules, gràfics…) s'inclouen activitats sobre la informació presentada.

### Competències

Al llarg del llibre, diferents icones assenyalen i identifiquen la competència concreta que es treballa en cada activitat o apartat.

- Competència comunicativa, lingüística i audiovisual
- Competència en el coneixement i la interacció amb el món físic
- Competència artística i cultural
- Competència matemàtica
- Competència social i ciutadana
- Competència digital
- Competència d'aprendre a aprendre
- Competència d'autonomia, iniciativa personal i emprenedoria

## INVESTIGA: Experiència de laboratori

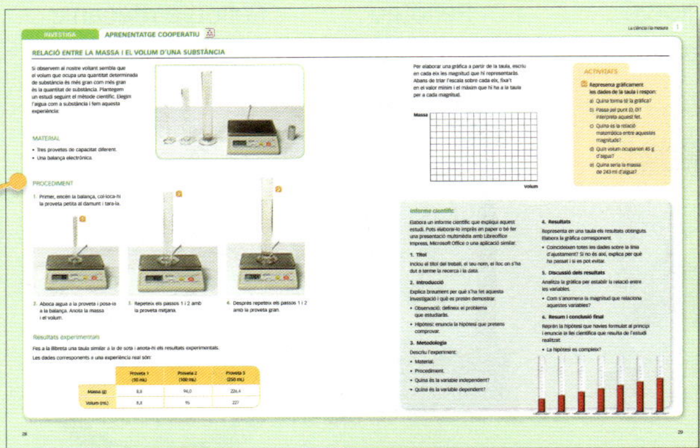

Pas a pas, amb il·lustracions, s'aplica el contingut après a la unitat.

# 1 La ciència i la mesura

**SABER**

- Ciència o ciències.
- El mètode de les ciències experimentals.
- La mesura.
- El treball al laboratori.

**SABER FER**

- Resoldre problemes.
- Interpretar les dades d'un experiment.
- Elaborar i interpretar gràfiques.

Una **roda** permet moure les busques manualment per ajustar el rellotge, tot i que es fa servir poc gràcies a l'exactitud d'aquests aparells.

Les **busques** es mouen de manera rigorosa. Els rellotges de quars són molt exactes: es desvien de l'hora autèntica un segon al mes o fins i tot menys.

En un rellotge de quars una petita **pila** botó proporciona l'energia necessària.

Com que el rellotge consumeix poca energia, una sola pila pot durar uns quants anys.

L'element clau d'un rellotge de quars és el **cristall de quars**. Els impulsos elèctrics que genera la pila es transmeten al cristall, que vibra 32.768 vegades per segon!, de manera molt precisa.

## EVOLUCIÓ DEL RELLOTGE

Rellotge de sol

Clepsidra

Rellotge d'arena

Rellotge de pèndol

Rellotge mecànic de corda

Rellotge de quars

## FÍSICA QUOTIDIANA. **Mesurar el temps**

Mesurar el temps ha estat, des de sempre, una necessitat. Per exemple, per controlar el temps de cocció dels aliments.

Des dels primers rellotges de sol fins a l'actualitat s'han ideat diversos mètodes, alguns molt enginyosos, per conèixer amb precisió el temps que passa.

Ara quasi tothom porta un rellotge al canell i sabem l'hora exacta gràcies als **rellotges de quars**, que poden ser de busques o de pantalla digital. La durada d'un minut, per exemple, ha de ser la mateixa en qualsevol lloc i en qualsevol instant, sigui com sigui el rellotge que fem servir.

Cada volta que fa la busca dels segons fa que s'avanci un **minut**. Cada volta de la minutera fa que s'avanci una **hora**.

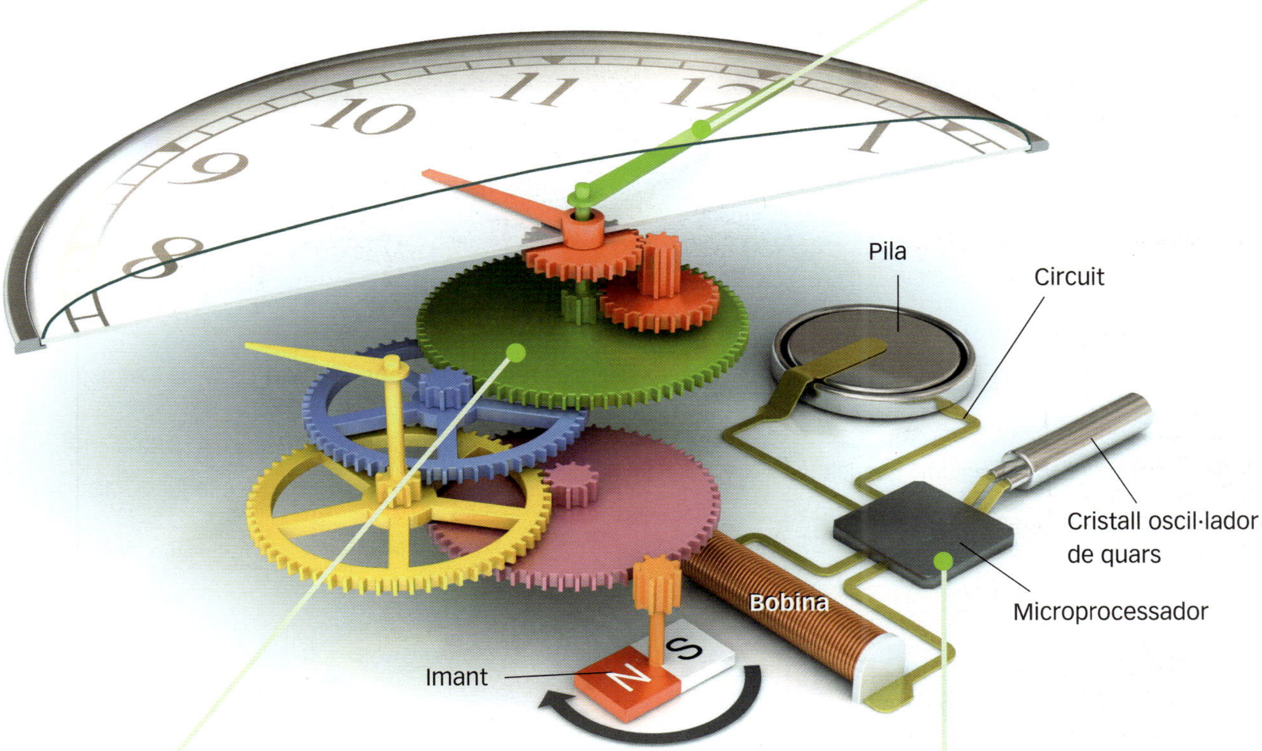


En els rellotges de busques el **motor elèctric** rep els impulsos que genera el xip i produeix un moviment que es transmet als **engranatges**.

Les vibracions del cristall arriben a un minúscul **xip** capaç d'amplificar-les i generar impulsos elèctrics que es transmeten a una pantalla (rellotges digitals) o a un motor (de busques).

### ? INTERPRETA LA IMATGE

- Quina precisió té el rellotge digital de quars del requadre? I el rellotge de corda?
- A què ens referim quan diem que els rellotges de quars són molt exactes?
- Explica per què en els rellotges s'utilitzen engranatges de diferents mides.

### CLAUS PER COMENÇAR

- Quina unitat es fa servir per mesurar el temps en el Sistema Internacional d'unitats?
- Quins són per a tu els principals avantatges d'un rellotge de quars respecte a cadascun dels rellotges que l'han precedit cronològicament?

## REPASSA MATEMÀTIQUES

### + Múltiples i submúltiples

| | Nom | Símbol | Factor | Massa | Longitud | Capacitat |
|---|---|---|---|---|---|---|
| Múlt. | quilo | k | $\times 10^3$ | kg | km | kL |
| | hecto | h | $\times 10^2$ | hg | hm | hL |
| | deca | da | $\times 10$ | dag | dam | daL |
| | Unitat | | | g | m | L |
| Sub. | deci | d | $\times 10^{-1}$ | dg | dm | dL |
| | centi | c | $\times 10^{-2}$ | cg | cm | cL |
| | mil·li | m | $\times 10^{-3}$ | mg | mm | mL |

| | Nom | Símbol | Factor | Superfície | Factor | Volum |
|---|---|---|---|---|---|---|
| Múlt. | quilo | k | $\times 10^6$ | $km^2$ | $\times 10^9$ | $km^3$ |
| | hecto | h | $\times 10^4$ | $hm^2$ | $\times 10^6$ | $hm^3$ |
| | deca | da | $\times 10^2$ | $dam^2$ | $\times 10^3$ | $dam^3$ |
| | Unitat | | | $m^2$ | | $m^3$ |
| Sub. | deci | d | $\times 10^{-2}$ | $dm^2$ | $\times 10^{-3}$ | $dm^3$ |
| | centi | c | $\times 10^{-4}$ | $cm^2$ | $\times 10^{-6}$ | $cm^3$ |
| | mil·li | m | $\times 10^{-6}$ | $mm^2$ | $\times 10^{-9}$ | $mm^3$ |

Relació entre unitats de volum i capacitat:

| $m^3$ | $dm^3$ | $cm^3$ |
|---|---|---|
| kL | L | mL |

### + Resolució d'equacions

Es tracta d'obtenir el valor de la incògnita.

**1. EXEMPLE RESOLT**

**Resol l'equació: $2x - 5 = 4x + 1$.**

1. Agrupa els termes amb $x$ en un membre i els que no tenen $x$ en un altre.
   - Agrupa els termes amb $x$ a la dreta, perquè és on hi ha el més gran.
   - Els termes que tenen signe positiu canvien de membre amb signe negatiu, i a l'inrevés.

$$-5 - 1 = 4x - 2x$$
$$-6 = 2x$$

2. Aïlla la $x$. El coeficient que multiplica la $x$ canvia de membre dividint, i a l'inrevés. Respecta els signes:

$$x = \frac{-6}{2} = -\mathbf{3}$$

### + Ús de la calculadora

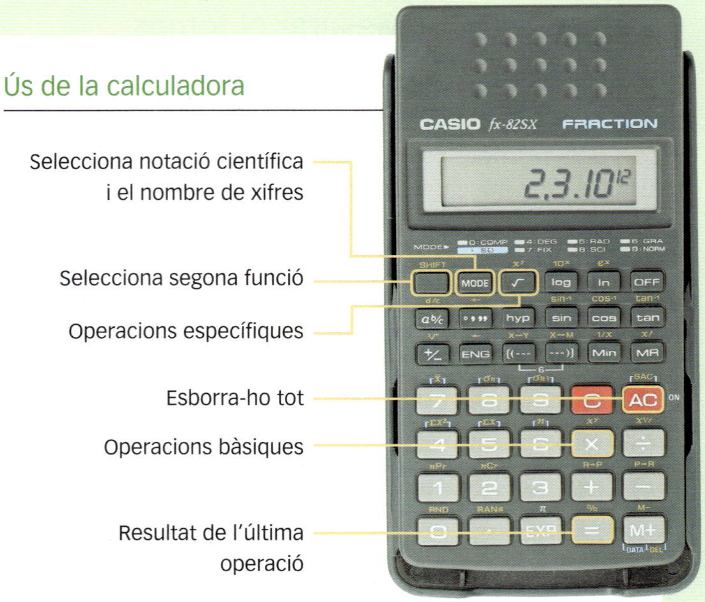


- **Parèntesis.** Indiquen a la calculadora l'ordre amb què ha de fer les operacions. Per exemple:

| Per fer | Has de pitjar | Per fer | Has de pitjar |
|---|---|---|---|
| $\frac{8+5}{3-2}$ | (8 + 5) : (3 − 2) | $\sqrt{8 \cdot 5}$ | √ (8 × 5) |

- **Tecla exponencial (EXP).** La tecla EXP significa «10 elevat a».

Quan pitges 3 EXP 2 estàs escrivint $3 \cdot 10^2$.

Si pitges 3 × 1 0 EXP 2 escrius $3 \cdot 10 \cdot 10^2$.

| Per fer | Has de pitjar |
|---|---|
| $8 \cdot 10^{-2}$ | 8 EXP −2 = |
| $8 \cdot 10^{-2} + 5 - 3 \cdot 10^5$ | 8 EXP −2 + 5 − 3 EXP 5 = |

## ACTIVITATS

**1** Fes els canvis d'unitats següents.

a) 0,25 kg → g

b) 0,05 $m^2$ → $cm^2$

c) 30 mL → L

d) 0,3 L → $cm^3$

**2** Substitueix la dada i troba el valor de la incògnita.

a) $v = 15 + 3 \cdot t$; $v = 20$

b) $F = 9{,}8 \cdot m$; $F = 980$

c) $s = -5 \cdot t$; $s = 25$

**3** Resol aquestes operacions amb la calculadora.

a) $25 + 10^2 =$

b) $\sqrt{1.681} \cdot \frac{45}{5} =$

c) $\frac{10^2}{2{,}5 \cdot 10^2} =$

d) $\frac{\sqrt{1.681 \cdot 45}}{5} =$

# 1 Ciència o ciències

El diccionari defineix **ciència** com aquella activitat que s'ocupa de resoldre problemes mitjançant l'observació i la lògica.

Aquesta definició es pot aplicar a problemes de qualsevol tipus.

- Pot ser un problema de la **natura**: per què les plantes creixen en uns terrenys i no en uns altres?
- Un problema de la **societat**: per què la mitjana d'edat de les persones que viuen a Europa és més alta que la de les que viuen a l'Àfrica?
- O un problema relacionat amb les **persones**: per què les persones no fumadores tenen menys malalties?

Per facilitar l'estudi dels diferents tipus de problemes, la ciència s'organitza en branques especialitzades; hi ha les ciències naturals, les ciències físiques i químiques, la ciència de la sociologia, la ciència de la medicina, la ciència de la psicologia, la ciència de l'economia, etc.

La **física** estudia qualsevol canvi que experimenta la matèria sense que canviï la seva naturalesa interna.

Si aboquem l'aigua d'un got en un pot i l'escalfem, es pot convertir en vapor. Si la refredem, es pot tornar glaç. En tots aquests casos, la substància continua sent aigua. Diem que ha experimentat un **canvi físic.**

La **química** estudia com està constituïda la matèria i els canvis que afecten la seva pròpia naturalesa.

La química estudia com és l'aigua, quins elements químics la formen i com estan units. El corrent elèctric pot descompondre l'aigua en dos gasos, hidrogen i oxigen. Aquesta descomposició és un **canvi químic**, ja que converteix l'aigua en substàncies de naturalesa diferent.

La física i la química són **ciències experimentals**, ja que a més de l'observació i la lògica, utilitzen l'experimentació i la mesura.

## ACTIVITATS

4 Posa exemples de fenòmens que estudiï la física.

5 Posa exemples de fenòmens que estudiï la química.

6 Busca informació i discrimina entre ciència i falsa ciència.

a) El mal d'ull i amulets.
b) L'astrologia: cartes astrals.
c) L'astronomia.
d) L'existència de marcians.
e) El raig làser.
f) L'homeopatia.
g) Les cèl·lules mare.
h) La telecinesi.
i) L'electromagnetisme.
j) La matèria fosca.

## RECORDA-HO

Matèria és tot allò que ocupa un lloc a l'espai i que té massa. Es pot detectar i descriure per mitjà de les seves propietats, com la massa, el volum, la densitat, el color, l'olor, etc.

Les propietats de la matèria són els aspectes que podem valorar. Es poden classificar en:

- **Propietats generals.** Les té qualsevol matèria i poden tenir qualsevol valor, com la massa, el volum o la temperatura. No permeten identificar una matèria.
- **Propietats característiques** o **específiques**. Tenen un valor característic per a cada tipus de matèria. El seu valor depèn del tipus de matèria; no de la quantitat que en tinguem.

  Exemples:
  - Densitat.
  - Duresa.
  - Solubilitat en l'aigua.
  - Conductivitat elèctrica.

## PARA ATENCIÓ

### La falsa ciència

Els astròlegs o els endevins practiquen «ciències ocultes», basades en supersticions o tradicions establertes sense base racional. Juntament amb altres farsants, poden enganyar la gent i perjudicar-los la salut o l'economia.

Tots els ciutadans necessiten tenir uns coneixements mínims sobre ciència per diferenciar els coneixements científics veritables dels pseudocientífics o falsos i poder prendre decisions informades.

# 2 El mètode de les ciències experimentals

Anomenem **mètode científic** el procediment que segueixen les persones de ciència per estudiar els problemes i arribar a conclusions certes.

El mètode científic segueix una sèrie de passos, que són:

1. Observació.
2. Elaboració d'hipòtesis.
3. Experimentació.
4. Anàlisi de resultats.
5. Definició de lleis.
6. Establiment de teories.
7. Publicació de resultats.

Algun d'aquests passos es pot repetir o bé no fer-lo. Per exemple, els astrònoms només mesuren el que succeeix a l'univers, però no hi poden experimentar.

## 2.1. L'observació

Consisteix a analitzar el fenomen utilitzant els sentits. Com a resultat de l'observació s'identifica el problema i ens en formulem preguntes.

### SABER FER

#### Observar com cauen els objectes

Deixa caure una goma d'esborrar, unes claus i un full de paper des de l'altura de l'espatlla. Observa com cauen, quant de temps tarden, etc.

- Problema: quan es deixa lliure un cos, cau.
- Preguntes: per què uns cossos cauen més de pressa que uns altres? Per què uns cossos cauen en línia recta i uns altres sembla que volen?

## 2.2. Les hipòtesis

Una vegada identificat el problema i plantejades les preguntes, el científic intenta trobar-hi una resposta. Són respostes hipotètiques, i caldrà comprovar-les:

«Sembla que els objectes més pesants cauen més de pressa i en línia recta. Els objectes menys pesants tarden més a caure i ho fan volant.»

Una **hipòtesi** és una suposició sobre un fet real. S'ha de formular d'una forma concreta i s'ha de poder comprovar.

Les hipòtesis del nostre estudi són:

- La rapidesa amb què cau un cos que es deixa lliure és més gran com més gran és la seva massa.
- La trajectòria amb què cau un cos que es deixa lliure és més recta com més gran és la seva massa.

### SABER-NE MÉS

#### Aristòtil i Galileu, dos científics en acció

**Aristòtil** va ser un dels grans savis grecs. Va viure entre el 384 i el 322 aC i va ser mestre d'Alexandre el Gran. La major part dels seus estudis són filosòfics, encara que també va dedicar part del seu temps a l'estudi de la física. Per intuïció va determinar que els cossos cauen més de pressa com més gran és el seu pes.

Segles més tard, el físic italià **Galileo Galilei** (1564-1642) va demostrar que, si s'elimina la resistència de l'aire, tots els cossos cauen amb la mateixa rapidesa. Per demostrar-ho va fer caure una sèrie de cossos per un pla inclinat i va mesurar el temps que tardaven a arribar a unes marques col·locades en el pla mateix. Els seus resultats van demostrar que Aristòtil estava equivocat.

Galileu va utilitzar un mètode científic, mentre que Aristòtil es refiava de la seva intuïció.

## 2.3. L'experimentació

Per comprovar si la hipòtesi és certa o no, dissenyem un experiment.

**Experimentar** és repetir el fenomen observat en condicions controlades, per saber quines variables hi influeixen i de quina manera.

- Les **variables independents** són aquelles de les quals podem triar-ne lliurement els valors. En el nostre exemple triem la massa dels objectes.
- Les **variables dependents** són aquelles que els valors que adopten depenen de les anteriors. En el nostre cas, el temps que tarda a caure cada objecte.
- Les **variables controlades** són aquelles que els valors que adopten es mantenen fixos. En el nostre cas, l'altura des de la qual cauen els objectes.

**SABER FER**

### Observar com cauen objectes de massa coneguda

1. Determina la massa dels objectes amb una balança.
2. Col·loca els objectes sobre una barra horitzontal elevada.
3. Gira la barra perquè caiguin alhora.
4. Mesura el temps que tarden a caure.

Per assegurar-te que no hi ha res més que hi influeixi, tanca les portes i finestres per evitar corrents d'aire, ja que podrien desviar els objectes menys pesants.

A la taula del marge es mostra un possible resultat de l'experiència. Conclusió: sembla que és cert que els objectes cauen més de pressa com més gran és la seva massa.

| | Claus | Goma | Paper |
|---|---|---|---|
| Massa | 32 g | 7 g | 1,5 g |
| Temps | 0,8 s | 1,3 s | 5,4 s |

### La hipòtesi ha de ser certa en condicions diverses

Si fem una bola amb el full, cau més de pressa. Establim una nova hipòtesi: «La forma d'un objecte influeix en la rapidesa amb la qual cau.»

**? INTERPRETA LA IMATGE**

- Quines són, ara, les variables independents, dependents i controlades?

**SABER FER**

### Observar com cauen objectes amb massa diferent però amb la mateixa forma externa

1. Utilitza un pla inclinat perquè els cossos tardin més a arribar al final. Fes una marca a prop del començament del recorregut, i marques successives al cap de 25 cm, 50 cm, 75 cm i 1 m.
2. Col·loca a l'interior de boles buides iguals (marcades A, B, C) objectes de masses diferents: una bola de metall, sorra o un tros de paper d'alumini arrugat).
3. Posa un llistó al començament del pla inclinat. Quan l'aixequis, les tres boles hauran de sortir alhora.

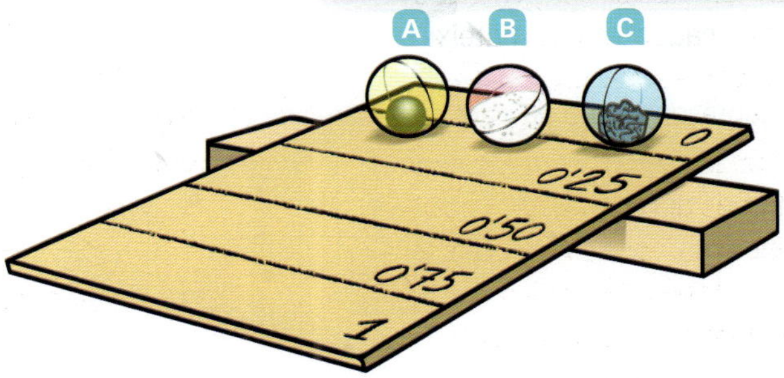


4. Mesura el temps que tarden a arribar a la marca de 25 cm.
5. Repeteix els passos 3 i 4 i mesura el temps que tarden a arribar a cadascuna de les altres marques.

## 2.4. L'anàlisi dels resultats: taules i gràfiques

Una **taula** permet organitzar les dades en files i en columnes.

- En cada **columna** es representen les dades d'una característica del problema, és a dir, d'una **variable**.
- En cada **fila** es col·loquen els valors de cada variable per a un mesurament.

En el nostre exemple: emplenem una taula per a cada bola.

A l'encapçalament de cada columna es col·loca el nom de la **variable**. Entre parèntesis, la **unitat** en què es mesura.

En cada fila es col·loquen els valors **d'un mesurament**.

| Bola A → 50 g | |
|---|---|
| Longitud (m) | Temps (s) |
| 0,25 | 0,34 |
| 0,50 | 0,48 |
| 0,75 | 0,59 |
| 1,00 | 0,68 |

| Bola B → 37 g | |
|---|---|
| Longitud (m) | Temps (s) |
| 0,25 | 0,33 |
| 0,50 | 0,48 |
| 0,75 | 0,59 |
| 1,00 | 0,68 |

| Bola C → 22 g | |
|---|---|
| Longitud (m) | Temps (s) |
| 0,25 | 0,34 |
| 0,50 | 0,48 |
| 0,75 | 0,59 |
| 1,00 | 0,68 |

Anàlisi: què podem deduir de la taula?

- La rapidesa amb què baixen les boles no depèn de la massa.
- La rapidesa és més gran com més gran és la distància recorreguda. Quan la distància es duplica, el temps augmenta menys del doble.

| Longitud (m) | 0,25 | 0,50 | 0,75 | 1,00 |
|---|---|---|---|---|
| Temps (s) | 0,34 | 0,48 | 0,59 | 0,68 |

Les **gràfiques** mostren de manera visual la relació entre dues variables. Dibuixarem la gràfica corresponent a la baixada de la bola A pel pla.

**SABER FER**

### Elaborar una gràfica

1. Dibuixa dos eixos. En cadascun, hi representarem una magnitud de la taula. Especifica en cada eix el nom o el símbol de la magnitud.

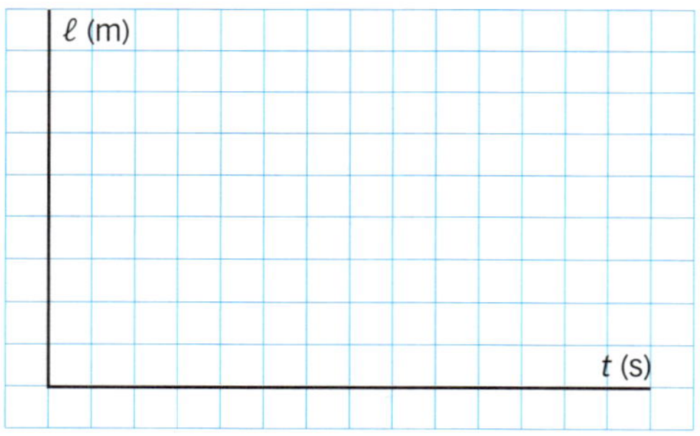


2. Tenint en compte els valors màxim i mínim de la taula, anota l'escala de cada eix. L'escala d'un eix és independent de la de l'altre.

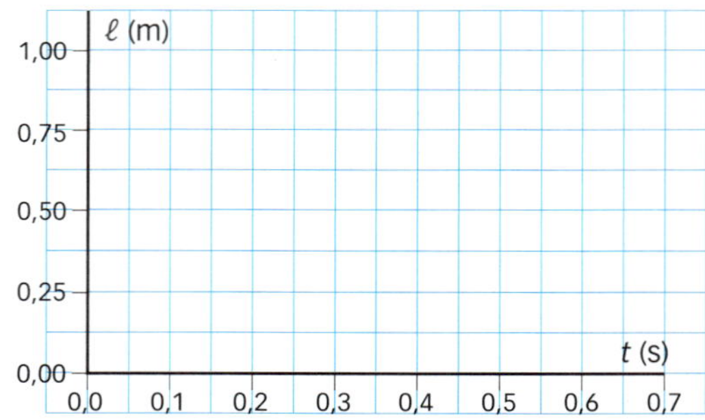


3. Representa amb un punt cada parell de valors.

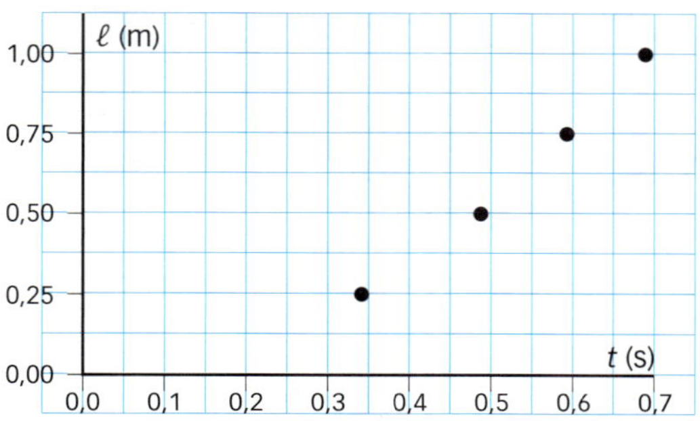


4. Traça la línia que marca millor la tendència.

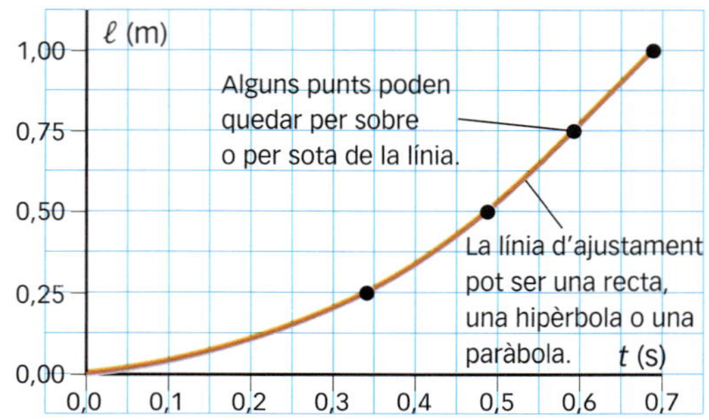

Què podem deduir de la gràfica? Com més gran és la distància recorreguda, més gran és el temps que tarda la bola, però no és directament proporcional: la bola tarda més a recórrer 1 m que 0,5 m, però no tarda el doble de temps.

La gràfica permet conèixer valors que no hem mesurat.

- **Interpolar dades** és obtenir valors intermedis entre uns de mesurats. Quant de temps tardarà la bola a recórrer 0,35 m?
- **Extrapolar dades** dades és obtenir valors més alts que els mesurats. Quant tardarà la bola a recórrer 1,2 m?

**PARA ATENCIÓ**

La forma de la gràfica mostra la relació entre les variables.

Quan la gràfica és una paràbola, la relació matemàtica entre les variables és:

$$y = k \cdot x^2$$

**SABER FER**

## Interpretar gràfiques

### Línia recta ascendent

Preu de diferents quantitats de caramels:

| Caramels (g) | Preu (€) |
|---|---|
| 80 | 0,65 |
| 125 | 1,00 |
| 250 | 2,00 |
| 350 | 2,80 |

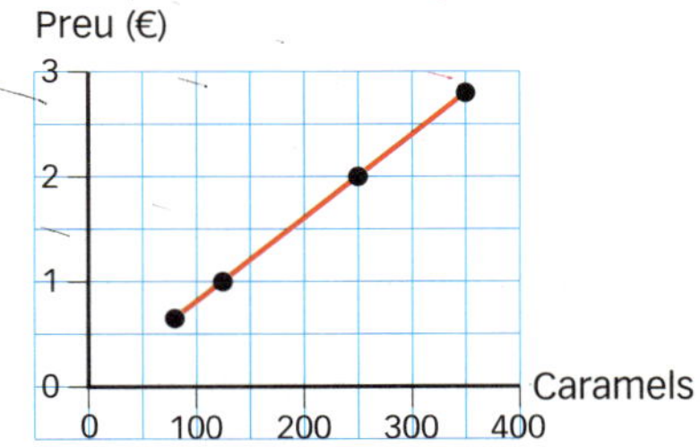


El preu dels caramels és directament proporcional a la quantitat: el doble de caramels val el doble de diners. Si no hi ha caramels, el cost és zero.

- Línia recta ascendent que passa pel punt (0, 0). Magnituds directament proporcionals. Quan una variable és zero, l'altra també és zero.
- Matemàticament: $\boldsymbol{y = k \cdot x}$ o bé $\boldsymbol{\frac{y}{x} = k}$.

Preu d'un bolígraf amb diferents recanvis:

| Bolígraf + recanvis | Preu (€) |
|---|---|
| 1 | 1,5 |
| 2 | 2,0 |
| 3 | 2,5 |
| 4 | 3,0 |

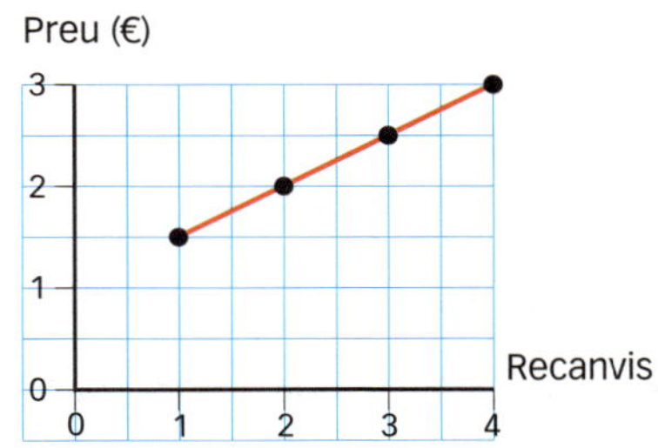


El preu és directament proporcional al nombre de recanvis, però el bolígraf només té un preu.

- Línia recta ascendent que no passa pel punt (0, 0). Magnituds directament proporcionals. Quan una variable és zero, l'altra no és zero.
- Matemàticament: $\boldsymbol{y = k \cdot x + n}$.

  $n$ és el valor de $y$ quan $x$ és 0.

### Línia recta descendent

La taula mostra com varia la temperatura d'un líquid quan el fiquem a la nevera.

| Temps (min) | $T$ (°C) |
|---|---|
| 0 | 20 |
| 2 | 17 |
| 4 | 14 |
| 6 | 11 |
| 8 | 8 |
| 10 | 5 |

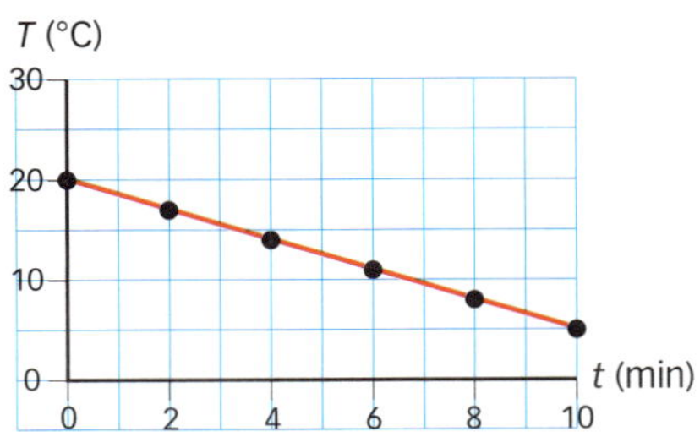


El descens de la temperatura és directament proporcional al temps. Cada dos minuts disminueix 3 °C.

- Línia recta descendent. Magnituds directament proporcionals amb constant negativa.
- Matemàticament: $\boldsymbol{y = -k \cdot x + n}$.

  $n$ és el valor de $y$ quan $x$ és 0.

### Corba hiperbòlica equilàtera

La taula mostra la pressió *(p)* que exerceix un gas quan variem el volum del recipient en què es troba, si $T$ és constant.

| $V$ (L) | $p$ (atm) |
|---|---|
| 30 | 0,5 |
| 15 | 1,0 |
| 10 | 1,5 |
| 5,0 | 3,0 |
| 3,0 | 5,0 |
| 2,5 | 6,0 |
| 2,0 | 7,5 |

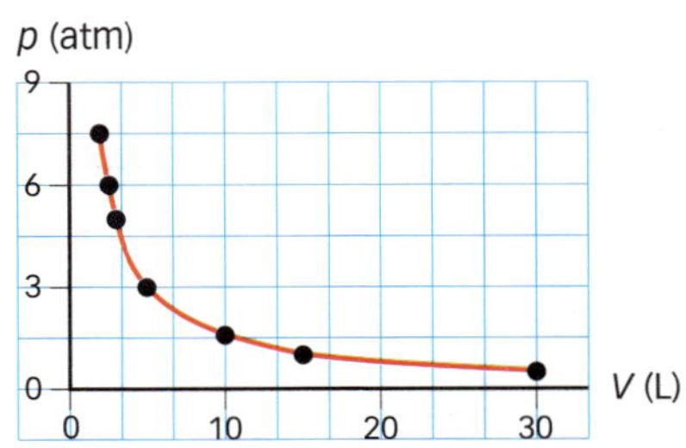


La pressió del gas és inversament proporcional al volum que ocupa: com més volum, menys pressió, i a la inversa.

- Corba hiperbòlica equilàtera. Magnituds inversament proporcionals.
- Matemàticament: $\boldsymbol{y \cdot x = k}$.

**SABER-NE MÉS**

### La teoria cinètica

Després de descobrir experimentalment les diferents lleis que regeixen el comportament dels gasos, els científics van idear la **teoria cinètica**, que explica per què els gasos es comporten d'aquesta manera.

Aquesta teoria permet predir que la temperatura no pot baixar de −273,15 °C.

## 2.5. Definició de lleis

Després d'analitzar els resultats podem confirmar o rebutjar les hipòtesis i d'aquesta manera establim una llei científica.

Una **llei científica** és l'enunciat d'una hipòtesi confirmada.

Una llei es pot expressar:

- Amb una frase:

  «La pressió que exerceix un gas és inversament proporcional al volum que ocupa, sempre que no variï la temperatura.»

- Amb una fórmula matemàtica:

  Per a un gas que es manté a temperatura constant

$$p \cdot V = k$$

## 2.6. Les teories

Quan s'estudien diferents aspectes d'un problema, els científics poden arribar a imaginar el perquè de tot plegat i enuncien una **teoria**.

Una **teoria científica** és una explicació d'una sèrie de fets demostrats mitjançant lleis científiques. Permet predir fenòmens desconeguts.

Les teories s'han d'anar revisant contínuament i només es consideren certes mentre no es produeixi algun nou descobriment que les contradigui.

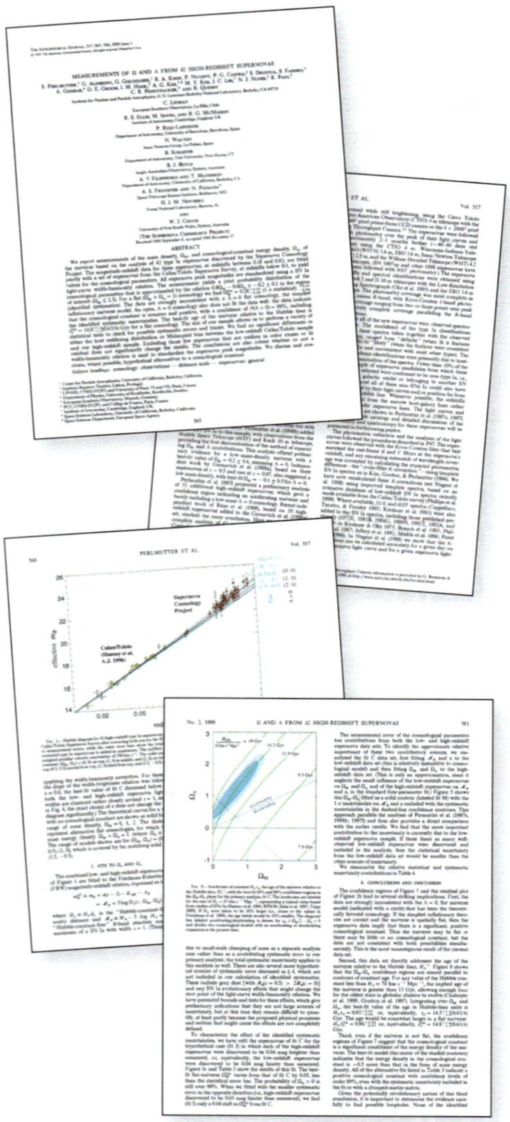

La comunicació dels resultats obtinguts en les recerques és essencial perquè la ciència avanci.

## 2.7. Comunicació de resultats

Perquè la ciència avanci cal comunicar els resultats dels estudis científics. Això es fa publicant un article o un llibre, que ha de tenir els apartats següents:

1. **Títol**. Inclou el títol del treball, el nom de l'autor, el lloc en què va fer la recerca i la data.
2. **Introducció**. Explica breument per què es fa aquesta investigació i què es pretén demostrar.
3. **Metodologia**. Indica com s'ha fet el treball, quines experiències s'han dut a terme o quin material s'ha utilitzat. Es pot acompanyar amb fotos o esquemes.
4. **Resultats**. S'hi indiquen clarament els resultats obtinguts. Si són dades numèriques, s'expressen recollides en taules o representades en gràfiques.
5. **Discussió dels resultats**. S'hi analitzen els resultats per arribar a conclusions clares.
6. **Resum i conclusió final**. Es resumeix el que es pretenia amb el treball i la conclusió més important.
7. **Bibliografia**. S'hi indica una ressenya de cadascun dels articles, llibres i altres materials publicats anteriorment i que s'han consultat durant el desenvolupament de la recerca.

## 2.8. Aplicacions tecnològiques de la recerca científica

En molts laboratoris industrials o de centres de recerca es duen a terme estudis que permeten continus avenços tecnològics.

A l'experiència que hem fet, hem vist que la forma dels objectes influeix en la velocitat amb què cauen i en la trajectòria que segueix el seu moviment. L'aerodinàmica és una part de la física que estudia la influència de la forma dels objectes en el seu moviment. En els **laboratoris d'aerodinàmica** s'estudien tots els factors relacionats amb la forma dels vehicles, de manera que el seu moviment sigui eficaç.

La forma del casc, la roba, el disseny de la bicicleta i la posició del ciclista estan estudiades perquè pugui mantenir una velocitat elevada reduint l'esforç.

La forma del cotxe està dissenyada perquè es desplaci oferint la mínima resistència a l'aire. Així s'estalvia combustible.

La forma de les ales de l'avió és la més adequada perquè l'aire, en circular per sota, sostingui l'aparell.

En els **laboratoris de química** s'estudien substàncies que s'utilitzen en medicina, en la indústria alimentària, etc. Per exemple, el sucre comú es pot substituir per altres substàncies que aporten als aliments el sabor dolç sense proporcionar calories: són els edulcorants artificials.

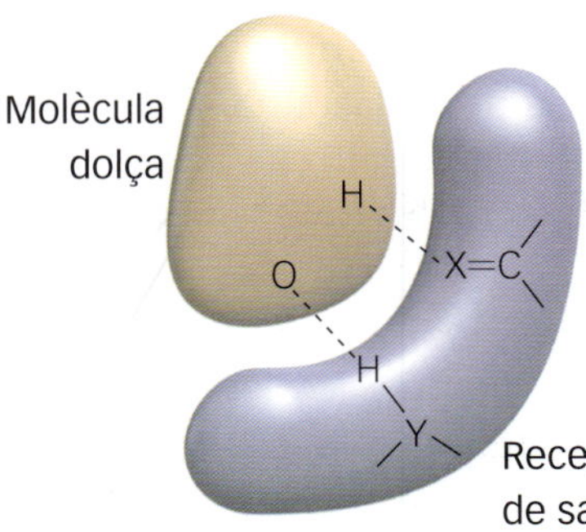


Les molècules dels **sucres** tenen àtoms que connecten amb punts específics dels receptors del sabor dolç a la llengua.

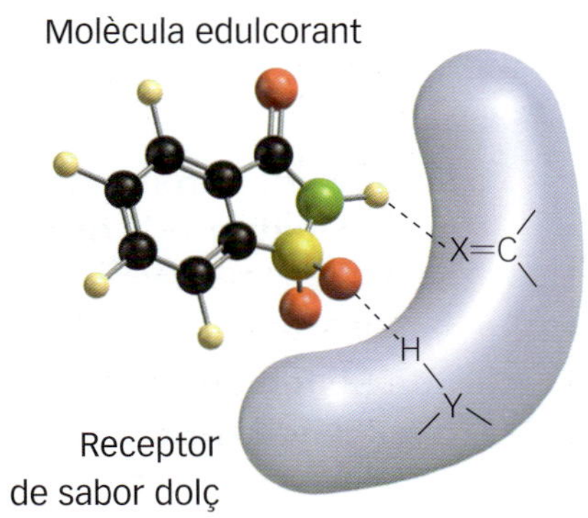


La **sacarina** i **altres edulcorants** artificials tenen àtoms similars que també poden connectar amb els punts específics dels receptors del sabor dolç. El seu poder edulcorant és molt més gran que el del sucre, i les persones els eliminem sense metabolitzar-los; per tant, no aporten calories.

### ACTIVITATS

**7** Busca informació sobre algun avenç tecnològic, com els cotxes híbrids, la nanotecnologia o la fibra òptica. Indica:

a) En què consisteix l'avenç.

b) Quan es va desenvolupar la recerca corresponent.

c) Quines conseqüències té la seva aplicació.

PARA ATENCIÓ

Tant el nom de les magnituds com el de les unitats i els símbols corresponents s'han d'escriure tal com s'indica a la taula de sota.

Les unitats s'escriuen sempre en minúscula, tret que es refereixin al nom d'un científic, que pot anar en majúscula. Així, el símbol de l'ampere és A, en honor del científic francès André-Marie Ampère (1775-1836).

ACTIVITATS

8 Indica de manera raonada quines d'aquestes característiques de la matèria són magnituds i quines no.

a) El volum que ocupa.
b) El color.
c) La temperatura.
d) El bon gust.
e) La força que cal fer per arrossegar-la.
f) Com m'agrada.
g) El preu en euros.

9 Indica quines d'aquestes unitats són adequades per mesurar una magnitud i quina magnitud mesuren.

a) Una mà.
b) Un llapis.
c) Una moneda d'un euro.
d) Un gra d'arròs.
e) Una tassa.
f) Una polzada.

10 Busca la definició actual del SI per a les unitats de longitud, massa i temps.

# 3 La mesura

La física i la química són ciències experimentals. La seva tasca requereix mesurar diverses característiques de la matèria o dels canvis que experimenta. Es diu que la física i la química són les ciències de la mesura.

## 3.1. Magnitud i unitat

Anomenem **magnitud** qualsevol característica de la matèria, o dels canvis que aquesta experimenta, que es pot mesurar, és a dir, que es pot expressar amb un nombre i una unitat.

La massa o la temperatura, per exemple, són magnituds. Podem dir que la massa d'un cos són 60 kg i la seva temperatura és de 30 °C.

**Mesurar** una magnitud és comparar-la amb una quantitat de la mateixa naturalesa que anomenem **unitat** per veure quantes vegades la conté.

Podríem utilitzar qualsevol quantitat com a unitat: si utilitzem la goma d'esborrar com a unitat, podem mesurar la longitud del llibre i dir que és de vuit gomes. Però obtindries el mateix resultat amb una altra goma?

Perquè el resultat d'una mesura sigui adequat, la unitat ha de ser:

- **Constant:** la mateixa en tots els llocs i en tots els moments.
- **Universal:** que la pugui utilitzar qualsevol.
- **Fàcil de reproduir:** que sigui senzill obtenir-ne mostres.

## 3.2. El Sistema Internacional d'unitats (SI)

Per facilitar la comprensió dels estudis experimentals, els científics han escollit set magnituds fonamentals i la unitat base de cadascuna. Les **magnituds fonamentals** són les més bàsiques. Totes les altres s'anomenen **magnituds derivades** i es poden expressar partint de les magnituds fonamentals.

El **Sistema Internacional d'unitats (SI)** està format per les set magnituds fonamentals i les unitats bàsiques corresponents.

| Magnitud | | Unitat | |
|---|---|---|---|
| Nom | Símbol | Nom | Símbol |
| Longitud | $\ell$ | metre | m |
| Massa | $m$ | quilogram | kg |
| Temps | $t$ | segon | s |
| Temperatura | $T$ | kelvin | K |
| Intensitat de corrent | $I$ | ampere | A |
| Intensitat lluminosa | $I_v$ | candela | cd |
| Quantitat de substància | $n$ | mol | mol |

### 3.3. Les magnituds derivades i el SI

El SI estableix quines són les magnituds derivades i les seves unitats.

De vegades, la unitat de la magnitud derivada té un nom propi, com el newton (N), que és la unitat de força. Altres vegades anomenem la unitat a partir de la relació que té amb les unitats de les magnituds fonamentals; per exemple, la velocitat es mesura en m/s.

Algunes magnituds també s'expressen habitualment en unitats que no són del SI. Així, sovint expressem la velocitat en km/h.

**Magnituds derivades del Sistema Internacional**

| Magnitud | Símbol | Unitat | Altres unitats admeses |
|---|---|---|---|
| Superfície | *S* | $m^2$ | Ha (hectàrea); 1 ha = 10.000 $m^2$ |
| Volum | *V* | $m^3$ | L ($dm^3$); 1 $m^3$ = 1.000 L |
| Densitat | *d*, *ρ* | $kg/m^3$ | g/L = $kg/m^3$; kg/L; 1 kg/L = 1.000 $kg/m^3$ |
| Velocitat | *v* | m/s | km/h; 1 km/h = 0,278 m/s |
| Acceleració | *a* | $m/s^2$ | |
| Força | *F* | N (newton) | 1 kgf (quilogram força) = 9,8 N |
| Pressió | *p*, *P* | Pa (pascal) | mmHg (mil·límetre de mercuri)<br>1 mmHg = 133,3 Pa<br>atm (atmosfera); 1 atm = 101.325 Pa |
| Energia | *E* | J (joule) | kWh (quilowatt hora); 1 kWh = $3,6 \cdot 10^6$ J |

**SABER-NE MÉS**

**Com escrivim les unitats**

El Sistema Internacional d'unitats es va establir l'any 1960 per acord de 36 països, entre els quals hi ha Espanya.

Inclou normes d'escriptura i definicions molt precises de les unitats.

Després del símbol d'una unitat no s'escriu mai un punt ni s'hi afegeix «s» per indicar plural. Exemple: vuit metres s'escriu així:

**8 m**

### 3.4. Múltiples i submúltiples

Els científics sovint treballen amb quantitats molt grans o molt petites respecte a la unitat bàsica. Per exemple, la mida d'algunes cèl·lules és 0,000 003 m, i la distància de la Terra al Sol és 149.597.870.700 m.

El Sistema Internacional també indica el nom i el símbol dels múltiples i submúltiples que faciliten l'escriptura d'aquestes quantitats.

Així doncs, les quantitats anteriors es poden expressar de forma més senzilla:

- La mida d'algunes cèl·lules és 3 μm.
- La distància de la Terra al Sol és 149,6 Gm.

**Prefixos del Sistema Internacional**

| Factor | Prefix | | Factor | Prefix | |
|---|---|---|---|---|---|
| $10^{15}$ | peta | P | $10^{-15}$ | femto | f |
| $10^{12}$ | tera | T | $10^{-12}$ | pico | p |
| $10^9$ | giga | G | $10^{-9}$ | nano | n |
| $10^6$ | mega | M | $10^{-6}$ | micro | μ |
| $10^3$ | quilo | k | $10^{-3}$ | mil·li | m |
| $10^2$ | hecto | h | $10^{-2}$ | centi | c |
| 10 | deca | da | $10^{-1}$ | deci | d |

## ACTIVITATS

**11** Dels termes següents, identifica'n els que són magnituds i els que són unitats.

a) Velocitat. b) Metre. c) Temps. d) Força. e) Ampere. f) Mol. g) Temperatura. h) Joule. i) Pressió.

**12** Indica quines d'aquestes unitats pertanyen al SI i quines no. Explica quina magnitud mesuren.

a) m/s b) Hectàrea c) $kg/m^3$ d) g e) °C f) atm (atmosfera) g) h (hora) h) $m^3$

**13** Escriu el símbol adequat per a aquestes unitats i l'equivalència amb la unitat corresponent del SI. Per exemple, decagram: dag = $10^1$ g.

a) Mil·ligram. b) Quilolitre. c) Gigajoule. d) Teràmetre. e) Nanosegon. f) Micronewton.

**14** Escriu amb totes les lletres les quantitats següents i l'equivalència amb la unitat corresponent. Per exemple, μm és un micròmetre i equival a $10^{-6}$ m.

a) hL b) ks c) Mg d) pN e) dA f) cL

### 3.5. Canvi d'unitats i factors de conversió

Per canviar d'una unitat a una altra s'utilitzen els factors de conversió.

Un **factor de conversió** és una fracció que té al numerador i al denominador la mateixa quantitat, però expressada en unitats diferents.

Multiplicar una quantitat per un factor de conversió és el mateix que multiplicar-la per 1; no canvia la quantitat, només les unitats. Per tant, canvia el nombre amb què s'expressa aquesta quantitat.

Per trobar el factor de conversió adequat:

| | |
|---|---|
| 1. Escriu la quantitat que vols canviar d'unitat. | 0,85 nm |
| 2. Al costat escriu una fracció amb aquesta unitat (nm) i la unitat en què la vols convertir (m). Fes-ho de manera que se simplifiqui la unitat de partida (nm). | $0{,}85\ \text{nm} \cdot \dfrac{\text{m}}{\text{nm}}$ |
| 3. Al costat de cada unitat posa'n l'equivalència amb l'altra. | $0{,}85\ \text{nm} \cdot \dfrac{10^{-9}\ \text{m}}{1\ \text{nm}}$ |
| 4. Simplifica el que sobra i expressa el resultat final. | $0{,}85\ \cancel{\text{nm}} \cdot \dfrac{10^{-9}\ \text{m}}{1\ \cancel{\text{nm}}} = \mathbf{0{,}85 \cdot 10^{-9}\ m}$ |

**2. EXEMPLE RESOLT**

**El radi d'un àtom és 0,85 nm. Expressa'l en m.**

1 nm equival a $10^{-9}$ m.

Factor de conversió

$$0{,}85\ \cancel{\text{nm}} \cdot \frac{10^{-9}\ \text{m}}{1\ \cancel{\text{nm}}} = 0{,}85 \cdot 10^{-9}\ \text{nm} = \mathbf{8{,}5 \cdot 10^{-10}\ m}$$

**3. EXEMPLE RESOLT**

**La pel·lícula va durar 2 hores. Expressa-ho en s.**

1 h té 3.600 s.

Factor de conversió

$$2\ \cancel{\text{h}} \cdot \frac{3.600\ \text{s}}{1\ \cancel{\text{h}}} = \mathbf{7.200\ s}$$

Pots utilitzar factors de conversió per canviar unitats derivades.

**4. EXEMPLE RESOLT**

**La velocitat d'un cotxe és 90 km/h. Expressa-ho en m/s.**

Utilitza els factors de conversió corresponents:

$$90 \frac{\cancel{\text{km}}}{\cancel{\text{h}}} \cdot \frac{10^3\ \text{m}}{1\ \cancel{\text{km}}} \cdot \frac{1\ \cancel{\text{h}}}{3.600\ \text{s}} = \mathbf{25 \frac{m}{s}}$$

**5. EXEMPLE RESOLT**

**La densitat de l'aigua del mar és 1,13 g/mL. Expressa-la en unitats del Sistema Internacional (SI).**

En el SI la massa s'expressa en kg, i el volum, en m³.
Recorda que 1 mL = 1 cm³ = $10^{-6}$ m³.

$$1{,}13 \frac{\cancel{\text{g}}}{\cancel{\text{mL}}} \cdot \frac{1\ \text{kg}}{10^3\ \cancel{\text{g}}} \cdot \frac{1\ \cancel{\text{mL}}}{10^{-6}\ \text{m}^3} = 1{,}13 \frac{\text{kg}}{10^{-3}\ \text{m}^3} = \mathbf{1{,}13 \cdot 10^3 \frac{kg}{m^3}}$$

## ACTIVITATS

**15** En el llançament d'una falta la pilota de futbol pot arribar a una velocitat de 34 m/s. Quin és el valor d'aquesta velocitat expressat en km/h?

**16** L'aire d'una habitació té una densitat de 1.225 en unitats del SI. Quines són aquestes unitats? Expressa la densitat en g/L.

## 3.6. Notació científica

De vegades, el resultat d'una operació feta amb la calculadora és un nombre molt gran o molt petit, i no sempre ens convé utilitzar múltiples o submúltiples per expressar-lo.

La **notació científica** consisteix a escriure les quantitats amb una xifra entera, els decimals i una potència de deu.

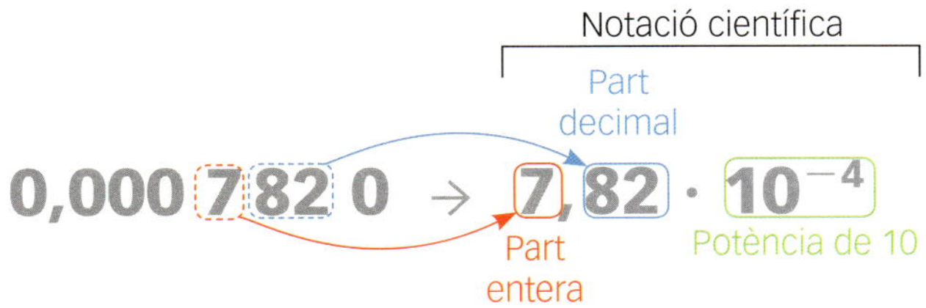


La notació científica és una manera d'escriure els nombres que en facilita la lectura i la comprensió.

La distància a la nebulosa d'Orió és de 1.270 anys llum. Per expressar aquest valor en unitats més petites és aconsellable utilitzar la notació científica:

$1{,}2 \cdot 10^{16}$ km

### 6. EXEMPLE RESOLT

**Escriu amb notació científica els nombres següents:**

**a) 346.000**

**b) 0,000 782 0**

Farem una taula per a cada nombre:

| | A | B |
|---|---|---|
| 1. Observa el nombre original. | 346.000 | 0,000 782 0 |
| 2. Escriu la primera xifra diferent de zero, després coma i després les xifres restants. No posis els zeros a la dreta. | 3,46 | 7,82 |
| 3. Escriu la potència de deu ($10^x$). Compta quants llocs has de desplaçar la coma fins que quedi només una xifra entera. Aquest valor serà l'exponent que hi posaràs. | 3 4 6 0 0 0 → **$3{,}46 \cdot 10^5$** Si el nombre era més gran que l'u, la potència serà positiva. | 0, 0 0 0 7 8 2 0 → **$7{,}82 \cdot 10^{-4}$** Si el nombre era més petit que l'u, la potència serà negativa. |

### ACTIVITATS

**17** Escriu els nombres següents amb notació científica.

a) 2.073.500 b) 0,000 350 002

**18** Escriu totes les xifres d'aquests nombres que estan escrits amb notació científica:

a) $2{,}705 \cdot 10^2$ b) $1{,}075 \cdot 10^{-4}$

**19** La llum es desplaça a 300.000 km/s. Calcula'n la velocitat en m/h i expressa el resultat amb notació científica.

**20** El caragol de jardí es desplaça a 14 mm/s. Calcula'n la velocitat en km/h i expressa el resultat amb notació científica.

## 4.2. Tècniques bàsiques de laboratori

En cada unitat d'aquest llibre es proposa una experiència de laboratori en la qual s'indica el material necessari i s'explica com es duu a terme.

A continuació repassarem algunes operacions que són molt freqüents en el treball de laboratori.

**SABER FER**

### Manipular sòlids

- Posa't **guants** de làtex. No toquis els productes amb les mans.
- Afegeix els **productes** sòlids amb l'espàtula; no ho facis amb les mans.
- Diposita els productes sòlids en un **recipient** de vidre o de ceràmica.
- Per remenar utilitza una **vareta de vidre**.
- Subjecta bé els recipients per evitar que caiguin.

### Pesar substàncies

No col·loquis les substàncies directament sobre la balança. S'han de col·locar en un recipient de vidre o de ceràmica.

- Engega la balança i espera que marqui zero.
- Col·loca sobre el platet el recipient en el qual pesaràs.

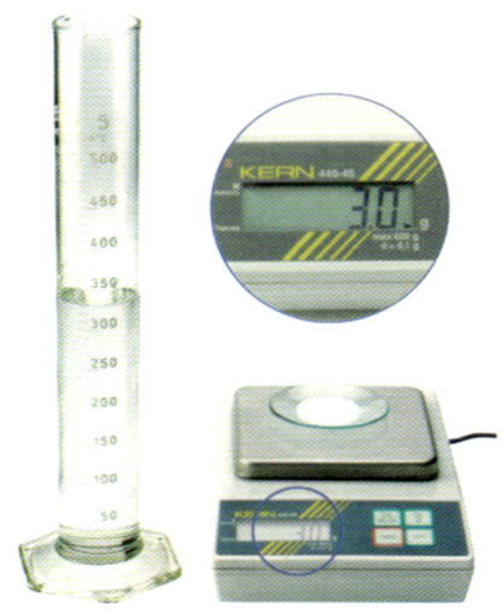

- Pitja el botó **Tara** perquè la balança es torni a posar a zero: això indica que descomptarà la massa del recipient.
- Posa la substància que has de pesar dins del recipient i llegeix la massa a la balança.

### Manipular líquids

- Posa't **guants** de làtex. Vés amb cura de no vessar líquids, especialment sobre el teu cos o la roba. Cal que tinguis en compte, també, on estan situats els teus companys.
- Per agafar una petita quantitat de líquid pots utilitzar una **pipeta Pasteur** o **comptagotes**. Per agafar-ne quantitats més grans pots utilitzar **pipetes**, **provetes** o **buretes**.

Si no necessites mesurar exactament la quantitat de líquid, pots fer servir gots o altres matrassos.

- Utilitza un **embut** si has d'abocar líquid en un recipient estret.
- Les pipetes permeten agafar i deixar anar líquid. Per assegurar-te que saps utilitzar-les, fes proves agafant i deixant anar diferents quantitats d'aigua.

### Mesurar volums

- Per mesurar el volum d'un líquid amb exactitud es fan servir **pipetes**, **provetes** o **buretes graduades**.
- Quan el líquid puja per un tub estret, la seva superfície es corba formant un menisc.
- La mesura és la que indica la part inferior del menisc.

Per evitar errors de paral·laxi a l'hora de mesurar, el recipient ha d'estar recolzat sobre una superfície horitzontal, i els ulls han d'estar a l'altura del menisc.

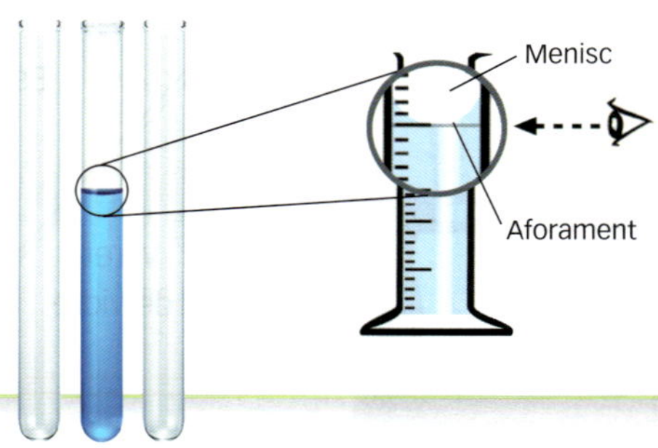

## REPASSA L'ESSENCIAL

**21** Dels aspectes de la matèria següents, indica quins els estudia la química i quins la física.

a) La composició de la matèria.

b) Els canvis que experimenta la matèria que no alteren la seva naturalesa.

c) Els canvis que experimenta la matèria que la transformen en una altra de naturalesa diferent.

**22** Completa l'esquema a la llibreta amb les paraules següents.

- Llei
- Teoria
- Taula
- Hipòtesi
- Experimentació
- Anàlisi de dades
- Gràfica
- Sí
- No

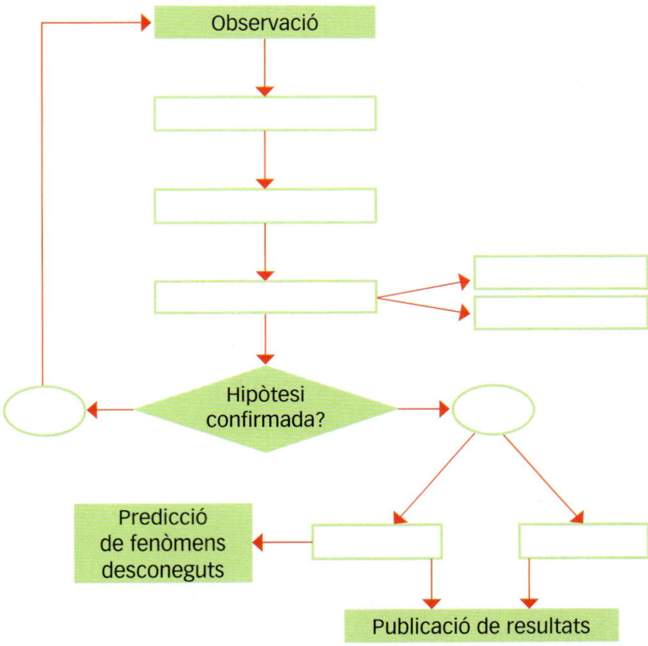


**23** Completa el text a la llibreta amb les paraules que hi falten.

a) Una ________ és qualsevol característica de la matèria que podem mesurar, és a dir, que podem expressar amb ________ i ________.

b) Mesurar ________ és comparar-la amb una quantitat de ________ que anomenem ________.

**24** Explica per què una unitat de mesura adequada ha de ser constant, universal i fàcil de reproduir.

**25** Raona quina de les afirmacions següents és certa:

a) Un factor de conversió canvia una quantitat en una altra.

b) Un factor de conversió canvia una unitat en una altra.

**26** Relaciona cada gràfica amb l'expressió que reflecteix la relació entre les magnituds.

a)
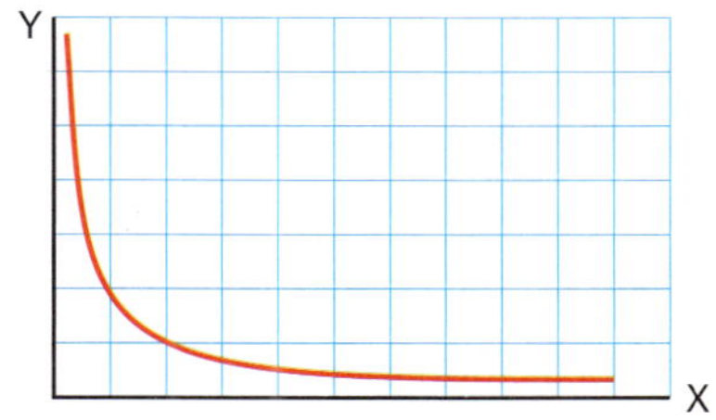


b)
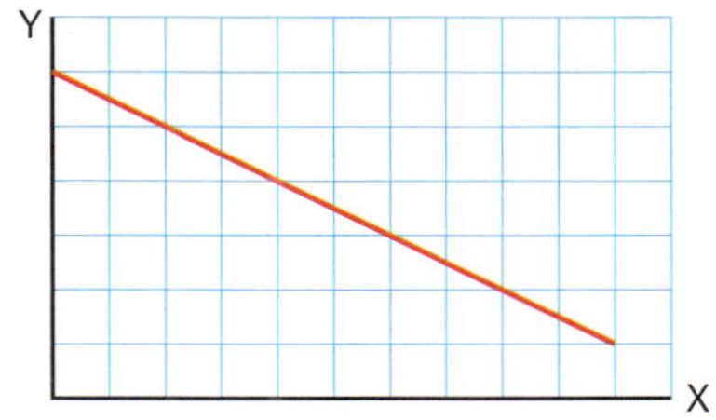


c)
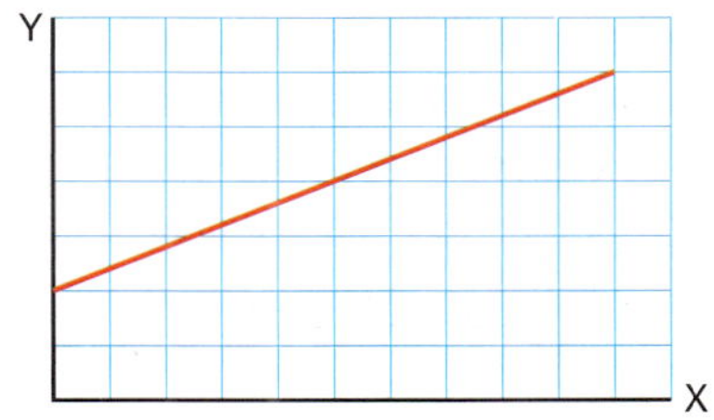


**1** Directament proporcionals. Constant negativa.

**2** Directament proporcionals. No passa pel punt (0, 0).

**3** Inversament proporcionals.

**27** Elabora una llista amb les unitats de les magnituds fonamentals del SI que trobis a la sopa de lletres.

| | | | | | | | | | | | | | | |
|---|---|---|---|---|---|---|---|---|---|---|---|---|---|---|
| T | O | R | S | P | M | D | Ç | N | T | Y | T | Y | C | D |
| U | K | O | V | A | E | M | M | W | A | T | T | N | I | O |
| D | X | Ç | E | R | T | I | L | L | C | O | A | D | M | B |
| E | E | M | S | A | R | R | E | B | I | S | B | E | A | V |
| E | R | Z | P | C | E | D | N | O | G | E | S | J | K | A |
| O | I | E | M | E | N | M | I | E | R | A | P | W | O | N |
| D | O | R | H | A | N | V | A | Z | A | T | U | X | F | G |
| X | C | E | C | A | L | L | U | R | M | S | N | O | I | J |
| R | I | P | E | M | U | E | A | O | G | S | I | C | O | O |
| A | T | M | E | K | E | X | L | O | E | O | V | U | R | A |
| D | R | A | L | R | I | Z | S | A | G | U | L | L | A | Ç |
| R | O | I | I | F | T | J | P | T | N | E | E | I | P | Z |
| K | C | R | K | O | D | G | N | E | I | X | K | P | U | E |
| R | D | N | B | M | N | F | E | R | T | A | U | Q | L | Q |

## PRACTICA

### Ciència o ciències

**28** Indica quins d'aquests problemes es poden estudiar a les classes de física i quins a les de química.

a) Una vagoneta que baixa per una muntanya russa.
b) Preparar un entrepà de formatge.
c) Digerir un entrepà de formatge.
d) Encendre una bombeta.
e) Una explosió de focs artificials.
f) Encendre una espelma.
g) Escalfar llet.
h) Fer iogurt.

**29** Llegeix el text següent i respon les preguntes.

«Senyores i senyors, passeu i mireu! Acosteu-vos i sorpreneu-vos davant del descobriment del doctor Einsteni, l'avenç de la ciència més important dels últims segles! Proveu les fantàstiques píndoles RapidStar! El vostre espectre viatjarà pel temps i l'espai sense cap inconvenient! Visiteu els vostres ancestres, sigui quin sigui l'estel en què es trobin.»

a) Raona si el text es refereix a ciència o a falsa ciència.
b) Per què creus que anomenen doctor al descobridor?
c) Es pot viatjar pel temps? I per l'espai? Explica-ho amb exemples científics.

### El mètode de les ciències experimentals

**30** Per estudiar el problema de l'evaporació d'aigua es dissenya un experiment: amb una proveta mesurem 50 ml d'aigua i els aboquem:

- En un got de tub alt.
- En un plat.
- En un got ample i baix.

L'endemà mesurem la quantitat d'aigua que hi ha en cada recipient i calculem la que s'ha evaporat. Respon.

a) Quina observació ens ha pogut portar a plantejar aquest problema?
b) Quina hipòtesi volem comprovar?
c) Explica quina és la variable independent, quina la variable dependent i quina la variable control.
d) Imagina els resultats i escriu la llei que es pot deduir de l'estudi.

**31** Tenint en compte les fases del mètode científic:

a) Explica la diferència entre llei i hipòtesi.
b) Explica la diferència entre llei i teoria.

#### 7. EXEMPLE RESOLT

**En una experiència es programa un cotxe mecànic perquè corri a una velocitat determinada i es mesura el temps que tarda a recórrer una distància concreta. Observa la taula.**

**a) Representa la gràfica corresponent.**
**b) Quina llei es dedueix d'aquest estudi? Comprova que es compleix la llei.**
**c) A quina velocitat va el cotxe quan han transcorregut 6 s?**

| $v$ (m/s) | $t$ (s) |
|---|---|
| 20 | 1 |
| 16 | 1,25 |
| 10 | 2 |
| 8 | 2,5 |
| 5 | 4 |
| 4 | 5 |
| 2 | 10 |
| 1,25 | 16 |

a)
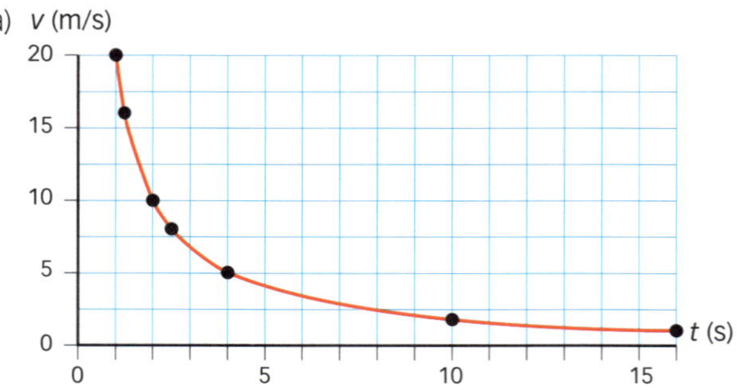


b) La línia d'ajustament és una corba hiperbòlica equilàtera:

- «La velocitat del cotxe mecànic és inversament proporcional al temps que tarda a recórrer una distància determinada.»
- Fórmula matemàtica: $\boldsymbol{v \cdot t = k}$.
- En tots els mesuraments, el producte de $v \cdot t = 20$.

c) A la gràfica es llegeix que quan $t = 6$ s, $\boldsymbol{v}$ **= 3,3 m/s**.

**32** Observa la taula següent.

| Moneda (€) | 1 | 0,50 | 0,10 | 0,05 | 0,02 |
|---|---|---|---|---|---|
| Circumferència (mm) | 73,01 | 76,17 | 62,02 | 66,73 | 58,88 |
| Diàmetre (mm) | 23,25 | 24,25 | 19,75 | 21,25 | 18,75 |

a) Representa en una gràfica la longitud de la circumferència respecte del diàmetre. Quina relació hi ha entre aquestes dues magnituds?
b) Calcula el quocient entre la longitud de la circumferència i el diàmetre per a cada moneda. Què representa?
c) Llegeix la gràfica i després calcula la longitud de la circumferència de les monedes següents.

| Moneda (€) | 2 | 0,20 | 0,01 |
|---|---|---|---|
| Circumferència (mm) | | | |
| Diàmetre (mm) | 25,75 | 22,25 | 16,25 |

## La mesura

**33** Indica quines de les característiques següents d'una persona són magnituds físiques.

a) L'alçada.
b) La simpatia.
c) El pes.
d) La velocitat amb què es mou.
e) La bellesa.
f) L'índex de massa corporal.

**34** Ordena del més gran al més petit en cada apartat.

a) 154,5 cm ; 20.000 μm ; 0,000 154 km
b) 25 min ; 250 s ; 0,25 h
c) 36 km/h ; 9 m/s ; 990 cm/s
d) 2,7 kg/L ; 1.270 kg/m$^3$ ; 13,6 g/mL

**35** Expressa les quantitats que apareixen a les frases següents amb el símbol corresponent. A continuació, utilitza la potència de deu adequada per indicar-ne l'equivalència amb la unitat base:

a) En cirurgia ocular s'utilitza un làser de 2 femtsosegons.
b) El meu ordinador té un disc dur extern de 5 terabytes.
c) En un control antidopatge es van detectar a l'orina d'un ciclista 50 picograms de clembuterol per mil·lilitre.

**36** El disc dur del meu ordinador té 500 gigabytes. Si hi connectem un disc dur extern de 2 terabytes, quant augmentarà la seva capacitat d'emmagatzematge?

**37** Escriu els nombres següents amb notació científica.

a) 2.751.724
b) 0, 000 034 625
c) 35
d) 0,090 02

## El treball al laboratori

**38** Associa cada pictograma amb el risc corresponent:

a) 
b) 
c) 
d) 
e) 
f) 

| | | |
|---|---|---|
| Irritant | Tòxic | Corrosiu |
| Explosiu | Inflamable | Comburent |

## AMPLIA

### 8. EXEMPLE RESOLT

**Els països anglosaxons utilitzen unitats pròpies per mesurar la longitud i, per tant, la velocitat. Expressa les velocitats següents en unitats del SI i ordena-les.**

| Guepard | Tortuga | Pilota de futbol | Pilota de tennis |
|---|---|---|---|
| 75 mph (milles/hora) | 2.625 in/min (polzades/min) | 127 ft/s (peus/s) | 75 yd/s (iardes/s) |

**Equivalència entre unitats.**

| Polzada (in) | Peu (ft) | Iarda (yd) | Milla (mi) |
|---|---|---|---|
| 2,54 cm | 30,48 cm | 91,44 cm | 1,609 km |

Utilitza factors de conversió.

- Guepard:

$$75\,\frac{\cancel{\text{milles}}}{\cancel{\text{h}}}\cdot\frac{1.609\text{ m}}{1\,\cancel{\text{milla}}}\cdot\frac{1\,\cancel{\text{h}}}{3.600\text{ s}}=\mathbf{33{,}5\,\frac{m}{s}}$$

- Tortuga:

$$2.625\,\frac{\cancel{\text{in}}}{\cancel{\text{min}}}\cdot\frac{2{,}54\,\cancel{\text{cm}}}{1\,\cancel{\text{in}}}\cdot\frac{1\text{ m}}{100\,\cancel{\text{cm}}}\cdot\frac{1\,\cancel{\text{min}}}{60\text{ s}}=\mathbf{1{,}1\,\frac{m}{s}}$$

- Pilota de futbol:

$$127\,\frac{\cancel{\text{ft}}}{\text{s}}\cdot\frac{30{,}48\,\cancel{\text{cm}}}{1\,\cancel{\text{ft}}}\cdot\frac{1\text{ m}}{100\,\cancel{\text{cm}}}=\mathbf{38{,}7\,\frac{m}{s}}$$

- Pilota de tennis:

$$75\,\frac{\cancel{\text{yd}}}{\text{s}}\cdot\frac{91{,}44\,\cancel{\text{cm}}}{\cancel{\text{yd}}}\cdot\frac{1\text{ m}}{100\,\cancel{\text{cm}}}=\mathbf{68{,}6\,\frac{m}{s}}$$

**39** En el SI la pressió es mesura en pascals (Pa). En els mapes del temps la pressió atmosfèrica se sol expressar en hectopascals (hPa), però fa uns quants anys s'expressava en atmosferes (atm) o mil·límetres de mercuri (mmHg). La relació entre aquestes unitats és:

- 1 atm = 760 mmHg.
- 1 atm = 101.300 Pa.

Expressa en hPa els valors següents:

a) 1,25 atm
b) 680 mmHg
c) 98.500 Pa
d) 1.500 mmHg

**40** Llegeix la hipòtesi següent:
«Totes les substàncies líquides disminueixen de volum quan es congelen.»
A partir d'això dissenya un experiment que et permeti comprovar si es compleix o no en el cas de l'aigua. És certa, la hipòtesi?

## TÈCNICA. Analitzar una gràfica

Quan es mesura la temperatura del líquid refrigerant (anticongelant) d'un cotxe després que el vehicle s'ha aturat en un garatge a 14 °C de temperatura ambient, s'obté una gràfica com la de sota:

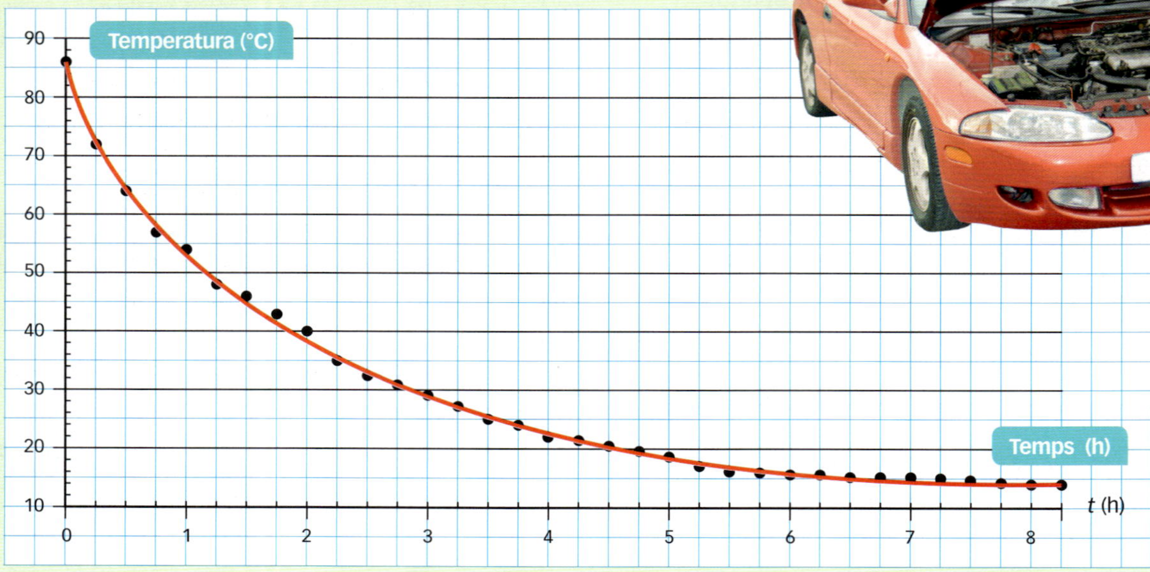


**41** Respon.

a) Quines magnituds apareixen representades a la gràfica?

b) Quines unitats s'hi han utilitzat?

c) Aquestes unitats pertanyen al Sistema Internacional?

d) Què representa la línia traçada?

**42** Fixa't en els eixos i respon.

a) Quina era la temperatura inicial del líquid refrigerant?

b) Cada quant de temps s'ha mesurat la temperatura del refrigerant?

**43** Com varia la temperatura del refrigerant a mesura que passa el temps?

**44** La temperatura del refrigerant disminueix a un ritme constant?

**45** Calcula la temperatura mitjana de refredament (en °C/hora) sabent que al cap de vuit hores la temperatura del refrigerant és de 14 °C.

**46** Quina forma tindria la gràfica si la temperatura es representés en kelvin? I si el temps es mesurés en minuts?

**47** Quina forma tindria la gràfica si la temperatura del refrigerant disminuís a un ritme constant? Tria l'opció correcta.

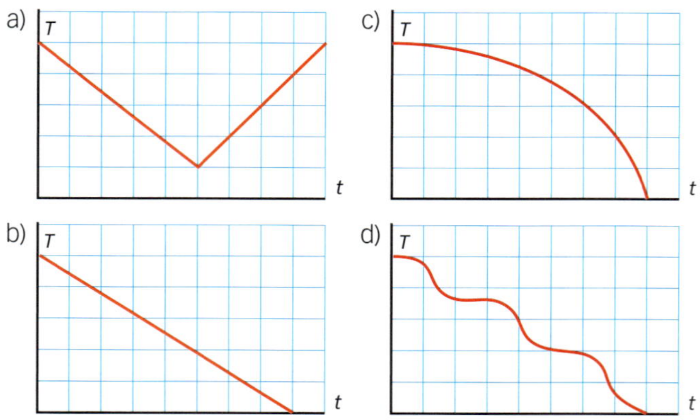


**48** Ara dibuixa una nova gràfica corresponent al cas en què el cotxe s'aparca al carrer un dia d'hivern a una temperatura de 0 °C.

## UN CAS PRÀCTIC. Compartiries els teus descobriments?

L'últim i més meravellós miracle era que el radi podia convertir-se en un aliat de l'home en la seva lluita contra el càncer. Tenia, doncs, una utilitat pràctica [...].

No obstant això, els enginyers només podrien produir el «fabulós metall» si dominaven el secret de les delicades operacions a què calia sotmetre la matèria primera. Un matí de diumenge, Pierre [Curie] va explicar a la seva esposa el que passava. Acabava de llegir una carta que li havien adreçat en demanda d'informació diversos enginyers dels Estats Units [...].

–Tenim dos camins –li va dir Pierre–, o bé descriure els resultats de la nostra recerca, sense reserva alguna, incloent-hi el procés de la purificació...

Marie va fer un gest d'aprovació i va murmurar:

–Sí, per descomptat.

–O bé podríem considerar-nos propietaris i «inventors» del radi, patentar la tècnica del tractament de la pechblenda [mineral que conté radi] i assegurar-nos els drets de la fabricació del radi a tot el món.

Marie va reflexionar uns segons:

–És impossible –va dir després–. Seria contrari a l'esperit científic.

Pierre va somriure amb satisfacció. Marie va continuar:

–Els físics sempre publiquen el resultat complet de les seves recerques. Si el nostre descobriment té possibilitats comercials, no hem de treure partit d'aquesta circumstància. A més, el radi s'utilitzarà per combatre una malaltia. Seria impossible aprofitar-nos d'això...

–Aquesta mateixa nit escriuré als enginyers nord-americans per donar-los tota la informació [...].

Un quart d'hora després, Pierre i Marie rodaven dalt de les seves bicicletes cap al bosc. Acabaven d'escollir per sempre entre la fortuna i la pobresa.

*La vida heroica de Marie Curie, descobridora del radi.*

Eve Curie, Espasa Calpe.

**49** COMPRENSIÓ LECTORA. Rellegeix la frase: «Tenia, doncs, una utilitat pràctica».

a) A quina substància fa referència?

b) Quina utilitat pràctica se cita en el text?

**50** Quin és el descobriment tan especial que havien fet Marie i Pierre Curie?

**51** Explica la frase: «Acabaven d'escollir entre la fortuna i la pobresa». A quina fortuna es refereix?

a) Al valor que tenia en el mercat el radi, una substància molt rara i cara.

b) Al benefici que obtindrien si qui utilitzés en el futur la tècnica descoberta pels Curie per obtenir radi els havia de pagar un «cànon».

c) A la fortuna que tenien Pierre i Marie Curie i que havien cedit per investigar contra el càncer.

**52** Marie Curie va rebre dos premis Nobel de Ciències. Per què creus que hi ha més homes que dones que l'han rebut?

**53** Les cèl·lules cancerígenes es divideixen a un ritme més ràpid del normal. L'esquema mostra com actua la radioteràpia en els malalts de càncer.

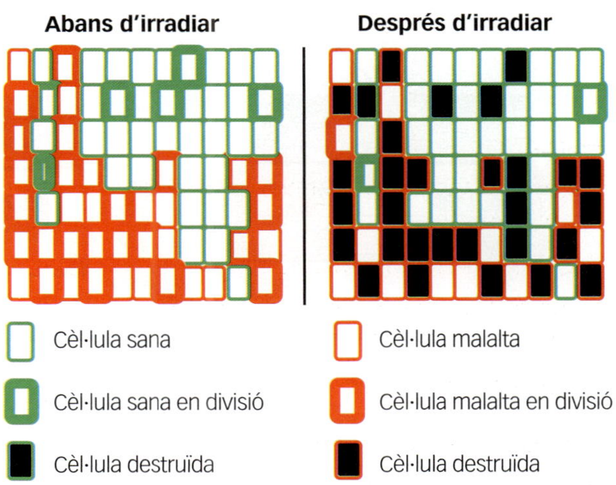


Tria les frases que són certes.

a) La radiació no afecta les cèl·lules.

b) La radiació mata totes les cèl·lules a les quals arriba.

c) La radiació mata més cèl·lules malaltes que sanes.

d) La radiació només mata les cèl·lules malaltes.

e) La radiació transforma les cèl·lules cancerígenes en cèl·lules sanes.

**54** Ara decideix: compartiries els teus descobriments sense reserves o els patentaries per obtenir-ne un benefici?

## RELACIÓ ENTRE LA MASSA I EL VOLUM D'UNA SUBSTÀNCIA

Si observem al nostre voltant sembla que el volum que ocupa una quantitat determinada de substància és més gran com més gran és la quantitat de substància. Plantegem un estudi seguint el mètode científic. Elegim l'aigua com a substància i fem aquesta experiència:

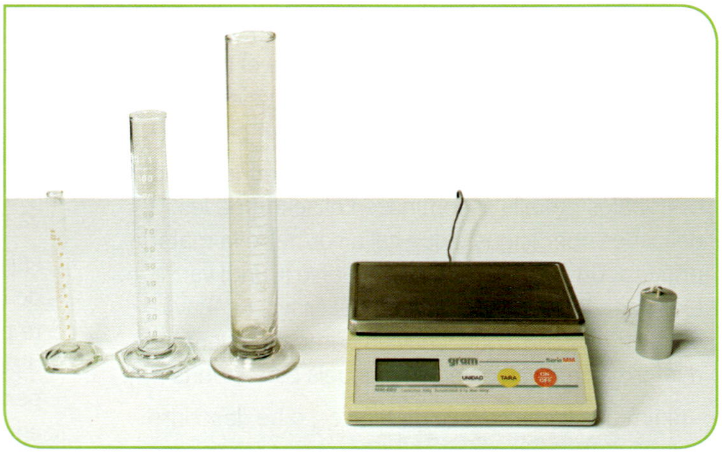

### MATERIAL

- Tres provetes de capacitat diferent.
- Una balança electrònica.

### PROCEDIMENT

1. Primer, encén la balança, col·loca-hi la proveta petita al damunt i tara-la.

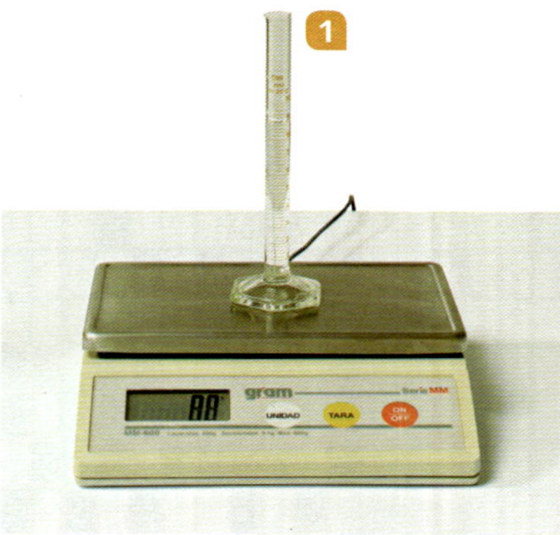

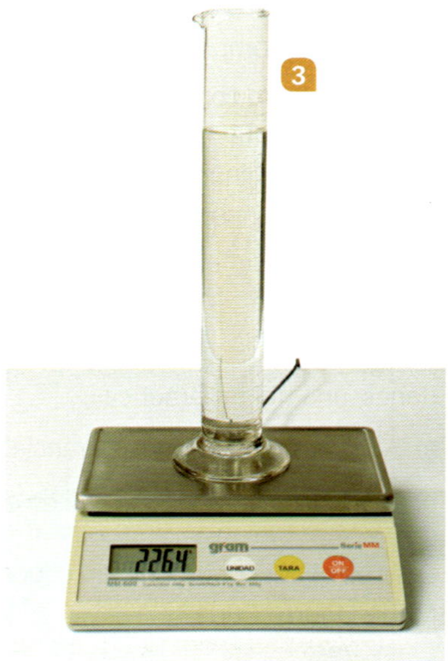

2. Aboca aigua a la proveta i posa-la a la balança. Anota la massa i el volum.
3. Repeteix els passos 1 i 2 amb la proveta mitjana.
4. Després repeteix els passos 1 i 2 amb la proveta gran.

### Resultats experimentals

Fes a la llibreta una taula similar a la de sota i anota-hi els resultats experimentals.

Les dades corresponents a una experiència real són:

| | Proveta 1 (10 mL) | Proveta 2 (100 mL) | Proveta 3 (250 mL) |
|---|---|---|---|
| Massa (g) | 8,8 | 94,0 | 226,4 |
| Volum (mL) | 8,8 | 95 | 227 |

Per elaborar una gràfica a partir de la taula, escriu en cada eix les magnitud que hi representaràs. Abans de triar l'escala sobre cada eix, fixa't en el valor mínim i el màxim que hi ha a la taula per a cada magnitud.

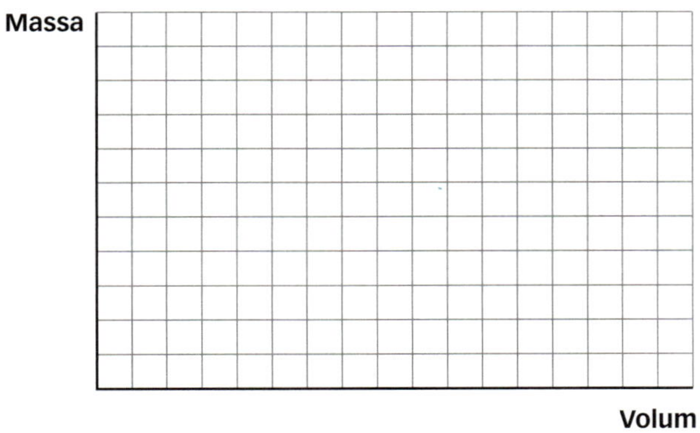


## ACTIVITATS

**55** Representa gràficament les dades de la taula i respon:

a) Quina forma té la gràfica?

b) Passa pel punt (0, 0)? Interpreta aquest fet.

c) Quina és la relació matemàtica entre aquestes magnituds?

d) Quin volum ocuparien 45 g d'aigua?

e) Quina seria la massa de 243 ml d'aigua?

## Informe científic

Elabora un informe científic que expliqui aquest estudi. Pots elaborar-lo imprès en paper o bé fer una presentació multimèdia amb Libreoffice Impress, Microsoft Office o una aplicació similar.

**1. Títol**

Inclou el títol del treball, el teu nom, el lloc on s'ha dut a terme la recerca i la data.

**2. Introducció**

Explica breument per què s'ha fet aquesta investigació i què es pretén demostrar.

- Observació: defineix el problema que estudiaràs.
- Hipòtesi: enuncia la hipòtesi que pretens comprovar.

**3. Metodologia**

Descriu l'experiment:

- Material.
- Procediment.
- Quina és la variable independent?
- Quina és la variable dependent?

**4. Resultats**

Representa en una taula els resultats obtinguts. Elabora la gràfica corresponent.

- Coincideixen totes les dades sobre la línia d'ajustament? Si no és així, explica per què ha passat i si es pot evitar.

**5. Discussió dels resultats**

Analitza la gràfica per establir la relació entre les variables.

- Com s'anomena la magnitud que relaciona aquestes variables?

**6. Resum i conclusió final**

Reprèn la hipòtesi que havies formulat al principi i enuncia la llei científica que resulta de l'estudi realitzat.

- La hipòtesi es compleix?

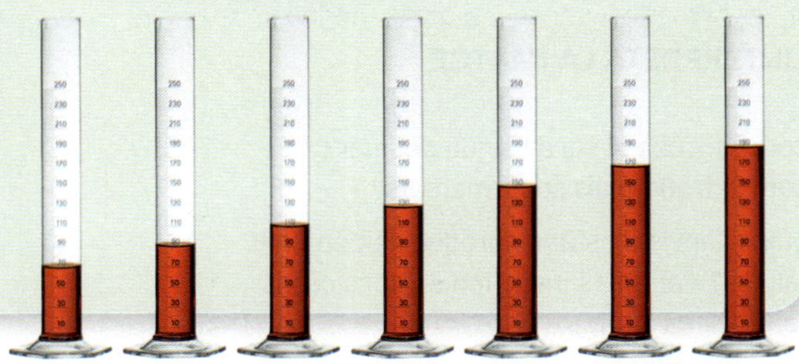

# 2 Els gasos i les dissolucions

**SABER**

- Els gasos i la pressió atmosfèrica.
- Les lleis dels gasos.
- La teoria cinètica dels gasos.
- Les dissolucions.
- La solubilitat.

**SABER FER**

- Resoldre problemes.
- Interpretar els resultats d'un experiment.
- Comprendre com funciona un alcoholímetre.

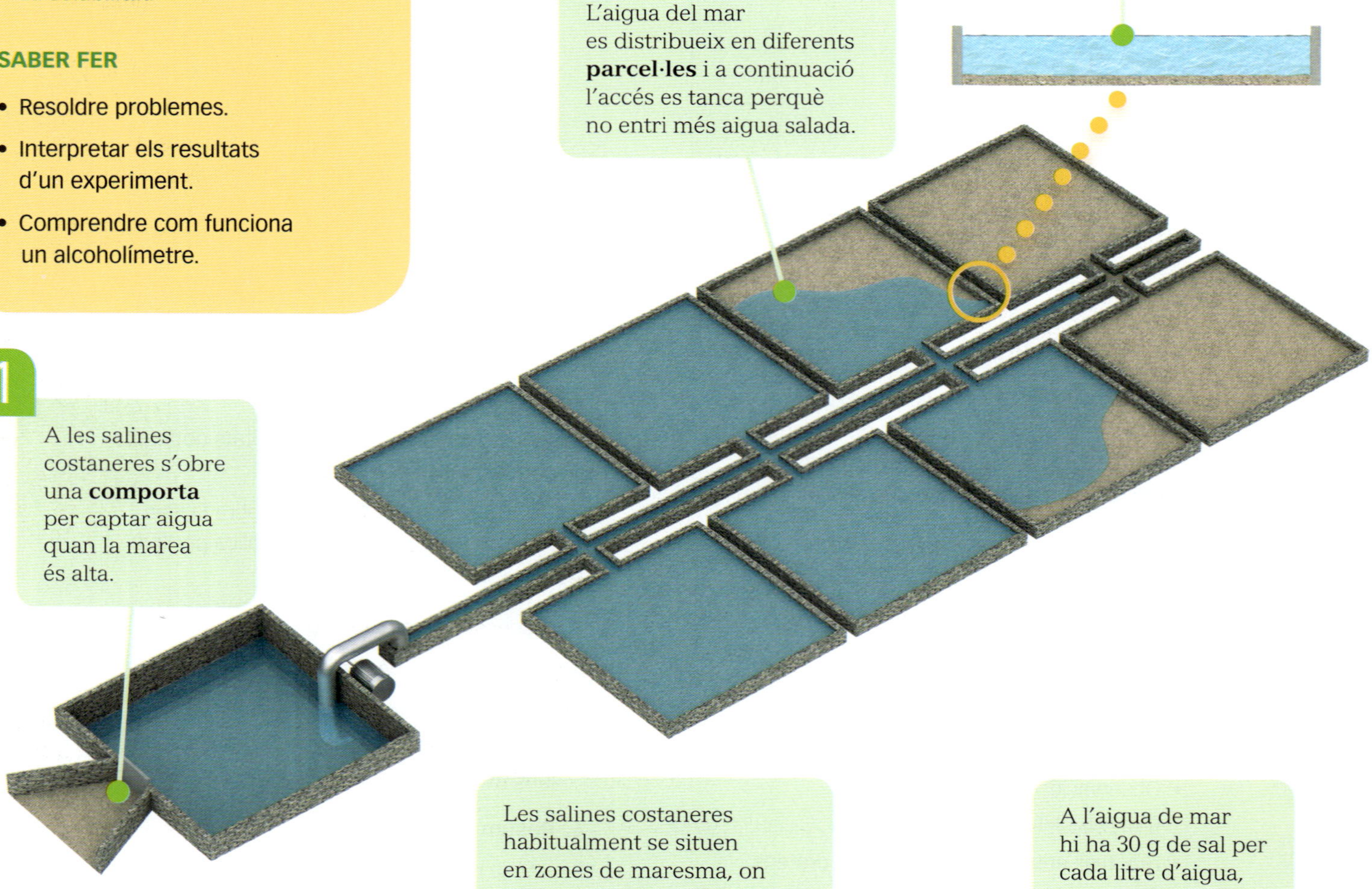

**? INTERPRETA LA IMATGE**

- Com es troba la sal a l'aigua del mar? Com la trobem als supermercats?
- Quins canvis d'estat es produeixen en unes salines? Per què s'instal·len en llocs càlids i amb clima sec?

## QUÍMICA QUOTIDIANA. **La sal**

Pot semblar que la sal és una substància amb poc valor. En efecte, al mercat en podem comprar un quilo per pocs diners. Però abans no era així. De fet, la paraula **salari**, que són els diners que es paguen de sou a un treballador, s'utilitza perquè fa segles el pagament a alguns treballadors es duia a terme en forma de… sal.

Observa en aquestes pàgines com obtenim sal actualment. Després la fem servir a la cuina, però també per fer les carreteres menys relliscoses a l'hivern quan glaça o per conservar aliments.

**4**

A mesura que **l'aigua s'evapora** es redueix el gruix de la capa que conté la sal.

**5**

Quan s'ha evaporat la quantitat d'aigua suficient la sal dissolta comença a **cristal·litzar**.

La sal està formada per moltíssims àtoms de clor i de sodi enllaçats.

**6**

Un cop cristal·litzada, la **sal** es recull i s'emmagatzema.

**7**

La sal es renta abans de ser distribuïda.

### CLAUS PER COMENÇAR

- Posa exemples de substàncies que utilitzes habitualment i que siguin barreges d'altres substàncies més simples.
- Coneixes exemples de dissolucions? Quines substàncies les formen?

## REPASSA MATEMÀTIQUES, FÍSICA I QUÍMICA

### Canvi d'unitats. Factors de conversió

Un **factor de conversió** és una fracció que té al numerador i al denominador la mateixa quantitat, però expressada en unitats diferents. S'utilitza per expressar una quantitat en unes altres unitats.

**1. EXEMPLE RESOLT**

**Expressa la densitat de l'alcohol, 0,78 g/mL, en unitats del SI.**

La unitat del SI per a la massa és el quilogram, i per al volum, el metre cúbic. Per fer el canvi d'unitats utilitza dos factors de conversió: un per a la massa i l'altre per al volum. 1 mL equival a 1 cm³:

Factors de conversió

$$0{,}78\,\frac{\cancel{\text{g}}}{\cancel{\text{cm}^3}}\cdot\frac{1\text{ kg}}{10^3\,\cancel{\text{g}}}\cdot\frac{10^6\,\cancel{\text{cm}^3}}{1\text{ m}^3}=780\,\frac{\text{kg}}{\text{m}^3}$$

Canvi d'unitat de massa — Canvi d'unitat de volum

### Resolució de problemes

Per resoldre problemes segueix aquests passos.

1. Identifica la fórmula matemàtica que has d'utilitzar.
2. Aïlla la incògnita en un membre. Si un factor està multiplicant, passa a l'altre membre dividint. I a l'inrevés: si està dividint, passa multiplicant.
3. Substitueix les dades. Si apareixen diverses quantitats d'una mateixa magnitud, expressa-les en la mateixa unitat.

**2. EXEMPLE RESOLT**

**Un corredor es desplaça a 6 m/s. Quant tardarà a recórrer 1,2 km?**

1. Cal utilitzar l'equació: $v = \frac{s}{t}$.
2. Aïlla la incògnita, $t$:
   $$v = \frac{s}{t} \rightarrow v \cdot t = s \rightarrow t = \frac{s}{v}$$
3. Quan substitueixis les dades has d'expressar 1,2 km en m.
   $$1{,}2\,\cancel{\text{km}} \cdot \frac{1.000\text{ m}}{1\,\cancel{\text{km}}} = 1{,}2 \cdot 10^3\text{ m}$$
   Per tant:
   $$t = \frac{s}{v} = \frac{1{,}2 \cdot 10^3\text{ m}}{6\text{ m/s}} = \mathbf{200\ s}$$

### Taules de dues variables

La taula següent indica la pressió que exerceix el gas que hi ha en un recipient a mesura que es va reduint el volum:

| Volum (L) | 1,00 | 0,50 | 0,33 | 0,25 | 0,20 |
|---|---|---|---|---|---|
| Pressió (atm) | 1 | 2 | 3 | 4 | 5 |

- **Variable independent: volum.** És la magnitud que anem modificant en l'experiència.
- **Variable dependent: pressió.** El seu valor depèn del valor del volum.

### Representació gràfica de dues variables

1. Utilitza paper mil·limetrat o quadriculat.
2. Dibuixa dos eixos perpendiculars: un de vertical (d'ordenades, Y) i un altre horitzontal (d'abscisses, X).
3. Especifica en cada eix el nom de la magnitud que hi representaràs i la unitat amb què es mesura.
4. Traça l'escala en cada eix, tenint en compte els valors màxim i mínim. La unitat ha de ser constant en cada eix, però la unitat d'un eix pot ser diferent de la de l'altre.

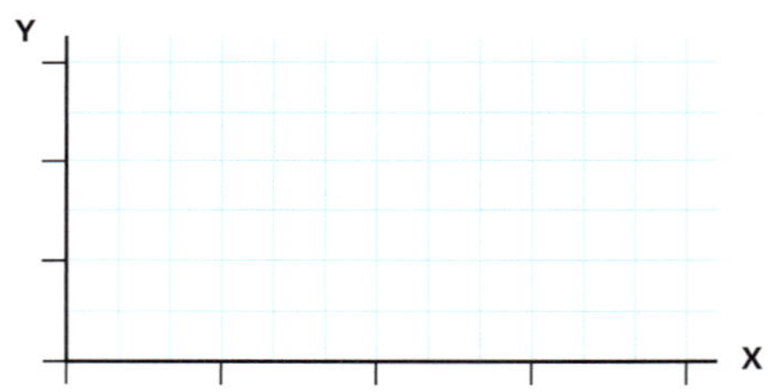


5. Representa cada parell de valors amb un punt.
6. Traça la línia que s'ajusti millor als punts.

### ACTIVITATS

**1** Expressa les quantitats següents en m³:

a) 2,5 cm³
b) 13,25 mL
c) 4,5 L
d) 35,2 dm³

**2** La taula representa masses i volums d'oli:

| Massa (g) | 9,6 | 13,6 | 18,4 | 25,6 | 30,4 |
|---|---|---|---|---|---|
| Volum (cm³) | 12 | 17 | 23 | 32 | 38 |

a) Representa gràficament aquestes dades.
b) Com varia el volum en augmentar la massa?

## REPASSA MATEMÀTIQUES, FÍSICA I QUÍMICA

### Què representa un percentatge?

Sovint sentim expressions com aquestes:

- A la classe de 3r A el 60 % són nois.
- A les rebaixes els preus s'han reduït el 25 %.
- A la crema pastissera, el 55 % és llet, el 30 % de rovell d'ou, el 10 % de sucre i el 5 % de farina de blat de moro.

El símbol % es llegeix «per cent». Quan un conjunt està format per diversos elements, el percentatge d'un element (%) representa la proporció d'aquest element en un conjunt format per un grup similar, però de 100 elements. Per exemple:

- Si la classe de 3r A tingués 100 alumnes, amb aquesta mateixa proporció de nois i noies, 60 serien nois.
- Un objecte que normalment té un preu de 100 euros, a les rebaixes d'estiu te'n costaria 75. Per cada 100 euros de cost, et rebaixen 25 euros.
- Per preparar 100 g de crema pastissera has de barrejar 55 g de llet, 30 g de rovell d'ou, 10 g de sucre i 5 g de farina de blat de moro.

La suma de tots els percentatges d'un conjunt és 100.

### Els estats de la matèria i la teoria cinètica

La major part de les vegades, la matèria es presenta en un d'aquests tres estats físics: sòlid, líquid i gas.

| Estat | Sòlids | Líquids | Gasos |
|---|---|---|---|
| Característiques | Forma constant. | Forma variable. | Forma variable. |
| | Volum constant. | Volum constant. | Volum variable. |
| | No s'expandeixen. | No s'expandeixen. | S'expandeixen. |
| | No es comprimeixen. | Es comprimeixen poc. | Es comprimeixen. |
| Exemples | • Gel.<br>• Sucre.<br>• Metalls. | • Aigua.<br>• Oli.<br>• Alcohol. | • Vapor d'aigua<br>• Butà. |

Segons la teoria cinètica:

- La matèria està formada per **partícules molt petites** que estan més o menys unides segons l'estat en què es trobi.
- **Les partícules es mouen** més o menys lliurement depenent de l'estat. Com més gran és la rapidesa amb què es mouen, més gran és la temperatura de la matèria.

**La teoria cinètica i els gasos**

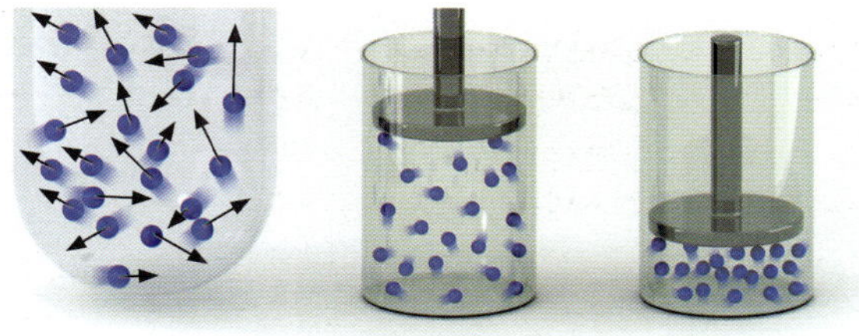

En l'estat gas les forces entre les partícules són tan febles que es mouen amb tota llibertat.

**La teoria cinètica i els sòlids**

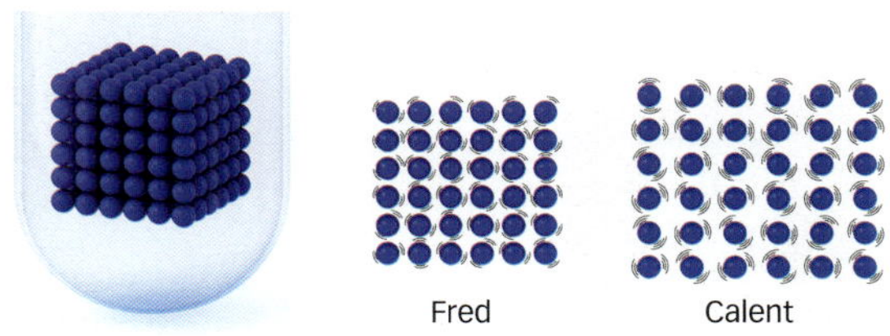


En els sòlids les partícules estan fortament unides, formant una estructura rígida. Només tenen un petit moviment de vibració.

**La teoria cinètica i els líquids**

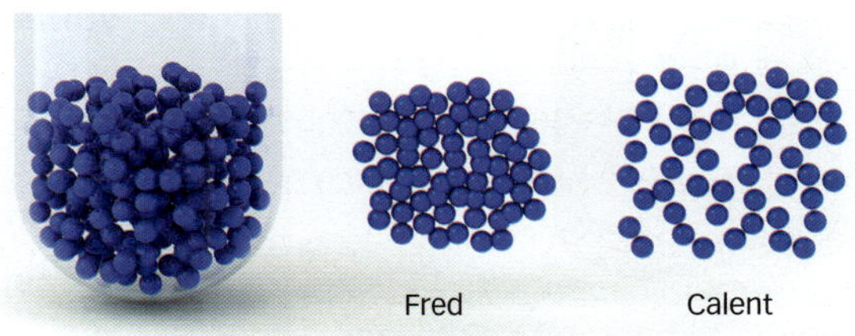


En els líquids les partícules formen petits grups que poden lliscar els uns sobre els altres. La vibració en les partícules és més gran que en els sòlids.

### ACTIVITATS

**3** Revisa les dades sobre percentatges i respon:

a) Si la classe de 3r A té 25 alumnes, quants nois hi ha?

b) Si has comprat a les rebaixes un joc que valia 35 €, quant t'ha costat?

c) Si vols preparar 500 g de crema pastissera, quina quantitat has de tenir de cada ingredient?

**4** Què els passa a les partícules d'un sòlid quan l'escalfem?

# 1 Els gasos i la pressió atmosfèrica

A la natura hi ha substàncies molt importants que es troben habitualment en estat gas, com l'aire, el gas natural o el diòxid de carboni. Les seves característiques són molt diferents de les dels sòlids i els líquids, i a partir del segle XVII importants científics es van ocupar d'estudiar-les.

Quan introduïm un gas en un recipient, les seves partícules, en moviment continu, ocupen tot l'espai disponible. És per això que diem que els gasos tenen la forma i el volum del recipient en què es troben.

Els sòlids i els líquids són fàcils de manipular. Podem mesurar la quantitat d'un sòlid col·locant-lo sobre una balança i llegint-ne la massa. En el cas d'un líquid, podem introduir-lo en una proveta i llegir el volum que ocupa.

Però resulta difícil mesurar directament la quantitat de gas que hi ha en un recipient. La major part de les vegades, la quantitat d'un gas es determina de manera indirecta mesurant el volum del recipient dins el qual està tancat, la temperatura a la qual es troba i la pressió que exerceix.

Per mesurar la temperatura s'utilitzen **termòmetres**. Habitualment mesurem la temperatura en °C, però en molts càlculs de gasos haurem d'utilitzar la temperatura expressada en K.

- El **volum** del recipient es mesura en unitats de capacitat, com el litre (L) o el mil·lilitre (mL). En el SI es mesura en $m^3$, però sovint utilitzem submúltiples, com el $dm^3$ o el $cm^3$.

| | | |
|---|---|---|
| $1\ m^3 = 10^3\ L$ | $1\ dm^3 = 1\ L$ | $1\ cm^3 = 1\ mL$ |

- Per mesurar la **temperatura** s'utilitza un termòmetre. Habitualment s'utilitza l'escala Celsius (°C), tot i que la unitat del SI és el kelvin (K), que correspon a l'escala absoluta de temperatures. L'equivalència entre les dues escales és aquesta:

$$T(\text{K}) = T(°\text{C}) + 273$$

  Per exemple, una temperatura de 0 °C correspon a 273 K.

- La **pressió** es mesura amb un aparell anomenat manòmetre. La unitat del SI per a la pressió és el pascal (Pa), però en els estudis de gasos és més freqüent utilitzar com a unitat l'atmosfera (atm) o el mil·límetre de mercuri (mmHg).

## ACTIVITATS

**5** Expressa en kelvin (K) les temperatures següents:

a) 100 °C b) −273 °C c) 35 °C d) −10 °C

**6** Expressa en litres (L) els volums següents:

a) 250 mL b) 0,03 $m^3$ c) 50 $cm^3$ d) 6 $m^3$

**7** Expressa els volums següents en unitats del SI.

a) 7.500 mL b) 2,5 L c) 125 $cm^3$ d) 0,5 $dm^3$

## 1.1. La pressió atmosfèrica

Anomenem **pressió atmosfèrica** la pressió que exerceix l'aire.

L'aire és present en qualsevol lloc en què ens trobem. La seva presència és tan habitual que només el percebem quan es mou, el vent.

Tot i això, la pressió que l'aire exerceix és responsable d'alguns fenòmens curiosos que podem analitzar.

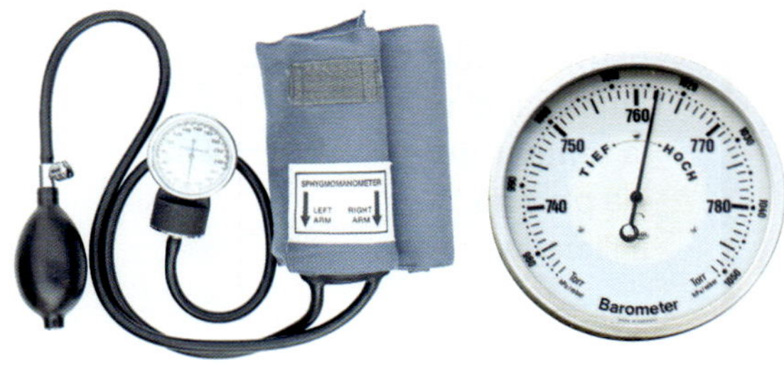


Per mesurar la pressió dels fluids s'utilitzen **manòmetres** (esquerra). Si el que mesurem és la pressió atmosfèrica, els manòmetres s'anomenen **baròmetres** (dreta).

### SABER FER

### Experimentar amb la pressió atmosfèrica

El líquid té el mateix nivell dins de la palleta que al got.

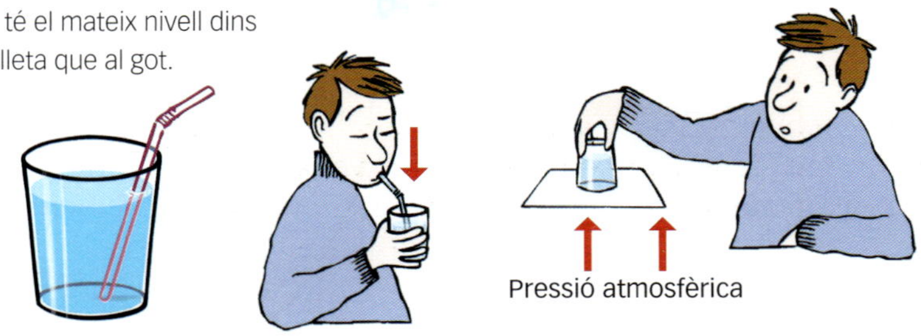


Quan xuclem, desapareix l'aire que hi havia dins de la palleta i, amb l'aire, la pressió que exercia. La pressió atmosfèrica sobre la superfície del refresc empeny el líquid fins la boca.

La pressió atmosfèrica impedeix que caigui el paper i, en conseqüència, l'aigua que hi ha a l'interior.

El científic italià Evangelista Torricelli (1608-1647) va mesurar la pressió que exerceix l'atmosfera al nivell del mar.

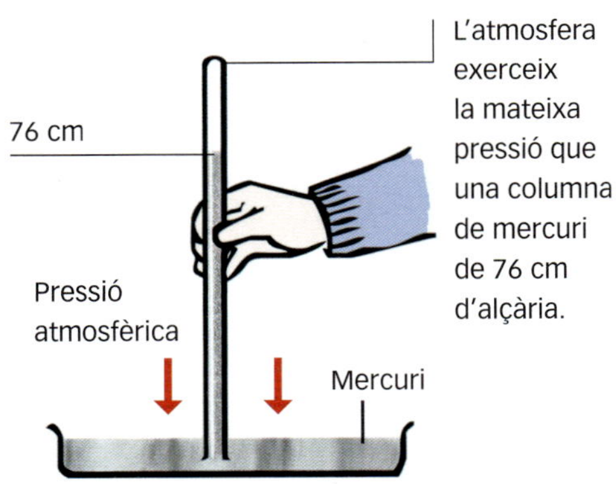


**Experiència de Torricelli.** Va introduir mercuri en una cubeta i va omplir de mercuri un tub que després va invertir de manera que les vores quedessin submergides en el mercuri de la cubeta. Fos quina fos la longitud del tub, el mercuri de l'interior només arribava a una altura de 76 cm per sobre del nivell del líquid de la cubeta.

Va concloure que la pressió que exerceix l'atmosfera és la mateixa que exerceix una columna de mercuri de 76 cm d'alçària (o 760 mm). Aquesta quantitat de pressió la va anomenar **1 atmosfera (1 atm)**.

Avui l'atmosfera s'utilitza com a unitat per mesurar pressions.

$$1 \text{ atm} = 760 \text{ mmHg} = 101.325 \text{ Pa}$$

### ACTIVITATS

**8** Reescriu aquest text expressant les temperatures en kelvin, el volum en $m^3$ i la pressió en atmosferes.

A l'Estat espanyol, les temperatures mitjanes oscil·len entre els 15 °C i els 40 °C, i les precipitacions mitjanes anuals van des dels 800 L/$m^2$ al nord fins els 300 L/$m^2$ a la regió de Múrcia.

La pressió atmosfèrica és un factor determinant del temps atmosfèric. L'hivern de 1989 es va detectar a la conca de l'Ebre una pressió de 783 mmHg, que va ocasionar temperatures anormalment altes.

Per estudiar les lleis dels gasos s'utilitzen recipients que permeten variar i mesurar el **volum**, la **temperatura** i la **pressió** a l'interior.

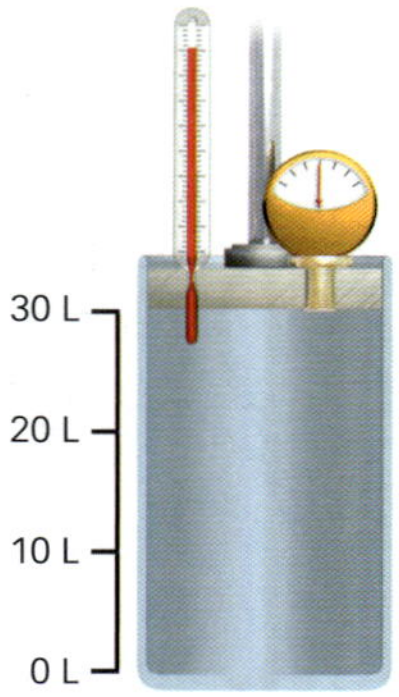


# 2 Les lleis dels gasos

## 2.1. Variació de la pressió amb el volum a temperatura constant. Llei de Boyle-Mariotte

Al llarg del segle XVII, Robert Boyle (1627-1691) a Anglaterra i Edmé Mariotte (1620-1684) a França van estudiar les variacions que experimentava la pressió del gas tancat en un recipient quan se'n modificava el volum i es mantenia constant la temperatura.

**SABER FER**

### Experiència de Boyle-Mariotte

Quan fem pujar o baixar l'èmbol, variem el volum, i llegim la pressió al manòmetre.

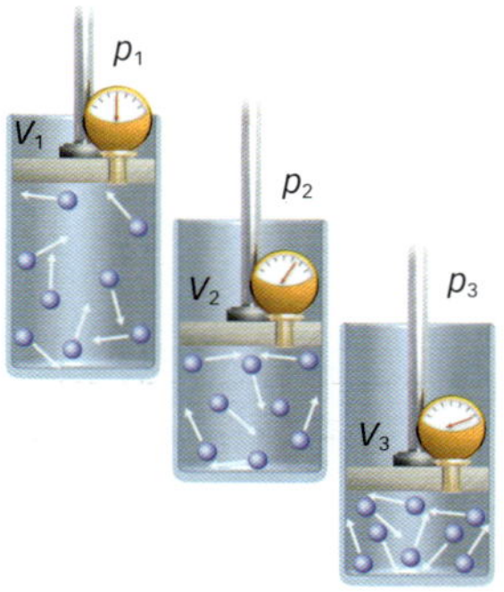


Ens hem d'assegurar que la temperatura es manté constant.

Emplena la taula a la llibreta.

Finalment, representa les dades en una gràfica. Tindrà un aspecte semblant a aquesta.

| *V* (L) | *p* (atm) | *p* · *V* |
|---|---|---|
| 30 | 0,5 | 15 |
| 15 | 1,0 | … |
| 10 | 1,5 | … |
| 7,5 | 2,0 | … |
| 6,0 | 2,5 | … |
| 5,0 | 3,0 | … |
| 3,0 | 5,0 | … |

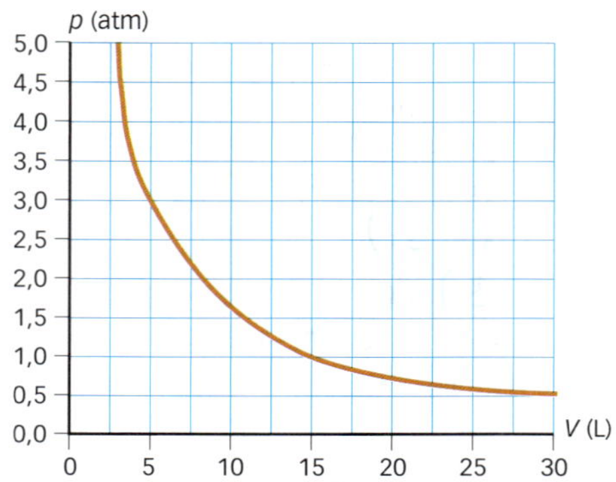


**ACTIVITATS**

**9** En un recipient de 5 L introduïm gas oxigen a la pressió de 4 atm. Quina pressió exercirà si dupliquem el volum del recipient sense que variï la temperatura?

**10** Quin volum ocuparà el gas si la pressió es triplica?

- Com més gran és el volum, més petita és la pressió, i viceversa.
- En cada cas, el producte de la pressió pel volum és constant.
- La gràfica de la pressió respecte del volum és una hipèrbola.

És a dir, ***p* i *V* són magnituds inversament proporcionals.**

**Llei de Boyle-Mariotte.** Quan un gas experimenta transformacions a temperatura constant, el producte de la pressió que exerceix pel volum que ocupa es manté constant.

$$p \cdot V = \text{constant}; \quad p_1 \cdot V_1 = p_2 \cdot V_2$$

**3. EXEMPLE RESOLT**

**En un recipient de 500 mL tenim un gas que exerceix una pressió de 650 mmHg quan la temperatura és de 80 °C. Quin volum ocuparà si la pressió és d'1,25 atm i la temperatura no varia?**

Representa els dos estats del gas:

| Estat 1 | | Estat 2 |
|---|---|---|
| $p_1 = 650$ mmHg | $T$ = const. → | $p_2 = 1{,}25$ atm |
| $T_1 = 80\,°C$; $V_1 = 500$ mL | | $T_2 = 80\,°C$; $V_2 = ?$ |

La pressió ha d'estar expressada en les mateixes unitats en tots dos estats.

$$650\ \text{mmHg} \cdot \frac{1\ \text{atm}}{760\ \text{mmHg}} = 0{,}86\ \text{atm}$$

Transformació a $T$ = const. → llei de Boyle-Mariotte.

$$p_1 \cdot V_1 = p_2 \cdot V_2 \rightarrow V_2 = \frac{p_1}{p_2} \cdot V_1 \rightarrow$$

$$\rightarrow V_2 = \frac{0{,}86\ \text{atm} \cdot 500\ \text{mL}}{1{,}25\ \text{atm}} = \mathbf{344\ mL}$$

## 2.2. Variació de la pressió amb la temperatura a volum constant. Llei de Gay-Lussac

Al segle XIX, el químic francès Joseph Louis Gay-Lussac (1778-1850) va estudiar les variacions que experimentava la pressió d'un gas quan es modificava la temperatura sense variar el volum.

**PARA ATENCIÓ**

En totes les lleis dels gasos has d'utilitzar temperatures absolutes (mesurades en K).

**SABER FER**

### Experiència de Gay-Lussac

Com que el volum s'ha de mantenir constant, fixem l'èmbol del cilindre. Escalfem o refredem el recipient perquè varïi la temperatura del gas i llegim al manòmetre la pressió resultant.

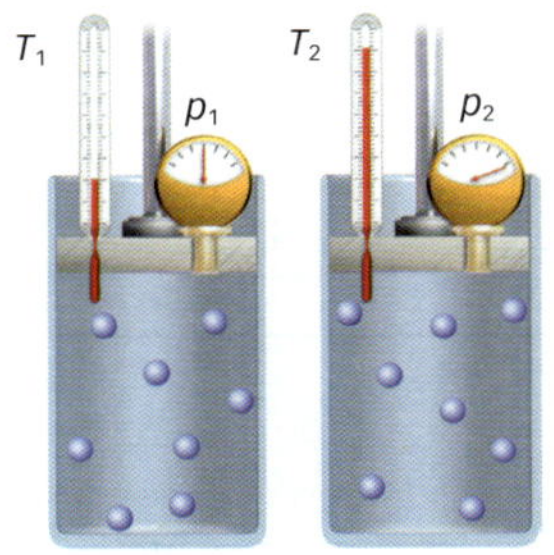


Emplena la taula a la llibreta. Finalment, representa les dades en una gràfica. Obtindràs una gràfica com aquesta.

| *p* (atm) | *T* (K) | *p*/*T* |
|---|---|---|
| 0,5 | 200 | $2{,}5 \cdot 10^{-3}$ |
| 0,8 | 320 | … |
| 1,0 | 400 | … |
| 1,3 | 520 | … |
| 1,5 | 600 | … |
| 1,8 | 720 | … |
| 2,0 | 800 | … |

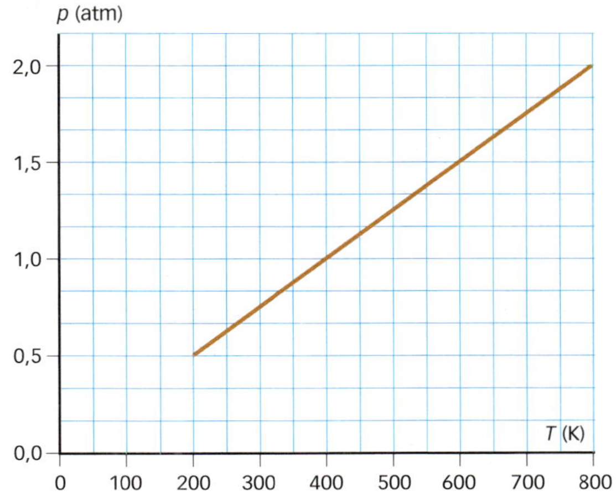


- Com més gran és la pressió, més gran és la temperatura, i viceversa.
- El quocient entre la pressió i la temperatura absoluta és constant.
- La representació gràfica de la pressió respecte de la temperatura absoluta és una recta que passa pel punt (0, 0).

És a dir, ***p* i *T* són magnituds directament proporcionals.**

**Llei de Gay-Lussac.** Quan un gas experimenta transformacions a volum constant, el quocient entre la pressió que exerceix i la seva temperatura absoluta es manté constant.

$$\frac{p}{T} = \text{constant}; \quad \frac{p_1}{T_1} = \frac{p_2}{T_2}$$

**ACTIVITATS**

**11** En un recipient de 5 L introduïm gas oxigen a 4 atm i 27 °C. Quina pressió tindrà si la temperatura passa a ser de 127 °C sense que varïi el volum?

**12** Un gas exerceix una pressió de 2 atm a 0 °C. Quina temperatura tindrà a 4 atm si no varia el volum?

**4. EXEMPLE RESOLT**

**En un recipient de 500 mL tenim un gas que exerceix una pressió de 650 mmHg quan té una temperatura de 80 °C. Quina temperatura tindrà si la pressió és d'1,25 atm i el volum no varia?**

Representa els dos estats del gas:

| Estat 1 | | Estat 2 |
|---|---|---|
| $p_1 = 650$ mmHg | $T$ = const. → | $p_2 = 1{,}25$ atm |
| $T_1 = 80$ °C; $V_1 = 500$ mL | | $T_2 = ?$; $V_2 = 500$ mL |

Expressa la pressió en atm i la temperatura en kelvin:

- $650 \, \text{mmHg} \cdot \dfrac{1 \, \text{atm}}{760 \, \text{mmHg}} = 0{,}86$ atm
- $T(\text{K}) = T(°\text{C}) + 273 = 80\,°\text{C} + 273 = 353$ K

Transformació a $V$ = const. → lley de Gay-Lussac:

$$\frac{p_1}{T_1} = \frac{p_2}{T_2} \rightarrow p_1 \cdot T_2 = p_2 \cdot T_1 \rightarrow$$

$$\rightarrow T_2 = \frac{p_2}{p_1} \cdot T_1 = \frac{1{,}25 \, \text{atm}}{0{,}86 \, \text{atm}} \cdot 353 \, \text{K} = 513 \, \text{K} = \mathbf{240\,°C}$$

## 2.3. Variació del volum amb la temperatura a pressió constant. Llei de Charles

Un altre científic francès, Jacques Alexandre Charles (1746-1823), va analitzar les variacions que experimentava el volum d'un gas quan canviava la temperatura i es mantenia constant la pressió.

Charles va fer mesuraments en globus aerostàtics i va arribar a conclusions que més tard va confirmar el mateix Gay-Lussac.

**SABER FER**

### Experiència de Charles

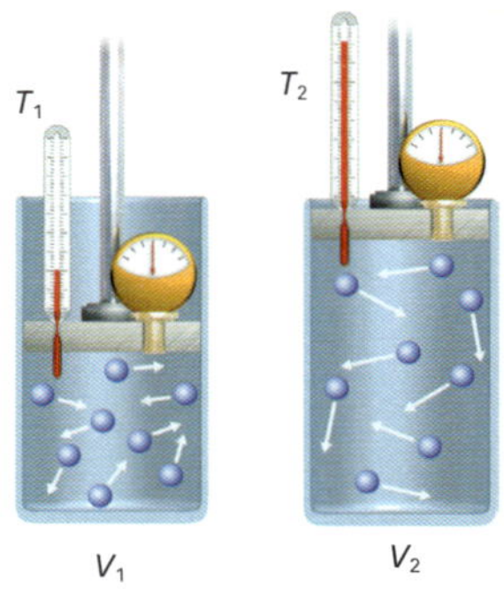


Escalfem o refredem el recipient perquè variï la temperatura del gas.

Modifiquem el volum perquè el manòmetre indiqui sempre la mateixa pressió.

Emplena la taula a la llibreta. Finalment, representa les dades en una gràfica. Obtindràs una figura semblant a aquesta.

| *V* (L) | *T* (K) | *V*/*T* |
|---|---|---|
| 2 | 100 | 0,02 |
| 3 | 150 | ... |
| 4 | 200 | ... |
| 5 | 250 | ... |
| 6 | 300 | ... |
| 7 | 350 | ... |
| 8 | 400 | ... |

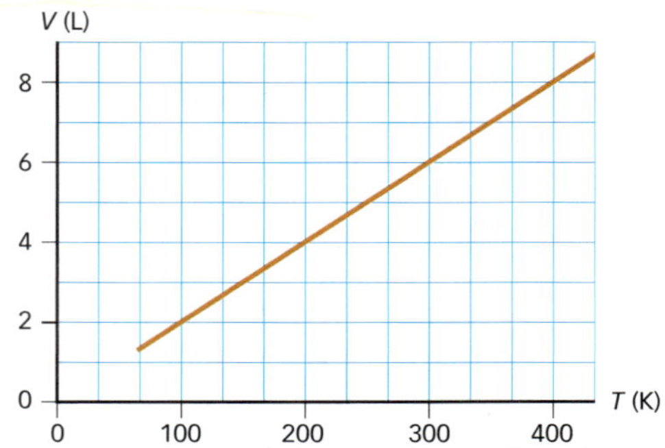


- Com més gran és el volum, més gran és la temperatura, i viceversa.
- El quocient entre el volum i la temperatura absoluta és constant.
- La representació gràfica del volum respecte de la temperatura absoluta és una recta que passa pel punt (0, 0).

És a dir, ***V* i *T* són magnituds directament proporcionals.**

**Llei de Charles.** Quan un gas experimenta transformacions a pressió constant, el quocient entre el volum del gas i la seva temperatura absoluta es manté constant.

$$\frac{V}{T} = \text{constant}; \quad \frac{V_1}{T_1} = \frac{V_2}{T_2}$$

**ACTIVITATS**

13. En un recipient de 5 L introduïm gas oxigen a una pressió de 4 atm i observem que la temperatura és de 27 °C. Quin volum ocuparà a –27 °C si no varia la pressió?

14. Un gas ocupa un volum de 5 L a 0 °C. Quina temperatura tindrà si el volum del recipient arriba als 10 L sense que variï la pressió?

15. Un gas ocupa 250 $cm^3$ a 27 °C. A quina temperatura ocuparà un volum d'1,5 L si la pressió es manté constant?

**5. EXEMPLE RESOLT**

**En un recipient de 500 mL tenim un gas que exerceix una pressió de 650 mmHg a 80 °C. Quina temperatura tindrà si la pressió no varia i el volum arriba als 2,5 L?**

Representa els dos estats del gas:

| Estat 1 | | Estat 2 |
|---|---|---|
| $p_1$ = 650 mmHg | $T$ = const. → | $p_2$ = 650 mmHg |
| $T_1$ = 80 °C; $V_1$ = 500 mL | | $T_2$ = ?; $V_2$ = 2,5 L |

- $500 \text{ mL} \cdot \frac{1 \text{ L}}{1.000 \text{ mL}} = 0{,}5 \text{ L}$
- $T(\text{K}) = T(°\text{C}) + 273 = 80 °\text{C} + 273 = 353 \text{ K}$

Transformació a $p$ = const. → lley de Charles.

$$\frac{V_1}{T_1} = \frac{V_2}{T_2} \rightarrow T_2 = \frac{V_2}{V_1} \cdot T_1 = \frac{2{,}5 \text{ L} \cdot 353 \text{ K}}{0{,}5 \text{ L}} = 1.765 \text{ K} = \mathbf{1.492\ °C}$$

## 2.4. Llei dels gasos ideals

Si relacionem les tres lleis dels gasos que hem estudiat podem deduir una expressió que relacioni la pressió, el volum i la temperatura d'un gas en un estat amb els valors que tindrà en qualsevol altre estat.

Aquesta equació s'anomena **equació general dels gasos ideals:**

$$\frac{p_1 \cdot V_1}{T_1} = \frac{p_2 \cdot V_2}{T_2}$$

L'equació dels gasos ideals engloba les tres lleis experimentals:

**PARA ATENCIÓ**

A l'equació general dels gasos ideals $p$ i $V$ es poden expressar en qualsevol unitat sempre que sigui la mateixa en tots dos estats, però la temperatura s'ha d'expressar en kelvin.

| Lley de Boyle-Mariotte | Lley de Gay-Lussac | Lley de Charles |
|---|---|---|
| Transformacions a $T$ = const. $T_1 = T_2$: $\frac{p_1 \cdot V_1}{\cancel{T_1}} = \frac{p_2 \cdot V_2}{\cancel{T_2}} \rightarrow p_1 \cdot V_1 = p_2 \cdot V_2$ | Transformacions a $V$ = const. $V_1 = V_2$: $\frac{p_1 \cdot \cancel{V_1}}{T_1} = \frac{p_2 \cdot \cancel{V_2}}{T_2} \rightarrow \frac{p_1}{T_1} = \frac{p_2}{T_2}$ | Transformacions a $p$ = const. $p_1 = p_2$: $\frac{\cancel{p_1} \cdot V_1}{T_1} = \frac{\cancel{p_2} \cdot V_2}{T_2} \rightarrow \frac{V_1}{T_1} = \frac{V_2}{T_2}$ |

### 6. EXEMPLE RESOLT

**En un recipient de 500 mL tenim un gas que exerceix una pressió de 650 mmHg quan té una temperatura de 80 °C. Quina temperatura tindrà si el manòmetre marca una pressió d'1,25 atm i el volum arriba a 1,15 dm³?**

Representa els dos estats del gas, indicant el valor de les variables:

| Estat 1 | $T$ = const. → | Estat 2 |
|---|---|---|
| $p_1$ = 650 mmHg | | $p_2$ = 1,25 atm |
| $T_1$ = 80 °C | | $T_2$ = ? |
| $V_1$ = 500 mL | | $V_2$ = 1,15 dm³ |

El gas experimenta una transformació en la qual no es manté constant cap de les variables. Has d'utilitzar l'equació general dels gasos ideals.

La pressió i el volum de tots dos estats han d'estar expressats en les mateixes unitats.

- $p_2 = 1{,}25\ \cancel{\text{atm}} \cdot \frac{760\ \text{mmHg}}{1\ \cancel{\text{atm}}} = 950\ \text{mmHg}$
- $V_2 = 1{,}15\ \cancel{\text{dm}^3} \cdot \frac{1\ \cancel{\text{L}}}{1\ \cancel{\text{dm}^3}} \cdot \frac{1.000\ \text{mL}}{1\ \cancel{\text{L}}} = 1.150\ \text{m}$

La temperatura ha d'estar expressada en kelvin.

$$T\ (\text{K}) = T\ (°\text{C}) + 273 = 80\ °\text{C} + 273 = 353\ \text{K}$$

Per tant:

$$\frac{p_1 \cdot V_1}{T_1} = \frac{p_2 \cdot V_2}{T_2} \rightarrow p_1 \cdot V_1 \cdot T_2 = p_2 \cdot V_2 \cdot T_1 \rightarrow$$

$$\rightarrow T_2 = \frac{p_2 \cdot V_2}{p_1 \cdot V_1} \cdot T_1 = \frac{950\ \text{mm Hg} \cdot 1.150\ \cancel{\text{mL}}}{650\ \cancel{\text{mm Hg}} \cdot 500\ \cancel{\text{mL}}} \cdot 353\ \text{K} \rightarrow$$

$$\rightarrow T_2 = 1.177\ \text{K} = \mathbf{904\ °C}$$

### ACTIVITATS

**16** En un recipient de 15 L hem col·locat un gas a 50 °C, que exerceix una pressió de 2 atm. Determina quin serà ara el volum del recipient si l'escalfem fins a 100 °C i deixem que la pressió arribi a 3 atm.

**17** Tenim un gas que ocupa un volum de 20 L i exerceix una pressió de 3 atm, a 27 °C. Quina temperatura tindrà si el volum del recipient es redueix a 8 L i passa a exercir una pressió de 5 atm?

**18** Una petita bombona de 750 cm³ conté diòxid de carboni, que exerceix una pressió de 1.000 mmHg a la temperatura de 30 °C. Quina pressió exercirà si tot el gas es passa a una bombona de 3 L i es deixa que arribi a una temperatura de 100 °C?

**19** Un gas experimenta una transformació des d'un estat 1 fins a un estat 2. És possible que augmentin tant la pressió com el volum que ocupa? Què li hauria de passar a la temperatura?

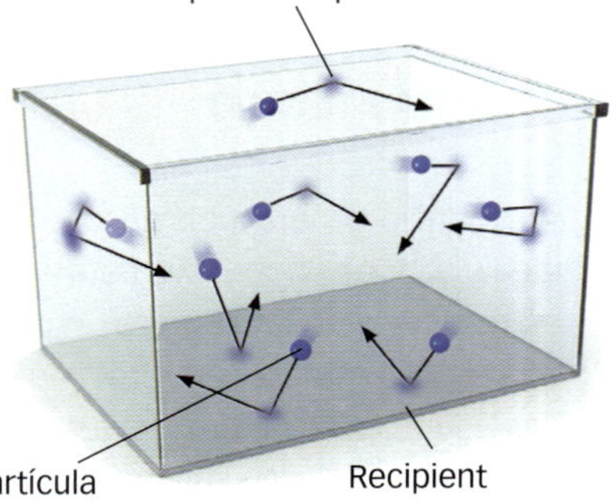


## 3 La teoria cinètica dels gasos

Ja has estudiat que la teoria cinètica permetia explicar les propietats que observem en els diferents estats de la matèria. Aquesta teoria va sorgir al segle XIX com a resultat dels treballs dels científics James C. Maxwell (1831-1879) i Ludwig E. Boltzman (1844-1906) per explicar el comportament dels gasos.

La **teoria cinètica** suposa que els gasos:

- Estan formats per **partícules molt petites** que estan separades les unes de les altres. El volum de les partícules és molt més petit que el volum del recipient. Podem suposar que cada partícula es mou per tot el volum del recipient.
- **No hi ha forces d'unió** entre les partícules d'un gas. Per això es mouen amb total llibertat.
- Les partícules del gas es mouen en **línia recta**. Només canvien de direcció quan xoquen amb una altra partícula o amb les parets. Després del xoc, les partícules es mouen en una altra direcció, però amb la mateixa rapidesa.
- La **pressió** que exerceix el gas és una mesura del nombre de xocs per segon de les seves partícules contra les parets del recipient.
- La **temperatura absoluta** del gas és proporcional a la **velocitat** de les partícules que el formen; com més gran sigui la seva velocitat, més gran serà la temperatura.

**SABER-NE MÉS**

### El moviment brownià

L'any 1827 el botànic britànic **Robert Brown** (1773-1858) va observar al microscopi que els grans de pol·len suspesos dins de l'aigua es movien contínuament i a l'atzar, xocant entre si i contra les parets. Més tard això es va anomenar **moviment brownià**.

Es va pensar que les partícules d'un gas podien tenir un moviment brownià, i amb aquesta idea es va iniciar la teoria cinètica dels gasos.

El moviment brownià explica també altres fenòmens, com ara la dissolució d'una substància en una altra.

En poc temps, les partícules de permanganat de potassi es distribueixen per tot el flascó. Si l'aigua està calenta, el procés és més ràpid, ja que les partícules es mouen més ràpidament.

### 3.1. El zero absolut

La teoria cinètica diu que la temperatura d'un gas és més alta quan les partícules es mouen amb més rapidesa. Si les partícules del gas es mouen més a poc a poc la temperatura disminueix. Arribarà un moment en què les partícules no es mouran; llavors la temperatura ja no podrà baixar més.

L'escala Kelvin de temperatures s'inicia en el zero absolut, que és la temperatura a la qual les partícules dels gasos no es mouen. És la temperatura més baixa possible, i equival a –273,15 °C.

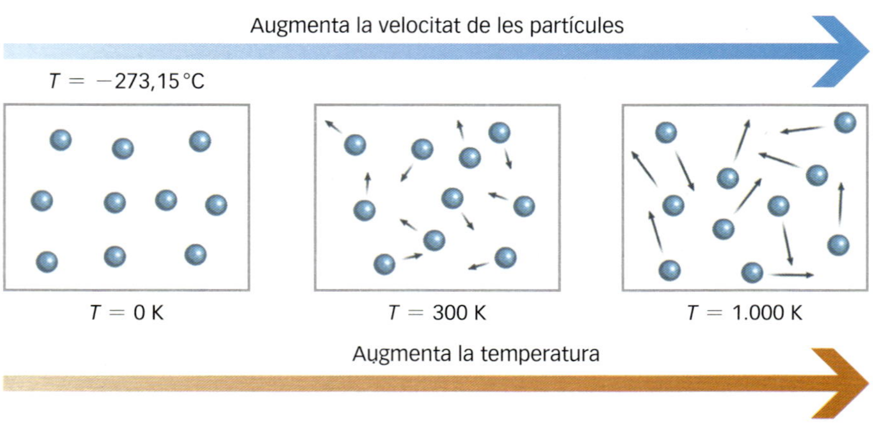

## 3.2. La teoria cinètica i les lleis dels gasos

La teoria cinètica permet explicar les lleis dels gasos que es van descobrir experimentalment.

### LA TEORIA CINÈTICA EXPLICA LA LLEI DE BOYLE-MARIOTTE

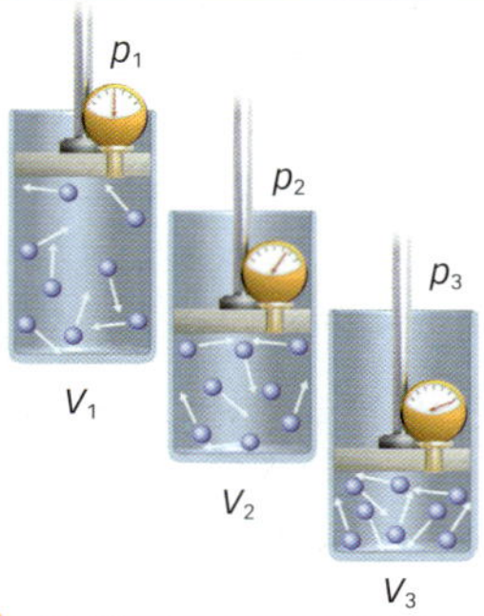


$T$ = const.

$$p_1 \cdot V_1 = p_2 \cdot V_2$$

La temperatura es manté constant perquè la velocitat a la qual es mouen les partícules del gas es manté constant.

Si disminueix el volum del recipient, les partícules arriben abans a les parets. Llavors augmenta el nombre de xocs per segon i detectem un augment en la pressió.

Si augmenta el volum del recipient, les partícules tarden més a arribar a les parets. Llavors disminueix el nombre de xocs per segon i detectem una disminució de la pressió.

### LA TEORIA CINÈTICA EXPLICA LA LLEI DE GAY-LUSSAC

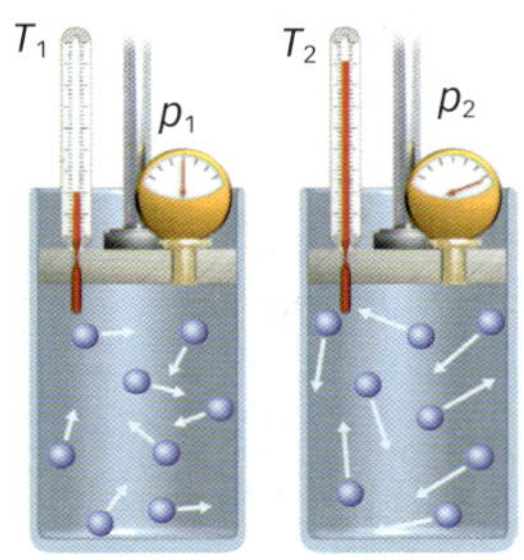


$V$ = const.

$$\frac{p_1}{T_1} = \frac{p_2}{T_2}$$

Quan s'escalfa el gas, augmenta la temperatura perquè les partícules de gas es mouen a més velocitat. Si es manté constant el volum del recipient, les partícules arribaran abans a les parets. Augmenta el nombre de xocs per segon i detectem un augment en la pressió.

Quan es refreda el gas, disminueix la temperatura perquè les partícules de gas es mouen a una velocitat més baixa. Si es manté constant el volum del recipient, les partícules tardaran més a arribar a les parets. Disminueix el nombre de xocs per segon i detectem una disminució en la pressió.

### LA TEORIA CINÈTICA EXPLICA LA LLEI DE CHARLES

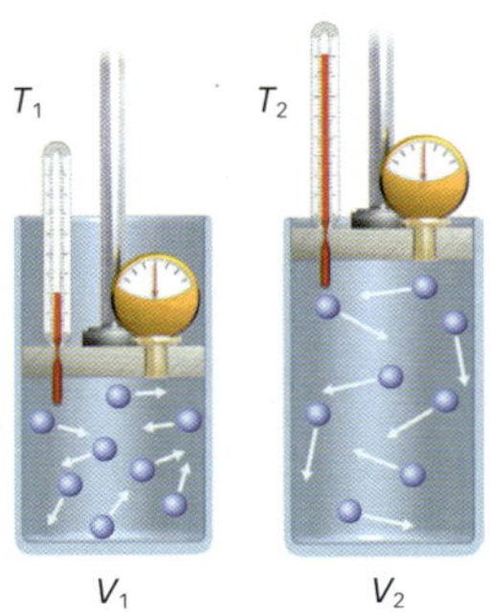


$p$ = const.

$$\frac{V_1}{T_1} = \frac{V_2}{T_2}$$

Quan s'escalfa el gas, augmenta la temperatura perquè les partícules de gas es mouen a més velocitat.

Perquè la pressió del gas es mantingui constant ha d'augmentar el volum del recipient, i així es manté el ritme al qual les partícules xoquen contra les parets del recipient.

Quan el gas es refreda, les seves partícules es mouen més a poc a poc. Perquè es mantingui el nombre de xocs amb les parets en cada segon, ha de disminuir el volum del recipient.

### ACTIVITATS

**20** Explica aquests fets tenint en compte la teoria cinètica dels gasos:

a) Quan comprimeixes molt un globus, pot arribar a explotar.

b) Quan un globus s'escapa i s'acosta a un fanal, pot arribar a explotar.

# 4 Les dissolucions

A la natura és difícil trobar substàncies pures; la major part de les vegades les substàncies apareixen barrejades les unes amb les altres. Molt sovint es presenten formant mescles homogènies o dissolucions.

Una **dissolució** és una **mescla homogènia** de dos components o més. En una dissolució:

- El **dissolvent** és el component que hi ha en més proporció.
- El **solut** és el component (o components) que hi ha en menor proporció.

En la major part dels casos treballarem amb dissolucions en les quals el dissolvent és un líquid i el solut és un sòlid o un líquid. L'estat físic de la dissolució coincideix amb el del dissolvent.

| Dissolvent | Solut | Dissolució | Exemple |
|---|---|---|---|
| Gas | Gas | Gas | Aire |
| | Líquid | Gas | Boira |
| | Sòlid | Gas | Fum |
| Líquid | Gas | Líquid | Begudes amb gas |
| | Líquid | Líquid | Aigua i alcohol |
| | Sòlid | Líquid | Sèrum fisiològic, aigua amb sucre |
| Sòlid | Gas | Sòlid | Hidrogen adsorbit sobre pal·ladi |
| | Líquid | Sòlid | Amalgama |
| | Sòlid | Sòlid | Aliatges |

### 4.1. La concentració de les dissolucions

En una dissolució, a més de conèixer quines substàncies formen el solut i el dissolvent, interessa saber en quina proporció es troben. Qualitativament podem classificar les dissolucions així:

- Dissolució **diluïda**: si hi ha poca proporció de solut.
- Dissolució **concentrada**: si hi ha una proporció elevada de solut.

Amb tot, molt sovint necessitarem conèixer quantitativament la proporció en què es troba el solut.

La **concentració** en una dissolució indica la quantitat de solut que hi ha en una quantitat determinada de la dissolució o de dissolvent.

La importància de la concentració d'una dissolució és vital.

- En el cos humà, per exemple, la sang sempre ha de tenir una concentració determinada de sucre (glucosa).
- Les begudes també han de tenir constant la concentració dels ingredients que les componen, per conservar el mateix sabor.
- Els aliatges metàl·lics presenten propietats diferents segons la concentració dels seus components.

**VOCABULARI**

**Amalgama:** dissolució de mercuri (un metall líquid) amb altres metalls.

**Aliatge:** mescla homogènia de dos metalls o d'un metall i una altra substància. Es pot dir que són dissolucions sòlides.

| Aliatge | Components |
|---|---|
| Acer | Ferro (Fe) + Carboni (C) |
| Bronze | Coure (Cu) + Estany (Sn) |
| Llautó | Coure (Cu) + Zinc (Zn) |

**Dissolucions** de cromat de potassi ($K_2CrO_4$) en aigua. Normalment, quan les dissolucions són d'algun color, un color més intens indica més concentració.

**ACTIVITATS**

**21** Observa aquesta etiqueta de refresc i completa les frases a la llibreta.

INGREDIENTS:
Aigua carbonatada, sucre, colorant, acidulant i aromes naturals (incloent-hi cafeïna).

a) El refresc forma una dissolució en estat ____.

b) El dissolvent és ____ i a temperatura ambient es troba en estat ____.

c) Els soluts i l'estat en què es troben a temperatura ambient són:

____ en estat ____.

____ en estat ____.

____ en estat ____.

## 4.2. Maneres d'expressar la concentració de les dissolucions

Hi ha diverses maneres d'expressar la concentració d'una dissolució.

### Percentatge en massa

El **percentatge en massa** indica la massa de solut que hi ha en cada 100 unitats de massa de dissolució. Es calcula així:

$$\textbf{\% en massa de solut} = \frac{\textbf{massa de solut}}{\textbf{massa de dissolució}} \cdot \textbf{100}$$

Aquesta manera d'expressar la concentració s'utilitza quan les quantitats de les substàncies que formen la dissolució es mesuren en unitats de massa (grams, quilograms, etc.). La massa del solut i la del dissolvent s'han d'expressar en les mateixes unitats; un percentatge no té unitats.

El percentatge de solut s'anomena també **riquesa** en el solut. Per exemple, un almívar que tingui una proporció del 35 % en massa de sucre es diu que té una riquesa en sucre del 35 %.

**SABER FER**

### Preparar sèrum fisiològic

El sèrum fisiològic s'utilitza per administrar fàrmacs per via intravenosa, i també per rentar parts sensibles del cos, com ara els ulls o les mucoses.

Si t'entra pols als ulls o tens sequedat nasal, pots preparar sèrum fisiològic per rentar-te'ls.

1. Bull aigua i deixa que es refredi.
2. Aboca-hi una cullerada sopera de sal (aproximadament 9 g) per cada litre d'aigua.
3. Remena perquè la sal es dissolgui i ja ho tens.

**ACTIVITATS**

22 Indica quina dissolució és més concentrada, una que preparem dissolent 10 g de sal en 100 g d'aigua o una que preparem dissolent 5 g de sal en 20 g d'aigua.

23 Tenim unes magdalenes amb el 51,5% de sucre. Calcula quina quantitat de sucre prendrem si mengem 2 magdalenes, comptant que cadascuna té una massa de 60 g.

24 El sèrum fisiològic es prepara dissolent 3 g de sal en 330 g d'aigua. Calcula la concentració de sal en el sèrum fisiològic, expressada com a percentatge en massa.

25 Els especialistes en nutrició recomanen que prenguem 0,8 g de calci al dia. Suposant que només prenguéssim calci amb la llet, quina quantitat de llet hauríem de prendre diàriament per arribar a la quantitat recomanada? Dada: la llet té, de mitjana, el 0,12% de calci.

**7. EXEMPLE RESOLT**

**Hem preparat una dissolució abocant en 100 g d'aigua, 10 g de sucre i 5 g de sal. Calcula:**

**a) El percentatge en massa de sucre.**

**b) El percentatge en massa de sal.**

a) Percentatge en massa de sucre:

$$\text{\% en massa de sucre} = \frac{10\ \not{g}\ \text{de sucre}}{(100+10+5)\ \not{g}\ \text{de dissolució}} \cdot 100 = \mathbf{8{,}70\,\%}$$

b) Percentatge en massa de sal:

$$\text{\% en massa de sal} = \frac{5\ \not{g}\ \text{de sal}}{(100+10+5)\ \not{g}\ \text{de dissolució}} \cdot 100 = \mathbf{4{,}35\,\%}$$

**PARA ATENCIÓ**

La massa de la dissolució és la suma de les masses del dissolvent i dels dos soluts.

**8. EXEMPLE RESOLT**

**Una dissolució aquosa té el 8,70% en massa de sucre. Quina quantitat de sucre prenem si bevem 150 g de dissolució?**

El percentatge indica que de cada 100 g de dissolució, 8,70 g són de sucre. Ho utilitzem com a factor de conversió:

$$150\ \not{\text{g dissolució}} \cdot \frac{8{,}70\ \text{g sucre}}{100\ \not{\text{g dissolució}}} = \mathbf{13{,}05\ g\ de\ sucre}$$

**PARA ATENCIÓ**

També podries resoldre aquest problema utilitzant la fórmula del percentatge en massa i substituint les dades que coneixes.

| Beguda | Alcohol (% en volum) | Grams d'alcohol en 100 mL de beguda |
|---|---|---|
| Cervesa | 3,5 - 5 | 3 - 4 |
| Sidra | 4 | 3 |
| Vi | 10 - 15 | 8 - 12 |
| Cava | 12 | 9 |
| Vi dolç | 15 - 22 | 12 - 17 |
| Vermut | 16 - 24 | 13 - 19 |
| Patxaran | 28 | 22 |
| Whisky | 35 - 40 | 28 - 32 |
| Anís | 40 | 32 |
| Rom, vodka | 40 | 32 |

**Percentatge d'alcohol** en begudes alcohòliques. L'OMS defineix l'alcoholisme com la ingestió diària d'alcohol superior a 50 g en la dona i 70 g en l'home.

L'alcoholisme causa greus problemes de salut que afecten el sistema digestiu i el sistema nerviós.

**PARA ATENCIÓ**

En alguns exercicis calculem el volum de la dissolució sumant el volum de solut i el del dissolvent. Això no sempre és així; a l'exemple 9 ho fem perquè suposem que els volums són additius.

Els **alcoholímetres** mesuren la concentració d'alcohol en l'aire espirat. S'utilitza la relació següent: 2.000 L d'aire espirat equivalen a 1 L de sang.

D'aquesta manera s'obté la quantitat d'alcohol en sang, expressada en g/L.

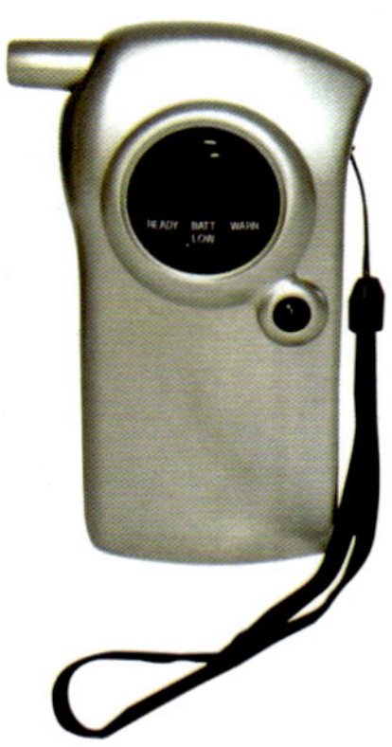

## Percentatge en volum

El **percentatge en volum** indica el volum de solut que hi ha en cada 100 unitats de volum de dissolució.

$$\textbf{\% en volum de solut} = \frac{\textbf{volum de solut}}{\textbf{volum de dissolució}} \cdot \textbf{100}$$

Aquesta manera d'expressar la concentració s'utilitza quan les quantitats de les substàncies que formen la dissolució es mesuren en unitats de volum (mL, L, etc.). El volum del solut i el de la dissolució s'han d'expressar en les mateixes unitats.

**9. EXEMPLE RESOLT**

**Hem preparat una dissolució afegint 10 mL d'alcohol a 100 mL d'aigua. Calcula el percentatge en volum d'alcohol. (Suposem que els volums són additius.)**

El percentatge en volum és:

$$\text{\% en volum d'alcohol} = \frac{10 \text{ mL d'alcohol}}{(100 + 10) \text{ mL de dissolució}} \cdot 100 = \mathbf{9{,}09\,\%}$$

## Concentració en massa

La **concentració en massa (*C*)** indica la quantitat en massa de solut que hi ha en cada unitat de volum de dissolució.

$$\textbf{concentració en massa de solut} = \frac{\textbf{massa de solut}}{\textbf{volum de dissolució}}$$

Aquesta manera d'expressar la concentració s'utilitza quan el solut és un sòlid i per mesurar-ne la quantitat fem servir unitats de massa, i el dissolvent és un líquid i en mesurem la quantitat en unitats de volum. En el SI s'ha de mesurar en $kg/m^3$, però el més freqüent és mesurar-ho en $g/cm^3$ o en g/L.

### ACTIVITATS

26 Per preparar un desinfectant barregem 400 mL d'aigua destil·lada amb 200 mL d'alcohol etílic i 10 mL d'alcohol benzílic. Determina la concentració de cadascun dels soluts i expressa-la com a percentatge en volum. Suposa que els volums són additius.

27 En una ampolla de colònia s'indica que conté el 80 % d'alcohol. Calcula quina quantitat d'alcohol ha calgut per preparar els 280 mL de colònia que hi ha a l'ampolla.

28 Un vi de taula sol tenir el 12 % d'alcohol, mentre que el whisky en conté el 40 %. Calcula la quantitat d'alcohol que pren una persona quan beu 150 mL de vi o 150 mL de whisky. Un got de vi en conté, aproximadament, 150 mL.

## Concentració en massa no és el mateix que densitat

No hem de confondre la concentració en massa d'una dissolució amb la densitat de la dissolució. Encara que es mesuren en les mateixes unitats, representen conceptes diferents.

La **densitat** d'una dissolució representa la relació entre la massa i el volum de la dissolució. És una propietat que té tota la matèria, tant si és una substància pura com si és una mescla. Així, podem parlar de la densitat de l'aigua o de la densitat d'una dissolució de sucre en aigua.

La **concentració en massa** d'una dissolució representa la relació entre la massa del solut i el volum de la dissolució.

L'expressió *concentració en massa* només es pot aplicar a dissolucions. No té sentit parlar de la concentració d'una substància pura.

### PARA ATENCIÓ

Volum de dissolució (1) no és el mateix que volum de dissolvent (2).

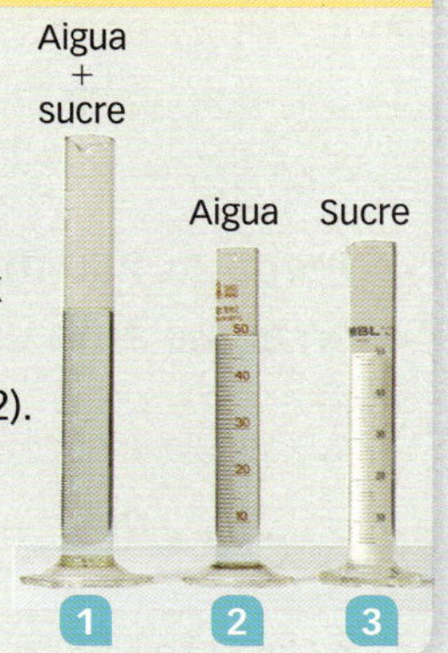


### 10. EXEMPLE RESOLT

**Hem preparat una dissolució de 15 g de sucre en 100 mL d'aigua. La dissolució resultant ocupa 105 mL. Calcula:**

**a) La concentració de sucre en la dissolució.**

**b) La densitat de la dissolució.**

**c) El percentatge en massa de sucre.**

Planteja un esquema similar al següent i col·loca en el lloc adequat la informació corresponent al solut, al dissolvent i a la dissolució:

| | |
|---|---|
| Dissolució: 105 mL | Solut: sucre 15 g |
| | Dissolvent: aigua 100 mL = 100 g |

a) Concentració de sucre:

$$\text{concentració en massa} = \frac{\text{massa solut}}{\text{volum dissolució}} \rightarrow$$

$$\rightarrow C = \frac{15\ \text{g}}{105\ \text{mL}} = \mathbf{0{,}14\ g/mL}$$

b) Densitat:

$$\text{densitat} = \frac{\text{massa dissolució}}{\text{volum dissolució}} \rightarrow$$

$$\rightarrow d_{\text{dissolució}} = \frac{(15 + 100)\ \text{g}}{105\ \text{mL}} = \mathbf{1{,}1\ g/mL}$$

c) Percentatge en massa

$$\text{\% en massa de sucre} = \frac{\text{massa de sucre}}{\text{massa de dissolució}}\ 100 \rightarrow$$

$$\rightarrow \text{\% en massa de sucre} = \frac{15\ \cancel{\text{g}}}{(15 + 100)\ \cancel{\text{g}}} \cdot 100 =$$

$$= \mathbf{13{,}04\ \%}$$

## ACTIVITATS

**29** Podem preparar un refresc abocant en un got gran 4 g de cafè soluble descafeïnat (2 sobres), 20 g de sucre (2 sobres) i aigua fins arribar als 200 mL (el got gran ple). Només falta remenar-ho bé i deixar-ho una hora a la nevera.

Calcula la concentració en massa de les substàncies que formen aquest refresc.

**30** L'aigua de mar té diverses sals dissoltes. Les més abundants tenen la proporció següent:

- Clorur de sodi: 24 g/L.
- Clorur de magnesi: 5 g/L.
- Sulfat de sodi: 4 g/L.

Calcula quants grams de cadascuna d'aquestes sals hi ha en 150 mL d'aigua de mar.

**31** L'etiqueta d'una marca d'aigua mineral diu que conté: sodi, 50,5 mg/L; fluor, 0,4 mg/L; i calci, 9,2 mg/L. I la quantitat diària recomanada (QDR) per a una persona de cadascun d'aquests elements és: sodi, 200 mg; fluor, 2 mg, i calci, 800 mg. Respon.

a) Quina quantitat d'aigua hauríem de prendre per aconseguir la QDR de cadascun d'aquests elements?

b) Aquesta aigua és una bona font de calci?

**32** Segons la normativa vigent, una persona no pot conduir si té una taxa d'alcohol en sang superior als 0,5 g/L. Tenint en compte que una persona té uns 6 L de sang, quina és la màxima quantitat d'alcohol que es pot tenir a la sang per estar en condicions de conduir?

## 4.3. Com es prepara una dissolució

En les tasques de laboratori és habitual preparar dissolucions amb una concentració exacta. Això requereix utilitzar un material precís.

**SABER FER**

### Preparar 250 mL d'una dissolució de sal en aigua amb una concentració de 40 g/L

1. Calcula la quantitat de sal que necessites:

$$C = \frac{m_{sal}}{V_{dissolució}} \rightarrow m_{sal} = C \cdot V = 40\,\frac{g}{\cancel{L}} \cdot 0{,}25\,\cancel{L} = 10\text{ g}$$

2. Pesa 10 g de sal en una balança.
3. Col·loca 10 g de sal en un vas de precipitats.
4. Aboca-hi aigua (uns 100 mL) i remena-ho amb una vareta fins que la sal estigui dissolta.

5. Passa la dissolució a un matràs aforat de 250 mL. Afegeix-hi aigua fins a l'enrasament.

**PARA ATENCIÓ**

Vigila que la part inferior del menisc sigui tangent a l'enrasament.

## 4.4. Càlculs amb dissolucions. Un pas més

Si coneixem la concentració d'una dissolució en unes unitats i la densitat podem conèixer la concentració en qualsevol altra unitat.

**11. EXEMPLE RESOLT**

**Preparem una dissolució barrejant 10 mL de glicerina amb 100 mL d'aigua i obtenim una dissolució amb $d = 1{,}05$ g/cm³. Sabent que $d_{glicerina} = 1{,}26$ g/cm³ i $d_{aigua} = 1$ g/cm³, calcula la concentració de la dissolució, expressada:**

**a) Com a percentatge en massa de solut.**

**b) Com a percentatge en volum de solut.**

**c) En grams de solut per litre.**

| Dissolució | |
|---|---|
| Dissolució<br>$d = 1{,}05$ g/cm³ | Solut: glicerina<br>10 mL, $d = 1{,}26$ g/cm³ |
| | Dissolvent: aigua<br>100 mL = 100 g |

a) Calcula la massa del solut:

$$d = \frac{m}{V} \rightarrow m_{glicerina} = d \cdot V = 1{,}26\,\frac{g}{\cancel{cm^3}} \cdot 10\,\cancel{cm^3} = 12{,}6\text{ g}$$

El % en massa serà:

$$\%\, m_{glicerina} = \frac{m_{glicerina}}{m_{dissolució}} \cdot 100 = \frac{12{,}6\,\cancel{g}}{(12{,}6 + 100)\,\cancel{g}} \cdot 100 = \mathbf{11{,}19\ \%}$$

b) Quan barregem dues substàncies el volum de la mescla no sempre coincideix amb la suma dels volums de cada substància.

$$d = \frac{m}{V} \rightarrow V_{dissolució} = \frac{m_{dissolució}}{d_{dissolució}} = \frac{(12{,}6 + 100)\,\cancel{g}}{1{,}05\,\cancel{g}/cm^3} = 107{,}24\text{ cm}^3$$

$$\%\, V_{glicerina} = \frac{V_{glicerina}}{V_{dissolució}} \cdot 100 = \frac{10\,\cancel{mL}}{107{,}24\,\cancel{mL}} \cdot 100 = \mathbf{9{,}32\ \%}$$

c) La concentració de la dissolució és:

$$C_{solut} = \frac{m_{solut}}{V_{dissolució}} \cdot 100 = \frac{12{,}6\text{ g}}{0{,}11\text{ L}} = \mathbf{114{,}5\ g/L}$$

## ACTIVITATS

**33** Hem abocat 30 g de sucre en 150 mL de glicerina ($d = 1{,}26$ g/mL). La dissolució resultant té una densitat d'1,30 g/mL. Calcula la concentració de la dissolució, expressada en % en massa i en g/L.

**34** Dissolem 3 g de sucre en 20 mL d'alcohol ($d = 0{,}8$ g/L). La dissolució resultant ocupa 21 mL. Calcula la densitat de la dissolució i la concentració del sucre en % en massa i en g/L.

# 5 La solubilitat

Si tenim una dissolució de sal en aigua podem afegir-hi més solut i remenar-ho fins que es dissolgui. Però arriba un moment que no s'hi pot dissoldre més sal i qualsevol quantitat addicional de solut queda dipositada al fons del recipient. Diem que la dissolució està saturada de sal.

Una dissolució **saturada** és aquella que ja no admet més quantitat de solut. Segons quin sigui el solut, pot ser diluïda o concentrada.

La quantitat de solut que podem dissoldre abans que la dissolució estigui saturada depèn del solut i de la temperatura. Per exemple, a 20 °C es poden dissoldre fins a 36 g de sal i fins a 200 g de sucre en 100 mL d'aigua.

A 20 °C podem dissoldre 36 g de sal i 200 g de sucre en 100 mL d'aigua.

S'anomena **solubilitat** d'una substància la concentració que pot tenir en la dissolució saturada.

La solubilitat dels sòlids s'expressa com:

$$\frac{\text{g de solut}}{\text{100 mL de dissolvent}} \quad \text{o} \quad \frac{\text{g de solut}}{\text{L de dissolvent}}$$

## 5.1. La solubilitat dels sòlids

Habitualment la solubilitat dels sòlids augmenta amb la temperatura. Tot i això, hi ha algunes substàncies en què la solubilitat quasi no varia amb la temperatura. Observa la gràfica.

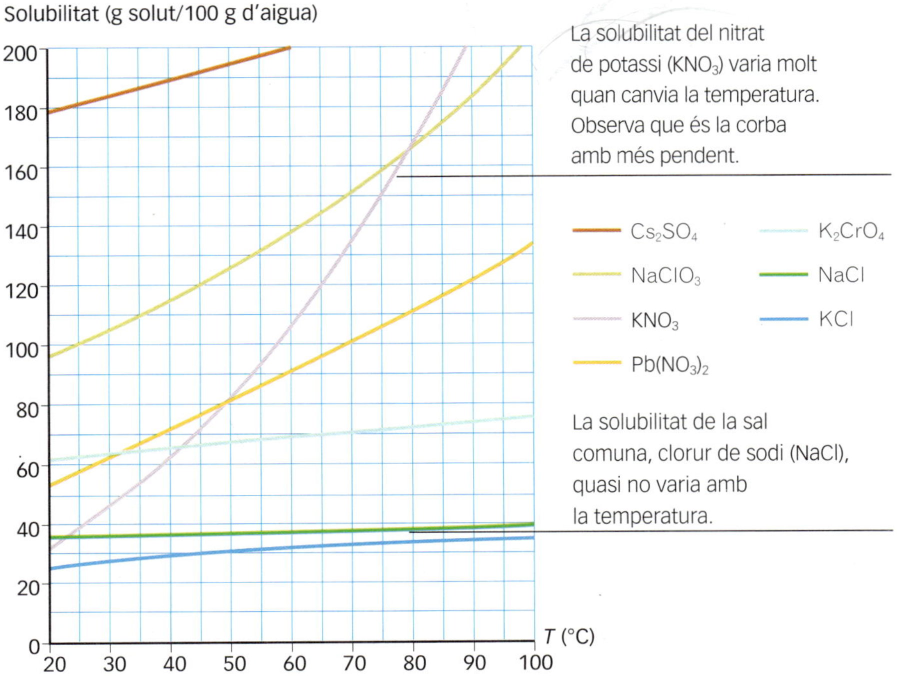


**Solubilitat en l'aigua** d'algunes sals respecte de la temperatura.

### ? INTERPRETA LA IMATGE

- Imagina que has mesurat 200 mL d'aigua i has preparat una dissolució saturada de nitrat de plom(II), $Pb(NO_3)_2$, a 80 °C. Quina quantitat d'aquesta sal anirà a parar al fons del vas si la refredes fins a 50 °C?
- Observa la gràfica de la solubilitat de la sal en l'aigua i calcula la màxima quantitat de sal que es podrà dissoldre en 50 mL d'aigua a 20 °C. I si l'aigua estigués a 80 °C?

## 12. EXEMPLE RESOLT

**Imagina que poses 125 mL d'aigua en un vas i prepares una dissolució saturada de nitrat de potassi, $KNO_3$, a 25 °C. Després l'escalfes fins a 75 °C. Quina quantitat addicional de $KNO_3$ hi podràs dissoldre?**

A la gràfica anterior has de buscar la solubilitat d'aquesta sal a les dues temperatures:

- A 25 °C: 40 g sal/100 g d'aigua.
- A 75 °C: 150 g sal/100 g d'aigua.

Utilitzant aquesta informació com a factor de conversió, calcula la quantitat de sal que es pot dissoldre en 125 mL (o 125 g) d'aigua:

- A 25 °C: $125 \text{ g } \cancel{\text{aigua}} \cdot \dfrac{40 \text{ g sal}}{100 \text{ g } \cancel{\text{aigua}}} = 50 \text{ g sal}$
- A 75 °C: $125 \text{ g } \cancel{\text{aigua}} \cdot \dfrac{150 \text{ g sal}}{100 \text{ g } \cancel{\text{aigua}}} = 187{,}5 \text{ g sal}$

La quantitat de sal addicional que hi pots dissoldre quan ho escalfis és:

$$187{,}5 \text{ g} - 50 \text{ g} = \mathbf{137{,}5 \text{ g}}$$

## 5.2. La solubilitat dels gasos

Els gasos també es poden dissoldre en els líquids. A l'aigua dels rius i dels mars hi ha oxigen dissolt que els peixos aprofiten per respirar. I les begudes amb bombolles, com els refrescos o la cervesa, porten diòxid de carboni dissolt.

Però, a diferència del que passa amb els sòlids, la solubilitat dels gasos en els líquids disminueix a mesura que augmenta la temperatura.

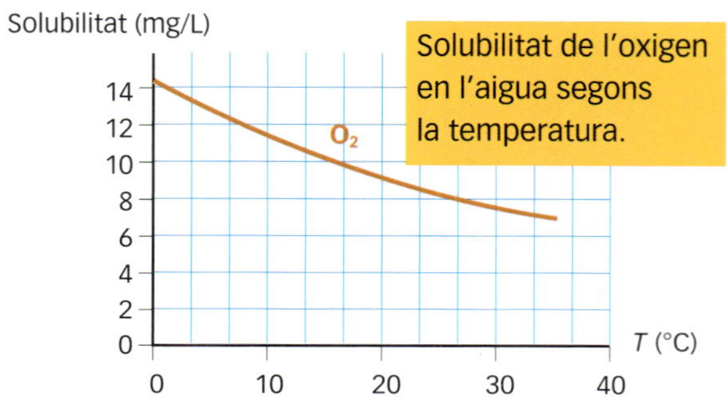


Solubilitat de l'oxigen en l'aigua segons la temperatura.

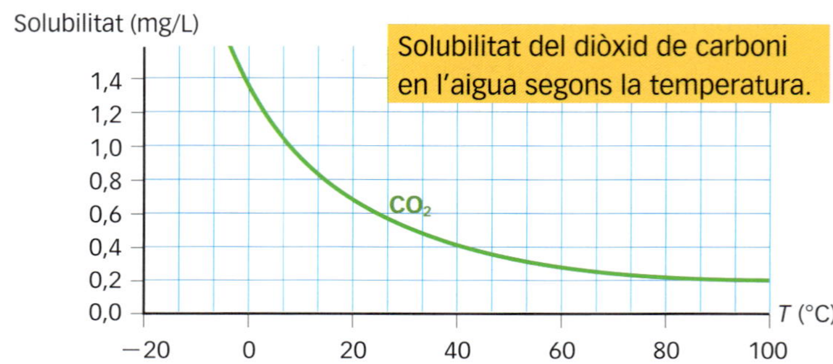


Solubilitat del diòxid de carboni en l'aigua segons la temperatura.

Això vol dir que si tenim una dissolució saturada d'un gas en un líquid i l'escalfem, com que la solubilitat disminueix amb la temperatura, es formaran bombolles gasoses que s'escaparan de la dissolució. Això és el que passa quan traiem de la nevera un refresc «amb bombolles».

Aquest fenomen ens permet comprendre la **contaminació tèrmica** que provoquen determinades activitats humanes. En efecte, moltes indústries i algunes centrals elèctriques fan servir aigua per refrigerar les màquines o condensar el vapor d'aigua que es genera en una caldera. La contaminació es produeix si al final del recorregut l'aigua calenta s'aboca als rius o embassaments.

### ? INTERPRETA LA IMATGE

- Llegeix la gràfica que mostra la solubilitat de l'oxigen en l'aigua, i determina quant disminueix la quantitat d'oxigen dissolt en cada litre d'aigua quan la temperatura passa de 10 a 30 °C.
- Llegeix la gràfica que mostra la solubilitat del diòxid de carboni en l'aigua, i determina quant disminueix la quantitat d'aquest gas dissolt en cada litre d'aigua quan la temperatura passa de 0 a 20 °C.

### ACTIVITATS

35 Els peixos, com les persones, necessiten oxigen per respirar. Analitza les gràfiques i explica per què és tan perjudicial que les fàbriques aboquin aigua calenta als rius o embassaments.

36 Les begudes gasificades, com els refrescos, la cervesa o el cava, tenen diòxid de carboni dissolt. Per què creus que aquestes begudes se serveixen en gots o copes que estan freds?

# ACTIVITATS FINALS

## REPASSA L'ESSENCIAL

**37** Copia a la llibreta la taula següent i col·loca a la columna de cada magnitud les unitats en què es mesura. Especifica quina és la unitat del SI.

| | Volum | Temperatura | Pressió |
|---|---|---|---|
| Unitat SI | | | |
| Altres unitats | | | |

L · atm · °C · mL · $cm^3$ · Pa · K · $m^3$ · mmHg · $dm^3$

**38** Completa a la llibreta les frases següents que es refereixen als enunciats de la teoria cinètica.

a) La matèria està formada per __________ molt __________ que es troben més o menys __________ depenent del __________.

b) Les __________ de la matèria es mouen a més o menys __________ depenent de la __________. Com més gran és la __________ amb què es mouen, __________ és la temperatura.

**39** Emplena a la llibreta les tres files buides de la taula ordenant la informació que hi ha més avall.

| Transformació a $T$ = const. | Transformació a $V$ = const. | Transformació a $p$ = const. |
|---|---|---|
| | | |
| | | |
| | | |

| | | |
|---|---|---|
| $\frac{p_1}{T_1} = \frac{p_2}{T_2}$ | $p_1 \cdot V_1 = p_2 \cdot V_2$ | $\frac{V_1}{T_1} = \frac{V_2}{T_2}$ |
| Variables directament proporcionals | Variables directament proporcionals | Variables inversament proporcionals |
| Lley de Charles | Lley de Boyle-Mariotte | Lley de Gay-Lussac |

**40** Completa les frases a la llibreta emplenant els buits.

a) La llei de Boyle-Mariotte es refereix a gasos que experimenten transformacions a __________ constant. La representació gràfica de la variable ___ segons ___ és una línia __________; això indica que aquestes dues magnituds són __________ proporcionals.

b) La llei de __________ es refereix a gasos que experimenten transformacions a $V$ = constant. La representació gràfica de la variable ____ respecte de ____ és una línia __________; això indica que aquestes dues magnituds són __________ proporcionals.

c) La llei de __________ es refereix a gasos que experimenten transformacions a $p$ = constant. La representació gràfica de la variable ____ respecte de ____ és una __________; això indica que aquestes dues magnituds són __________ proporcionals.

**41** Analitza les frases següents relatives a la teoria cinètica dels gasos. Indica quines són falses i corregeix-les.

a) Les forces que uneixen les partícules són febles.

b) Una partícula en un recipient té més espai per moure's que 100 partícules en el mateix recipient.

c) Les partícules es mouen en línia recta i a l'atzar.

d) Quan les partícules xoquen amb les parets, la seva velocitat disminueix una mica.

e) La pressió que exerceix un gas és una mesura del nombre de xocs per segon de les seves partícules contra les parets del recipient.

f) La temperatura d'un gas és més gran com més petita és la velocitat de les seves partícules.

**42** Completa aquestes fórmules a la llibreta col·locant el rètol adequat en cada requadre:

| | |
|---|---|
| % massa de solut | $\% \, m_{solut} = \frac{\square}{\square} \cdot \square$ |
| % volum de solut | $\% \, V_{solut} = \frac{\square}{\square} \cdot \square$ |
| *C* massa de solut | $C_{solut} = \frac{\square}{\square}$ |
| Densitat dissolució | $d_{dissolució} = \frac{\square}{\square}$ |

$m_{solut}$ · $m_{dissolució}$ · $V_{solut}$ · $V_{dissolució}$ · 100

**43** Aplica el terme apropiat als conceptes següents i escriu-los a la llibreta. Dissolució…

☐ … diluïda

☐ … saturada

☐ … concentrada

a) Ja no admet més quantitat de solut dissolt.

b) Elevada proporció de solut en relació amb el dissolvent.

c) Escassa proporció de solut en relació amb el dissolvent.

## PRACTICA

### Els gasos i les lleis que els governen

**13. EXEMPLE RESOLT**

**Expressa aquestes quantitats en les unitats que s'indiquen:**

**a) 200 K → °C.**

**b) 500 mmHg → atm.**

**c) 250 cm³ → L.**

En cada cas has d'utilitzar la conversió adequada:

a) $T\ (\text{K}) = T\ (°\text{C}) + 273 \rightarrow$
$\rightarrow T\ (°\text{C}) = 200 - 273 = \mathbf{-73\ °C}$

b) 1 atm = 760 mmHg.

$$500\ \text{mmHg} \cdot \frac{1\ \text{atm}}{760\ \text{mmHg}} = \mathbf{0{,}66\ atm}$$

c) $$250\ \text{cm}^3 \cdot \frac{1\ \text{dm}^3}{10^3\ \text{cm}^3} \cdot \frac{1\ \text{L}}{1\ \text{dm}^3} = \mathbf{0{,}25\ L}$$

**44** Transforma les temperatures següents de manera que apareguin en escala Celsius i en escala Kelvin. Emplena aquesta taula i les següents a la llibreta.

| | A | B | C | D |
|---|---|---|---|---|
| *T* (°C) | 27 | | –50 | |
| *T* (K) | | 273 | | 50 |

**45** Emplena la taula amb l'equivalència entre unitats.

| | A | B | C | D |
|---|---|---|---|---|
| *p* (mmHg) | 1500 | | | 650 |
| *p* (atm) | | 0,75 | 2,5 | |

**46** Emplena la taula amb l'equivalència entre unitats.

| | A | B | C | D |
|---|---|---|---|---|
| *V* (mL o cm³) | 500 | | | |
| *V* (L o dm³) | | 2,5 | | 0,75 |
| *V* (m³) | | | 0,15 | |

**47** Emplena la taula aplicant la llei de Boyle-Mariotte:

| | | | | |
|---|---|---|---|---|
| *p* (atm) | 1 | 2 | | 10 |
| *V* (L) | 2 | | 0,25 | |

**48** Emplena la taula aplicant la llei de Gay-Lussac:

| | | | | |
|---|---|---|---|---|
| *p* (atm) | 1 | 2 | | 8 |
| *T* (K) | 100 | | 400 | |

**49** Emplena la taula aplicant la llei de Charles:

| | | | | |
|---|---|---|---|---|
| *V* (L) | 2 | 5 | | 48 |
| *T* (K) | 100 | | 200 | |

**50** Un recipient de 5 L conté un gas a 2 atm i 27 °C. Quin volum ocuparà a 27 °C i 1,0 atm?

a) 2,5 L.

b) 8,9 L.

c) 10 L.

d) Depèn del gas que sigui.

**51** El gas que conté un recipient de 5 L, a la pressió d'1 atm i 0 °C, l'escalfem fins a 100 °C.

a) Calcula la pressió que exercirà si el procés s'ha fet a volum constant.

b) Calcula el volum que ocuparà si l'escalfament s'ha produït a pressió constant.

**52** Introduïm en un recipient de 300 cm³ una quantitat determinada de gas nitrogen, que exerceix una pressió de 0,5 atm quan es troba a –20 °C. Quin volum ocuparà si, en escalfar-lo fins a 20 °CC, arriba a exercir una pressió de 900 mmHg?

**53** Introduïm en un recipient de 2 L gas heli, que exerceix una pressió d'1,5 atm quan està a 50 °C. Quina temperatura tindrà, en °C, quan exerceixi una pressió de 600 mmHg en un recipient de 750 mL?

**54** Les dades de la taula següent corresponen a un gas que experimenta transformacions a temperatura constant. Compleixen la llei de Boyle-Mariotte?

| | | | | | |
|---|---|---|---|---|---|
| *p* (atm) | 0,10 | 0,25 | 0,50 | 0,75 | 1,00 |
| *V* (L) | 5,00 | 2,00 | 1,00 | 0,67 | 0,50 |

a) Dibuixa la gràfica *p*-*V*. Quina forma té?

b) Com és el producte de la pressió pel volum?

c) Quina és la pressió si el volum és 0,1 L?

d) Quin és el volum si la pressió del gas augmenta a 2 atm?

### 14. EXEMPLE RESOLT

**Un recipient d'èmbol mòbil conté 10 L d'oxigen a la pressió d'una atmosfera. Fem baixar l'èmbol sense que varïï la temperatura i llegim els valors següents:**

| Pressió (atm) | 1 | 2 | 5 | 10 |
|---|---|---|---|---|
| Volum (L) | 10 | 5 | 2 | 1 |

**a) Dibuixa la gràfica *p*-*V*. Quina forma té?**

**b) Escriu la relació entre les dues variables i l'equació que la representa.**

**c) Com és el producte $p \cdot V$?**

**d) Calcula el volum que ocupa l'oxigen quan la pressió es redueix a 0,5 atm.**

a) Elabora la gràfica corresponent.

Representa la pressió a l'eix vertical i el volum a l'eix horitzontal.

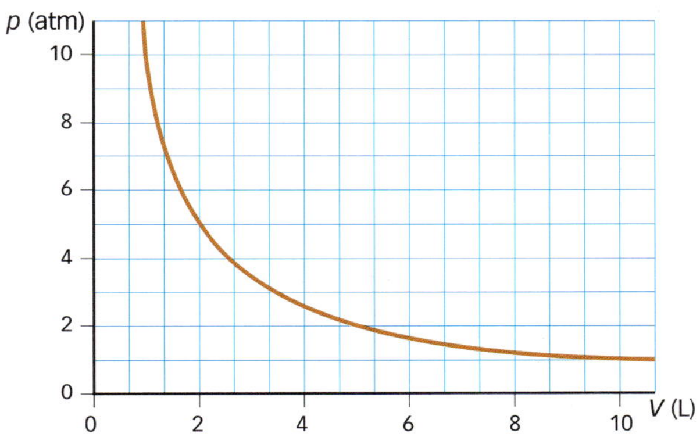


Fes servir unitats adequades. Per exemple, valors d'1 cm (2 quadres) per a cada atmosfera de pressió i d'1,5 cm (3 quadres) per a cada litre de volum.

b) La gràfica és una corba amb forma d'hipèrbola. Això indica que entre les variables hi ha una proporcionalitat inversa. Quan disminueix *p*, augmenta *V*.

$$p \cdot V = \text{constant}$$

Per tant, es compleix la llei de Boyle-Mariotte: quan un gas experimenta transformacions a temperatura constant, la seva pressió i el seu volum són inversament proporcionals.

c) El producte de la pressió pel volum és el mateix en tots els casos. En aquest cas, la constant és **10 atm · L**.

d) En aquest cas:

$$p \cdot V = 10 \text{ atm} \cdot \text{L} \rightarrow V = \frac{10 \cancel{\text{atm}} \cdot \text{L}}{0{,}5 \cancel{\text{atm}}} = \mathbf{20\ L}$$

**55** Construeix la gràfica volum-temperatura a partir de les dades d'aquesta taula, preses a pressió constant.

| *V* (L) | 1,00 | 1,18 | 1,37 | 1,55 | 1,73 |
|---|---|---|---|---|---|
| *T* (K) | 273 | 323 | 373 | 423 | 473 |

a) Quina forma té la gràfica?

b) Com és el quocient entre *V* i *T*?

c) A quina temperatura $V = 2$ L?

**56** Mantenint constant el volum, s'ha mesurat la pressió d'un gas a diferents temperatures. Les dades es recullen a la gràfica:

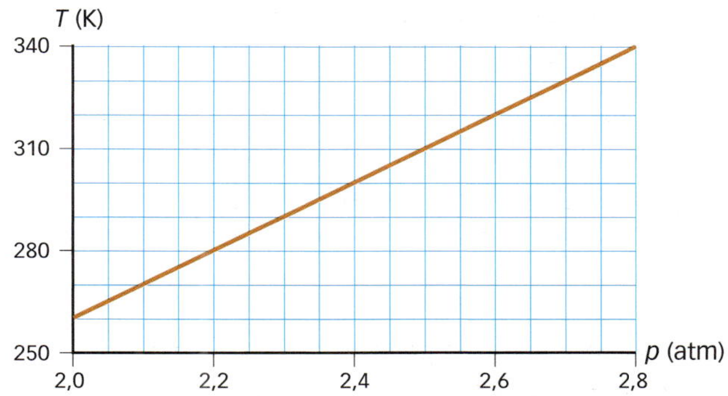


a) Hi ha alguna relació de proporcionalitat entre la pressió i la temperatura del gas?

b) Expressa-la en llenguatge científic (enunciat i fórmula).

## La teoria cinètica dels gasos

**57** En què consisteix el perill dels fumadors passius?

**58** Els fenòmens següents tenen una explicació semblant. Raona a què és degut que:

a) L'olor del menjar cuinat se sent per tota la casa.

b) L'olor dels perfums es nota més, però dura menys, a l'estiu que a l'hivern.

c) Les boletes de naftalina que es pengen als armaris desapareixen amb el temps, però l'olor arriba a tots els racons de l'armari.

**59** Raona si és cert o fals.

a) El zero absolut és la temperatura més baixa que s'ha pogut aconseguir amb els mitjans tècnics actuals.

b) En el zero absolut la velocitat de les partícules és nul·la.

c) En el zero absolut, els gasos no exerceixen pressió.

d) En el zero absolut, els gasos no ocupen el volum del recipient.

## Les dissolucions

**60** Indica a la llibreta quins són el solut principal i el dissolvent a les dissolucions següents.

| Dissolució | Solut principal | Dissolvent |
|---|---|---|
| Alcohol iodat | | |
| Aigua de mar | | |
| Vinagre (àcid acètic: 3 %) | | |
| Aire (78 % $N_2$ , 21 % $O_2$) | | |
| Begudes amb gas | | |
| Alcohol de la farmaciola 96 ° | | |
| Bronze (85 % Cu, 15 % Sn) | | |

**61** Una cullera pot contenir 20 g de sucre. Calcula la concentració final de cada dissolució en tant per cent en massa i emplena la taula a la llibreta.

| Dissolució | Concentració (% de massa) |
|---|---|
| Una cullerada de sucre i 500 g d'aigua | |
| Dues cullerades de sucre i 500 g d'aigua | |

**62** En 100 g de dissolució al 10 % en massa hi ha:

a) 10 g de solut i 100 g de dissolvent.

b) 20 g de solut i 80 g de dissolvent.

c) 10 g de solut i 90 g de dissolvent.

**63** La concentració d'una dissolució d'hidròxid de potassi en aigua és del 5 % en massa. Quina quantitat d'hidròxid de potassi hi ha en 600 g de dissolució?

**64** El vinagre és una dissolució d'àcid acètic en aigua al 3 % en massa. Determina:

a) Quin és el solut i quin el dissolvent.

b) La quantitat de solut que hi ha en 50 g de vinagre.

**65** Hem preparat una dissolució de 50 mL d'alcohol en 200 mL d'aigua. Calcula la concentració en % en volum. Suposa volums additius.

**66** Una beguda alcohòlica té el 14 % en volum d'alcohol. Calcula la quantitat d'alcohol que prendrem si bevem un got de 120 $cm^3$ d'aquesta beguda.

**67** Algunes cerveses «sense alcohol» poden contenir fins a l'1 % d'alcohol. Si beus 0,5 L d'una d'aquestes cerveses, quants mL d'alcohol hauràs pres?

**68** Per preparar 0,5 L d'una dissolució d'alcohol en aigua al 5 %, quines quantitats d'alcohol i aigua ens faran falta? Suposa volums additius.

**69** Expressa en g/L la concentració d'una dissolució que conté 30 g de solut en 600 mL de dissolució.

### 15. EXEMPLE RESOLT

**La taxa màxima d'alcohol en sang per a conductors novells és de 0,30 g/L. Si un conductor pren una llauna de cervesa (330 mL, 6 % d'alcohol) i el seu volum total de sang és de 6 L:**

**a) Quina massa d'alcohol (etanol) ingereix? ($d_{etanol} = 0{,}8$ g/cm$^3$).**

**b) Suposant que tot aquest alcohol passa a la sang, donaria positiu en un control?**

a) El percentatge en alcohol de la cervesa ens permet conèixer el volum d'alcohol que conté.

$$330\ \cancel{\text{mL cervesa}} \cdot \frac{6\ \text{mL alcohol}}{100\ \cancel{\text{mL cervesa}}} = 19{,}8\ \text{mL alcohol}$$

La densitat de l'etanol permet calcular-ne la massa:

$$d = \frac{m}{V} \rightarrow m = d \cdot V = 0{,}8 \frac{\text{g}}{\cancel{\text{mL}}} \cdot 19{,}8\ \cancel{\text{mL}} = \mathbf{15{,}8\ g}$$

b) La concentració és:

$$C = \frac{m_{\text{solut}}}{V_{\text{dissolució}}} = \frac{15{,}8\ \text{g}}{6\ \text{L}} = 2{,}6 \frac{\text{g}}{\text{L}}$$

**Sí que donaria positiu.** La quantitat d'alcohol que passa directament a la sang és diferent per a cada persona. Hi ha persones que fins i tot bevent poc alcohol conserven nivells de concentració alts a la sang.

**70** Tria la resposta correcta. Una dissolució que conté 25 g de solut en 500 mL de dissolució té una concentració de:

a) 50 % en massa.

b) 25 % en volum.

c) 50 % en volum.

d) 50 g/L.

**71** Quina és la concentració en g/L d'una dissolució que hem preparat dissolent 20 g de sucre en aigua fins a tenir 250 mL de dissolució?

**72** En les anàlisis de sang s'indica com a valor normal de la glucosa en sang l'interval 70-105 mg/dL. Si en una mostra de sang es troben 17 mg de glucosa en 20 mL de dissolució sanguínia:

a) Estarà dins de l'interval normal?

b) Expressa la concentració en g/L.

## La solubilitat

**73** La gràfica següent mostra la solubilitat de tres substàncies (A, B i C) segons la temperatura.

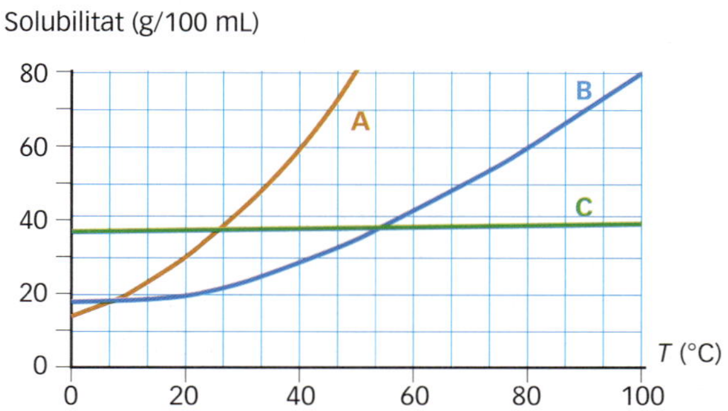


a) Emplena la taula a la llibreta.

| | 0 °C | 20 °C | 40 °C | 60 °C |
|---|---|---|---|---|
| La més soluble és | | | | |
| La menys soluble és | | | | |

b) A quina temperatura són igual de solubles A i B?

c) A quina temperatura la solubilitat de A, B i C és 37 g/100 mL?

### 16. EXEMPLE RESOLT

**Observa la gràfica de l'epígraf sobre la solubilitat, que mostra la solubilitat del diòxid de carboni en l'aigua respecte de la temperatura.**

**Quina quantitat de $CO_2$ pot tenir un got de refresc (180 mL) a la nevera (0 °C)? I a 30 °C?**

Has de buscar la solubilitat del gas a cada temperatura:

- A 0 °C: 1,3 mg gas/L d'aigua.
- A 30 °C: 0,7 mg gas/L d'aigua.

Utilitzant aquesta informació com a factor de conversió, es calcula la quantitat de gas que es pot dissoldre en 180 mL d'aigua (o de refresc):

$$180\ \cancel{\text{mL d'aigua}} \cdot \frac{1{,}3\ \text{mg de gas}}{1.000\ \cancel{\text{mL d'aigua}}} = \mathbf{0{,}23\ mg\ de\ gas}$$

$$180\ \cancel{\text{mL d'aigua}} \cdot \frac{0{,}7\ \text{mg de gas}}{1.000\ \cancel{\text{mL d'aigua}}} = \mathbf{0{,}13\ mg\ de\ gas}$$

Quan augmenta la temperatura disminueix la quantitat de gas que hi ha al refresc.

**74** En un celler es fabrica cervesa a 30 °C.

a) Quina quantitat de $CO_2$ podran introduir com a màxim en un bidó de 5 L?

b) I si el refreden fins a 0 °C?

## AMPLIA

**75** Tenim dos recipients de 3 L connectats per una clau. Un dels dos està buit, però a l'altre hi ha gas argó, a una pressió de 1.000 mmHg i a 50 °C. Quan s'obre la clau la pressió arriba a 0,75 atm. Quina temperatura Celsius marcarà el termòmetre?

**76** Un petit extintor està format per una bombona de 3 L que és capaç de suportar una pressió de 15 atm. A l'interior hi ha gas diòxid de carboni, que exerceix una pressió de 2 atm quan la temperatura és de 27 °C. En un moment donat, les flames d'un incendi arriben a l'extintor. Fins a quina temperatura pot aguantar sense explotar?

### 17. EXEMPLE RESOLT

**El sèrum glucosat al 20 % és una dissolució de sucre en aigua amb una densitat d'1,15 g/cm³. Volem preparar mig litre de sèrum glucosat al 20 %. Calcula la quantitat de sucre que ens caldrà.**

| | |
|---|---|
| Dissolució: sèrum glucosat 20 % $d = 1{,}15$ g/cm³ $V = 500$ mL | Solut: sucre |
| | Dissolvent: aigua |

Amb la densitat de la dissolució calcula la massa equivalent als 500 mL:

$$d = \frac{m}{V} \rightarrow m = d \cdot V = 1{,}15\ \frac{\text{g}}{\cancel{\text{mL}}} \cdot 500\ \cancel{\text{mL}} = 575\ \text{g}$$

Utilitza la riquesa del sèrum en sucre com a factor de conversió:

$$575\ \cancel{\text{g de sèrum}} \cdot \frac{20\ \text{g de sucre}}{100\ \cancel{\text{g de sucre}}} = \mathbf{115\ g\ de\ sucre}$$

**77** Per preparar mig litre de dissolució al 5 % en massa de clorur de sodi (NaCl), quina quantitat de clorur de sodi necessitaríem ($d_{dissolució} = 1{,}05$ g/cm³).

**78** Preparem una dissolució barrejant 20 g d'hidròxid de sodi en 200 mL d'aigua. La densitat de la dissolució és de 113 g/mL. Calcula la concentració expressada en % en massa i en g/L.

## TÈCNICA. Com funciona l'alcoholímetre?

L'alcohol és un compost que passa ràpidament a la sang. Per detectar la concentració d'alcohol a la sang s'utilitza aquest procediment amb un aparell anomenat **alcoholímetre**:

1. La persona a qui es vol mesurar la concentració d'alcohol bufa en un tub.
2. L'alcohol que conté l'aire espirat produeix un canvi químic.
3. En els alcoholímetres analògics un indicador de color graduat mostra el nivell d'alcohol.

En els alcoholímetres digitals aquest canvi químic genera un corrent elèctric la intensitat del qual depèn de la quantitat d'alcohol que ha reaccionat, és a dir, de la quantitat d'alcohol que s'ha introduït en el tub. Més alcohol ingerit implica un corrent elèctric més intens. A partir del valor del corrent elèctric s'ofereix una lectura de la concentració d'alcohol per litre de sang en una pantalla.

**Conductors en general**

Taxa permesa: 0,5 g/L en sang; 0,25 mg/L en aire

| | Quantitat que dóna positiu: Home ♂ | Dona ♀ |
|---|---|---|
| Cervesa 333 mL | 2 | 1,5 |
| Vi 100 mL | 2,5 | 2 |
| Whisky 40 mL | 2 | 1,5 |

**Conductors professionals i sense experiència**

Taxa permesa: 0,3 g/L en sang; 0,15 mg/L en aire

| | Quantitat que dóna positiu: Home ♂ | Dona ♀ |
|---|---|---|
| Cervesa 333 mL | 1 | 0,5 |
| Vi 100 mL | 1,5 | 1 |
| Whisky 40 mL | 1 | 0,5 |

Font: Direcció General de Trànsit. (Valors corresponents a persones de pes i alçada mitjans i en dejú.)

**79** Quina magnitud mesura l'alcoholímetre?

a) La quantitat total d'alcohol que ha begut una persona.

b) La quantitat total d'alcohol que hi ha a la sang d'una persona.

c) La concentració d'alcohol per cada litre de sang.

d) La quantitat d'alcohol consumida en l'última hora.

**80** Com detecten l'alcohol, els alcoholímetres?

a) Per un canvi de temperatura: l'aire amb alcohol és més calent.

b) Mitjançant una reacció química en la qual intervé l'alcohol espirat.

c) Per la quantitat total d'aire que el conductor és capaç d'expulsar dels pulmons.

**81** Indica si les afirmacions són certes o falses.

a) Les dones poden beure més alcohol que els homes sense donar positiu en un control.

b) La quantitat d'alcohol necessària per donar positiu no depèn del sexe.

c) Una cervesa proporciona menys alcohol que una copa de vi.

d) Els conductors professionals poden beure més quantitat d'alcohol que els no professionals i no donar positiu en un control d'alcoholèmia.

**82** Quines d'aquestes persones podran agafar el cotxe?

a) Un jove que acaba de treure's el permís de conduir i que ha pres dues cerveses i un got de vi.

b) Una dona taxista que ha begut mig got de vi.

c) Un conductor que ha begut dos gots de vi i una cervesa.

## UN CAS PRÀCTIC. És bona idea intentar enganyar l'alcoholímetre?

[...] La veritat és que és impossible mentir a l'alcoholímetre. Així ho confirma el Centre d'Experimentació i Seguretat Viària (CESVI) [Argentina], que va realitzar les proves corresponents i, amb l'assessorament d'un grup de metges, va comprovar que el grau d'alcohol en sang no es modifica. Ni una dutxa d'aigua freda, ni un cafè carregat poden alterar el resultat del test.

Les llegendes que circulen per diversos llocs parlen, entre altres coses, de mastegar xiclets i fins i tot n'hi ha que creuen que vomitant es pot expulsar l'alcohol del cos. «L'única manera que hi ha és esperar el temps suficient per eliminar l'alcohol de la sang». [...]

La raó per la qual tots aquests ardits no resulten efectius és simple. «L'alcohol s'absorbeix a l'estómac, a la primera part del tub digestiu, però després va directament cap a la sang i [...] es distribueix per tot el cos, incloent-hi pulmons, on s'evapora pels alvèols. Així, els alcoholímetres mesuren l'alcohol en l'aire espirat dels pulmons i no el que conté l'estómac». [...]

Font: http://www.clarin.com

**83** COMPRENSIÓ LECTORA. Proposa un títol per al document.

**84** On s'absorbeix l'alcohol ingerit? Copia la resposta correcta a la llibreta.

a) Als pulmons.
b) A la gola.
c) A l'estómac.
d) A l'intestí.

**85** Observa com actua l'alcohol.

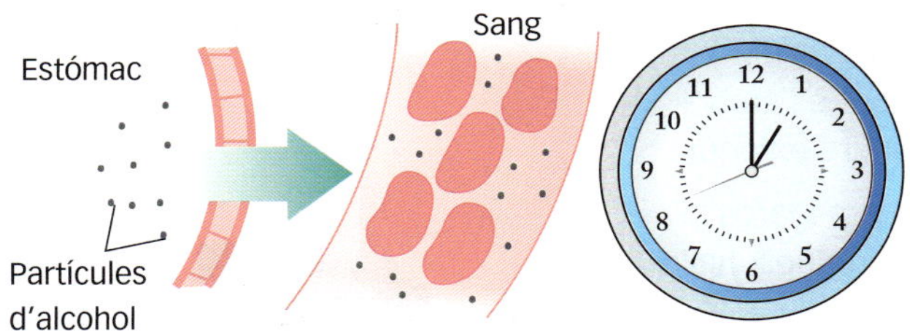


1. L'alcohol s'absorbeix a l'estómac i a l'intestí prim.
2. Després passa a la sang i es distribueix per tot el cos, incloent-hi el cervell.
3. Cada hora se'n metabolitzen 0,12 g/L. Les dones metabolitzen l'alcohol més a poc a poc que els homes.

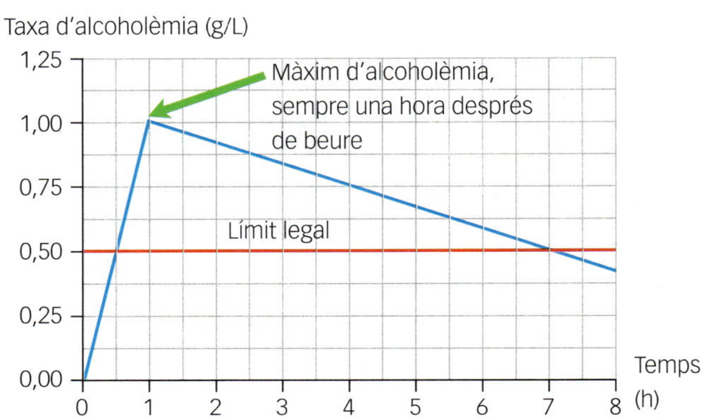


a) Quan s'arriba a la concentració màxima d'alcohol en sang?

b) Si un home ha begut més del compte i arriba a una concentració màxima d'alcohol de 0,8 g/L, quanta estona ha de passar, com a mínim, fins que pugui conduir? Elabora una gràfica semblant a l'anterior per a aquest cas.

**86** Elabora una llista amb problemes (de salut o econòmics...) que l'alcohol causa en persones joves.

**87** Els controls d'alcoholèmia són cada vegada més freqüents.

a) Quin és el seu principal objectiu?

b) On situaries un control, en una carretera d'entrada a una ciutat o en una carretera de sortida?

**88** Alguns automòbils disposen d'un sensor que detecta la quantitat d'alcohol ingerida a partir de l'aire espirat. Si la quantitat detectada és superior a un valor determinat, el cotxe no s'engega. Què et sembla aquesta idea?

a) No és necessari, perquè es pot beure una certa quantitat d'alcohol sense que això suposi un risc important d'accident.

b) S'hauria d'implantar en tots els cotxes, encara que els encareixi bastant.

c) És una ximpleria. Tothom sap el que beu.

d) És interessant perquè molta gent amb una taxa superior a la permesa creu que ha begut poc.

**89** Ara decideix: et sembla una bona idea intentar enganyar l'alcoholímetre?

## COMPROVACIÓ DE LES LLEIS DELS GASOS

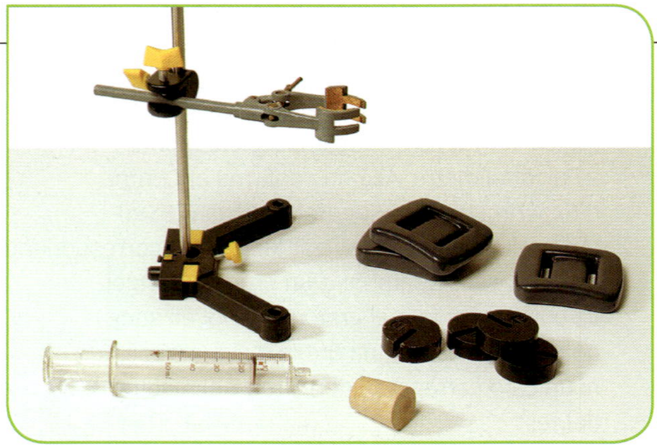

Els gasos no tenen forma ni volum fix. Una quantitat determinada de gas ocupa un volum o un altre depenent de la pressió que s'hi exerceix. També varia el volum que ocupa el gas si modifiquem la temperatura a la qual es troba. Estudiant aquest comportament s'arriba a establir les lleis dels gasos.

### MATERIAL

- Una xeringa de vidre de 50 cm³.
- Un tap de goma perforat per un extrem.
- Diversos pesos de valor conegut (200 g i 1 kg).
- Suport amb pinces.
- Placa calefactora.
- 2 vasos de precipitats de 500 mL.
- 2 termòmetres.
- Gel.
- Greix de silicona.

**PARA ATENCIÓ**

Pots comprovar la llei de Boyle-Mariotte amb una xeringa de plàstic. Però és difícil comprovar la llei de Gay-Lussac amb una xeringa de plàstic, ja que caldria esperar molt de temps perquè el gas arribés a la temperatura de l'aigua en què s'introdueix.

### A. COMPROVACIÓ DE LA LLEI DE BOYLE-MARIOTTE

Estudiem què li passa al volum que ocupa el gas quan varia la pressió que s'hi exerceix, sense que canviï la temperatura.

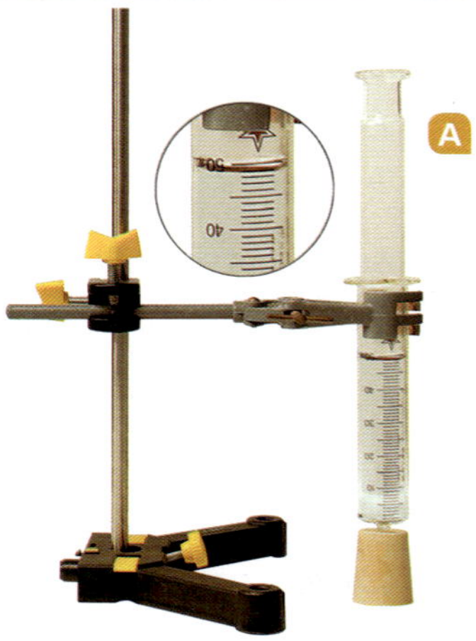


### PROCEDIMENT

1. Comprova que tant el cilindre exterior de la xeringa com l'èmbol estiguin perfectament nets. Col·loca una mica de silicona a la part inferior de l'èmbol (perquè el tancament sigui hermètic) i introdueix-lo dins del cilindre exterior.
2. Abaixa l'èmbol fins que l'extrem inferior coincideixi amb la primera marca (50 mL). Fes un petit orifici en un tap de goma (sense que el travessi) i introdueix-hi l'extrem de la xeringa de manera que quedi ajustat.
3. Col·loca la xeringa verticalment i subjecta-la amb les pinces del suport. Procura que no hi hagi tensions.
4. Col·loca un pes de 200 g a la part superior de l'èmbol i observa fins a quina posició baixa.
5. Vés posant-hi pesos successivament i anota el nivell de l'èmbol en cada cas. Anota els resultats de les observacions en una taula.
6. Ara vés retirant els pesos successivament i comprova que l'èmbol torna a pujar fins arribar a nivells més alts. Anota els resultats.

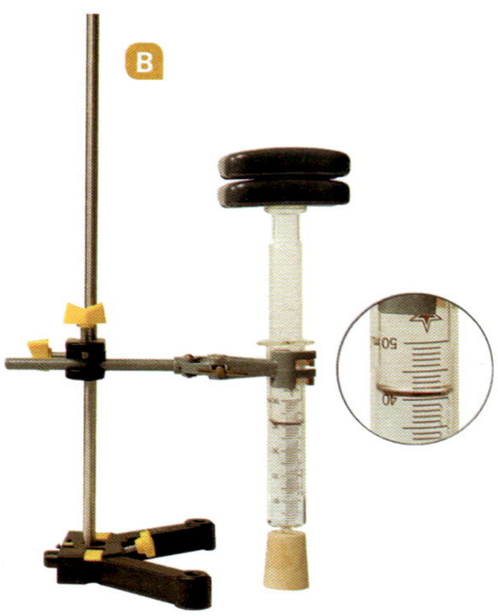


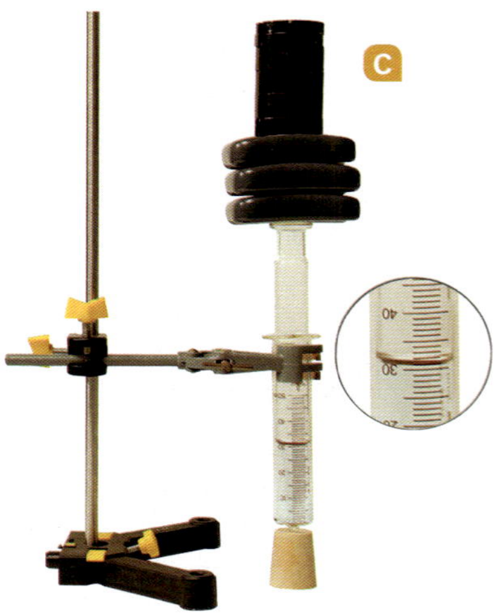


| Pesos (kg) | 0,0 | 0,2 | 0,6 | 1 | 2 | 3 | 4 |
|---|---|---|---|---|---|---|---|
| Volum (mL) | 50 | 48 | 45 | 42 | 37 | 32 | 29 |

## B. COMPROVACIÓ DE LA LLEI DE GAY-LUSSAC

Estudiem què li passa al volum que ocupa el gas quan varia la temperatura a la qual es troba, sense que canviï la pressió.

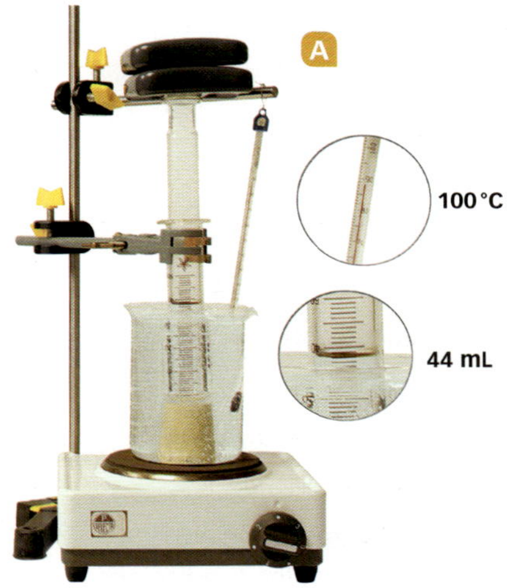


### PROCEDIMENT

1. Col·loca un vas de precipitats de 500 mL (buit) sobre una placa calefactora (apagada).
2. Reprodueix els passos 1 i 2 del procediment anterior.
3. Col·loca la xeringa verticalment dins del vas i subjecta-la amb les pinces del suport. Posa sobre l'èmbol dos pesos d'1 kg i anota fins a quin nivell baixa. Anota la temperatura ambient que indica el termòmetre.
4. Omple el vas d'aigua i col·loca-hi un termòmetre que et permeti mesurar la temperatura.
5. Encén la placa calefactora i fes que l'aigua s'escalfi suaument. L'objectiu és que puguis fer algun mesurament del nivell de l'èmbol i la temperatura en diferents moments. En tot cas, fes les mesures quan l'aigua bulli (temperatura 100 °C).

Podem fer una experiència similar per observar l'efecte del descens de la temperatura. Substitueix la placa calefactora per gel picat.

1. Reprodueix els passos 1 i 2 del procediment inicial.
2. Col·loca la xeringa verticalment dins del vas (buit) i subjecta-la amb les pinces del suport. Posa dos pesos d'1 kg sobre l'èmbol i anota fins a quin nivell baixa. Anota la temperatura ambient que indica el termòmetre.
3. Omple el vas amb gel picat i col·loca un termòmetre a l'interior.
4. Quan faci una estona que la xeringa és dins del vas amb gel, anota la temperatura i el volum quan l'èmbol estigui més avall.

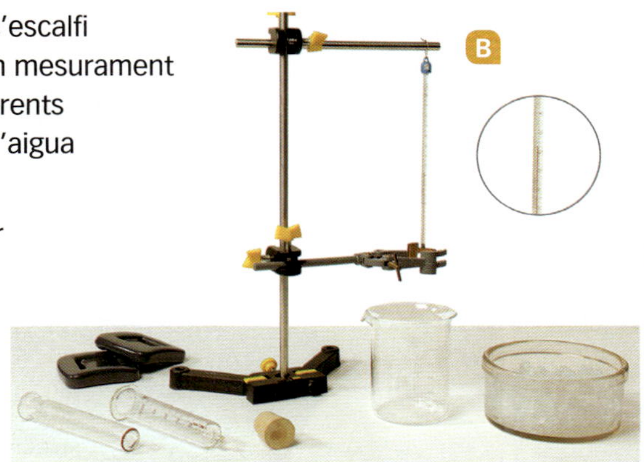


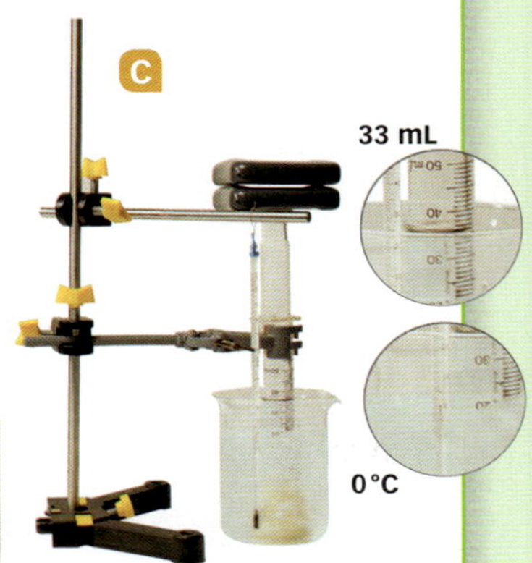


#### PARA ATENCIÓ

La temperatura de l'aigua o el gel que envolta la xeringa pot ser que no coincideixi amb la temperatura a l'interior de la xeringa. Perquè la dada de la temperatura sigui vàlida has de deixar que la xeringa estigui una estona dins de l'aigua bullent (100 °C) o de la barreja d'aigua-gel (a 0 °C).

### ACTIVITATS

**90** Representa gràficament els valors del pes que col·loques sobre l'èmbol respecte del volum de l'aire dins de la xeringa.

a) Quina forma té la gràfica? Les magnituds que representa, són directament o inversament proporcionals?

b) Enuncia una llei física que relacioni el pes que es col·loca sobre l'èmbol amb el volum que ocupa el gas tancat. Especifica si la temperatura del gas es manté constant o varia.

**91** Quan col·loques pesos sobre l'èmbol de la xeringa, o quan la col·loques dins del vas amb gel, l'èmbol baixa. Raona, en cada cas, si passa el següent:

a) Disminueix el gas que hi ha a l'interior.

b) Augmenta o disminueix la velocitat de les partícules del gas.

c) Augmenta o disminueix la pressió externa que s'exerceix sobre el gas.

d) Augmenta o disminueix la pressió que exerceixen les partícules del gas.

# 3 L'àtom

**SABER**

- Els àtoms.
- Àtoms, isòtops i ions.
- Un àtom més avançat.
- La radioactivitat.

**SABER FER**

- Resoldre problemes.
- Interpretar models científics i contrastar-ne les prediccions amb experiències.

## QUÍMICA QUOTIDIANA. La impressora làser

La impremta de Gutenberg va representar una revolució per a la cultura: va permetre imprimir moltes còpies d'un document en poc temps. De la mateixa manera, les fotocopiadores primer i les impressores després han canviat totalment la manera de treballar de moltes persones.

Els dos tipus d'impressores que es fan servir més són les **impressores d'injecció de tinta**, molt utilitzades a casa, i les **impressores làser** (a sota), utilitzades en oficines.

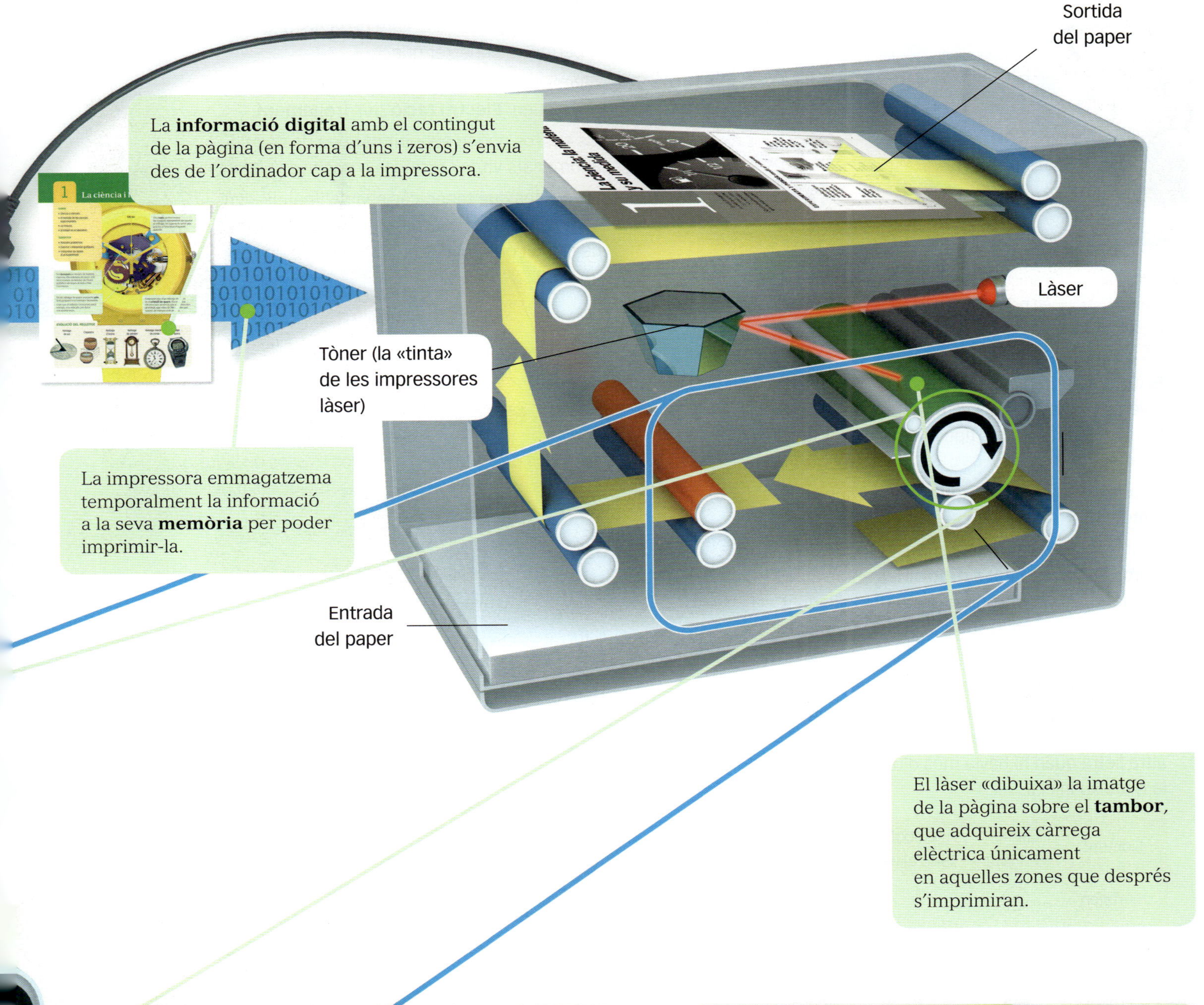


### INTERPRETA LA IMATGE

- Explica la relació que tenen les càrregues elèctriques amb la impressió en una impressora làser.
- Explica com es determinen a la impressora quines àrees del paper s'imprimiran amb tòner i quines no.

### CLAUS PER COMENÇAR

- Quants tipus de càrregues elèctriques hi ha? Com interactuen entre si?
- El tòner és un producte molt contaminant. Quines mesures adoptaries per recollir els cartutxos esgotats i evitar que acabin a les escombraries?

## REPASSA FÍSICA I QUÍMICA

La **teoria cinètica** diu que la matèria està formada per petites partícules. Depenent de com sigui la força d'unió entre aquestes partícules, la matèria es pot presentar en estat sòlid, líquid o gasós.

| Sòlid | Líquid | Gas |
|---|---|---|
| Totes les partícules unides en una estructura rígida. | Partícules unides en petits grups. | Partícules lliures, sense forces d'unió. |

El científic britànic John Dalton (1766-1844) va analitzar diverses substàncies, i va trobar que la matèria està formada per diferents tipus de partícules, que va anomenar **àtoms**.

Va anomenar **element químic** cada tipus diferent d'àtoms.

Dalton va representar els àtoms de cada element químic mitjançant un **símbol**. Més endavant els científics van decidir que era més adequat representar-los utilitzant un símbol que recordés el nom de l'element.

A principi del segle XIX, el químic suec Jacob von Berzelius (1779-1848) va establir com a símbol de cada element la inicial del seu nom llatí, o la inicial i una altra lletra quan hi havia més d'un element amb la mateixa inicial.

| Element | Símbol (Dalton) | Símbol (Berzelius) | Nom llatí |
|---|---|---|---|
| Hidrogen | ⊙ | H | Hydrogenium |
| Oxigen | ○ | O | Oxygenium |
| Carboni | ● | C | Carbonis |
| Nitrogen | ⦶ | N | Nitrum |
| Sofre | ⊕ | S | Sulphur |
| Coure | Ⓒ | Cu | Cuprum |
| Fòsfor | ☮ | P | Phosphorus |

### Fenòmens elèctrics

Els antics grecs (600 aC) sabien que quan freguem un tros de reïna d'ambre amb pell de gat, l'ambre és capaç d'atreure trossets de ploma. En grec, l'ambre es diu *elektron* i aquest fenomen es va anomenar **electricitat**.

Diverses experiències al llarg de la història van permetre conèixer que:

- Alguns cossos adquireixen càrrega elèctrica quan es freguen. **Electrització per fregament**.
- Els cossos poden adquirir càrrega de dos tipus, anomenats vítria i resinosa o positiva i negativa.
- Els cossos que tenen càrrega del mateix signe es repel·leixen, i els cossos que tenen càrrega de signe contrari s'atreuen.

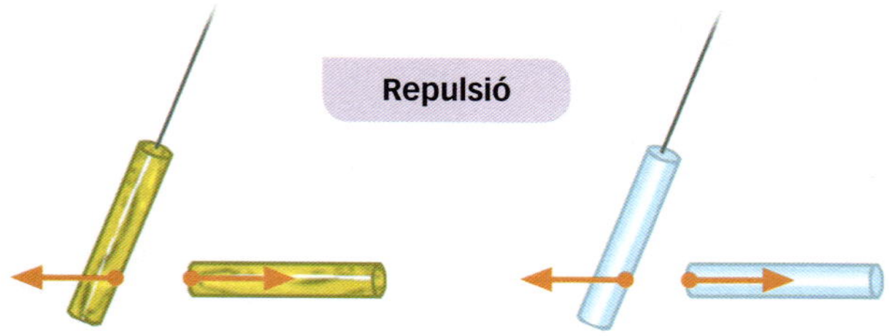


Dos trossos d'ambre electritzats es repel·leixen.

Dos trossos de vidre electritzats es repel·leixen.

Un tros de vidre i un altre d'ambre electritzats s'atreuen.

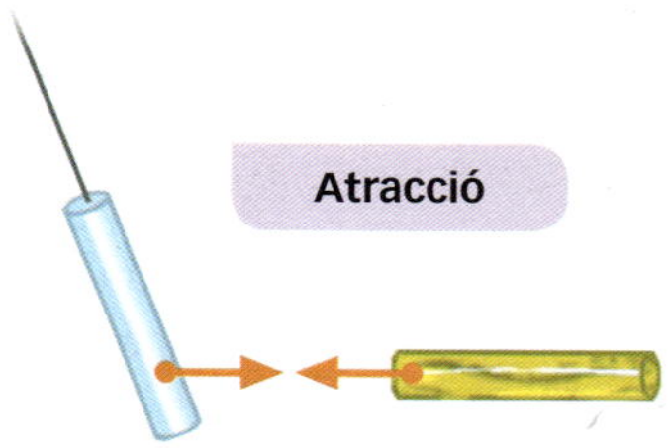


En els primers anys del segle XX es va descobrir que en els àtoms hi ha partícules carregades, que són les responsables dels fenòmens elèctrics.

### ACTIVITATS

**1** En aquesta pàgina se citen tres idees sobre el comportament de la matèria:

a) La matèria està formada per partícules.

b) Diferents elements químics estan formats per àtoms diferents.

c) Els àtoms són els responsables del fet que la matèria tingui càrrega elèctrica.

Repassa la informació d'aquesta pàgina i associa cada idea amb la teoria a la qual es refereix. Quina teoria creus que va aparèixer en primer lloc? Per què? Quina creus que és la teoria més avançada de totes tres? Per què?

# 1 Els àtoms

Al començament del segle XIX, el científic britànic **John Dalton** (1766-1844) va establir una teoria segons la qual la matèria estava formada per partícules indivisibles anomenades **àtoms**. Va arribar a aquesta idea després d'analitzar els resultats d'estudis científics que havien dut a terme diversos químics en diferents països d'Europa durant l'últim terç del segle XVIII.

Al principi del segle XX, nous descobriments van obligar els científics a revisar la teoria atòmica de Dalton, perquè a l'interior dels àtoms es van trobar altres partícules, que es van anomenar **protons**, **neutrons** i **electrons**.

Diferents investigacions van permetre conèixer la massa i la càrrega elèctrica de cadascuna d'aquestes partícules que es troben als àtoms, i que són:

| | Protó | Electró | Neutró |
|---|---|---|---|
| Massa | $1{,}673 \cdot 10^{-27}$ kg | $9{,}11 \cdot 10^{-31}$ kg | $1{,}675 \cdot 10^{-27}$ kg |
| Càrrega | $+1{,}6 \cdot 10^{-19}$ C | $-1{,}6 \cdot 10^{-19}$ C | 0 |

D'aquestes dades es dedueix:

- La càrrega de l'electró és igual que la del protó, però de signe contrari.
- La massa del protó és molt semblant a la del neutró.
- La massa de l'electró és molt més petita que la del protó i la del neutró.

Si comparem la massa del protó i la de l'electró, tenim:

$$\frac{m_{\text{protó}}}{m_{\text{electró}}} = \frac{1{,}673 \cdot 10^{-27}\ \text{kg}}{9{,}11 \cdot 10^{-31}\ \text{kg}} = 1.836 \rightarrow \boldsymbol{m_{\text{protó}} = 1.836 \cdot m_{\text{electró}}}$$

Com que aquestes partícules són molt petites, quan es treballa amb àtoms és adequat utilitzar l'escala atòmica, que fa servir com a unitats de massa i de càrrega, aproximadament, la massa i la càrrega d'un protó.

Actualment sabem que a l'àtom hi ha altres partícules més petites, anomenades **quarks**, que formen els protons i els neutrons.

### 1. EXEMPLE RESOLT

**Calcula el valor de la massa del protó i la massa de l'electró en unitats atòmiques.**

Escriu la correspondència entre les unitats

- Massa del protó $= 1{,}67 \cdot 10^{-27}\ \cancel{\text{kg}} \cdot \dfrac{1\ \text{u}}{1{,}66 \cdot 10^{-27}\ \cancel{\text{kg}}} \simeq \mathbf{1\ u}$
- Massa de l'electró $= 9{,}11 \cdot 10^{-31}\ \cancel{\text{kg}} \cdot \dfrac{1\ \text{u}}{1{,}66 \cdot 10^{-27}\ \cancel{\text{kg}}} = \mathbf{5{,}49 \cdot 10^{-4}\ u}$

### RECORDA-HO

La IUPAC (Unió Internacional de Química Pura i Aplicada) ha definit la **unitat de massa atòmica**, **u**, i ha determinat que equival a $1{,}66 \cdot 10^{-27}$ kg.

La **unitat natural de càrrega** és l'electró. En el SI la càrrega es mesura en **coulombs** (C): $1e = 1{,}6 \cdot 10^{-19}$ C.

| | Protó | Electró | Neutró |
|---|---|---|---|
| Massa | 1 u | 1/1.836 u | 1 u |
| Càrrega | +1 e | −1 e | 0 |

Unitats que s'utilitzen per expressar la massa i la càrrega de les partícules que formen els àtoms.

### ACTIVITATS

2. Calcula quants protons has de tenir perquè la seva massa sigui igual a 1 kg.
3. Calcula quants protons has de tenir perquè la seva càrrega elèctrica sigui igual a 1 C.
4. Repeteix les activitats 2 i 3, suposant que les partícules són electrons.

### 1.1. Com són els àtoms

Des del principi els científics van pensar que els àtoms eren petites esferes. Però, com eren per dins? Una de les primeres qüestions que van haver de resoldre era saber com estaven disposades les partícules a l'interior de l'àtom.

Van utilitzar com a model la disposició dels planetes al voltant del Sol o dels satèl·lits al voltant dels planetes: en el centre se situa el cos amb més massa, i els cossos més petits giren al seu voltant.

Així, prenent com a model el sistema planetari, els científics es van imaginar àtoms amb les característiques següents:

- Tenen un **nucli** en el qual es troben les partícules amb més massa (protons i neutrons).
- Tenen una **escorça** formada pels electrons, que giren al voltant del nucli.
- Els àtoms són neutres. Per això han de tenir **el mateix nombre de protons que d'electrons**.
- **El nombre de neutrons és similar al nombre de protons**, però no és necessari que sigui exactament igual.

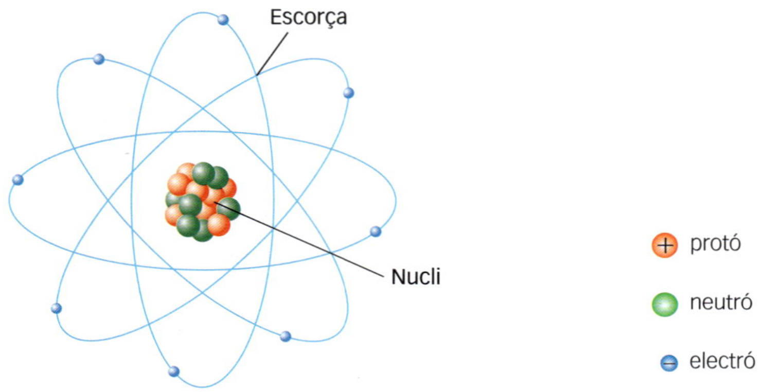


#### La mida de l'àtom

Diferents experiències han permès mesurar les dimensions dels àtoms. Considerat com una esfera:

- L'**àtom** té un radi d'uns $10^{-10}$ m.
- El **nucli** té un radi d'uns $10^{-14}$ m.

És a dir, el nucli és unes 10.000 vegades més petit que l'àtom:

$$\frac{\text{Radi de l'àtom}}{\text{Radi del nucli}} = \frac{10^{-10}\ \text{m}}{10^{-14}\ \text{m}} = 10^{4} = 10.000$$

Si l'àtom tingués les dimensions d'un camp de futbol, el nucli tindria la mida d'una bala de vidre col·locada al centre i els electrons serien com caps d'agulla girant al voltant de l'estadi.

Per expressar la mida de l'àtom se solen utilitzar l'àngstrom (Å) i el nanòmetre (nm). 1 Å = $10^{-10}$ m; 1 nm = $10^{-9}$ m; 1 nm = 10 Å.

**SABER-NE MÉS**

**Per què giren els electrons?**

La càrrega negativa dels electrons fa que siguin atrets pel nucli, on es concentra la càrrega positiva. L'única manera de vèncer aquesta atracció és estar en moviment continu.

És un cas semblant al d'una galleda plena d'aigua que gira. Si fas que giri prou de pressa, l'aigua no cau, encara que la galleda arribi a estar de cap per avall.

**ACTIVITATS**

5 Si col·loquessis àtoms en fila, quants n'hauries de posar perquè ocupessin 1 cm?

6 Busca informació i ordena, del més gran al més petit: una cèl·lula, un cap d'agulla, un àtom.

## 1.2. Els àtoms i l'electricitat

Des de temps antic se sap que alguns cossos adquireixen càrrega elèctrica quan es freguen i que hi ha dos tipus de càrrega: positiva o negativa. El coneixement dels àtoms ens permet saber com pot adquirir càrrega elèctrica un objecte.

Quan es frega un material, els seus àtoms poden perdre uns quants electrons de l'escorça. Aquests electrons han de passar als àtoms del material amb què es freguen. És el que passa, per exemple, quan freguem una vareta amb un drap.

Segons el material de què estiguin fets els objectes, els electrons poden passar de la vareta al drap, o a l'inrevés.

Inicialment tant la vareta com el drap són elèctricament neutres: els seus àtoms tenen el mateix nombre de càrregues positives que de càrregues negatives

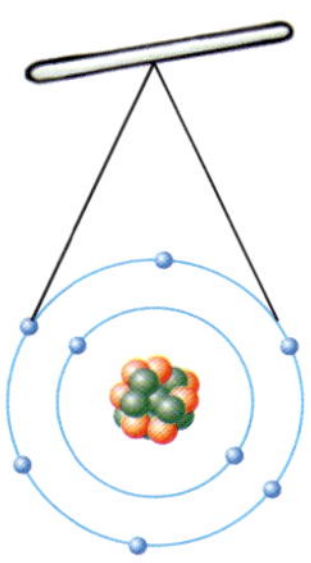

Àtom de la vareta:

- Electrons = 7.
- Protons = 7.
- Neutrons = 8.

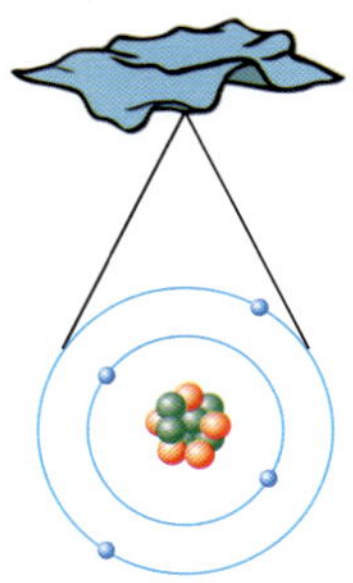

Àtom del drap:

- Electrons = 5.
- Protons = 5.
- Neutrons = 6.

Quan freguem la vareta passen electrons del drap a la vareta.

Àtom de la vareta:

- Electrons = 8.
- Protons = 7.
- Càrrega elèctrica: −1.

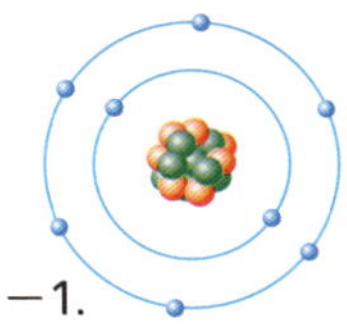

Àtom del drap:

- Electrons = 4.
- Protons = 5.
- Càrrega elèctrica: +1.

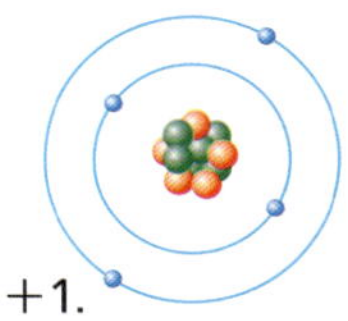

Els àtoms tendeixen a recuperar l'estat neutre.

La vareta carregada (−) atreu el drap carregat (+).

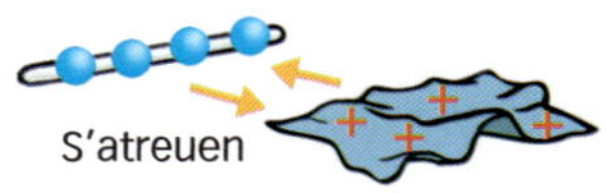


2 varetes carregades (−) i (−) o dos draps carregats (+) i (+), es repel·leixen.

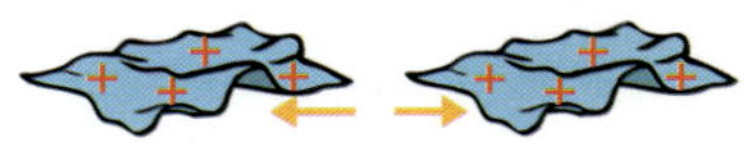


L'àtom que perd electrons queda amb càrrega positiva, i el que en guanya, amb càrrega negativa.

Fixa't que quan es frega un material, els seus àtoms poden guanyar o perdre electrons, que són a l'escorça de l'àtom situats en una o diverses capes. El nucli de l'àtom no experimenta canvis.

### ACTIVITATS

7 Si un àtom té 3 protons, 3 electrons i 4 neutrons, i fem que perdi 1 electró, quina càrrega adquireix?

8 Si un àtom té 3 protons, 3 electrons i 4 neutrons, i perd 1 neutró, quina càrrega adquireix? Quina càrrega adquireix si guanya 1 neutró?

9 Si un àtom té 3 protons, 3 electrons i 4 neutrons, i guanya 1 electró, quina càrrega adquireix?

10 Tenint en compte com són els àtoms, explica per què s'atreuen els objectes que tenen càrrega de tipus diferent i per què es repel·leixen els objectes que tenen càrrega del mateix tipus.

# 2 Àtoms, isòtops i ions

Tots els àtoms de **coure** tenen 29 protons al nucli. Però no tots tenen el mateix nombre de neutrons. A la natura podem trobar àtoms de coure amb 34 neutrons i àtoms de coure amb 36 neutrons.

Tots els àtoms tenen l'estructura de nucli i escorça que acabem d'estudiar. Però el nombre de partícules que formen els àtoms d'un element químic és diferent del de qualsevol altre element.

Per representar un àtom s'utilitza un símbol i dos nombres: $^{A}_{Z}X$.

- El **símbol, X,** està format per la inicial del nom de l'element en llatí. Pot anar seguida d'una altra lletra si hi ha més d'un element amb la mateixa inicial. Per a l'hidrogen, H; per a l'heli, He; per al platí, Pt, etc. A la taula periòdica de l'annex final pots veure el nom i el símbol de cada element.
- El **nombre atòmic, *Z*,** indica el nombre de protons de l'àtom. Coincideix amb el nombre d'ordre de cada element a la taula periòdica: per a l'hidrogen, 1; per a l'heli, 2; per al liti, 3, etc.

  Tots els àtoms que tenen el mateix nombre atòmic pertanyen al mateix element químic.
- El **nombre màssic, *A*,** és el nombre de protons i neutrons junts.

| | $^{35}_{17}Cl$ | $^{23}_{11}Na$ |
|---|---|---|
| Nom | Clor | Sodi |
| Nombre atòmic, *Z* | 17 | 11 |
| Nombre màssic, *A* | 35 | 23 |
| Nombre de protons | 17 | 11 |
| Nombre d'electrons | 17 | 11 |
| Nombre de neutrons | $A - Z = 35 - 17 = 18$ | $A - Z = 23 - 11 = 12$ |

En un àtom neutre el nombre de protons coincideix amb el nombre d'electrons. Per tant, *Z* representa també el nombre d'electrons de l'àtom neutre. A partir d'aquesta informació podem conèixer moltes dades dels àtoms. Per exemple, per al $^{35}_{17}Cl$ i el $^{23}_{11}Na$ tenim les dades que pots veure a la taula.

La **massa d'un àtom** és la suma de les masses de les partícules que el constitueixen.

És similar a la suma de les masses dels protons i els neutrons, ja que els electrons tenen massa negligible. Expressada en unitats de massa atòmica (u), la massa d'un àtom és una quantitat similar al nombre màssic, *A*.

## ACTIVITATS

**11** Emplena la taula a la llibreta indicant el nom de cada àtom, el símbol i les partícules que el formen (suposa que és neutre). Busca la informació necessària a la taula periòdica de l'annex final. P: nre. de protons; E: nre. d'electrons; N: nre. de neutrons.

| | Nom | Símbol | *Z* | *A* | P | E | N |
|---|---|---|---|---|---|---|---|
| A | Bor | $^{11}_{5}B$ | 5 | 11 | 5 | 5 | 6 |
| B | | | | | 18 | | 22 |
| C | Fluor | | | 19 | | | |
| D | | | | 23 | | 11 | |
| E | | $^{52}_{24}Cr$ | | | | | |

| | Nom | Símbol | *Z* | *A* | P | E | N |
|---|---|---|---|---|---|---|---|
| F | | | 15 | 31 | | | |
| G | Plata | | | | | | 60 |
| H | | | | 16 | | 8 | |
| I | | $^{56}_{26}Fe$ | | | | | |
| J | Silici | | | 28 | | | |

## 2.1. Isòtops

Tots els àtoms d'un element químic tenen el mateix nombre de protons, però es poden diferenciar pel nombre de neutrons.

S'anomenen **isòtops** els àtoms que tenen el mateix nombre de protons i el nombre de neutrons diferent. Es representen amb el mateix símbol i tindran *Z* igual i *A* diferent.

Els isòtops són àtoms d'un mateix element, ja que el que determina les característiques químiques dels àtoms és el nombre de protons.

Per anomenar un dels isòtops d'un element s'indica el nom de l'element seguit del nombre de massa: coure-63 (Cu-63) o coure-65 (Cu-65).

| | ${}^{63}_{29}Cu$ | ${}^{65}_{29}Cu$ |
|---|---|---|
| Nom | Coure-63 (Cu-63) | Coure-65 (Cu-65) |
| Nombre atòmic, *Z* | 29 | 29 |
| Nombre màssic, *A* | 63 | 65 |
| Nombre de protons | 29 | 29 |
| Nombre d'electrons | 29 | 29 |
| Nombre de neutrons | $A - Z = 63 - 29 = 34$ | $A - Z = 65 - 29 = 36$ |

Quasi tots els elements químics tenen isòtops. Habitualment tots els isòtops d'un element tenen el mateix nom; com a excepció, l'hidrogen té tres isòtops, cadascun amb un nom propi:

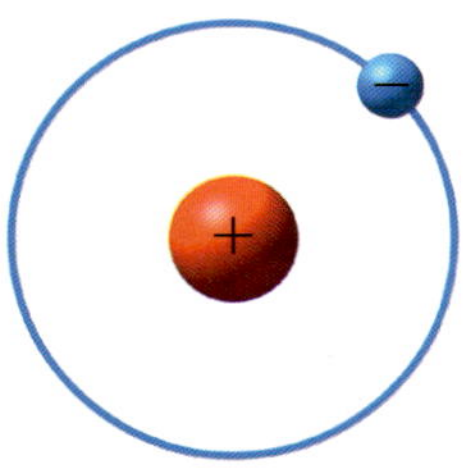

**Hidrogen, ${}^{1}_{1}H$:**
1 protó
1 electró

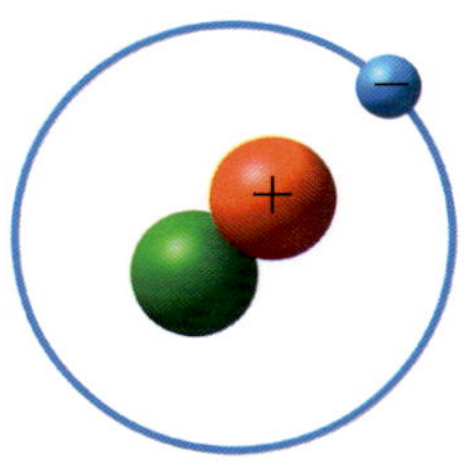

**Deuteri, ${}^{2}_{1}H$:**
1 protó
1 electró
1 neutró

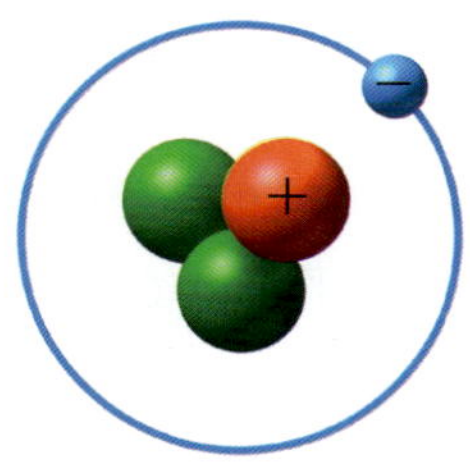

**Triti, ${}^{3}_{1}H$:**
1 protó
1 electró
2 neutrons

### RECORDA-HO

El **símbol** d'un element químic l'identifica igual que el seu nombre atòmic; per això, de vegades per abreujar no s'escriu el nombre atòmic.

Per exemple, podem escriure ${}^{63}Cu$ en comptes de ${}^{63}_{29}Cu$.

Quasi tots els elements químics tenen diversos isòtops. L'**estany**, per exemple, té 10 isòtops estables. El de massa més petita té 62 neutrons, i el de més massa, 70 neutrons.

### ACTIVITATS

**12** Emplena la taula a la llibreta (suposa àtoms neutres). Busca la informació necessària a la taula periòdica de l'annex final. P: nre. de protons; E: nre. d'electrons; N: nre. de neutrons.

| | Nom | Símbol | *Z* | *A* | P | E | N |
|---|---|---|---|---|---|---|---|
| A | Níquel-58 | ${}^{58}_{28}Ni$ | 28 | 58 | 28 | 28 | 30 |
| B | | ${}^{25}_{12}Mg$ | | | | | |
| C | Potassi-□ | | | | | | 20 |
| D | | | | | 12 | | 12 |
| E | | | | 60 | | 28 | |

| | Nom | Símbol | *Z* | *A* | P | E | N |
|---|---|---|---|---|---|---|---|
| F | | ${}^{41}_{19}K$ | | | | | |
| G | Magnesi-□ | | | 26 | | | |
| H | | | 35 | 81 | | 35 | |
| I | | ${}^{62}_{28}Ni$ | | | | | |
| J | Brom-□ | | | | | | 44 |

Analitza si algun dels àtoms és isòtop i escriu a la llibreta frases com aquesta:

- L'àtom A és isòtop de l'àtom __________.

**PARA ATENCIÓ**

L'existència d'isòtops és el motiu pel qual quasi tots els elements químics tenen com a massa atòmica un nombre no enter.

Per exemple, la massa del coure és 63,5. Aquest nombre apareix a la casella de cada element a la taula periòdica.

## 2.2. La massa atòmica dels elements químics

La **massa atòmica d'un isòtop** és la suma de les masses de les partícules que el constitueixen.

Per tant, la massa atòmica de l'isòtop $^{63}_{29}Cu$ serà diferent de la massa de l'isòtop $^{65}_{29}Cu$.

- Massa atòmica de $^{63}_{29}Cu$: 63 u.
- Massa atòmica de $^{65}_{29}Cu$: 65 u.

La major part dels elements químics tenen isòtops, és a dir, tenen àtoms de diferent massa.

La **massa atòmica d'un element químic** és la massa d'un àtom mitjà d'aquest element tenint en compte tots els isòtops de l'element que hi ha.

Per calcular-la haurem de considerar la massa atòmica de cada isòtop i l'abundància amb què es troba a la natura.

**2. EXEMPLE RESOLT**

**De l'element clor, en coneixem dos isòtops, el $^{35}_{17}Cl$, que té una massa de 35 u i es presenta amb una abundància del 76 %, i el $^{37}_{17}Cl$, amb una massa de 37 u i que es presenta amb una abundància del 24 %. Quina és la massa atòmica de l'element clor?**

Suposa que tens 100 àtoms de clor.

- 76 àtoms seran de l'isòtop Cl-35. La seva massa serà:
$$35\ u \cdot 76 = 2.660\ u$$
- 24 àtoms seran de l'isòtop Cl-37. La seva massa serà:
$$37\ u \cdot 24 = 888\ u$$

La massa de la mostra de 100 àtoms de clor serà:

$$2.660\ u + 888\ u = 3.548\ u$$

La massa atòmica d'un àtom de clor mitjà serà:

$$\frac{3.548\ u}{100} = 35{,}48\ u$$

Per tant, ja pots calcular la massa atòmica del clor:

$$\text{Massa atòmica mitjana de Cl} = \frac{35\ u \cdot 76 + 37\ u \cdot 24}{100} = \mathbf{35{,}48\ u}$$

La massa atòmica mitjana es calcula així per al cas d'un element amb dos isòtops:

$$\text{Massa atòmica mitjana} = \frac{\text{Massa 1r isòtop} \cdot \text{Percentatge} + \text{Massa 2n isòtop} \cdot \text{Percentatge}}{100}$$

Un element químic pot tenir dos isòtops o més; la suma dels percentatges de tots els isòtops és 100. Amb més isòtops només cal afegir al numerador la massa atòmica de cadascun i l'abundància que tingui.

**ACTIVITATS**

**13** L'element brom es presenta en forma de dos isòtops, el Br-79, que té una massa de 79 u i una abundància del 51 %, i el Br-81, amb una massa de 81 u i una abundància del 49 %. Quina és la massa atòmica de l'element brom?

+ **14** Suposa que un element químic està format per dos isòtops. És possible que la massa atòmica de l'element coincideixi amb la mitjana aritmètica de la massa dels seus isòtops? Justifica la resposta.

## 2.3. Ions

Quan els àtoms dels diferents elements químics es combinen per formar un compost és força freqüent que ho facin guanyant o perdent electrons. Quan passa això, els àtoms deixen de ser neutres i passen a tenir càrrega; diem que es converteixen en ions.

- Quan un àtom perd electrons adquireix càrrega positiva i es converteix en un **ió positiu** o **catió**.
- Quan un àtom guanya electrons adquireix càrrega negativa i es converteix en un **ió negatiu** o **anió**.

Per exemple, quan l'àtom de calci forma compostos sol perdre 2 electrons i es converteix en un catió de càrrega $2^+$. El nom del catió coincideix amb el nom de l'element químic.

| | $^{40}_{20}Ca$ | $^{40}_{20}Ca^{2+}$ |
|---|---|---|
| Nom | Àtom de calci | Catió de calci |
| Nombre atòmic, *Z* | 20 | 20 |
| Nombre màssic, *A* | 40 | 40 |
| Nombre de protons | 20 | 20 |
| Nombre d'electrons | 20 | 18 |
| Nombre de neutrons | $A - Z = 40 - 20 = 20$ | $A - Z = 40 - 20 = 20$ |

Quan l'àtom de clor forma compostos sol guanyar 1 electró i es converteix en un anió de càrrega $1^-$. El nom de l'anió es deriva del nom de l'element acabat en *-ur*.

| | $^{35}_{17}Cl$ | $^{35}_{17}Cl^-$ |
|---|---|---|
| Nom | Àtom de clor | Anió clorur |
| Nombre atòmic, *Z* | 17 | 17 |
| Nombre màssic, *A* | 35 | 35 |
| Nombre de protons | 17 | 17 |
| Nombre d'electrons | 17 | 18 |
| Nombre de neutrons | $A - Z = 35 - 17 = 18$ | $A - Z = 35 - 17 = 18$ |

**PARA ATENCIÓ**

En la representació d'un ió s'indica la càrrega com a superíndex a la dreta del símbol.

Primer s'indica el nombre de la càrrega i després el signe. Així:

- $Ca^{2+}$ representa l'ió de l'àtom de calci que té càrrega positiva 2.
- $Cl^{1-}$ representa l'ió de l'àtom de clor que té càrrega negativa 1.

La càrrega 1+ i 1− s'indica només amb el signe, és a dir, escrivim $Cl^-$.

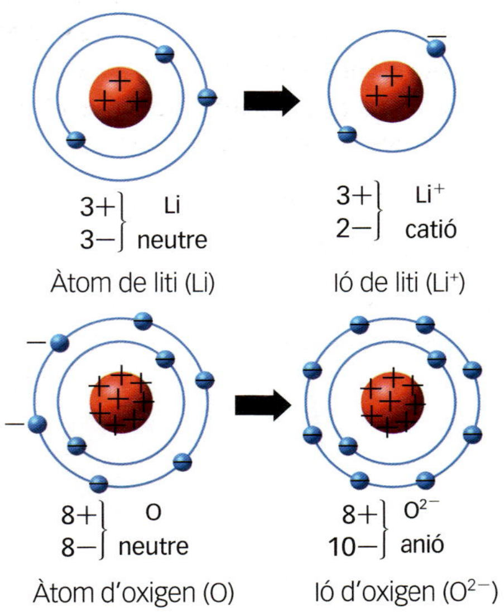

Formació d'**ions**.

### ACTIVITATS

**15** Emplena la taula a la llibreta. Busca la informació necessària a la taula periòdica de l'annex final.

| | Nom | Símbol | *Z* | *A* | P | E | N | Càrrega elèctrica |
|---|---|---|---|---|---|---|---|---|
| A | Catió alumini | $^{27}_{13}Al^{3+}$ | 13 | 27 | 13 | 10 | 14 | 3+ |
| B | | | 29 | 63 | | 28 | | |
| C | | | 13 | | | 13 | 14 | |
| D | | | | | | 54 | 74 | 1− |

| | Nom | Símbol | *Z* | *A* | P | E | N | Càrrega elèctrica |
|---|---|---|---|---|---|---|---|---|
| E | Anió nitrur | | | 14 | 7 | | | 3− |
| F | | | 7 | | | 7 | 7 | |
| G | | | | | | 27 | 34 | 2+ |
| H | | | 16 | | | 18 | 16 | |

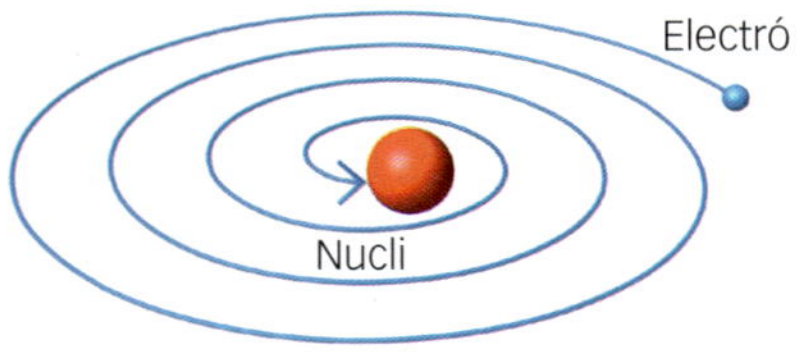


Si l'electró girés al voltant del nucli com un planeta al voltant del Sol **emetria energia**. Això el faria descriure una espiral que acabaria amb l'electró caient dins del nucli.

## 3 Un àtom més avançat

El model planetari de l'àtom presentava un problema important que va obligar a revisar-lo. Els electrons són partícules carregades i, d'acord amb les lleis físiques, en girar al voltant d'un nucli carregat haurien de perdre energia. Amb el temps, els electrons acabarien caient sobre el nucli i l'àtom es destruiria.

El físic danès Niels Bohr (1885-1962) va deduir que els àtoms es deuen comportar de manera diferent de les partícules elèctriques macroscòpiques.

En el **model atòmic de Bohr**:

- L'àtom està format per un **nucli** en el qual es troben els protons i els neutrons. Els electrons formen l'**escorça** al voltant del nucli.
- Els electrons de l'escorça només es poden moure en determinades òrbites. En aquestes òrbites, encara que giri, l'electró no emet energia. **En cada òrbita l'electró té una energia determinada**, que és més petita com més a prop està del nucli.
- Perquè un electró passi d'una òrbita que està més prop del nucli a una altra que està més allunyada cal donar-li energia. D'una manera semblant, quan l'electró està en una òrbita més allunyada del nucli i passa a una òrbita més propera, desprèn energia.

Observa el paral·lelisme entre el model atòmic de Bohr i una prestatgeria.

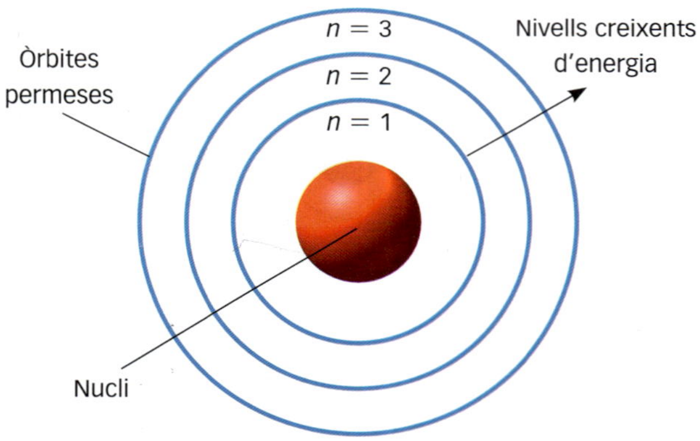


- Els electrons només poden girar al voltant del nucli en determinades òrbites permeses: la primera òrbita, la segona, la tercera…
- En cada òrbita l'electró té una energia determinada. Mentre l'electró no canviï d'òrbita la seva energia no varia.
- Perquè un electró passi a una òrbita més allunyada del nucli cal comunicar-li energia.
- Quan un electró passa d'una òrbita allunyada a una altra òrbita més propera al nucli, perd energia.

- Els llibres només poden estar en el primer prestatge, en el segon, en el tercer…
- Els llibres de cada prestatge estan a una certa altura sobre el terra; tenen una energia determinada. Quan un llibre canvia de posició en el mateix prestatge la seva energia no varia.
- Perquè un llibre que està en un prestatge inferior passi a un prestatge superior cal fer-lo pujar (donar-li energia).
- Quan un llibre que està en un prestatge superior passa a un prestatge inferior perd energia, perquè està més a prop de terra.

## L'àtom quantitzat

El model atòmic de Bohr es coneix com el **model de capes**: a l'àtom els electrons s'organitzen en capes i en cada capa tenen una energia determinada. Es diu que els àtoms estan **quantitzats**. I sabem quants electrons hi pot haver en cada capa.

- A la **primera capa** hi pot haver fins a **2 electrons**.
- A la **segona capa** hi pot haver fins a **8 electrons**.
- A la **tercera capa** hi pot haver fins a **18 electrons**.
- A la **quarta capa** hi pot haver fins a **32 electrons**.

Els electrons es col·loquen a la primera capa, i quan aquesta és plena, a la segona, i després a la tercera. Quan aquesta té vuit electrons, s'inicia la quarta capa, segons unes regles que estudiaràs en els propers cursos.

Observa els electrons de l'escorça en alguns àtoms.

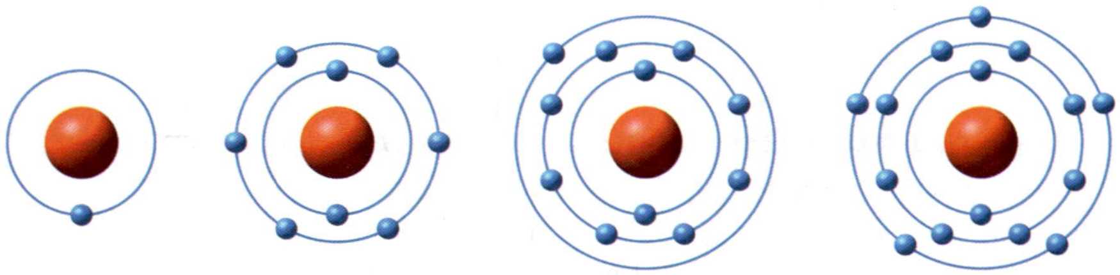

Heli (He) Oxigen (O) Sodi (Na) Fòsfor (P)

Algunes experiències han demostrat que aquest model no explica alguns comportaments dels àtoms. És per això que ha calgut idear un nou model atòmic que estudiaràs més endavant.

| Capa | Nre. d'electrons que hi caben |
|---|---|
| 1 | 2 |
| 2 | 8 |
| 3 | 18 |
| 4 | 32 |

En cada capa, hi cap un **nombre màxim d'electrons**. Quan una capa de l'escorça s'omple o arriba a vuit electrons, es comença a ocupar la capa següent. La capa 1 és la més interna, és a dir, està formada pels electrons més propers al nucli.

### ? INTERPRETA LA IMATGE

- Quants electrons hi ha en cada capa dels àtoms representats?

## ACTIVITATS

**16** Escriu les paraules que falten en els textos següents i compara els models atòmics que has estudiat en aquesta unitat.

**Model planetari de l'àtom**

a) L'àtom està format per un ________ molt petit, dins d'una gran ________.

b) En el nucli, on estan situats els ________ i els ________, està concentrada tota la càrrega positiva i quasi tota la massa; a l'escorça hi ha els ________ girant contínuament al voltant del ________.

c) Un àtom té el mateix nombre de ________ que de ________. El nombre de ________ és semblant al de ________, però no cal que coincideixi.

d) El model planetari no explica que els ________ puguin girar al voltant del ________ sense perdre energia, cosa que els portaria a descriure una ________ que acabaria en el ________.

Per això, aquest model no era correcte i es va haver d'idear un nou model atòmic.

**Model atòmic de Bohr**

e) Igual que en el model planetari, l'àtom té un ________ i una ________.

f) Els ________ només poden girar en unes ________ determinades, en les quals no ________ energia.

g) Quan l'electró està en una òrbita més ________ al nucli, té menys energia que quan està en una ________ més allunyada del nucli.

h) L'electró només pot passar d'una ________ permesa a una altra òrbita ________ guanyant o perdent energia.

i) Perquè l'electró passi d'una òrbita més propera al nucli a altres de més allunyades, cal ________ energia.

j) El model de Bohr també es coneix com a model de ________ perquè els electrons es col·loquen en ________ al voltant del ________.

## PARA ATENCIÓ

Tipus de radiació:

- **Radiació alfa (raigs $\alpha$)**: són partícules formades per dos protons i dos neutrons (nuclis d'heli). La seva càrrega és positiva i s'emeten a gran velocitat, encara que tenen molt poc poder de penetració: uns quants fulls de paper les poden aturar.
- **Radiació beta (raigs $\beta$)**: està formada per electrons. Té càrrega negativa i la massa és molt petita. Les partícules beta tenen més poder de penetració que les alfa: poden travessar una làmina d'alumini d'uns quants mil·límetres.
- **Radiació gamma (raigs $\gamma$)**: és una radiació del tipus de la llum. Té un gran poder de penetració: per aturar-la fan falta plaques gruixudes de plom o de formigó.

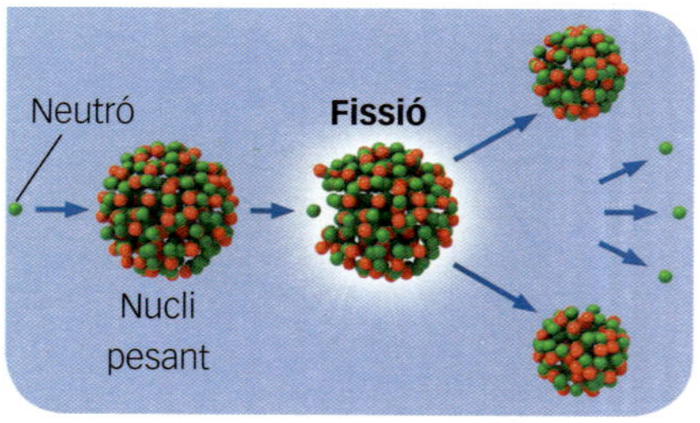

Fissió nuclear.

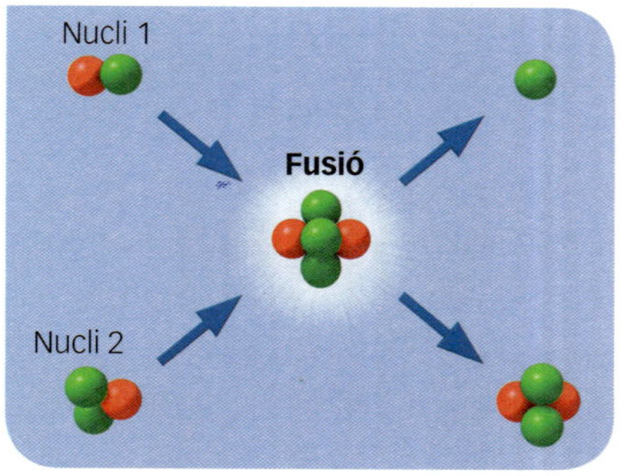

Fusió nuclear.

# 4 La radioactivitat

La majoria dels processos físics o químics que experimenten els àtoms afecten l'escorça, és a dir, els electrons que giren al voltant del nucli. Només en alguns isòtops de determinats elements químics els nuclis poden experimentar transformacions, en les quals:

- El nucli perd o guanya alguna partícula.
- El nucli es trenca i es formen nuclis més petits.
- S'uneixen diversos nuclis petits per formar un nucli més gran.

En general, quan els àtoms d'un element experimenten un procés al nucli es converteixen en àtoms d'un element químic diferent.

## 4.1. Emissions radioactives

La **desintegració radioactiva** és el procés que experimenten els nuclis d'alguns àtoms, que fa que emetin radiació.

Aquests àtoms s'anomenen **isòtops radioactius**. La radiació que emeten pot ser de tres tipus: alfa ($\alpha$), beta ($\beta$) o gamma ($\gamma$).

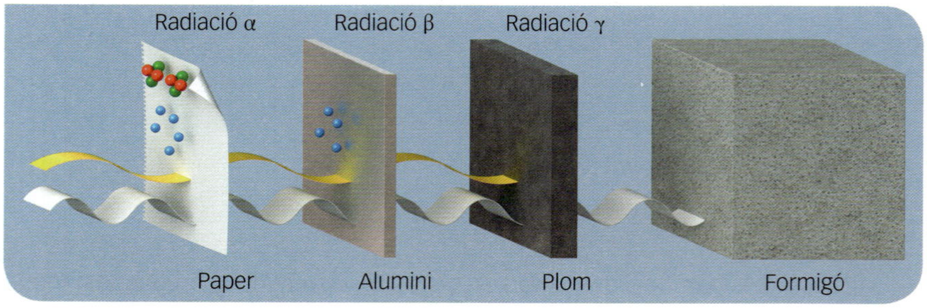


## 4.2. Fissió nuclear

La **fissió nuclear** es produeix quan els nuclis dels isòtops radioactius d'àtoms molt grans, com ara l'urani o el plutoni, es trenquen i produeixen nuclis d'àtoms més petits.

El procés de fissió comença quan es bombardeja un àtom gran amb partícules; per exemple, neutrons. A més dels dos nuclis més petits, es poden alliberar altres neutrons que bombardegen i trenquen altres nuclis grans. Això s'anomena **reacció en cadena**. En aquest procés s'allibera una gran quantitat d'energia, anomenada **energia nuclear**, que s'aprofita a les centrals nuclears per obtenir energia elèctrica.

## 4.3. Fusió nuclear

La **fusió nuclear** es produeix quan els nuclis d'àtoms molt petits, com l'hidrogen, s'uneixen per donar lloc a nuclis d'àtoms més grans, com l'heli.

En el procés de fusió nuclear s'allibera molta energia. Però perquè es produeixi la fusió dels nuclis, aquests han d'arribar a temperatures molt altes, com les que es donen en el Sol i altres estels. La fusió nuclear és la causant de la brillantor dels estels.

De moment, la tecnologia encara no ha avançat prou per permetre que la fusió nuclear s'utilitzi com a font d'energia en un laboratori o en una central elèctrica. Si això s'aconseguís, seria molt millor que l'energia alliberada durant la fissió nuclear, perquè els productes que s'obtenen en els processos de fusió nuclear no són radioactius.

## 4.4. Aplicacions dels isòtops radioactius

### Font d'energia

A les **centrals nuclears** s'obté energia aprofitant la fissió d'isòtops radioactius de l'urani i el plutoni: $^{235}_{92}U$ i $^{239}_{94}Pu$.

També es pot aprofitar l'energia nuclear per fabricar **piles de molt llarga durada** alimentades per plutoni-238. S'utilitzen en els marcapassos, en equips de mesurament en sondes espacials o en estacions marítimes o terrestres situades en llocs de difícil accés.

### Recerca i experiments científics

Si mesurem la velocitat a la qual es desintegren els isòtops radioactius podrem rastrejar la seva presència. Això té diferents aplicacions.

- Per **determinar l'antiguitat** de restes arqueològiques o històriques.
- En recerca s'utilitzen com a **rastrejadors** per conèixer com es produeixen les reaccions químiques en els organismes vius.
- En **investigacions forenses** s'utilitzen isòtops radioactius per detectar residus de munició o d'arsènic en persones enverinades.

### Medicina

Com a mètode de diagnòstic d'algunes malalties s'administra als possibles malalts una substància (beguda o injectada) que conté un isòtop que emet radiació de baixa energia. Aquesta substància es fixa a l'òrgan i permet observar-lo registrant la radiació que emet.

El càncer fa que algunes cèl·lules es reprodueixin amb rapidesa i originin un tumor. Els isòtops que emeten radiació d'alta energia afecten el procés de reproducció cel·lular: si aquests isòtops s'administren a un malalt de càncer mataran més cèl·lules malaltes que cèl·lules normals, ja que aquestes últimes es reprodueixen menys. En això es basa la **radioteràpia**, que utilitza diferents isòtops com ara: or-198, estronci-90 o cobalt-60.

## 4.5. Els residus radioactius

Totes les activitats relacionades amb els isòtops radioactius generen residus, com, per exemple, les restes de combustible nuclear o els materials radioactius que s'utilitzen per al diagnòstic o tractament de malalties. També es consideren residus aquells objectes que han estat en contacte amb material radioactiu, com ara estris de taller, embalatges, etc.

Els residus radioactius són **molt perillosos i durables**. Petites quantitats de residu poden emetre radiació perillosa per a la salut. Alguns continuen emetent radiació durant milers d'anys.

Per seguretat, els operaris que treballen amb material radioactiu han d'utilitzar equipament i vestimenta adequats que els protegeixin del contacte amb els residus nuclears. Un aparell anomenat **comptador Geiger** permet mesurar la radiació.

**SABER-NE MÉS**

### Residus radioactius

Es classifiquen en residus de baixa, mitjana i alta activitat.

Els residus d'**activitat baixa i mitjana** són aquells que deixen de ser perillosos per a la salut en uns tres-cents anys, com a màxim.

Els residus d'**alta activitat** procedeixen de restes de combustible de les centrals nuclears o de l'armament nuclear. Tardaran milers d'anys a deixar de ser nocius per a la salut.

**ACTIVITATS**

17 Per què s'utilitzen isòtops radioactius per eliminar tumors cancerosos?

18 Busca informació que et permeti conèixer els mètodes que s'utilitzen per emmagatzemar els residus nuclears, segons l'activitat.

# ACTIVITATS FINALS

## REPASSA L'ESSENCIAL

**19** Copia la taula a la llibreta i emplena les caselles col·locant-hi les dades que s'indiquen a sota.

| | Protó | Electró | Neutró |
|---|---|---|---|
| Massa | | | |
| Càrrega | | | |

- $-1{,}6 \cdot 10^{-19}$ C
- $9{,}11 \cdot 10^{-31}$ kg
- $1{,}675 \cdot 10^{-27}$ kg
- 0 C
- $1{,}673 \cdot 10^{-27}$ kg
- $+1{,}6 \cdot 10^{-19}$ C

**20** Els esquemes següents es refereixen als dos models que has estudiat en aquesta unitat per explicar els àtoms. Dibuixa'ls a la llibreta i identifica'ls. Escriu en cada requadre algun dels rètols de sota:

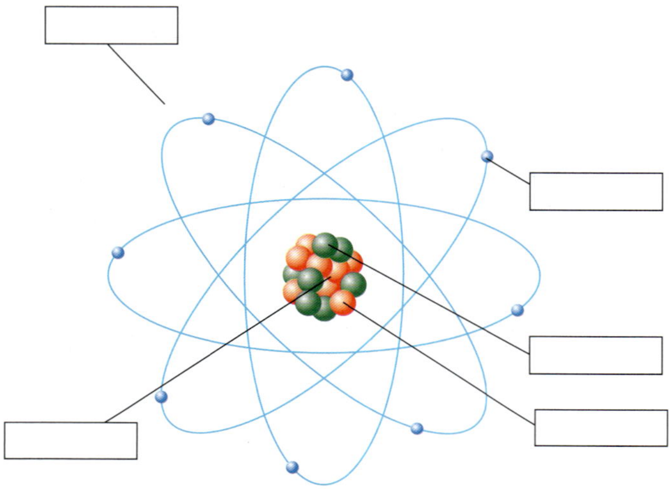

**Model:**

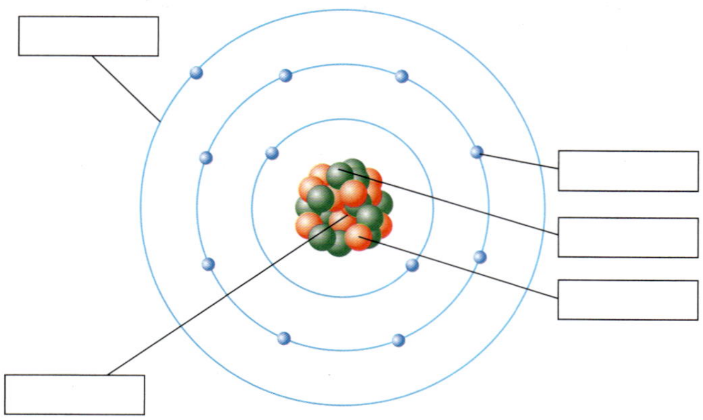

**Model:**

Nucli · Escorça · Model de capes · Protó · Electró · Model planetari · Neutró

**21** Per representar un àtom s'utilitza el símbol $^{A}_{Z}X$. Completa les frases a la llibreta.

a) X és el ________ .

b) *Z* és el ________ .

c) *A* és el ________ .

d) El nombre de protons ve donat per ________ .

e) El nombre d'electrons ve donat per ________ .

f) El nombre de neutrons ve donat per ________ .

**22** Completa les frases següents a la llibreta.

a) Dos o més àtoms que tinguin el mateix *Z* i diferent *A* s'anomenen ________ .

b) Els ________ són àtoms del mateix element químic que es diferencien en la massa atòmica.

c) Els ________ no són àtoms idèntics, però es representen amb el mateix símbol químic.

**23** Completa a la llibreta les frases següents, que es refereixen totes al mateix fet.

a) Quan un àtom adquireix càrrega elèctrica s'anomena ________ .

b) Un àtom adquireix càrrega quan guanya o perd ________ .

c) Un àtom que guanya electrons adquireix càrrega elèctrica ________ . Es transforma en un ________ .

d) Un àtom que perd electrons adquireix càrrega elèctrica ________ . Es transforma en un ________ .

**24** Escriu a la llibreta el nom adequat de cadascun dels fenòmens radioactius.

a) Emissió de partícules radioactives procedents del nucli d'alguns àtoms.

b) Trencament d'un àtom molt gran per donar altres àtoms més petits.

c) Unió de nuclis d'àtoms petits per donar àtoms més grans.

Fissió nuclear · Emissions radioactives · Fusió nuclear

**25** Indica quins dels punts següents són aplicacions de la radioactivitat.

a) Obtenció d'energia.

b) Obtenció de radiografies.

c) Investigacions forenses.

d) Datacions arqueològiques.

e) Tractament de malalties infeccioses.

f) Tractaments de quimioteràpia.

PRACTICA

## Els àtoms i l'electricitat

**26** Completa les frases a la llibreta.

a) Els protons i els ________ tenen la mateixa càrrega elèctrica, però de signe oposat.

b) Quan el nombre de protons és igual que el d'electrons, l'àtom és ________.

c) Si un cos guanya electrons adquireix càrrega ________, i si en perd adquireix càrrega ________.

d) Les càrregues amb el mateix signe es ________ i les de signe diferent s'________.

**27** Raona si aquesta afirmació és certa o falsa:
«Els cossos neutres no tenen càrregues elèctriques.»

**28** Respon.

a) Quina càrrega elèctrica en coulombs adquireix un cos que guanya un milió d'electrons?

b) Quants electrons ha de guanyar un cos perquè la seva càrrega sigui d'1 coulomb?

**29** Si els àtoms estan formats per partícules amb càrrega elèctrica, per què són neutres?

**30** Raona si les afirmacions són certes o falses.

a) La massa d'un àtom és quasi igual que la massa dels seus protons i dels seus electrons.

b) La massa d'un àtom és quasi igual que la massa dels seus protons i dels seus neutrons.

c) La massa d'un àtom és quasi igual que la massa dels seus neutrons i dels seus electrons.

**31** Després d'haver estudiat en aquesta unitat els valors de la massa del protó, el neutró i l'electró, calcula quants protons, neutrons i electrons farien falta per tenir-ne un gram de cadascun.

## Models atòmics

**32** Un camp de futbol té una longitud aproximada de 100 m. Suposant que un àtom tingués la mida d'un camp de futbol, calcula quina mida hauria de tenir el nucli, situat al centre del camp. Pensa un objecte circular o esfèric amb un diàmetre semblant a la mida d'aquest nucli hipotètic.

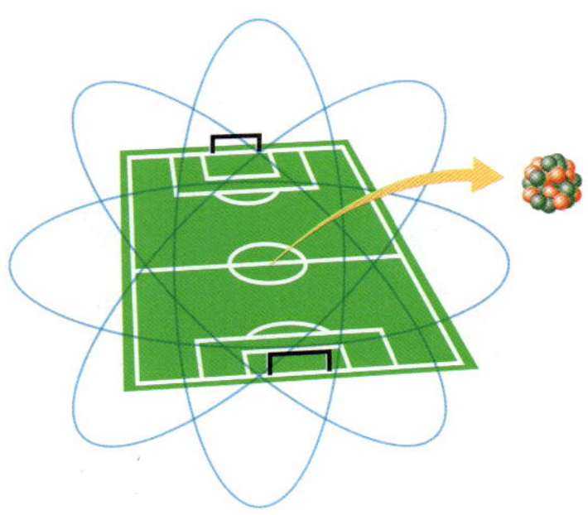

## Àtoms, isòtops i ions

### 3. EXEMPLE RESOLT

**Dibuixa un esquema dels àtoms següents incloent-hi les partícules subatòmiques corresponents.**

**$^{4}_{2}He$ $^{7}_{3}Li$**

En primer lloc identifica les partícules constituents dels àtoms. Recorda el significat de $^{A}_{Z}X$:

| X: Nom | Z: Nre. de protons | Nre. d'electrons | A − Z: Nre. de neutrons |
|---|---|---|---|
| Heli | 2 | 2 | 4 − 2 = 2 |
| Liti | 3 | 3 | 7 − 3 = 4 |

Els protons (vermell) i els neutrons (verd) són al nucli de l'àtom; es col·loquen al centre.

Els electrons (blau) se situen en capes circulars al voltant del nucli. La primera capa s'omple amb 2 electrons. A continuació es col·loquen a la segona, que s'omple amb 8 electrons; després a la tercera, etc.

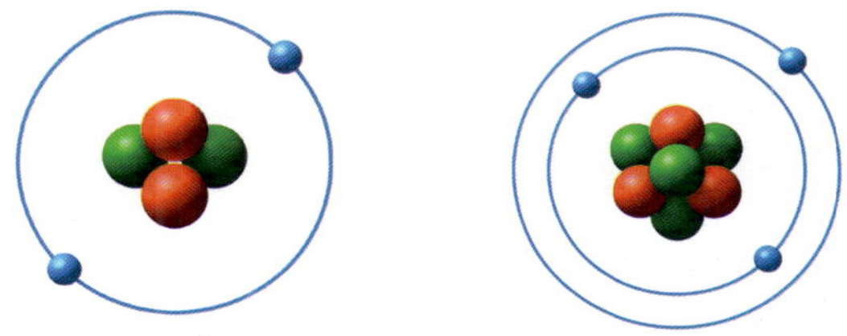


**33** Analitza les partícules que hi ha en cadascun dels àtoms següents i dibuixa un esquema que permeti conèixer on es troba cada partícula dins de l'àtom:

a) $^{14}_{6}C$

b) $^{14}_{7}N$

**34** Analitza els dibuixos i emplena la taula a la llibreta.

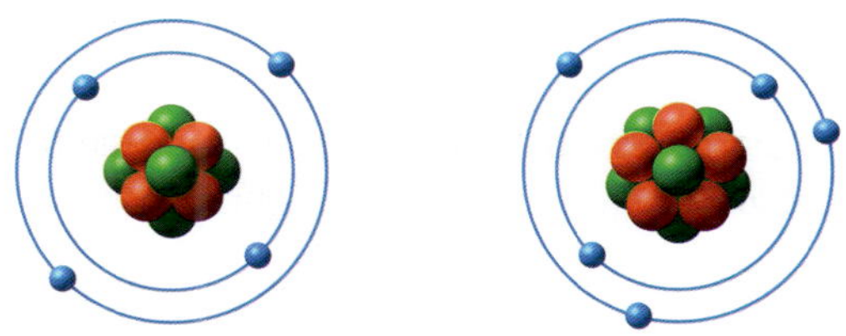


| Àtom | Nre. de protons | Nre. d'electrons | Nre. de neutrons | Nombre atòmic: Z | *Nombre màssic: A* |
|---|---|---|---|---|---|
| Beril·li | | | | | |
| Bor | | | | | |

**35** Busca la informació necessària a la taula periòdica de l'annex final i completa les frases a la llibreta:

a) El nombre atòmic del ferro és ________. Això vol dir que tots els àtoms de ferro tenen ________ protons i, si són elèctricament neutres, ________ electrons.

b) Quan un àtom de ferro perd 3 electrons adquireix una càrrega de ________. S'ha convertit en un ió i s'anomena ________.

c) El nombre atòmic del sofre és ________. En molts compostos l'àtom de sofre té 18 electrons. Això indica que ha adquirit una càrrega de ________. L'àtom de sofre s'ha convertit en un ió ________ i s'anomena ________.

### 4. EXEMPLE RESOLT

**Emplena la taula a la llibreta i respon.**

| | Símbol | Nom | *Z* | *A* | Nre. de protons | Nre. d'electrons | Nre. de neutrons |
|---|---|---|---|---|---|---|---|
| A | $^{39}_{19}K$ | | | | | | |
| B | $^{39}_{18}Ar$ | | | | | | |
| C | | | 19 | | | | 22 |

**a) Els àtoms A i B són isòtops?**
**b) Els àtoms A i C són isòtops?**

En primer lloc identifica les partícules que formen els àtoms. Recorda el significat de $^{A}_{Z}X$.

| | Símbol | Nom | *Z* | *A* | Nre. de protons | Nre. d'electrons | Nre. de neutrons |
|---|---|---|---|---|---|---|---|
| A | $^{39}_{19}K$ | Potassi | 19 | 39 | 19 | 19 | 20 |
| B | $^{39}_{18}Ar$ | Argó | 18 | 39 | 18 | 18 | 21 |
| C | $^{41}_{19}K$ | Potassi | 19 | 41 | 19 | 19 | 22 |

Dos àtoms són isòtops del mateix element si tenen el mateix *Z*. Es representen amb el mateix símbol perquè pertanyen al mateix element.

Els àtoms amb *Z* diferent pertanyen a diferents elements i es representen amb símbols diferents.

a) Els **àtoms A i B no són isòtops** perquè tenen *Z* diferent.

b) Els **àtoms A i C són isòtops** perquè tenen el mateix *Z*.

**36** Emplena la taula següent a la llibreta i localitza-hi parells d'isòtops.

| | Símbol | Nom | *Z* | *A* | Nre. de protons | Nre. d'electrons | Nre. de neutrons |
|---|---|---|---|---|---|---|---|
| A | | Calci | | | | | 22 |
| B | | | | 53 | | 24 | |
| C | $^{40}_{20}Ca$ | | | | | | |
| D | | Neó | | 22 | | | |
| E | | | | | | 10 | 10 |
| F | $^{52}_{24}Cr$ | | | | | | |

**37** Raona quines d'aquestes afirmacions són certes.

a) Tots els isòtops d'un mateix element tenen el mateix nombre de neutrons.

b) Tots els isòtops d'un mateix element tenen el mateix nombre de protons.

c) Tots els isòtops d'un mateix element tenen el mateix nombre màssic.

d) Tots els isòtops d'un mateix element tenen el mateix nombre atòmic.

### 5. EXEMPLE RESOLT

**Emplena la taula següent a la llibreta i escriu el nom dels ions.**

| | Símbol | Nom | Nre. de protons | Nre. d'electrons | Nre. de neutrons | Càrrega |
|---|---|---|---|---|---|---|
| A | | Bromur | | | | |
| B | $^{138}_{56}Ba^{2+}$ | | | | | |
| C | | | 15 | | 16 | $3^-$ |

En primer lloc, identifica les partícules que formen els àtoms.

La càrrega s'obté del balanç entre el nombre de protons i el d'electrons.

El catió s'anomena com l'element, i el nom de l'anió es deriva de l'element acabat en *-ur*.

| | Símbol | Nom | Nre. de protons | Nre. d'electrons | Nre. de neutrons | Càrrega |
|---|---|---|---|---|---|---|
| A | $^{80}_{35}Br^-$ | Bromur | 35 | 36 | 45 | $1^-$ |
| B | $^{138}_{56}Ba^{2+}$ | Bari | 56 | 54 | 82 | $2^+$ |
| C | $^{31}_{15}P^{3-}$ | Fosfur | 15 | 18 | 16 | $3^-$ |

**38** Busca la informació necessària a la taula periòdica de l'annex final i emplena la taula a la llibreta.

| | Símbol | Nom | Nre. de protons | Nre. d'electrons | Nre. de neutrons | Càrrega |
|---|---|---|---|---|---|---|
| A | $^{88}_{38}Sr^{2+}$ | | | | | |
| B | | | 28 | 25 | 30 | |
| C | | | | 54 | 74 | $1^-$ |
| D | $^{83}_{36}Kr$ | | | | | |
| E | $^{32}_{16}S^{2-}$ | | | | | |
| F | | | 33 | | 42 | $3^-$ |

## La radioactivitat

**39** Raona quina frase es pot aplicar al procés de fusió nuclear, quina al de fissió nuclear i quina és falsa.

a) Es trenquen les partícules presents en el nucli atòmic i s'allibera una gran quantitat d'energia.

b) S'uneixen entre si les partícules presents en el nucli atòmic i s'allibera energia.

c) Es desintegra el nucli en diversos fragments, i s'allibera una gran quantitat d'energia.

d) S'uneixen diversos nuclis, i s'allibera molta energia.

e) Els àtoms d'un element es transformen en àtoms d'un element diferent.

**40** Explica les diferències entre les radiacions $\alpha$, $\beta$ i $\gamma$.

a) Quin tipus de radiació l'atura una paret de plom?

b) Quina pot travessar plaques gruixudes de formigó?

**41** Explica per a què s'utilitzen els isòtops radioactius.

a) En medicina.

b) En arqueologia.

c) En piles de llarga durada.

d) En experiments de biologia.

**42** Què volem dir quan afirmem que l'energia nuclear és una energia neta? Els seus residus no contaminen?

**43** Quin avantatge té utilitzar bateries de material radioactiu? En quins casos se'n fan servir?

**44** Els tècnics que fan les radiografies marxen de la sala on hi ha el pacient just abans de prendre la imatge. De què es protegeixen?

**45** Si la radioactivitat és perillosa, com és que s'utilitzen alguns isòtops radioactius per guarir malalties com el càncer?

## AMPLIA

**46** Representa els àtoms de nitrogen, alumini, calci i neó segons el model de capes.

**47** Identifica aquests ions.

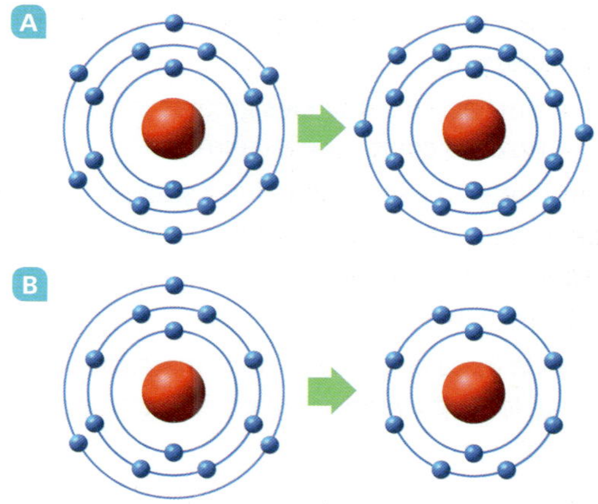


### 6. EXEMPLE RESOLT

**La plata té una massa atòmica de 107,87 u. Sabent que està formada per dos isòtops de masses atòmiques 107 i 109 u, troba la proporció de cada isòtop.**

Si $x$ és el percentatge de l'isòtop Ag-107, el percentatge de l'isòtop Ag-109 serà $100 - x$.

$$\text{Massa atòmica Ag} = \frac{\text{massa Ag-107} \cdot \text{percentatge}}{100} + \frac{\text{massa Ag-109} \cdot \text{percentatge}}{100}$$

Substituïm les dades:

$$107{,}87 = \frac{107 \cdot x + 109 \cdot (100 - x)}{100} \rightarrow$$

$$\rightarrow 10.787 = 107 \cdot x + 10.900 - 109 \cdot x \rightarrow$$

$$\rightarrow x = \frac{10.900 - 10.787}{109 - 107} = \frac{113}{2} \rightarrow x = \mathbf{56{,}5\ \%}$$

Isòtop Ag-107 → 56,5 %; isòtop Ag-109 → **43,5 %.**

**48** El liti es presenta en forma de dos isòtops, el Li-6 i el Li-7. Si la massa atòmica de l'element liti és 6,9, quin d'aquests dos isòtops és més abundant?

**49** En els últims anys s'ha reobert el debat sobre l'energia nuclear. L'escalfament global i altres danys mediambientals fan que se la consideri una energia més neta que altres.

a) Quina opinió tens sobre aquest tema?

b) Creus que la comunitat internacional ha de pressionar perquè no es construeixin més centrals nuclears?

## TÈCNICA. Analitzar un experiment

L'any 1909 **Robert A. Millikan** i **Harvey Fletcher** van produir gotetes d'oli en suspensió i van mesurar-ne la càrrega elèctrica. Observa el desenvolupament de l'experiment.

1. Premem l'atomitzador i les gotetes d'oli electritzades comencen a caure.
2. Les gotetes passen per un forat situat en una placa unida al pol positiu d'un generador elèctric.
3. En ajustar el voltatge del generador es varia la força elèctrica que reben les gotetes.
4. Quan la força elèctrica és de la mateixa intensitat que la força gravitatòria, la goteta es manté suspesa en l'aire.
5. En aquest moment anotem el valor del voltatge i d'aquí podem deduir fàcilment la càrrega elèctrica de la goteta.
6. Repetim la mesura amb moltes gotetes.

Millikan i Fletcher van trobar que aquestes càrregues per a diferents gotetes eren sempre múltiples d'una càrrega elemental: la càrrega de l'electró.

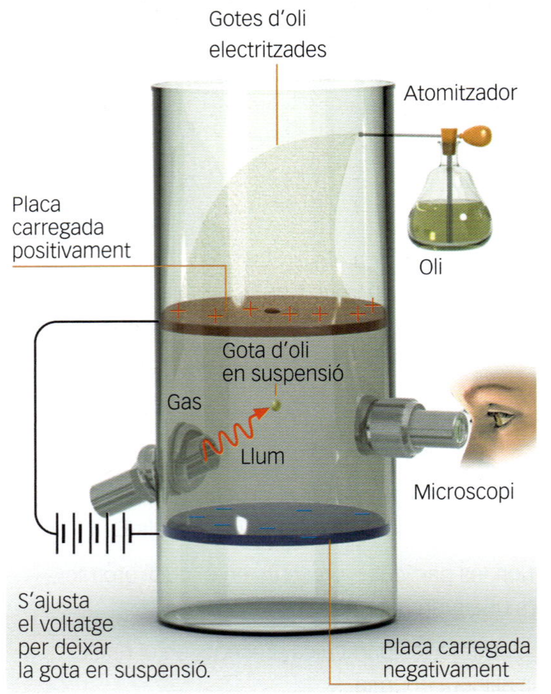


**50** COMPRENSIÓ LECTORA. Quina magnitud pretenien mesurar Millikan i Fletcher en el seu experiment de 1909 amb gotes d'oli? Copia a la llibreta la resposta adequada.

a) La càrrega elèctrica que pot emmagatzemar l'oli.

b) La velocitat amb què queien les gotes d'oli.

c) La càrrega elèctrica de l'electró.

d) La càrrega elèctrica neta dels àtoms.

**51** Per què creus que van utilitzar un microscopi en aquest experiment?

**52** Per què no tenen totes les gotetes el mateix valor de càrrega elèctrica?

**53** Indica quines de les magnituds següents influeixen en el valor de la força elèctrica que suporta cada goteta.

a) La força de la gravetat.

b) La massa de la Terra.

c) La càrrega elèctrica de la goteta.

d) El diàmetre del forat pel qual passa la goteta d'oli quan cau.

e) El voltatge elèctric aplicat pel generador.

f) L'altura des de la qual cau cada goteta.

**54** Completa el dibuix a la llibreta, afegint-hi fletxes que indiquin la direcció i el sentit de les forces que rep cada gota.

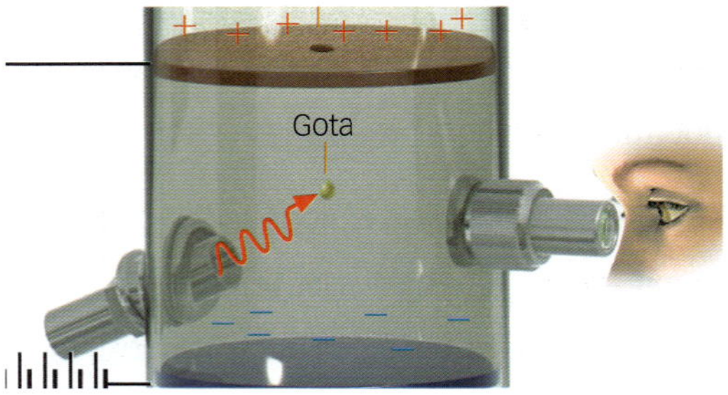


a) Com varien aquestes forces segons la mida de les gotes?

b) Com eren aquestes forces en el moment en què Millikan i Fletcher anotaven el valor del voltatge per deduir la càrrega elèctrica de la gota?

**55** Respon.

a) Per què es va repetir l'experiment moltes vegades amb moltes gotes?

b) Quin avantatge té repetir moltes vegades un experiment?

## UN CAS PRÀCTIC. Manipularies les dades d'un experiment?

Robert A. Millikan (1868-1953) va rebre el premi Nobel de Física l'any 1923 pels seus treballs sobre la càrrega de l'electró i sobre l'efecte fotoelèctric. Avui dia Millikan és conegut especialment pel seu experiment amb gotes d'oli per mesurar la càrrega de l'electró [experiment que va dur a terme l'any 1909 en col·laboració amb Harvey Fletcher] […].

Va descobrir que la càrrega elèctrica està «quantitzada». Això significa que qualsevol valor de càrrega és múltiple enter d'una càrrega elemental, la de l'electró […].

Addicionalment va aconseguir mesurar el valor d'aquesta càrrega, una de les constants físiques fonamentals. […]

Tot i això, i encara que normalment no apareix als llibres de text […], Millikan ha estat acusat de frau científic. En les seves publicacions [Millikan va repetir l'experiment tot sol el 1912 i va publicar els resultats el 1913], Millikan deia que s'hi incloïen tots els mesuraments que havia fet, mentre que a les seves notes de laboratori apareixien anotacions com ara mesura dolenta, rebutjar, o dades magnífiques, guardar, i només va publicar uns 60 mesuraments dels més de 160 que va dur a terme. En definitiva, segons sembla va enganyar per reforçar uns valors que ell considerava correctes, i que així van resultar ser-ho. […]

Ernesto Martín Rodríguez, *La Verdad de Murcia*, 25 d'octubre del 2008.

**56** COMPRENSIÓ LECTORA. Quines de les afirmacions següents apareixen en el text?

a) Els resultats obtinguts per Millikan el 1912 i que va publicar el 1913 no tenen cap fonament: es va inventar totes les dades.

b) La càrrega elèctrica està quantitzada.

c) El valor de la càrrega de l'electró obtingut per Millikan es considera correcte avui dia.

**57** En el gràfic hi ha representades les gotetes d'oli que Millikan va estudiar entre el 13 de febrer i el 16 d'abril de 1912 (63 dies). Hi apareixen les gotetes que va utilitzar a l'article de 1913 (negre) i les que no va utilitzar (blanc).

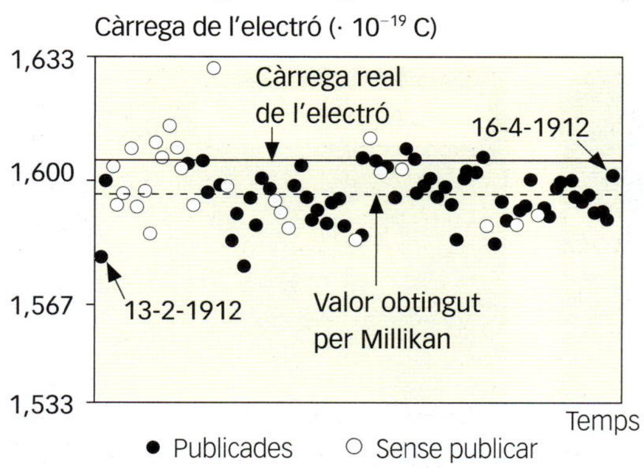


Indica si les afirmacions següents són correctes:

a) Moltes mesures que no es van tenir en compte a la publicació es van obtenir els primers dies de l'experiment.

b) Les mesures que no es van tenir en compte a la publicació mostren més dispersió que les que Millikan va utilitzar per calcular la càrrega de l'electró.

c) La precisió al final és millor que al principi.

d) Era absurd i laboriós utilitzar moltes dades, per això Millikan en va eliminar algunes.

**58** Amb l'ajuda d'un regle i la gràfica, fes una estimació del valor de la càrrega de l'electró.

**59** Indica si les afirmacions següents sobre el comportament de Millikan el 1913 són certes o falses.

a) Va utilitzar totes les mesures disponibles per calcular la càrrega de l'electró.

b) Va utilitzar només les dades que més li interessaven.

c) Va utilitzar només les dades posteriors a una data.

**60** Avui sembla provat que Millikan va desestimar les gotes que li oferien menys confiança; potser perquè eren massa petites, perquè eren massa grans o per altres motius. Com creus que hauria d'haver actuat?

a) Va actuar correctament, perquè la càrrega de l'electró coincideix amb el valor que va calcular.

b) Hauria d'haver estat més sincer en el seu article, i explicar per què havia descartat algunes gotetes.

c) Hauria d'haver fet els càlculs a partir de les observacions de totes les gotetes.

d) Hauria d'haver escollit només 10 valors i després calcular-ne el valor mitjà.

**61** Manipularies les dades d'un experiment per obtenir els resultats que tu creus que són correctes?

## EL COLOR DELS ÀTOMS

Un àtom és una quantitat de matèria tan petita que és impossible veure'l directament. Un dels mètodes per detectar la presència d'àtoms d'un element químic és analitzar-ne l'espectre de flama.

### MATERIAL

- Gresols (un per a cada element que vulguem analitzar).
- Espàtula de metall.
- Varetes de vidre (una per a cada gresol).
- Alcohol de cremar (metanol o etanol).
- Encenedor.
- Un vas gran amb aigua.
- Substàncies que analitzarem:
  - Diclorur de coure, $CuCl_2$.
  - Àcid bòric, $H_3BO_3$.
  - Nitrat d'estronci, $Sr(NO_3)_2$.
  - Carbonat de sodi, $Na_2CO_3$.
  - Bromur de potassi, KBr.

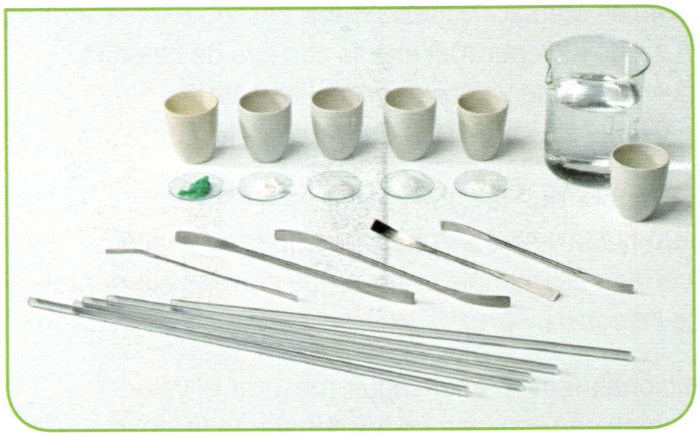

### PROCEDIMENT

Per a cada substància que vulguis analitzar:

1. Posa en un gresol net una punta d'espàtula del producte que analitzaràs.
2. Aboca-hi entre 3 i 5 mL d'alcohol i remena-ho amb la vareta.
3. Encén-ho amb la flama d'un encenedor a la vora del gresol.
4. Observa el color de la flama. Al principi és de color blau, a causa de l'alcohol; després canviarà. De tant en tant ho pots remenar amb la vareta per revifar la flama.
5. Deixa que la flama s'apagui o apaga-la amb aigua.

**PARA ATENCIÓ**

- Tot el material ha d'estar ben net, per tal que no es contaminin uns productes amb els altres.
- No ha de caure gens d'alcohol sobre la taula. Si en caigués, cal netejar-ho bé abans d'encendre una flama.
- Si fas més d'una anàlisi alhora procura que els gresols estiguin separats perquè les flames no s'interfereixin.
- Tingues preparat un vas gran amb aigua per si el foc s'escapa d'un gresol.

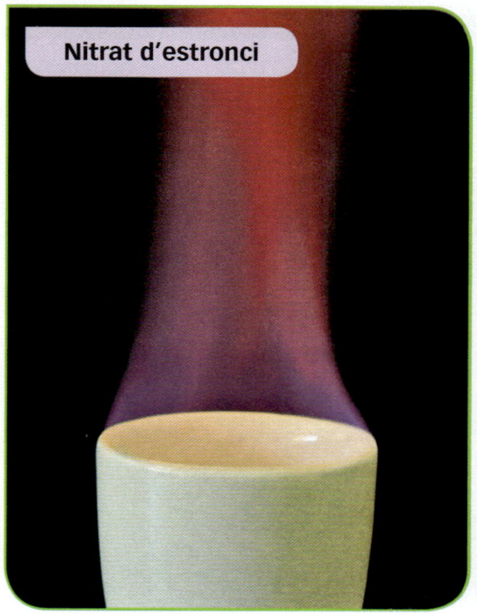

## SABER-NE MÉS

### Per què es produeixen les flames de colors?

En el model atòmic de Bohr els electrons se situen en capes o nivells al voltant del nucli.

- Quan escalfem els àtoms a una temperatura elevada (com la d'una flama) els electrons passen d'una capa a altres capes més allunyades del nucli: es diu que l'àtom està en un **estat excitat** A.

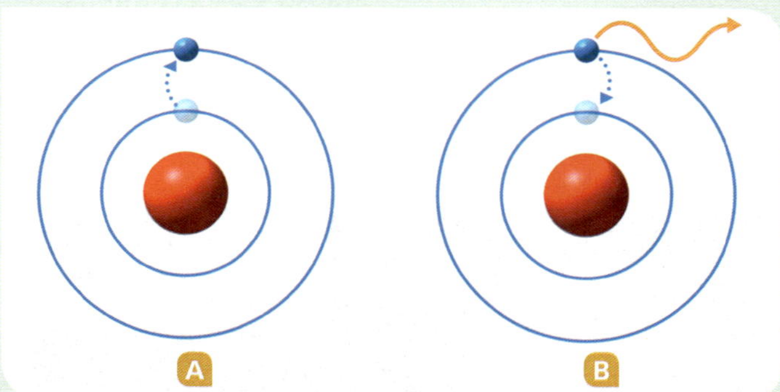


- Quan aquests electrons retornen a les capes que ocupaven inicialment (**estat fonamental**), emeten radiacions similars a la llum solar B.

Tal com passa amb la llum solar, algunes d'aquestes radiacions són visibles i provoquen un canvi en el color de la flama que observem.

El conjunt de les radiacions que emet un àtom excitat s'anomena **espectre** i és diferent per a cada element químic. L'espectre d'un àtom és com «la seva empremta digital». Ens serveix per identificar-lo.

## ACTIVITATS

62 Emplena la taula a la llibreta indicant el color que observes per a la flama de cada substància.

| Substància | Alcohol | | | | |
|---|---|---|---|---|---|
| Color | | | | | |

63 A què creus que són deguts els colors que observem en els focs artificials?

64 Com podem conèixer els elements químics que hi ha als estels si ningú ha obtingut una mostra del material que els compon?

# 4 Elements i compostos

**SABER**

- Història dels elements.
- La taula periòdica dels elements.
- Els elements químics més freqüents.
- Com es presenten els elements: àtoms, molècules i cristalls.
- Els compostos químics més comuns.

**SABER FER**

- Analitzar un espectre. Separar una substància en els seus components.

El **petroli** és la matèria primera. S'extreu des de torres de perforació terrestres o des de plataformes marines.

A les **gasolineres** diferents assortidors proveeixen els vehicles de gasolina o gasoil.

Des de les refineries el combustible es transporta en **camions** fins a les estacions de servei.

**? INTERPRETA LA IMATGE**

- Elabora un esquema amb els mitjans de transport que es mostren a la imatge.
- Com s'obtenen el gasoil i la gasolina del petroli?

## QUÍMICA QUOTIDIANA. **Gasolina i gasoil**

Hi ha poques substàncies que siguin tan utilitzades diàriament per milions de persones a tot el món com la gasolina o el gasoil, els combustibles que mouen la major part dels de vehicles arreu.

Però aquestes substàncies no apareixen de manera aïllada a la natura, sinó que els seus components es barregen amb altres i formen un líquid que és el motor de l'economia: el **petroli**.

Per al transport marítim també s'utilitzen **petroliers**, grans vaixells capaços de traslladar milers de tones de petroli d'un continent a l'altre.

Per transportar el petroli s'han instal·lat quilòmetres i quilòmetres de grans canonades: els **oleoductes**.

El petroli o cru es transporta fins a les **refineries**, les «fàbriques» on es transforma en les substàncies que utilitzarem.

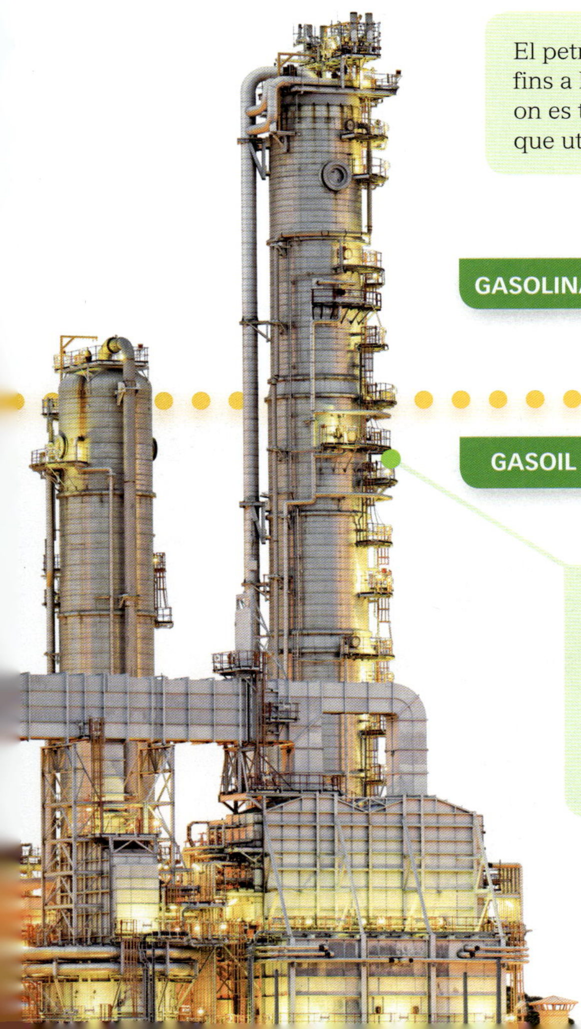

GASOLINA

GASOIL

A les **torres de destil·lació** el petroli se separa en els diferents components. Així s'obtenen la gasolina i el gasoil.

### CLAUS PER COMENÇAR

- El petroli és una mescla o una substància pura?
- Cita el nom d'algunes substàncies pures que coneguis.
- Saps si es poden descompondre en altres substàncies més simples?

# REPASSA FÍSICA I QUÍMICA

## Elements i compostos

La matèria està formada per àtoms de diferents tipus. Cada tipus d'àtoms pertany a un **element químic**.

Els elements químics formen substàncies, que poden ser:

- **Substàncies simples.** Són les que estan formades per un únic tipus d'àtoms.
- **Compostos químics.** Substàncies formades per àtoms de més d'un element químic, combinats en una proporció fixa.

Dalton va establir un símbol gràfic per representar els àtoms de cada element químic.

Més tard, el químic suec Jöns Jakob Berzelius (1779-1848) va determinar que era molt més adequat representar els elements químics amb símbols fets de lletres. Es va triar com a símbol la inicial del nom llatí de l'element; en cas que diversos elements tinguin la mateixa inicial, aquesta va seguida d'una altra lletra.

Aquests símbols de Dalton i de Berzelius permeten representar les fórmules dels compostos químics:

|  |  |  |  |  |
|---|---|---|---|---|
| $O_2$ | $H_2O$ | CO | $CO_2$ | $PH_3$ |

## Com són els àtoms

Els àtoms són una estructura amb un **nucli** i una **escorça**. La mida del nucli és unes deu mil vegades més petita que la de l'àtom.

- Dins del nucli de l'àtom hi ha els **protons** i els **neutrons**.
- A l'escorça hi ha els **electrons** disposats en capes.

En cada capa es pot col·locar un nombre màxim d'electrons:

- 1a capa → 2 electrons.
- 2a capa → 8 electrons.
- 3a capa → 18 electrons.
- 4a capa → 32 electrons.

Els electrons es col·loquen ordenadament en les capes. Primer es col·loquen a la primera, la més pròxima al nucli. Quan aquesta s'omple, es col·loquen a la segona. Quan s'omple la segona, es col·loquen a la tercera, després es comencen a col·locar a la quarta…

Per representar un àtom has de conèixer quants electrons té a l'escorça (això ho indica el seu nombre atòmic, *Z*), i col·locar-los en les diferents capes:

| Element | Nre. d'electrons/ Capes | Esquema |
|---|---|---|
| Heli (He) | 2 electrons.<br>• Capa 1 → 2. | 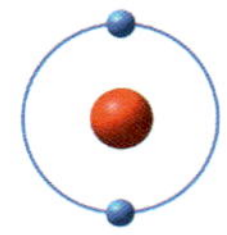 |
| Oxigen (O) | 8 electrons.<br>• Capa 1 → 2.<br>• Capa 2 → 6. | 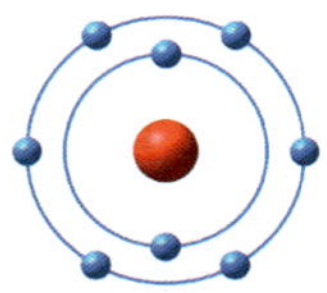 |
| Sodi (Na) | 11 electrons.<br>• Capa 1 → 2.<br>• Capa 2 → 8.<br>• Capa 3 → 1. | 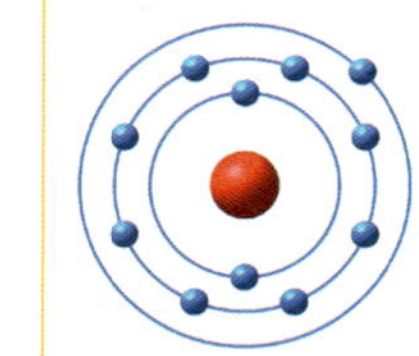 |

## ACTIVITATS

**1** De les substàncies de la taula, indica quines són substàncies simples i quines són compostos químics.

| Oxigen | Ferro | Amoníac | Diamant | Ozó | Butà | Sofre | Sal comuna | Grafit |
|---|---|---|---|---|---|---|---|---|
| $O_2$ | Fe (*s*) | $NH_3$ | C (*s*) | $O_3$ | $C_4H_{10}$ | $S_6$ | NaCl | C (*s*) |

**2** Elabora a la llibreta un esquema de les capes electròniques de cadascun d'aquests àtoms.

a) Liti ($Z = 3$). b) Hidrogen ($Z = 1$). c) Neó ($Z = 10$). d) Clor ($Z = 17$).

# 1 Història dels elements

Els elements químics que coneixem actualment s'han anat descobrint a poc a poc al llarg de la història. Fins l'any 1700 només es coneixien 12 elements, i el 1830 se n'havien identificat 55. La majoria dels elements es van descobrir durant el segle XIX.

La llista es va completar al llarg del segle XX i avui dia hi ha identificats 118 elements, tot i que els nuclis atòmics dels elements de nombre *Z* més alt són molt inestables: es desintegren ràpidament i formen nuclis atòmics d'altres elements.

## 1.1. Classificació dels elements

Quan va començar a augmentar el nombre d'elements químics, un dels reptes dels científics va ser classificar-los agrupant-ne els que tenen propietats comunes.

El criteri de classificació també ha anat canviant a mesura que s'anaven coneixent nous elements.

### Metalls i no-metalls

Fins a l'inici del segle XIX només es distingia entre metalls i no-metalls.

### Tríades

L'any 1817 Johann W. Dobëreiner (1780-1849) va classificar els elements tenint en compte la massa atòmica. Va aconseguir relacionar grups de tres elements amb propietats similars.

Ordenats segons la massa, l'element central de la tríada tenia propietats intermèdies entre les dels altres dos.

### Llei de les octaves

L'any 1863 John A. R. Newlands (1837-1898) va ordenar els elements coneguts segons la massa, i va comprovar que les propietats es repetien cada set elements.

Va denominar aquest fet «llei de les octaves», en record de les octaves musicals. La seva llei només es complia fins el calci, i per això no es va tenir en compte com a llei general.

Llei de les octaves de Newlands

| 1 | 2 | 3 | 4 | 5 | 6 | 7 |
|---|---|---|---|---|---|---|
| Li 6,9 | Be 9,0 | B 10,8 | C 12,0 | N 14,0 | O 16,0 | F 19,0 |
| Na 23,3 | Mg 24,3 | Al 27,0 | Si 28,1 | P 31,0 | S 32,1 | Cl 35,5 |
| K 39,0 | Ca 40,0 | | | | | |

**Llei de les octaves de Newlands**. Ordenats els elements coneguts segons la massa, el vuitè (Na) tenia propietats similars al primer (Li); el novè (Mg), al segon (Be), i així successivament. Aquesta llei només es complia en els 16 primers elements coneguts.

**SABER-NE MÉS**

### Les tríades

Una tríada està formada per tres elements químics amb propietats similars.

| Element | Massa atòmica |
|---|---|
| Clor | 35 |
| Brom | 80 |
| Iode | 127 |

Els elements clor, brom i iode formen una tríada. La mitjana aritmètica de les masses atòmiques (80,1) coincideix amb la massa atòmica de l'element intermedi (el brom).

Les propietats del brom també són intermèdies entre les del clor i les del iode.

**Mendeléiev** va deixar espais buits a la seva taula que corresponien, segons ell, a elements químics no descoberts a l'època en què ell va viure.

## La taula de Mendeléiev

L'any 1870 Dmitri I. Mendeléiev (1834-1907) va publicar la primera taula dels elements químics. Els va ordenar segons la massa atòmica i els va agrupar d'acord amb les seves propietats. La va anomenar **taula periòdica dels elements** perquè les propietats dels elements es repetien cada cert nombre d'elements (amb una periodicitat determinada).

L'encert de Mendeléiev va ser el fet de considerar la importància de les propietats dels elements, més que no pas la massa. Per això no va tenir inconvenient a alterar l'ordre d'algun element perquè coincidís en el grup de propietats similars o a deixar espais buits suposant que encara quedaven elements per descobrir.

| I | II | III | IV | V | VI | VII | VIII |
|---|---|---|---|---|---|---|---|
| **H** 1 | | | | | | | |
| **Li** 7 | **Be** 9,4 | **B** 11 | **C** 12 | **N** 14 | **O** 16 | **F** 19 | |
| **Na** 23 | **Mg** 24 | **Al** 27,3 | **Si** 28 | **P** 31 | **S** 32 | **Cl** 35,5 | |
| **K** 39 | **Ca** 40 | | **Ti** 50 | **V** 51 | **Cr** 52 | **Mn** 55 | **Fe**(56), **Co**(59), **Ni**(59), **Cu**(63) |
| **Cu** 63 | **Zn** 65 | | | **As** 75 | **Se** 78 | **Br** 80 | |
| **Rb** 85 | **Sr** 87 | **Y** 88 | **Zr** 90 | **Nb** 94 | **Mo** 96 | | **Ru**(104), **Rh**(104), **Pd**(104), **Ag**(108) |
| **Ag** 108 | **Cd** 112 | **In** 113 | **Sn** 118 | **Sb** 122 | **Te** 128 | **I** 127 | |
| **Cs** 133 | **Ba** 137 | | | **Ta?** 182 | **W?** 184 | | **Os**(199), **Ir**(198), **Pt**(197), **Au**(197) |
| **Au** 197 | **Hg** 200 | **Tl** 204 | **Pb** 207 | **Bi** 208 | | | |

**Taula periòdica publicada per Mendeléiev l'any 1870.** Observa l'espai buit al costat de l'element calci, Ca. Mendeléiev va suposar que hi faltava un element de propietats similars a les de l'alumini. Quan es va descobrir el gal·li el 1875, es va poder comprovar que les seves propietats coincidien amb les que havia predit Mendeléiev.

El científic britànic **Henry Moseley** va determinar mitjançant estudis amb raigs X el nombre atòmic de 92 elements. Això va permetre establir la taula periòdica moderna.

## Altres ordenacions dels elements

Mendeléiev es va basar en la massa atòmica per ordenar els elements, però altres científics van utilitzar altres criteris.

- Julius Lothar Meyer (1830-1895) va ordenar els elements tenint en compte el **volum atòmic**. La seva taula va resultar molt semblant a la de Mendeléiev, però va tardar un any a publicar-la.
- Henry Moseley (1887-1915) va ordenar els elements d'acord amb el **nombre de protons** del nucli. És el criteri que s'utilitza actualment per ordenar els elements químics.

# 2 La taula periòdica dels elements

La taula periòdica actual inclou els coneixements sobre l'àtom que es van aconseguir al segle XX. El resultat és una eina que proporciona una gran quantitat d'informació sobre els elements químics.

Es van ordenar els elements químics en **ordre creixent del nombre atòmic** i es van col·locar a la mateixa columna aquells que tenien propietats similars.

Si analitzem com estan disposats els electrons en les diferents capes de cada àtom, trobarem el motiu pel qual alguns elements tenen propietats similars:

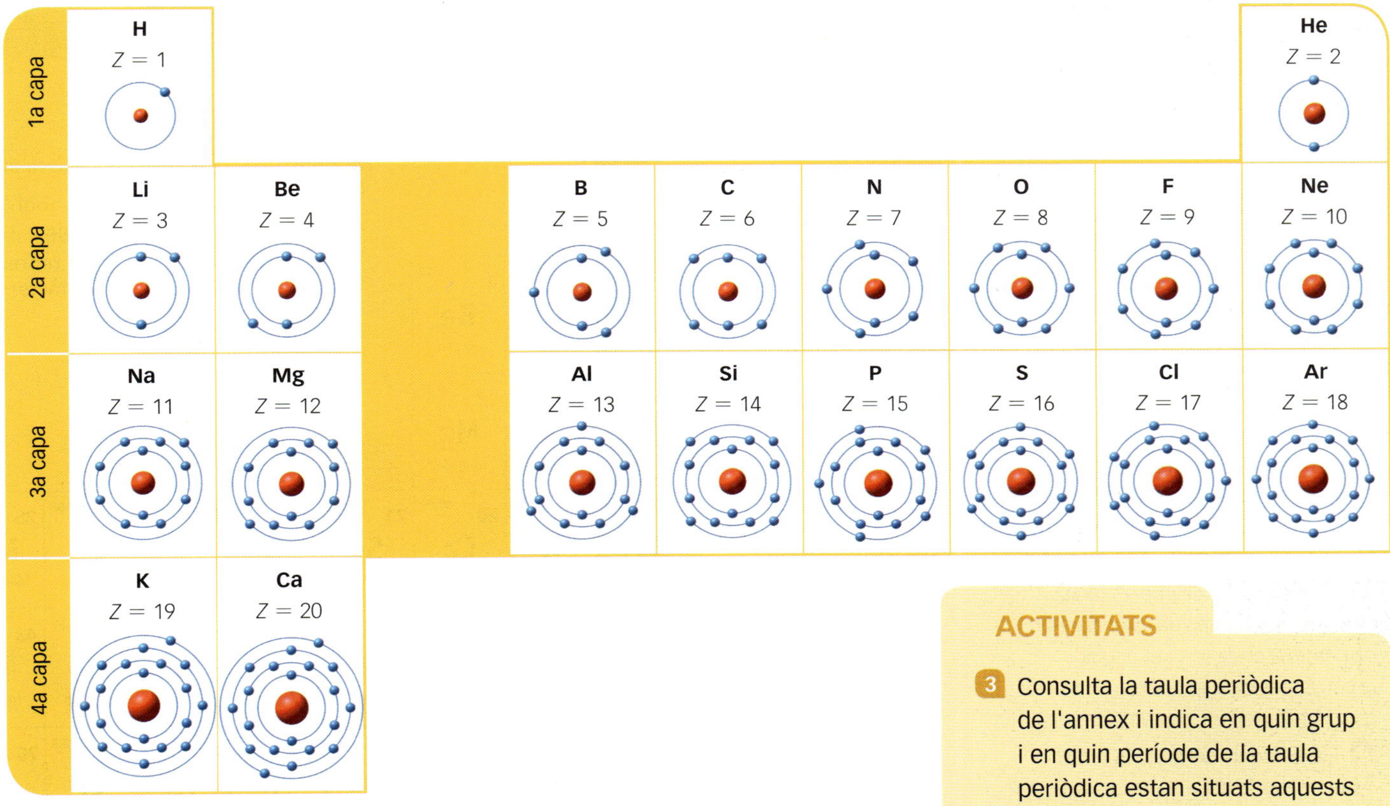


La distribució dels electrons a partir del Ca segueix unes regles determinades. Tot i això, podem establir conclusions amb caràcter general.

A la **taula periòdica** s'organitzen tots els elements químics en ordre creixent del nombre atòmic.

- Les files de la taula s'anomenen **períodes**. Tots els elements que són del mateix període tenen el mateix nombre de capes d'electrons.
- Les columnes de la taula s'anomenen **grups**. Tots els elements que són d'un mateix grup tenen el mateix nombre d'electrons a l'última capa.

**PARA ATENCIÓ**

L'última capa en la qual té electrons un àtom s'anomena **capa de valència**. És molt important, ja que en depèn el comportament químic de l'àtom.

**ACTIVITATS**

**3** Consulta la taula periòdica de l'annex i indica en quin grup i en quin període de la taula periòdica estan situats aquests elements:

a) Rubidi.
b) Criptó.
c) Bismut.
d) Calci.
e) Iode.
f) Sofre.

**4** Consulta la taula periòdica de l'annex i localitza l'element que està situat en el:

a) Segon període, grup 15.
b) Sisè període, grup 2.
c) Tercer període, grup 14.
d) Quart període, grup 16.
e) Cinquè període, grup 13.

**➔ SABER-NE MÉS**

### L'hidrogen i els seus ions

El H està situat en el grup 1 perquè té 1 electró a la capa de valència. Igual que els altres elements d'aquest grup, tendeix a perdre'l i convertir-se en un catió de càrrega $1^+$.

Però al H només li falta 1 electró per adquirir la configuració del gas noble He; per tant, també es pot convertir en un anió amb càrrega $1^-$.

## 2.1. Lectura de la taula periòdica

En cada casella de la taula periòdica hi ha representat un element químic. A més del seu símbol, nom i nombre atòmic, s'hi indica la massa atòmica; en la majoria dels casos és un nombre amb decimals perquè representa la massa mitjana d'un àtom d'un element i s'ha calculat tenint en compte els isòtops de l'element i l'abundància d'aquests.

Tots els elements coneguts tenen un lloc en una taula de 7 files (**períodes**) i 18 columnes (**grups**).

(Nota: començà l'anàlisi de la taula en el grup 18, el dels gasos nobles.)

1. Els elements del grup 1, els **alcalins**, tenen 1 electró a la capa de valència. Han de perdre 1 electró per adquirir la configuració de gas noble. En fer-ho es converteixen en ions amb càrrega $1^+$. Són metalls, excepte el H.
2. Els elements del grup 2, els **alcalinoterris**, tenen 2 electrons a la capa de valència. Han de perdre 2 electrons per adquirir la configuració de gas noble. En fer-ho es converteixen en ions amb càrrega $2^+$. Són metalls.
3. Els elements del grup 13 tenen 3 electrons a la capa de valència. Han de perdre 3 electrons per adquirir la configuració de gas noble. En fer-ho es converteixen en ions amb càrrega $3^+$.
4. Els elements del grup 14 tenen 4 electrons a la capa de valència. Poden guanyar o perdre 4 electrons per adquirir la configuració de gas noble. En fer-ho es converteixen en ions amb càrrega $4^-$ o $4^+$.
5. Els elements del grup 15 tenen 5 electrons a la capa de valència. Han de guanyar 3 electrons per adquirir la configuració de gas noble. En fer-ho es converteixen en ions amb càrrega $3^-$.
6. Els elements del grup 16, els **calcògens** (també anomenats amfígens), tenen 6 electrons a la capa de valència. N'han de guanyar 2 per adquirir la configuració de gas noble. En fer-ho es converteixen en ions amb càrrega $2^-$.

Nombre atòmic: 20 — Massa atòmica: 40,08 — Símbol (els elements artificials com el Tc, es representen amb caràcters buits): Ca — Nom: Calci

*L'hidrogen, encara que estigui a l'esquerra de la taula periòdica, no és un metall.

| PERÍODE \ GRUP | 1 (①) | 2 (②) | 3 | 4 | 5 | 6 | 7 | 8 |
|---|---|---|---|---|---|---|---|---|
| 1 | 1 H* Hidrogen 1,008 | | | | | | | |
| 2 | 3 Li Liti 6,941 | 4 Be Beril·li 9,012 | | | | | | |
| 3 | 11 Na Sodi 23,00 | 12 Mg Magnesi 24,31 | | | | | | |
| 4 | 19 K Potassi 39,10 | 20 Ca Calci 40,08 | 21 Sc Escandi 44,96 | 22 Ti Titani 47,87 | 23 V Vanadi 50,94 | 24 Cr Crom 52,00 | 25 Mn Manganès 54,94 | 26 Fe Ferro 55,8 |
| 5 | 37 Rb Rubidi 85,47 | 38 Sr Estronci 87,62 | 39 Y Itri 88,91 | 40 Zr Zirconi 91,22 | 41 Nb Niobi 92,91 | 42 Mo Molibdè 95,96 | 43 Tc Tecneci (98) | 44 Ru Ruteni 101, |
| 6 | 55 Cs Cesi 132,9 | 56 Ba Bari 137,3 | 57-71 Lantànids | 72 Hf Hafni 178,5 | 73 Ta Tàntal 180,9 | 74 W Tungstè 183,8 | 75 Re Reni 186,2 | 76 Os Osmi 190, |
| 7 | 87 Fr Franci (223) | 88 Ra Radi (226) | 89-103 Actínids | 104 Rf Rutherfordi (265) | 105 Db Dubni (268) | 106 Sg Seaborgi (271) | 107 Bh Bohri (270) | 108 Hs Hassi (27 |

A (grups 1-2) B (grups 3-…)

E

| | | | | | | |
|---|---|---|---|---|---|---|
| Lantànids → 6 | 57 La Lantani 138,9 | 58 Ce Ceri 140,1 | 59 Pr Praseodimi 140,9 | 60 Nd Neodimi 144,2 | 61 Pm Prometi (145) | 62 Sm Samari 150, |
| Actínids → 7 | 89 Ac Actini (227) | 90 Th Tori 232,0 | 91 Pa Protoactini (231) | 92 U Urani 238,0 | 93 Np Neptuni (237) | 94 Pu Plutoni (24 |

**A** Els elements dels grups 1 i 2 són tots metalls, excepte el H (hidrogen).

**B** Els elements dels grups 3 a 12 (inclusivament) s'anomenen **elements de transició**. Apareixen des del període 4 fins al 7.

**C** A la part dreta de la taula periòdica, en els grups 13 a 17, el caràcter metàl·lic augmenta a mesura que baixem en el grup i disminueix a mesura que avancem en el període. En el grup 13 són metalls tots excepte el B (bor), i en el grup 16 són metalls a partir del Po (poloni).

**D** En els grups 13 a 17, els elements que són al límit entre els metalls i els no-metalls s'anomenen **semimetalls**, i el seu comportament és intermedi entre els dos anteriors.

**E** A la part inferior de la taula es col·loquen dues files de 15 elements cadascuna. La primera fila, els **lantànids** o **lantanoides**, està a continuació del Ba (bari). La segona fila, els **actínids** o **actinoides**, està a continuació del Ra (radi).

3 (grup 13) · 4 (grup 14) · 5 (grup 15) · 6 (grup 16) · 7 (grup 17) · 8 (grup 18)

NO-METALLS

METAL·LOIDES

METALLS

GASOS NOBLES

D (grup 13)

| 9 | 10 | 11 | 12 | 13 | 14 | 15 | 16 | 17 | 18 |
|---|---|---|---|---|---|---|---|---|---|
| | | | | | | | | | 2 He Heli 4,003 |
| | | | | 5 B Bor 10,81 | 6 C Carboni 12,01 | 7 N Nitrogen 14,01 | 8 O Oxigen 16,00 | 9 F Fluor 19,00 | 10 Ne Neó 20,18 |
| | | | | 13 Al Alumini 26,98 | 14 Si Silici 28,09 | 15 P Fòsfor 30,97 | 16 S Sofre 32,06 | 17 Cl Clor 35,45 | 18 Ar Argó 39,95 |
| 7 Co Cobalt 58,93 | 28 Ni Níquel 58,69 | 29 Cu Coure 63,55 | 30 Zn Zinc 65,38 | 31 Ga Gal·li 69,72 | 32 Ge Germani 72,64 | 33 As Arsènic 74,92 | 34 Se Seleni 78,96 | 35 Br Brom 79,90 | 36 Kr Criptó 83,80 |
| 5 Rh Rodi 102,9 | 46 Pd Pal·ladi 106,4 | 47 Ag Plata 107,9 | 48 Cd Cadmi 112,4 | 49 In Indi 114,8 | 50 Sn Estany 118,7 | 51 Sb Antimoni 121,8 | 52 Te Tel·luri 127,6 | 53 I Iode 126,9 | 54 Xe Xenó 131,3 |
| 7 Ir Iridi 192,2 | 78 Pt Platí 195,1 | 79 Au Or 197,0 | 80 Hg Mercuri 200,6 | 81 Tl Tal·li 204,4 | 82 Pb Plom 207,2 | 83 Bi Bismut 209,0 | 84 Po Poloni (209) | 85 At Àstat (210) | 86 Rn Radó (222) |
| 09 Mt Meitneri (276) | 110 Ds Darmstadti (281) | 111 Rg Roentgeni (280) | 112 Cn Copernici (285) | 113 Uut Ununtri (284) | 114 Fl Flerovi (289) | 115 Uup Ununpenti (288) | 116 Lv Livermori (293) | 117 Uus Ununsepti (294) | 118 Uuo Ununocti (294) |

C (grups 13 a 17)

| | | | | | | | | |
|---|---|---|---|---|---|---|---|---|
| 3 Eu Europi 152,0 | 64 Gd Gadolini 157,3 | 65 Tb Terbi 158,9 | 66 Dy Disprosi 162,5 | 67 Ho Holmi 164,9 | 68 Er Erbi 167,3 | 69 Tm Tuli 168,9 | 70 Yb Iterbi 173,1 | 71 Lu Luteci 175,0 |
| 5 Am Americi (243) | 96 Cm Curi (247) | 97 Bk Berkeli (247) | 98 Cf Californi (251) | 99 Es Einsteini (252) | 100 Fm Fermi (257) | 101 Md Mendelevi (258) | 102 No Nobeli (259) | 103 Lr Laurenci (262) |

**7** Els elements del grup 17, els **halògens**, tenen 7 electrons a la capa de valència. Han de guanyar 1 electró per adquirir la configuració de gas noble. En fer-ho es converteixen en ions amb càrrega $1^-$.

**8** En el grup 18 se situen els elements que tenen la capa de valència completa. És a dir, 2 electrons en el cas del He i 8 electrons en els altres. Aquests elements són els **gasos nobles**. Són els més estables. Els altres elements guanyaran o perdran electrons fins a tenir una configuració electrònica a la capa de valència similar a la d'aquests.

## PARA ATENCIÓ

S'anomenen **metalls** aquells elements que tendeixen a perdre electrons i formar ions positius o cations. Són metalls els elements dels grups 1 i 2, els metalls de transició i alguns elements a partir del grup 13.

S'anomenen **no-metalls** aquells elements que tendeixen a guanyar electrons i formar ions negatius o anions.

Són no-metalls el H (hidrogen) i alguns elements dels grups 13 al 17.

## ACTIVITATS

**5** Indica en quantes capes tenen electrons i quants electrons tenen a la capa de valència aquests elements:

a) Magnesi. d) Plom.
b) Alumini. e) Brom.
c) Potassi. f) Heli.

**6** Quina càrrega tenen els àtoms d'aquests elements quan adquireixen configuració de gas noble?

a) Beril·li. c) Hidrogen.
b) Carboni. d) Fluor.

## ? INTERPRETA LA IMATGE

- Quin és l'element químic més abundant a l'univers, a l'escorça terrestre i en els éssers vius?
- Explica per què l'oxigen i l'hidrogen formen gairebé el 100 % de la massa dels oceans.

| Informació nutricional | | Per cada 100 g | % de la QDR |
|---|---|---|---|
| Valor energètic | (kcal) | 378 | 3 % |
| | (kJ) | 1.598 | |
| Proteïnes | (g) | 6,8 | 2 % |
| Hidrats de carboni | (g) | 78 | 5 % |
| sucres | (g) | 70 | 14 % |
| Greixos / Lípids | (g) | 2,4 | <1 % |
| saturats | (g) | 1,5 | 1 % |
| Colesterol | (mg) | 0 | |
| Fibra alimentària | (g) | 8,4 | 6 % |
| Sodi | (g) | 0,1 | <1 % |
| Calci | (mg) | 300 | 38 % |
| Fòsfor | (mg) | 245 | 35 % |
| Ferro | (mg) | 11,5 | 82 % |
| Magnesi | (mg) | 125 | 33 % |

Etiqueta de cacau en pols.

## ACTIVITATS

**7** Localitza a la taula periòdica els diferents tipus de bioelements, i indica quins són metalls i quins no-metalls.

**8** L'etiqueta de l'envàs de cacau en pols diu que aporta 245 mg de fòsfor per cada 100 g, i el bric de llet indica que aporta 96 mg de fòsfor per cada 100 mL.

a) Quina quantitat de fòsfor prenem amb cada tassa d'aquest esmorzar? (200 mL de llet i 20 g de cacau).

b) Quantes tasses similars hauríem de prendre per arribar a la QDR de fòsfor, que és de 800 mg?

# 3 Els elements químics més freqüents

A la taula periòdica es representen tots els elements químics coneguts. Actualment hi ha reconeguts 118 elements, però no estan distribuïts tots igual. Alguns són molt abundants a l'univers, però amb prou feines apareixen a l'escorça terrestre o en els éssers vius. I els elements més abundants a l'escorça terrestre no són els mateixos que a l'atmosfera o en els oceans. Observa els gràfics:

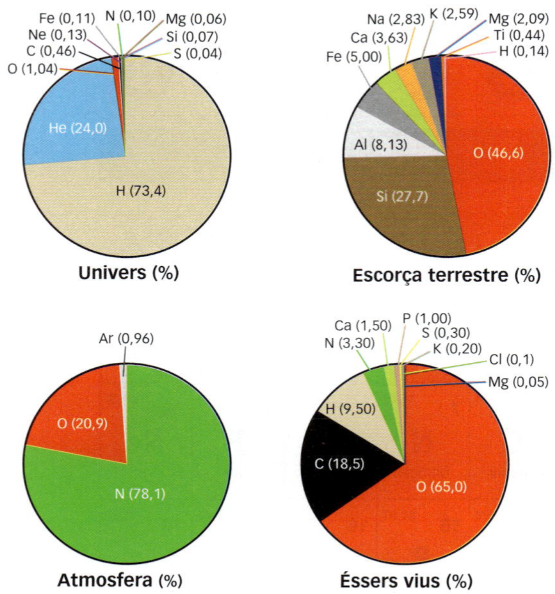


**Els elements químics més abundants.** La majoria de vegades, els elements estan combinats formant compostos.

## 3.1. Els elements químics de la vida

La major part de la massa dels éssers vius correspon a un nombre reduït d'elements químics: són els **bioelements**. Entre aquests distingim:

- **Bioelements primaris.** Representen el 99 % de la massa dels éssers vius i formen les seves molècules essencials. Són C, H, O, N. I també P i S.
- **Bioelements secundaris.** Representen el 0,9 % de la massa dels éssers vius, encara que també són imprescindibles. Són Na, K, Ca, Mg i Cl.
- **Oligoelements.** Són bioelements que es troben als éssers vius en una proporció inferior al 0,1 %. Poden ser:
  - **Indispensables.** Es troben en tots els éssers vius: Mn, Fe, Co, Cu, Se i Zn.
  - **Variables.** Només en necessiten alguns organismes: B, Al, V, Mo, I i Si.

La manca d'algun d'aquests elements pot provocar trastorns de la salut. Per això han d'estar presents en la nostra dieta en la proporció adequada. Aquesta quantitat s'anomena **quantitat diària recomanada, QDR**.

## Document de treball 1

| Bioelement | Serveix per a... | La carència produeix... | En porta... | QDR |
|---|---|---|---|---|
| P | Forma part dels ossos, de les membranes de les cèl·lules i dels àcids nucleics. | Debilitat general. | Llet, aviram, peix, carn, llegums i fruita seca. | 800 mg |
| S | Forma part de les proteïnes presents, per exemple, als cabells i a les ungles. | No produeix trastorns importants. | Aliments proteínics, com ara carn, peix i ous. | No està establerta. |
| Ca | El desenvolupament correcte dels ossos i les dents. També intervé en el funcionament dels músculs i en la coagulació de la sang. | La manca de Ca, juntament amb la de vitamina D, produeix raquitisme. | Llet, formatge, pa i verdures. | 800 mg |
| Mg | Activa els processos d'obtenció d'energia en els éssers vius. Regula el funcionament dels músculs i els nervis. | Debilitat. Es paralitza el creixement. | Llet, carn, verdures, llegums i nous. | 300 mg |
| Na i K | Formen part dels líquids corporals. Influeixen en la pressió sanguínia i en la transmissió de l'impuls nerviós. | Rampes musculars, pèrdua de la gana i debilitat. | El sodi, la sal comuna. El potassi, molts aliments: llet, xocolata, fruita, verdures, cereals. | • K: 2.000 mg<br>• Na: 500 mg |
| Cl | Forma part del suc gàstric i dels líquids corporals. | Rampes musculars i falta de gana. | Sal comuna. | No està establerta. |
| **Oligoelement** | **Serveix per a...** | **La carència produeix...** | **En porta...** | **QDR** |
| Fe | Intervé en la producció de l'hemoglobina. | Anèmia i poca resistència a les infeccions. | Fetge, llegums, carn, rovell d'ou. | 14 mg |
| Zn | Afavoreix el desenvolupament i la reproducció cel·lular. Facilita la cicatrització de les ferides. | Nanisme i problemes a la pell. | Carn, cereals integrals, llegums. | 15 mg |
| Mn | Activa els processos que produeixen energia en els éssers vius. Ajuda a formar ossos. | Falta de memòria, sorolls a les orelles. | Te, arròs integral, fruita seca, llegums. | 2-5 mg |
| F | Manté les dents sanes i sense càries. | Més incidència de càries. | Te, peix i aigua fluorada. | Fins a 0,5 mg (varia segons l'edat). |
| Cu | Afavoreix la majoria de les reaccions metabòliques que es produeixen a les cèl·lules. | Anèmia en els nens prematurs. | Fetge, nous i llegums. | 1,5-3 mg |
| Co | Contribueix a la formació dels glòbuls vermells, ja que forma part de la vitamina B12. | Anèmia, problemes neurològics i falta de creixement. | Carn, peix, lactis, llenties. | 0,1 µg |
| I | És necessari per a la producció de l'hormona tiroïdal. | Goll, obesitat i debilitat generalitzada. | Sal iodada, marisc, algues. | 130 µg |
| Se | Antioxidant. Protegeix l'organisme davant d'infeccions i al·lèrgies. Afavoreix la funció muscular i cardiovascular. | Malaltia cardíaca, problemes als ossos i les articulacions. | Bròquil, ceba, all, llevat de cervesa, peix, carn, ous. | 70 µg |

## 4 Com es presenten els elements: àtoms, molècules i cristalls

### 4.1. Àtoms aïllats

Els elements del grup 18, els gasos nobles, es presenten a temperatura ambient com a gasos, i les seves partícules són àtoms aïllats. El motiu: els àtoms d'aquests elements són molt estables i no necessiten combinar-se amb altres àtoms. La fórmula d'aquests elements coincideix amb el símbol químic de cada gas: He, Ne, Ar, Kr, Xe i Rn.

### 4.2. Molècules

Els àtoms dels elements no metàl·lics necessiten guanyar electrons per obtenir la configuració de gas noble. Una manera d'aconseguir-ne és que dos o més àtoms comparteixin electrons; es diu que els àtoms s'uneixen mitjançant **enllaç covalent**.

Una **molècula** és un grup concret d'àtoms units per un enllaç covalent.

La molècula és la part més petita d'una substància que conserva les propietats químiques d'aquesta. Els àtoms poden pertànyer al mateix element o a elements diferents. Són àtoms d'elements no metàl·lics.

Una **substància molecular** és un conjunt de molècules.

Per exemple, l'oxigen i l'aigua són substàncies moleculars. La molècula d'oxigen està formada per dos àtoms d'oxigen, i la de l'aigua, per dos àtoms d'hidrogen i un d'oxigen.

- La fórmula de les substàncies simples moleculars inclou el símbol del seu element químic amb un subíndex que indica el nombre d'àtoms que formen la molècula. Per exemple: $H_2$, $O_2$, $N_2$, $F_2$, $Cl_2$, $Br_2$, $I_2$, $P_4$, $S_6$.
- La fórmula de substàncies moleculars formades per àtoms d'elements diferents inclou els símbols de cada element i un subíndex que indica el nombre d'àtoms de cada element que hi ha a la molècula.

Com que no hi ha subíndex, a la molècula hi ha 1 àtom de C — $CO_2$ — A la molècula hi ha 2 àtoms de O

A la molècula hi ha 2 àtoms de N — $N_2O_5$ — A la molècula hi ha 5 àtoms de O

Les substàncies moleculars presenten punts de fusió i ebullició baixos. A temperatura ambient es poden trobar en estat sòlid, líquid o gasós, depenent de les forces que hi hagi entre molècules.

| Intensitat de la força entre molècules | Forta | Intermèdia | Dèbil |
|---|---|---|---|
| Estat físic a temperatura ambient | Sòlid. | Líquid. | Gas. |
| Exemples | • Glucosa ($C_6H_{12}O_6$). | • Aigua ($H_2O$).<br>• Alcohol etílic ($C_2H_6O$). | • Oxigen ($O_2$).<br>• Diòxid de carboni ($CO_2$). |

**SABER-NE MÉS**

**Fa olor?… És molècula**

Perquè una substància faci olor s'ha de poder volatilitzar fàcilment. Serà una substància molecular amb un punt d'ebullició baix.

L'olor de peix podrit és deguda a unes substàncies moleculars anomenades **putrescina** i **cadaverina**. Si ruixem el peix amb suc de llimona, l'àcid de la llimona hi reacciona, de manera que deixen de ser substàncies moleculars i es converteixen en substàncies iòniques… Ja no fa pudor!

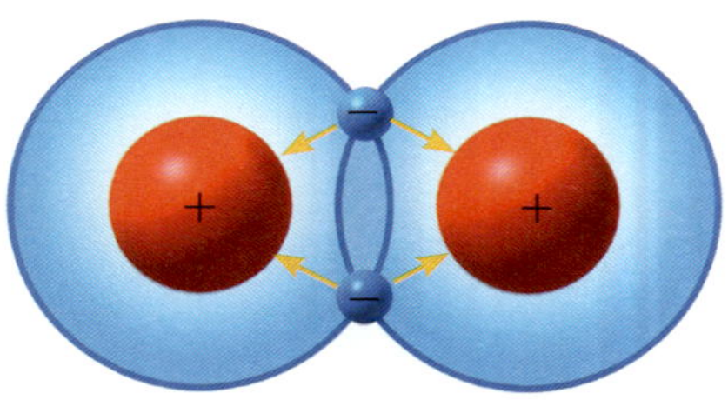

Molècula d'hidrogen: dos àtoms de H units amb un **enllaç covalent**. Els electrons que comparteixen són atrets pels nuclis dels dos àtoms enllaçats.

## 4.3. Cristalls

Un **cristall** és una agrupació de molts àtoms o ions amb una estructura interna perfectament ordenada que s'estén en les tres direccions de l'espai.

Segons les característiques dels àtoms que el formen, l'enllaç entre les partícules del cristall és diferent.

### PARA ATENCIÓ

Els cristalls són sòlids a temperatura ambient. Els seus punts de fusió són molt més alts que els de les substàncies moleculars.

| | Tipus d'àtoms que el formen | Partícules que formen el cristall | Exemple | Fórmula |
|---|---|---|---|---|
| Cristall iònic 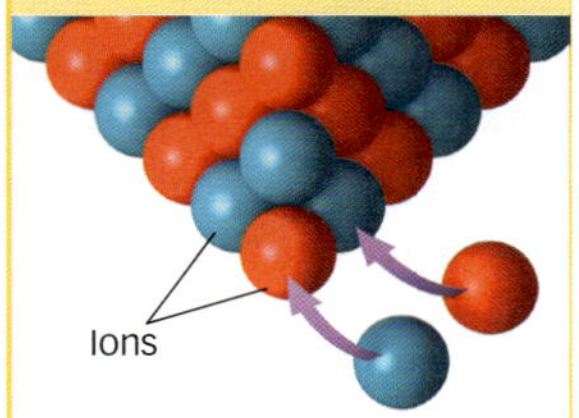  | Metall + no-metall | Ions: cations i anions. Enllaç iònic: entre ions de signe contrari. | $MgCl_2$ | Indica la proporció d'ions en el cristall: dos ions clorur per cada ió magnesi. |
| | | | NaCl | Indica la proporció d'ions en el cristall: un ió clorur per cada ió sodi. |
| Cristall covalent 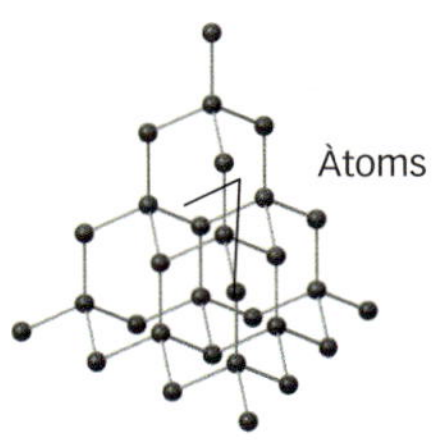  | No-metall | Àtoms. Enllaç covalent: àtoms que comparteixen electrons. | $SiO_2$ | Indica la proporció en la qual es troben els àtoms en el cristall. Hi ha un àtom de silici per cada dos àtoms d'oxigen. |
| | | | C (diamant i grafit) | En el diamant i el grafit, formats només per àtoms de carboni, la fórmula coincideix amb el símbol de l'element; la diferència és la manera com s'ordenen. |
| Cristall metàl·lic 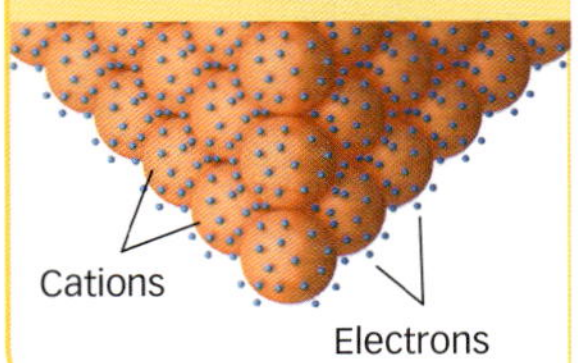  | Metalls | Cations metàl·lics envoltats d'un «núvol» d'electrons. Enllaç metàl·lic. | Cu, Ag, Au | Com que estan formats per àtoms del mateix element, la fórmula coincideix amb el símbol del metall. |

### ACTIVITATS

**9** De les substàncies següents indica quines són sòlids o gasos, amb seguretat:

a) Kr b) $CaCl_2$ c) K d) Fe e) Ne f) $NH_3$ g) Na h) $PCl_5$

**10** Algunes substàncies amb fórmules molt semblants tenen propietats molt diferents. Observa el $SCl_2$ (molècula) i el $CaCl_2$ (cristall iònic).

a) Assigna'ls els punts de fusió i ebullició adequats:

$SCl_2$

$CaCl_2$

| Substància | Punt de fusió | Punt d'ebullició |
|---|---|---|
| | −121 °C | 59 °C |
| | 771 °C | 1.935 °C |

b) En quin estat físic es troba cadascuna de les substàncies a 25 °C?

### SABER-NE MÉS

#### Cristalls moleculars

Algunes substàncies moleculars formen cristalls en estat sòlid.

Un exemple d'això és l'aigua, que forma cristalls de glaç.

# 5 Els compostos químics més comuns

**PARA ATENCIÓ**

Utilitza l'annex de formulació per saber com s'obtenen la fórmula i el nom dels compostos químics.

Com hem vist a la taula periòdica, es coneixen 118 elements químics. Però el nombre de compostos que existeixen és molt superior: supera els deu milions!

El que és encara més sorprenent és que l'àtom de carboni forma un nombre de compostos molt més gran que tots els altres elements químics junts.

- El carboni forma la major part dels compostos que hi ha en els éssers vius. Per aquest motiu els compostos del carboni s'anomenen **orgànics**.
- Tots els altres compostos s'anomenen **inorgànics** perquè es troben fonamentalment al món inanimat, encara que alguns també són presents en els éssers vius, com, per exemple, l'aigua o el clorur de sodi.

## 5.1. Compostos inorgànics comuns

**DOCUMENT DE TREBALL 2**

| Nom | Fórmula | Estat físic a temperatura ambient | Característiques |
|---|---|---|---|
| Aigua | $H_2O$ | Líquid. | És el líquid més important per als éssers vius. A causa de la seva estructura interna, és el dissolvent universal; per això és tan important. |
| Peròxid d'hidrogen o aigua oxigenada | $H_2O_2$ | Líquid. | S'utilitza com a desinfectant i blanquejant. |
| Amoníac | $NH_3$ | Gas. | És un gas d'olor característica. Forma part de molts productes de neteja. També s'utilitza per fabricar adobs. |
| **Òxids no metàl·lics** | | | |
| Diòxid de carboni | $CO_2$ | Gas. | És un gas que es produeix en la respiració i en les combustions. És contaminant, però no tòxic. Responsable de l'efecte hivernacle. |
| Monòxid de carboni | CO | Gas. | És tòxic: pot provocar la mort per asfíxia. Es produeix en les combustions quan hi ha poc oxigen. |
| Diòxid de sofre | $SO_2$ | Gas. | Es produeixen en la combustió de compostos de sofre (com ara alguns derivats del petroli). Són contaminants i responsables de la pluja àcida. |
| Triòxid de sofre | $SO_3$ | Gas. | |
| Diòxid de nitrogen | $NO_2$ | Gas. | És verinós. Es produeix en la combustió de compostos de nitrogen (com alguns derivats del petroli). És contaminant. |
| **Òxids metàl·lics** | | | |
| Òxid de ferro(II) | FeO | Sòlid. | Es produeixen quan s'oxida el metall ferro. Formen el rovell. |
| Òxid de ferro(III) | $Fe_2O_3$ | Sòlid. | |

## DOCUMENT DE TREBALL 2 (continuació)

| Nom | Fórmula | Estat físic a temperatura ambient | Característiques |
|---|---|---|---|
| **Àcids (substàncies amb sabor àcid i generalment corrosives)** | | | |
| Àcid clorhídric | $HCl$ | Gas. | En segreguem a l'estómac per fer la digestió. Es venen dissolucions diluïdes d'aquest àcid com a salfumant, un producte de neteja molt fort. |
| Àcid nítric | $HNO_3$ | Líquid. | S'utilitza per fabricar adobs, explosius, etc. |
| Àcid sulfúric | $H_2SO_4$ | Líquid dens. | És el compost que més es produeix a tot el món. S'utilitza en la indústria per fabricar molts productes. |
| **Bases (neutralitzen l'acció dels àcids formant sals)** | | | |
| Hidròxid de sodi | $NaOH$ | Sòlid. | Sòlids coneguts també com a sosa càustica (NaOH) i potassa càustica (KOH). Formen part de molts productes de neteja, com ara el lleixiu. |
| Hidròxid de potassi | $KOH$ | Sòlid. | |
| Hidròxid d'alumini | $Al(OH)_3$ | Sòlid. | S'utilitzen per fabricar antiàcids, substàncies que es prenen quan es pateix cremor d'estómac. |
| Hidròxid de magnesi | $Mg(OH)_2$ | | |
| **Sals** | | | |
| Clorur de sodi (sal comuna) | $NaCl$ | Sòlid. | És el compost conegut com a sal comuna. És el condiment que més s'utilitza a la cuina. |
| Clorur de calci | $CaCl_2$ | Sòlid. | Absorbeix la humitat. S'utilitza com a dessecant en embalatges. |
| Carbonat de calci | $CaCO_3$ | Sòlid. | És el compost que forma el marbre. És insoluble en l'aigua, però l'ataquen els àcids. |
| Hidrogencarbonat de sodi | $NaHCO_3$ | Sòlid. | S'utilitza per combatre la cremor d'estómac, i també com a llevat químic. També es coneix amb el nom de bicarbonat de sodi. |
| Sulfat de coure(II) | $CuSO_4$ | Sòlid. | Es fa servir com a producte fitosanitari, és a dir, per elaborar substàncies que protegeixen els cultius. Les vinyes es ruixen amb una dissolució de sulfat de coure (sulfatar) per protegir-les del míldiu, un fong que les ataca. |
| Nitrat de potassi | $KNO_3$ | Sòlid. | S'utilitza com a adob. |
| Nitrat d'amoni | $NH_4NO_3$ | Sòlid. | S'utilitza principalment com a adob, encara que també es fa servir per fabricar explosius. |
| Sulfat de magnesi | $MgSO_4$ | Sòlid. | Substància coneguda des de l'antiguitat , que també s'anomena sal d'Epsom. A més de l'ús com a sals de bany, té altres aplicacions mèdiques i en jardineria. |
| Sulfat de calci | $CaSO_4$ | Sòlid. | És la substància que tothom coneix com a guix. Té moltes aplicacions com a material de construcció. |
| Hipoclorit de sodi | $NaClO$ | Líquid ($T > 18\,°C$).<br>Sòlid ($T < 18\,°C$). | Dissolt en aigua forma el lleixiu. |

## 5.2. Compostos orgànics comuns

Els compostos orgànics estan formats, fonamentalment, per carboni i hidrogen, tot i que poden tenir algun àtom d'oxigen, de nitrogen i, en menor proporció, de fòsfor i sofre. S'anomena **química orgànica** la part de la química que estudia els compostos orgànics. A les taules següents te'n mostrem alguns dels més representatius.

Fixa't que hi ha compostos orgànics formats per molècules petites i n'hi ha que estan formats per molècules molt grans; aquestes s'anomenen macromolècules, i entre elles hi ha les **proteïnes**, els **greixos**, els **àcids nucleics** i els **polímers sintètics**.

Les propietats dels compostos orgànics depenen d'un petit grup d'àtoms que tenen en la molècula, que s'anomena **grup funcional**. Les molècules amb el mateix grup funcional tenen propietats semblants encara que siguin de mida diferent. Al contrari, molècules de mida semblant presenten propietats molt diferents si tenen grups funcionals diferents.

A més de les substàncies que formen part dels éssers vius, hi ha molts compostos orgànics que s'obtenen en el laboratori de manera artificial; s'anomenen **compostos sintètics**. Entre els compostos orgànics de síntesi hi ha molts medicaments i nous materials, com els plàstics.

**DOCUMENT DE TREBALL 3**

| Nom | Fórmula | Característiques |
|---|---|---|
| **Combustibles domèstics** | | |
| Metà | $CH_4$ | Forma part del gas natural. |
| Propà | $C_3H_8$ | A la pressió atmosfèrica són gasos, però es comercialitzen en bombones a pressió elevada, on es troben en estat líquid. |
| Butà | $C_4H_{10}$ | |
| **Substàncies d'ús comú** | | |
| Octà (isooctà) | $C_8H_{18}$ | És el component fonamental de la gasolina. El nombre d'octans de la gasolina indica la proporció d'isooctà que té. |
| Alcohol etílic | $C_2H_6O$ | És l'alcohol que contenen les begudes (cervesa, vi, licors, etc.). S'utilitza com a desinfectant. |
| Àcid acètic | $C_2H_4O_2$ | És l'àcid que hi ha al vinagre. |
| Acetona | $C_3H_6O$ | És un dissolvent. A temperatura ambient és un líquid, però s'evapora fàcilment. |
| Mentol | $C_{10}H_{20}O$ | Substància aromàtica present en algunes plantes. S'evapora amb facilitat absorbint calor; això fa que sigui molt olorós i produeixi sensació de frescor. |
| Vitamina C (àcid ascòrbic) | $C_6H_8O_6$ | Substància present en moltes fruites. És soluble en l'aigua. |
| Aspirina (àcid acetilsalicílic) | $C_9H_8O_4$ | Fàrmac que s'utilitza com a analgèsic (contra el dolor), antitèrmic (contra la febre) i antiinflamatori. No es dissol en l'aigua. De vegades es barreja amb altres substàncies que en faciliten la solubilitat, com en l'aspirina efervescent. |
| Glicerina | $C_3H_8O_3$ | Alcohol que forma part dels greixos. S'utilitza per preparar productes de farmàcia i perfumeria. |

## Document de treball 3 (continuació)

| Nom | Fórmula | Característiques |
|---|---|---|
| | | **Glúcids o hidrats de carboni** |
| Glucosa | $C_6H_{12}O_6$ | És un sucre simple. La majoria dels hidrats de carboni que consumim (en els sucres, pa, pasta, etc.) es transformen en glucosa dins de l'organisme. |
| Fructosa | $C_6H_{12}O_6$ | És un sucre simple que es troba a les fruites i a la mel. Té un poder edulcorant més gran que el de la glucosa. |
| Sacarosa | $C_{12}H_{22}O_{11}$ | És el sucre comú. És el resultat de la unió d'una molècula de glucosa i una altra de fructosa. |
| Cel·lulosa/midó | $(C_6H_{10}O_6)_n$ | És una molècula molt gran formada per la unió de moltes molècules de glucosa. Les molècules de midó i les de cel·lulosa són molt semblants; només es diferencien en la manera com s'orienten alguns àtoms a l'espai. Aquesta petita diferència fa que les persones puguem digerir el midó, però no la cel·lulosa. |
| | | **Lípids** |
| Àcid oleic | $C_{18}H_{34}O_2$ | És present en l'oli d'oliva. |
| Colesterol | $C_{27}H_{46}O$ | Es troba en alguns teixits i a la sang. Quan a la sang n'hi ha una concentració elevada, pot provocar problemes cardiovasculars. |
| Albúmina | Molt complexa | És una proteïna formada per una única cadena molt llarga que s'enrotlla sobre si mateixa. És la principal proteïna de la sang. A l'ou i a la llet també hi ha molècules d'albúmina que es diferencien poc de la proteïna humana. |
| Queratina | Molt complexa | Proteïna que es troba als cabells i els pèls, a les plomes, les ungles i les peülles, i els dóna duresa i resistència. Forma cadenes molt llargues d'aminoàcids que s'enrotllen i originen fibres. En cada pèl hi ha moltes fibres de queratina. |
| | | **Àcids nucleics** |
| DNA (àcid desoxiribonucleic) | Molt complexa | Conté el codi genètic que guia la formació de proteïnes d'un organisme. La molècula està formada per dues cadenes enrotllades en forma d'hèlix. |
| RNA (àcid ribonucleic) | Molt complexa | La molècula és semblant a la del DNA, però està formada per una sola cadena. Intervé en la formació de proteïnes. |
| | | **Polímers sintètics (plàstics)** |
| Polietilè | $(CH_2)_n$ | Són molècules molt llargues que resulten de la unió de moltes molècules molt petites. Són plàstics que s'utilitzen per fabricar bosses, material d'embalatge, etc. |
| Poliestirè | $(C_8H_8)_n$ | |

### SABER-NE MÉS

#### Rosalind E. Franklin

Rosalind E. Franklin (1920-1958) va ser la primera persona que va reconèixer una forma d'hèlix a la molècula de DNA. Col·laborava amb M. Wilkins (1916-2004). El treball de Franklin va arribar fins a J. Watson (n. 1928) i F. Crick (1916-2004), que van determinar l'estructura de doble hèlix de la molècula de DNA.

Wilkins, Watson i Crick van rebre el premi Nobel de Fisiologia i medicina l'any 1962. Franklin ja havia mort de càncer. Aquest «oblit» en la concessió del premi Nobel és una de les injustícies més grans de la història d'aquests guardons.

# ACTIVITATS FINALS

## REPASSA L'ESSENCIAL

**11** La taula següent mostra quan es van descobrir els diferents elements químics.

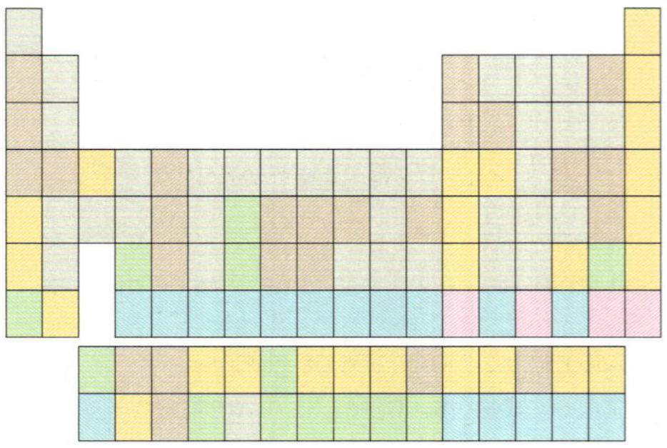

| Abans de 1800 | 1800-1849 | 1850-1899 | 1900-1949 | 1950-1999 | 2000-present |
|---|---|---|---|---|---|

a) Compta quants elements es van descobrir en cadascun dels períodes indicats.

b) Indica en quin segle es va descobrir el nombre més gran d'elements químics coneguts.

c) Dóna algun motiu que expliqui per què actualment es descobreixen molt pocs elements químics.

**12** Els científics van ordenar els elements químics segons la massa atòmica i van trobar alguna relació en les seves propietats.

a) Dobëreiner va identificar diverses tríades, una de les quals està formada pels elements liti, potassi i sodi. Localitza'n a la taula periòdica les masses atòmiques i comprova que la massa d'un dels tres coincideix amb la mitjana aritmètica de la massa del conjunt. De quin element es tracta?

b) Mendeléiev va ordenar els elements segons la massa i va col·locar a la mateixa columna els que tenien propietats similars. Va considerar més importants les propietats dels elements; per això va situar el tel·luri abans que el iode, ja que les propietats d'aquest últim s'assemblaven més a les del brom i el clor que a les del sofre i el seleni. Repassa la taula periòdica i localitza dues parelles més d'elements en què la posició no segueixi l'ordre de les masses.

**13** Completa a la llibreta amb les paraules que falten.

a) La taula periòdica es va establir durant el primer terç del segle ________ . A la taula els elements químics s'ordenen en ordre creixent de ________.

b) La taula periòdica té ________ files, que s'anomenen ________. A més, té ________ columnes, que s'anomenen ________.

c) Tots els elements que són al mateix ________ tenen el mateix nombre d'electrons a ________.

d) Tots els elements que són al mateix ________ tenen ________ capes.

**14** Emplena a la llibreta els requadres que identifiquen la informació de cada element que es mostra a la taula periòdica:

**15** A la taula següent hi ha representats els grups significatius de la taula periòdica. Emplena la taula a la llibreta indicant per a cada grup:

a) El nombre d'electrons que tenen a la capa de valència.

b) La càrrega dels seus ions quan adquireixen configuració de gas noble.

| Grup | 1 | 2 | 13 | 14 | 15 | 16 | 17 | 18 |
|---|---|---|---|---|---|---|---|---|
| Electrons a la capa de valència | | | | | | | | |
| Càrrega | | | | | | | | |

**16** Dibuixa la taula periòdica a la llibreta, i marca-hi amb un color diferent:

a) Els metalls.

b) Els no-metalls.

c) Els gasos nobles.

**17** Escriu les frases següents a la llibreta i relaciona-les amb els termes que apareixen a continuació.

Àtoms aïllats | Molècules | Cristalls

a) Aquestes substàncies estan formades només per no-metalls.

b) Només es presenten així els gasos nobles.

c) Són estructures formades per un nombre d'àtoms reduït.

d) Són estructures formades per un gran nombre d'àtoms.

e) Apareixen sempre en estat sòlid.

f) Apareixen sempre en estat gas.

g) Depenent de la substància, poden aparèixer en estat sòlid, líquid o gas.

h) Les substàncies oloroses són d'aquest tipus.

i) El $Na_2S$ és un exemple d'aquest tipus de substàncies.

j) El $CO_2$ és un exemple d'aquest tipus de substàncies.

PRACTICA

## La taula periòdica dels elements

**18** Consulta la taula periòdica i emplena a la llibreta les columnes de la taula següent.

| Element | Símbol | Z | Grup | Període |
|---|---|---|---|---|
| Liti | | | | |
| Sodi | | | | |
| Potassi | | | | |
| Rubidi | | | | |

- Què tenen en comú tots aquests elements?

**19** Consulta la taula periòdica i emplena a la llibreta les columnes de la taula següent.

| Element | Símbol | Z | Grup | Període |
|---|---|---|---|---|
| Fluor | | | | |
| Clor | | | | |
| Brom | | | | |
| Iode | | | | |

- Què tenen en comú tots aquests elements?

**20** Consulta la taula periòdica i emplena a la llibreta les columnes de la taula següent.

| Element | Símbol | Z | Nre. de capes | Electrons a l'última capa |
|---|---|---|---|---|
| Sofre | | | | |
| Cesi | | | | |
| Calci | | | | |
| Estany | | | | |

**21** Tenint en compte la informació de la taula periòdica, emplena aquesta taula a la llibreta fins a indicar la càrrega que arriben a tenir els àtoms quan obtenen la configuració de gas noble.

| Element | Símbol | Z | Electrons a l'última capa | Càrrega de l'ió |
|---|---|---|---|---|
| Fòsfor | | | | |
| Oxigen | | | | |
| Bari | | | | |
| Clor | | | | |
| Alumini | | | | |

**22** Explica per què els àtoms d'hidrogen poden adquirir càrrega $1^+$ i $1^-$.

**23** Copia a la llibreta les tres columnes i relaciona-les amb fletxes.

| | | |
|---|---|---|
| a) Metall | ☐ No forma ions | • Clor |
| b) No-metall | ☐ Forma cations | • Heli |
| c) Metall | ☐ Forma cations | • Liti |
| d) Gas noble | ☐ Forma anions | • Magnesi |

### 1. EXEMPLE RESOLT

**Escriu l'ordenació d'electrons per capes en el sofre. Indica:**

**a) En quin grup i en quin període de la taula periòdica està col·locat.**

**b) Quina càrrega adquireix quan obté la configuració de gas noble.**

Localitza l'element sofre (S) a la taula periòdica i identifica'n el nombre atòmic: $Z = 16$.

Col·loca els electrons a les capes seguint les regles:

- Primera capa: 2 electrons.
- Segona capa: 8 electrons.
- Tercera capa: 6 electrons.

a) El sofre té electrons en 3 capes → és al **període 3**.
Té 6 electrons en l'última capa → és del **grup 16**.

b) Ha de guanyar 2 electrons per completar la tercera capa i tenir la configuració de gas noble → adquireix **càrrega $2^-$**.

**24** Escriu la distribució d'electrons en els àtoms de fluor i sodi. Tenint en compte el resultat, indica:

a) En quin grup i en quin període de la taula periòdica estan col·locats.

b) Quina càrrega adquireixen quan obtenen la configuració de gas noble.

c) Quin gas noble té una estructura semblant.

## Els elements més freqüents

**25** Escriu el nom dels quatre elements químics més abundants a l'Univers, a l'escorça terrestre i en els éssers vius. Representa'n l'abundància en un diagrama de barres. Quin medi diries que és més variat des del punt de vista dels elements químics que hi són presents?

**26** Classifica els elements químics següents com a bioelements primaris, secundaris o oligoelements:

| | | |
|---|---|---|
| a) Ferro. | e) Fluor. | i) Magnesi. |
| b) Carboni. | f) Oxigen. | j) Potassi. |
| c) Coure. | g) Zinc. | k) Iode. |
| d) Hidrogen. | h) Calci. | l) Fòsfor. |

### 2. EXEMPLE RESOLT

**En 100 mL d'una marca de llet de vaca hi ha 120 mg de calci. Busca al document de treball 1 la QDR de calci i calcula la quantitat de llet d'aquesta marca que hauries de prendre cada dia per obtenir-la. És necessari que beguis aquesta quantitat de llet per prendre el calci que et fa falta?**

La QDR del Ca és 800 mg:

$$800\ \cancel{\text{mg de Ca}} \cdot \frac{100\ \text{mL de llet}}{120\ \cancel{\text{mg de Ca}}} = \mathbf{667\ mL\ de\ llet}$$

Habitualment **no** és necessari beure tota aquesta quantitat de llet, ja que prenem altres aliments que també aporten calci, com ara formatge, iogurt, pa, etc.

27 A les persones que es troben en un estat de debilitat important se'ls recomana una aportació de magnesi. Les nous són un aliment adequat, ja que 100 g de nous aporten 130 mg de magnesi. Consulta a les taules d'aquesta unitat la QDR de magnesi i calcula la quantitat de nous que hauríem de menjar cada dia per tenir-ne aquesta aportació.

**Repassa el document de treball 1 i respon**

28 Les persones que tenen la tensió alta han de suprimir el sodi. Quins aliments han de reduir a la dieta?

29 Les persones que tenen anèmia, sovint tenen dèficit d'alguns elements químics. Quins són? En quins aliments es troben?

30 Quins elements químics formen part dels ossos? Quins aliments hem de prendre perquè es formin de manera adequada?

31 Quan ens falten alguns elements químics ens agafen rampes. Quins elements són? En quins aliments es troben?

32 Quin element químic afavoreix la cicatrització de les ferides? En quins aliments es troba?

33 En quines funcions vitals intervé el ferro? Quins trastorns es produeixen si en falta? Quins aliments podem consumir per obtenir el ferro que necessitem?

34 El goll és una malaltia pròpia d'algunes zones de muntanya. A què és degut? Com es pot corregir?

35 Tria un dels elements que apareixen en el document de treball 1. Busca informació per ampliar el que se n'explica al document i elabora un informe.

## Com es presenten els elements: àtoms, molècules i cristalls

36 Raona si les frases següents són certes o no.

a) Tots els elements químics poden formar molècules.

b) Alguns elements químics es presenten a la natura en forma d'àtoms aïllats.

c) No podrem saber mai el nombre d'àtoms que formen un cristall.

### 3. EXEMPLE RESOLT

**Les substàncies següents estan formades per àtoms aïllats, molècules o cristalls?**

**a) $O_2$** **c) C (diamant)** **e) Al**

**b) $Na_2S$** **d) Ar**

a) $O_2$. Substància formada per un no-metall. Els seus àtoms han de compartir electrons per adquirir la configuració de gas noble. Formen **molècules**.

b) $Na_2S$. El Na és un metall que obté la configuració de gas noble perdent electrons i convertint-se en catió. El S és un no-metall, que pot adquirir la configuració de gas noble guanyant electrons i formant anions. La substància és un **cristall iònic**.

c) C (diamant). És un **cristall covalent**. Els àtoms del cristall estan units per enllaç covalent.

d) Ar. És un gas noble. **Els seus àtoms estan aïllats**.

e) Al. És un metall. Els seus àtoms perden electrons, que formen un núvol on hi ha els cations que formen el **cristall metàl·lic**.

37 Indica a la llibreta si les substàncies simples que formen aquests elements es presenten com a àtoms, molècules o cristalls.

a) Heli. c) Clor. e) Magnesi.

b) Plom. d) Fòsfor. f) Xenó.

38 Cert o fals?

a) La fórmula del clorur de calci és $CaCl_2$; per tant, està format per molècules.

b) El ferro és un metall; el seu punt de fusió és molt alt.

c) El diamant està format només per àtoms de carboni: ha de tenir propietats semblants a les dels gasos nobles.

d) El nitrogen forma molècules i és un gas a temperatura ambient.

## Els compostos químics més comuns

**Repassa el document de treball 2 i respon**

39 Quines substàncies s'utilitzen per fabricar productes de neteja? Escriu-ne la fórmula, el nom, i indica de quin tipus són.

40 Quines substàncies s'utilitzen per fabricar adobs? Escriu-ne la fórmula, el nom, i indica de quin tipus són.

41 Per absorbir la humitat dels armaris s'utilitzen unes boles que contenen una substància. De quina substància es tracta? Escriu-ne la fórmula, el nom, i indica de quin tipus és.

42 Com es diu l'àcid que tenim a l'estómac? Escriu-ne la fórmula i el nom.

43 Quines substàncies podem utilitzar per combatre l'acidesa d'estómac? Escriu-ne la fórmula, el nom, i indica de quin tipus són.

44 Els derivats del petroli poden contenir compostos amb nitrogen o sofre que, quan es cremen, produeixen gasos contaminants. Escriu-ne la fórmula i el nom.

45 Quan cremem fusta o qualsevol altre combustible orgànic es produeix un gas.

a) Com se diu i quina fórmula té?

b) Què passa si l'aire no té prou oxigen?

46 Què passa quan es rovella una clau de ferro?

47 Tria una de les substàncies que hi ha al document de treball 2. Busca informació que et permeti ampliar el que se n'explica al document i elabora un informe sobre la substància que has triat.

**Repassa el document de treball 3 i respon**

48 Quins elements químics són presents a totes les substàncies orgàniques?

49 Es coneixen amb el nom d'hidrocarburs les substàncies que només tenen C i H. Escriu la fórmula i el nom d'uns quants i indica per a què els fem servir.

50 Els glúcids o sucres també s'anomenen hidrats de carboni. De quins elements químics es componen? En quina proporció es troben el C, el H i el O en aquests compostos?

51 Observa les substàncies orgàniques i indica de manera raonada quines resulten de la unió d'altres molècules més petites.

## AMPLIA

52 En 100 g d'espinacs hi ha 4 mg de ferro, però l'organisme només n'absorbeix el 10 %. En els adults, els requeriments diaris de ferro per dur a terme les funcions vitals es calcula que són 14 mg. Quina quantitat diària d'espinacs hauria de consumir un adult per tenir tot el ferro que necessita si aquest fos l'únic aliment que aporta ferro?

53 Comenta si són certes o falses aquestes frases.

a) La fórmula dels compostos iònics indica el nombre real d'àtoms de la molècula.

b) Les substàncies simples formades per àtoms aïllats o per cristalls es representen només pel símbol de l'element.

54 L'òxid de ferro és una substància formada per ferro i oxigen. Emplena la taula a la llibreta.

| | Òxid de ferro | Ferro | Oxigen |
|---|---|---|---|
| Fórmula | | | |
| Substància simple/compost | | | |
| A temperatura ambient es troba en estat… | | | |
| Àtoms/molècules/cristalls | | | |

55 Utilitza el document de treball 2 per estudiar les combinacions del O amb altres elements químics.

| | Combinació del O amb… | Metall/no-metall | A temperatura ambient, el compost està en estat |
|---|---|---|---|
| $CO_2$ | | | |
| $FeO$ | | | |
| $NO_2$ | | | |
| $SO_3$ | | | |

Completa a la llibreta la frase: Quan l'oxigen es combina amb àtoms d'un no-metall forma substàncies ________ que es troben en estat ________ a temperatura ambient. Si el O es combina amb àtoms d'un metall, forma ________, que es troben en estat ________ a temperatura ambient.

## TÈCNICA. Analitzar un espectre

L'any 1842 el científic Auguste Comte va afirmar que «no coneixerem mai la composició química dels estels». Segons ell, no seríem mai capaços de saber quins elements i compostos químics els formen.

Però pocs anys més tard, el 1859, els estudis de Gustav R. Kirchhoff sobre els **espectres** van permetre identificar la «signatura» de diverses substàncies en la llum procedent del Sol, primer, i d'altres estels, galàxies o planetes, després.

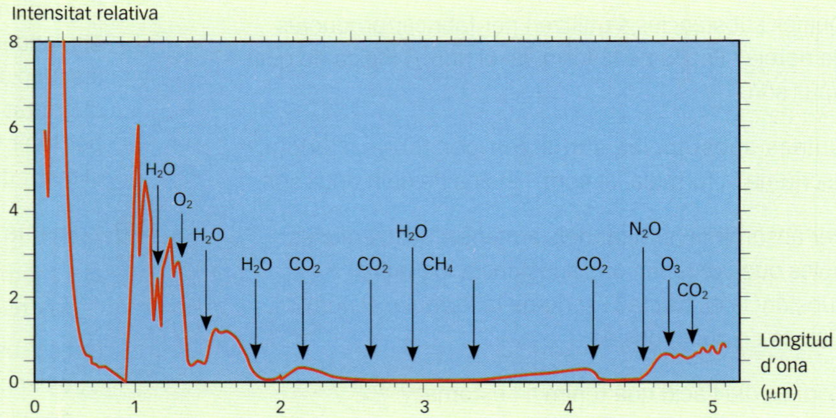


En un espectre es representa la quantitat de llum rebuda en funció d'una propietat de la llum anomenada longitud d'ona. La llum blava, per exemple, té longitud d'ona diferent de la llum vermella. I les microones tenen una longitud d'ona diferent de la que té la llum ultraviolada.

La il·lustració mostra les dades obtingudes per la sonda Mars Express sobre l'atmosfera terrestre. A la corba apareixen les «empremtes» de substàncies que indiquen la presència de vida a la Terra. Així, si mesurem la longitud d'ona, en la qual hi ha crestes i valls, podem identificar alguns compostos a partir de la llum que rebem d'altres estels.

**56** Respon.

a) Quines substàncies simples ha identificat la sonda Mars Express a l'atmosfera terrestre?

b) Hi ha identificat algun compost químic?

c) Quins d'aquests compostos et semblen, *a priori*, indicadors de l'existència de vida a la Terra?

**57** Cada substància química absorbeix llum únicament d'unes longituds d'ona concretes, i no n'absorbeix de la resta de longituds d'ona. Aleshores, com creus que se sap que una determinada «vall» a l'espectre obtingut de l'atmosfera terrestre correspon a l'ozó, $O_3$, per exemple?

a) Mesurant en el laboratori quina longitud d'ona té la llum que absorbeix una mostra d'aire.

b) Fent passar la llum solar per dos prismes de manera successiva.

c) Mesurant en el laboratori quina longitud d'ona té la llum que absorbeix una mostra d'ozó.

d) Comprovant quina és la intensitat de la llum que ens arriba d'un arc de Sant Martí.

**58** Podem conèixer quina és la composició química d'altres planetes? Quins problemes es poden plantejar a l'hora d'analitzar l'espectre obtingut d'estels i planetes llunyans?

**59** La imatge següent mostra l'espectre de les atmosferes de la Terra, Venus i Mart.

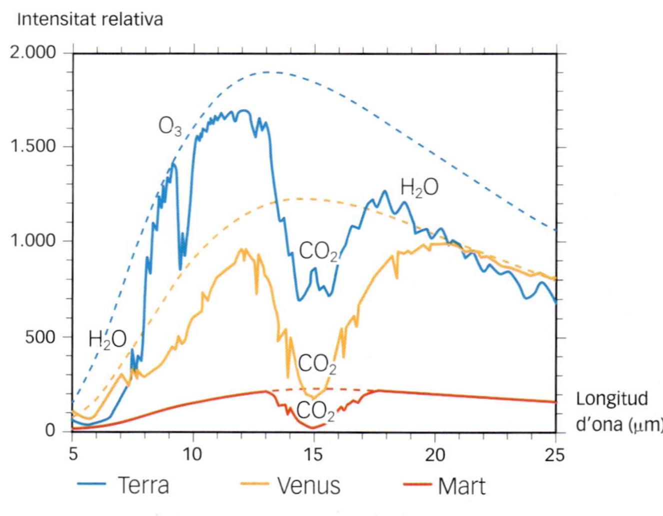


a) En què s'assemblen els espectres d'aquests tres planetes?

b) Quines substàncies hi ha als tres planetes?

c) En què es diferencien els espectres? Com es justifica aquesta diferència?

d) Hi ha aigua en tots tres?

e) De quina manera influeix en la forma de la corba el fet que hi hagi més o menys quantitat de diòxid de carboni?

## UN CAS PRÀCTIC. Creus que descobrirem algun exoplaneta on hi hagi vida?

Un dels objectius definits pel NAI (Institut d'Astrobiologia de la NASA) és la determinació de marcadors biològics (biomarcadors) per identificar vida en altres planetes o en les anomenades *Early Earths* (Terres joves), que corresponen a planetes similars a la Terra però en les etapes inicials.

Es considera marcador biològic qualsevol element, compost o fenomen que pugui indicar la presència de vida. El més conegut és l'aigua. Per buscar biomarcadors en exoplanetes situats a grans distàncies de la Terra s'utilitza l'espectroscòpia [la ciència que estudia els espectres]. L'espectroscòpia permet identificar diversos elements i compostos químics.

En exoplanetes del tipus de la Terra es poden trobar [substàncies] com $O_2$ i $O_3$, la primera produïda al nostre planeta per la fotosíntesi de les plantes i la segona generada per reaccions químiques a partir del $O_2$. També es poden trobar compostos com l'òxid nitrós ($N_2O$), produït a la Terra per bacteris que desnitrifiquen el sòl, i el metà ($CH_4$), produït també per bacteris [...].

Per tant, un biomarcador es defineix estudiant a la Terra els compostos i elements que beneficiïn la generació de vida, com també aquells que són produïts pels organismes vius.

Fabiola Muriel Salinas Díaz,
*La quiralidad como un biomarcador* (traduït i adaptat).

**60** COMPRENSIÓ LECTORA. Quina és la idea principal del text?

**61** EXPRESSIÓ ESCRITA. Escriu amb paraules teves què és un biomarcador i posa'n uns quants exemples.

**62** L'exoplaneta Gliese 581c és un candidat a albergar vida situat a 20,5 anys llum de la Terra. Observa la il·lustració.

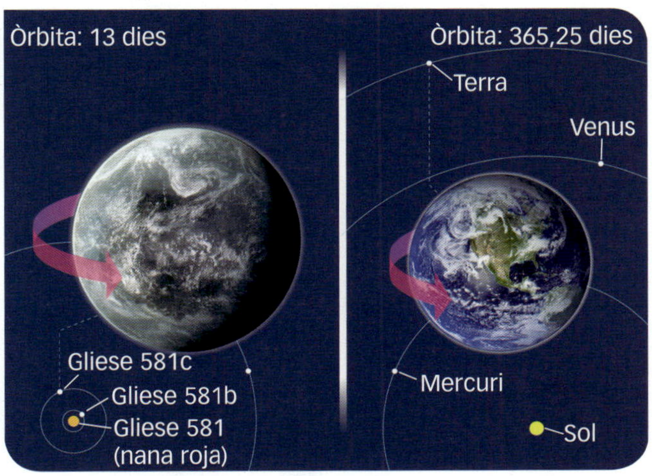


a) Quin planeta és més gran, la Terra o Gliese 581c?
b) Quin dels dos està més a prop del seu estel?
c) La temperatura ha de ser necessàriament més elevada a Gliese 581c que a la Terra? Per què?
d) Per què es diu que Gliese 581c és a la zona habitable?

**63** Explica com podríem arribar a obtenir espectres de les atmosferes dels exoplanetes amb la precisió suficient per identificar-hi signes de vida.

a) Observant sempre des de l'hemisferi sud.
b) Construint telescopis més grans.
c) Llançant a l'espai telescopis per eliminar l'efecte pertorbador de l'atmosfera.
d) Observant amb detall al laboratori les reaccions químiques amb ozó.

**64** La il·lustració mostra com es distribueixen alguns dels estels al voltant del Sol. Els estels més lluminosos són els blaus, i els menys lluminosos, els vermells.

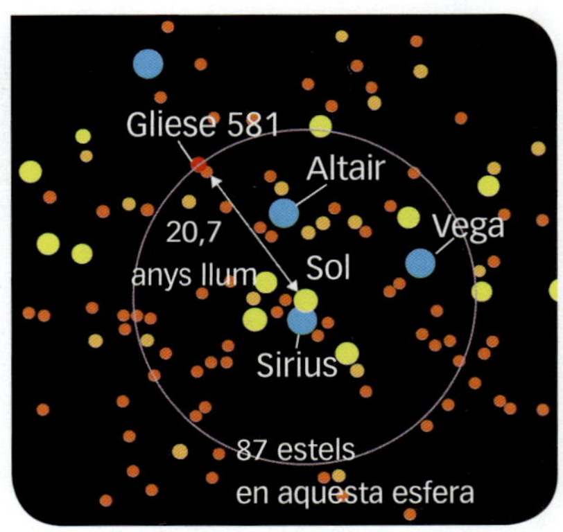


a) De quins estels n'hi ha més, de molt lluminosos o de poc lluminosos?
b) En estels més lluminosos que el nostre Sol, on hauríem de buscar per trobar planetes a la zona habitable?
c) I en estels menys lluminosos?

**65** Creus que identificarem algun dia signes de vida en un exoplaneta? Com?

INVESTIGA — APRENENTATGE COOPERATIU

## LA FÓRMULA D'UN COMPOST: L'AIGUA

La fórmula d'un compost indica quins elements el formen i en quina proporció es combinen els seus àtoms.

L'aigua és una substància molecular amb fórmula $H_2O$. En aquesta experiència descompondràs l'aigua en hidrogen i oxigen i comprovaràs que es combinen 2 àtoms de H amb 1 àtom de O.

### PARA ATENCIÓ

Vés amb molt de compte a l'hora d'utilitzar aparells elèctrics.

Si et cau líquid per fora del voltàmetre, eixuga'l abans de connectar el corrent.

### MATERIAL

- Voltàmetre de Hoffmann.
- Font d'alimentació de corrent continu.
- Cables de connexió.
- Dissolució d'àcid sulfúric diluïda (0,5 %).
- Embut petit de vidre.
- Escuradents de fusta (llarg).
- Encenedor.

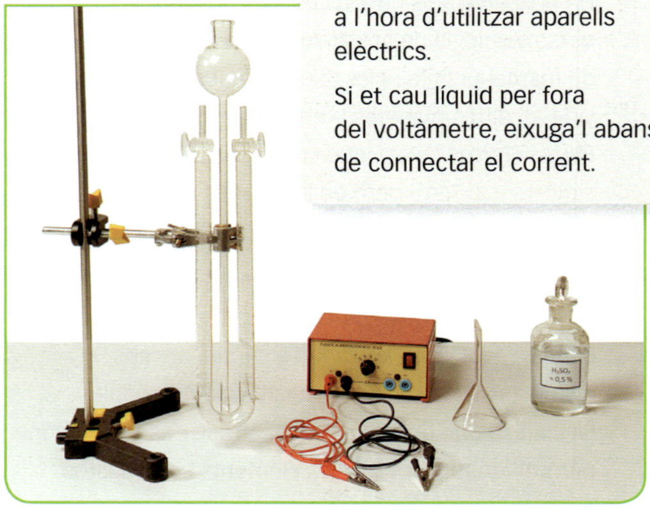

### PROCEDIMENT

1. Comprova que les claus de les dues buretes invertides del voltàmetre estan obertes.
2. Amb l'ajuda de l'embut aboca la dissolució d'àcid sulfúric pel braç del centre del voltàmetre. Comprova que s'omplin completament les dues buretes sense vessar.

3. Deixa d'abocar líquid quan vegis que surt alguna gota per l'extrem superior.

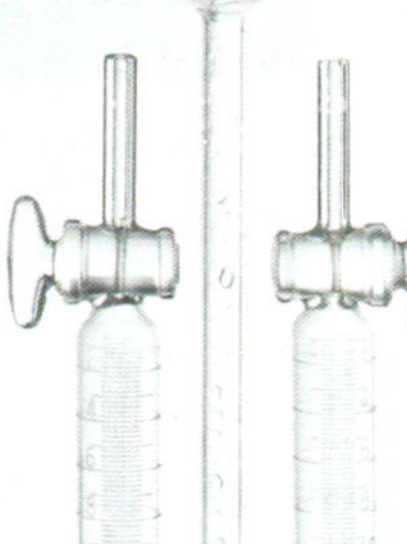

4. En aquest moment tanca les claus de les buretes i comprova que el líquid ha arribat al mateix nivell en els tres braços del voltàmetre.
5. Connecta els elèctrodes del voltàmetre a la font de corrent. Fes que el voltatge de sortida sigui d'uns 5 V. Endolla la font a la xarxa i encén l'interruptor. Al cap de poc temps veuràs que apareix un bombolleig que puja des dels elèctrodes de les buretes.

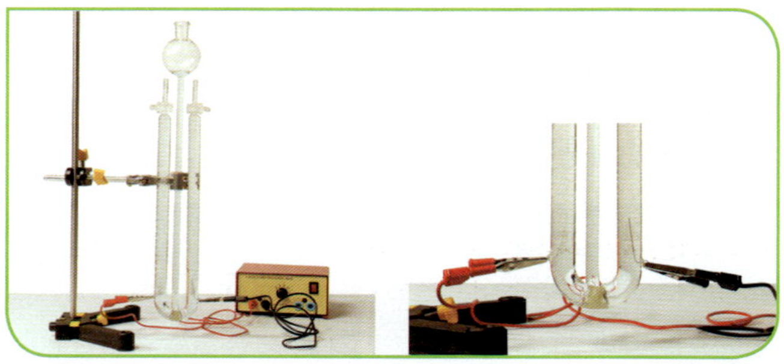

6. Deixa que avanci la reacció fins que el nivell del líquid hagi baixat uns 15 mL en el tub en el qual el descens sigui més gran. En aquest moment desconnecta l'interruptor de la font de corrent per aturar la reacció.

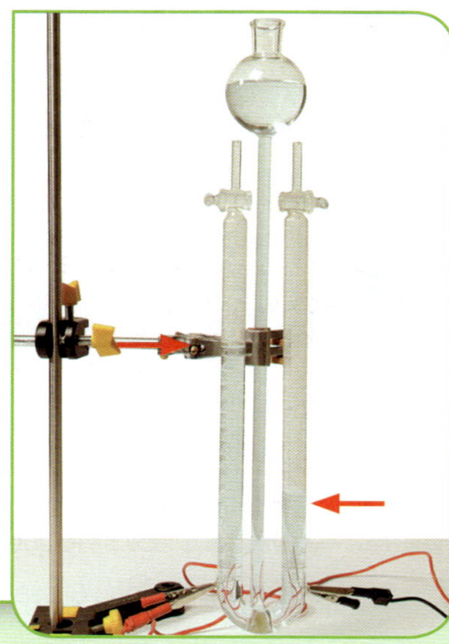

## OBSERVACIONS QUE HAS DE FER

Anota el nivell del líquid que hi ha en cadascuna de les buretes i, si és possible, localitza quina de les tres està connectada al pol positiu de la font i quina al negatiu. Observa què li passa al nivell del líquid en el tub central del voltàmetre.

| Bureta | Elèctrode connectat al pol | Nivell del líquid |
|---|---|---|
| Esquerra | | |
| Dreta | | |

### Comprovar la presència d'oxigen

El gas oxigen manté la combustió. Pots aprofitar aquest fet per comprovar-ne la presència.

1. Encén l'escuradents de fusta amb l'encenedor. Procura que la fusta cremi sense fer una flama gaire gran.
2. Acosta'l a la sortida de la bureta on creguis que s'ha format l'oxigen i obre la clau. Veuràs que la flama s'intensifica.

**PARA ATENCIÓ**

Vés amb molt de compte a l'hora de manejar la flama.

### Comprovar la presència d'hidrogen

El gas hidrogen reacciona amb l'oxigen de l'aire i es forma aigua. Perquè es produeixi la reacció cal una espurna o una petita flama. Aprofita aquest fet per comprovar-ne la presència.

1. Acosta l'encenedor a la sortida de la bureta on creguis que s'ha format l'hidrogen.
2. Al mateix temps que obres la clau, encén l'encenedor. Sentiràs una petita explosió que indica que l'hidrogen ha reaccionat amb l'oxigen de l'aire.

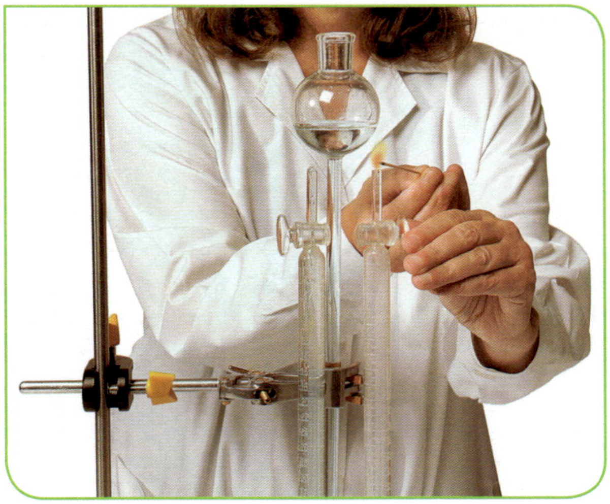

## ACTIVITATS

66 Per què disminueix el nivell del líquid a les buretes laterals?

67 Què hi ha a sobre del líquid en cadascuna de les buretes?

68 Per què l'espai que queda en una de les buretes és el doble del que queda a l'altra?

69 Tenint en compte que en aquesta experiència s'ha produït la descomposició de l'aigua en hidrogen i oxigen, què pots dir sobre la fórmula de la seva molècula?

70 Identifica la bureta en què s'ha format l'hidrogen i la bureta en què s'ha format l'oxigen.

# 5 La reacció química

**SABER**

- Les reaccions químiques.
- L'equació química.
- Càlculs en les reaccions químiques.
- Reaccions químiques de la vida quotidiana.
- La velocitat d'una reacció química.
- La química i el medi ambient.
- La química i el progrés.

**SABER FER**

- Escriure equacions químiques.
- Calcular la quantitat de substància que intervé en una reacció química.

Les **vàlvules** s'obren i es tanquen de manera coordinada per deixar passar el combustible i per expulsar els gasos després de la combustió.

En els motors de gasolina una espurna produïda per la **bugia** inicia la combustió de la mescla. Per cremar el gasoil no fa falta que salti cap espurna; per tant, els motors de gasoil no tenen bugies.

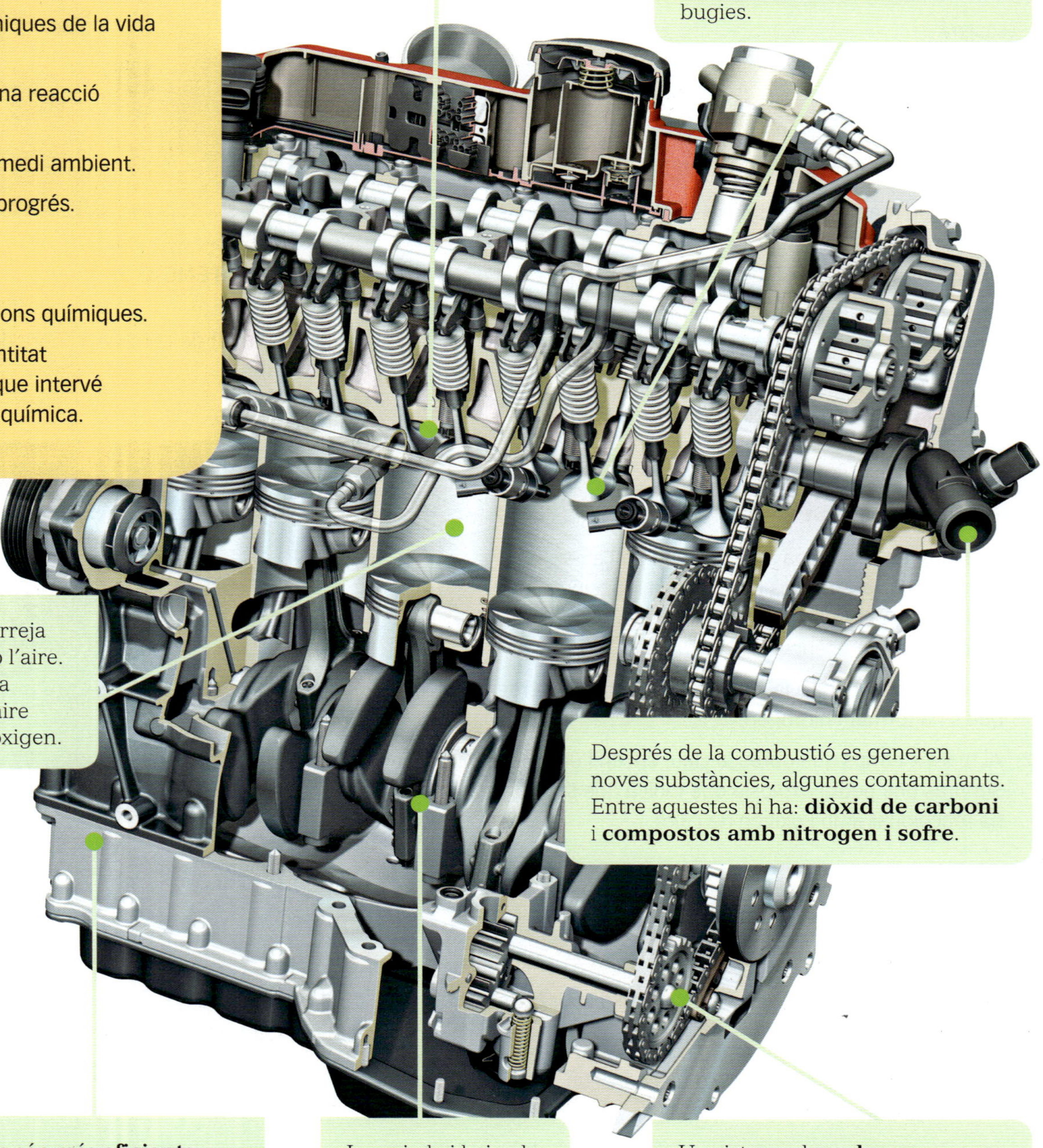

Als **cilindres** es barreja el combustible amb l'aire. A la reacció química el component de l'aire que hi intervé és l'oxigen.

Després de la combustió es generen noves substàncies, algunes contaminants. Entre aquestes hi ha: **diòxid de carboni** i **compostos amb nitrogen i sofre**.

Els motors moderns són més **eficients i respectuosos amb el medi ambient**: consumeixen menys combustible i emeten menys diòxid de carboni a l'atmosfera.

La pujada i baixada dels pistons mou les **bieles** unides al **cigonyal**.

Un sistema de **cadenes**, **corretges** i **engranatges** transmet el moviment des del cigonyal fins a les rodes.

## QUÍMICA QUOTIDIANA. **El motor d'explosió**

La gasolina i el gasoil són els combustibles més utilitzats en cotxes, motos, autobusos... En els motors d'explosió es cremen aquests combustibles i s'obté energia mecànica.

La clau d'aquest procés és una reacció química: la **combustió**, que utilitza l'energia química emmagatzemada en el combustible. En efecte, quan la gasolina o el gasoil es cremen al motor, l'energia del combustible es pot aprofitar per moure el vehicle.

### EL MOTOR DE QUATRE TEMPS

El motor d'un cotxe és un motor de quatre temps. Tot i que el procediment varia d'un motor dièsel a un de gasolina, les fases que permeten generar moviment a partir de l'energia del combustible són semblants.

**1 Admissió**

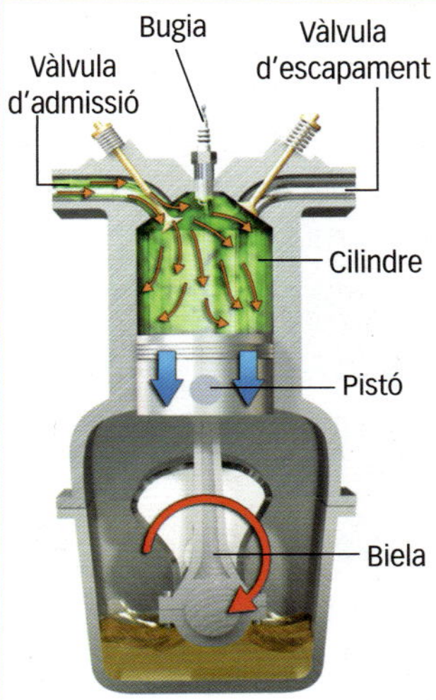


La barreja gasolina-aire entra per la vàlvula d'admissió, que s'obre mentre el pistó baixa.

**2 Compressió**

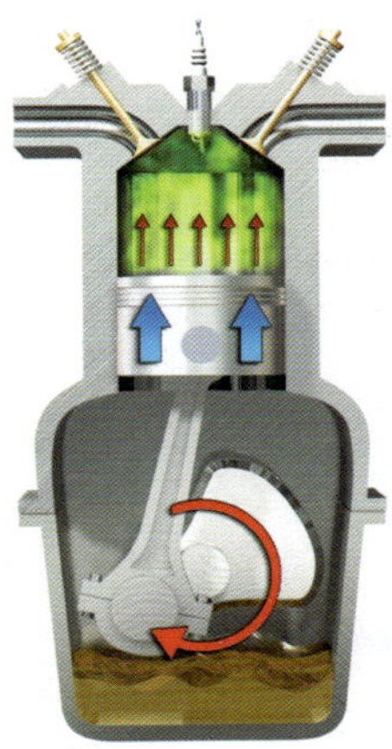

El pistó puja i comprimeix la mescla.

**3 Explosió**

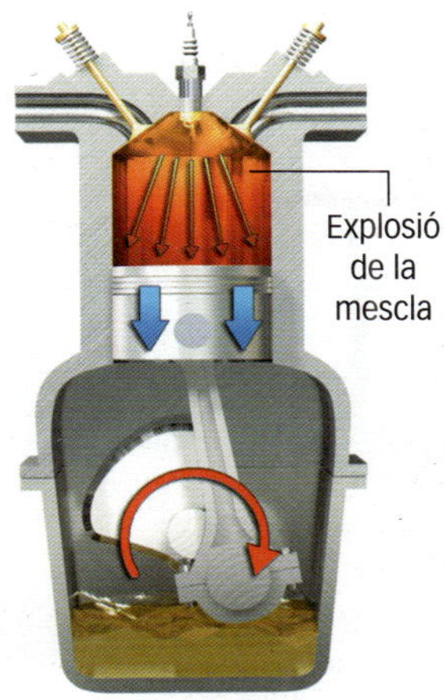


L'espurna salta a la bugia i la mescla explota. Els gasos que es produeixen llancen l'èmbol cap avall, i el moviment es transmet a la biela.

**4 Escapament**

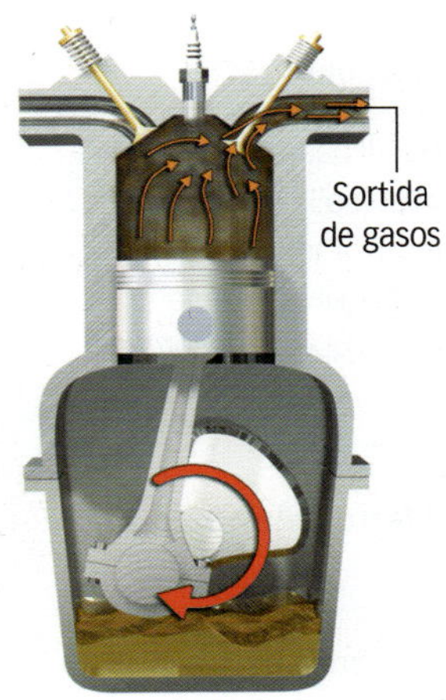


La vàlvula d'escapament s'obre i els gasos són expulsats.

### ? INTERPRETA LA IMATGE

- En quin lloc del motor es produeix la reacció química entre l'oxigen i el combustible?
- D'on s'agafa l'oxigen necessari per a la combustió? Com s'expulsen els gasos generats durant la combustió?

### CLAUS PER COMENÇAR

- Quina diferència hi ha entre un canvi físic i un canvi químic? Posa'n exemples.
- Com es podria fomentar, segons el teu parer, l'ús de motors més eficients i menys contaminants en els automòbils?

# REPASSA FÍSICA I QUÍMICA

## Canvis físics i químics

Un **canvi físic** és una transformació en la qual la naturalesa de la matèria no varia. Abans i després del canvi la matèria es representa amb la mateixa fórmula química. Exemples de canvis físics: els canvis d'estat i la mescla i separació de substàncies.

Un **canvi químic** és una transformació en la qual la naturalesa de la matèria varia. Abans del canvi, la matèria es representa amb una fórmula química, i després, amb una altra fórmula diferent. Exemples de canvi químic: les combustions, les electròlisis, etc.

| Exemples de canvis físics | Exemples de canvis químics |
|---|---|
| **A l'aigua...** | |
| Què li passa al gel al cap d'un temps?  | Fixa't que apareixen bombolles al voltant dels elèctrodes. Què li passa, a l'aigua? 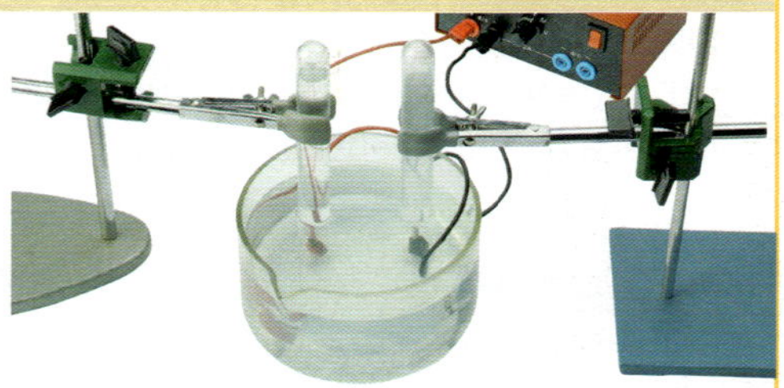 |
| **A l'alcohol....** | |
| Què li passa a l'alcohol quan bull? Podríem recuperar l'alcohol si recollim i refredem el gas que es desprèn? 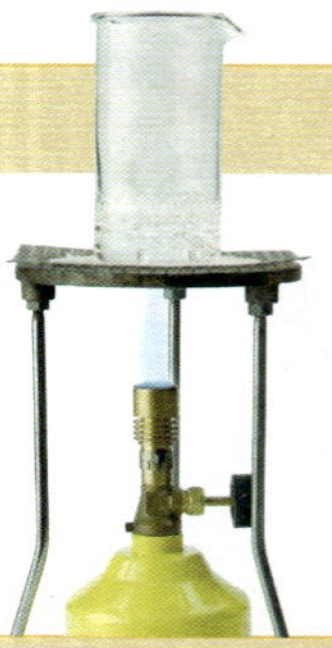 | Què li passa a l'alcohol quan es crema? Podríem recuperar l'alcohol si recollim i refredem el gas que es desprèn? 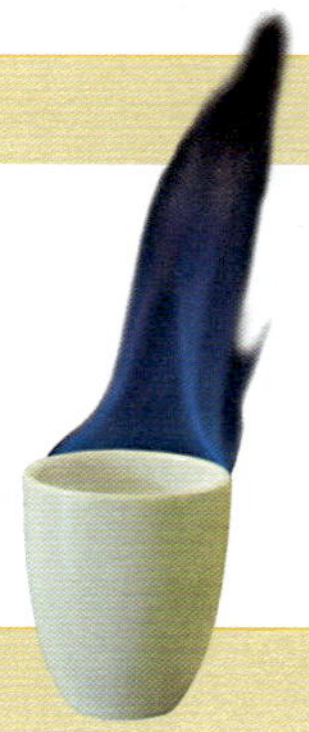 |
| **Al ferro i el sofre...** | |
| Què passa quan acostem l'imant a la barreja de sofre i ferro?  | 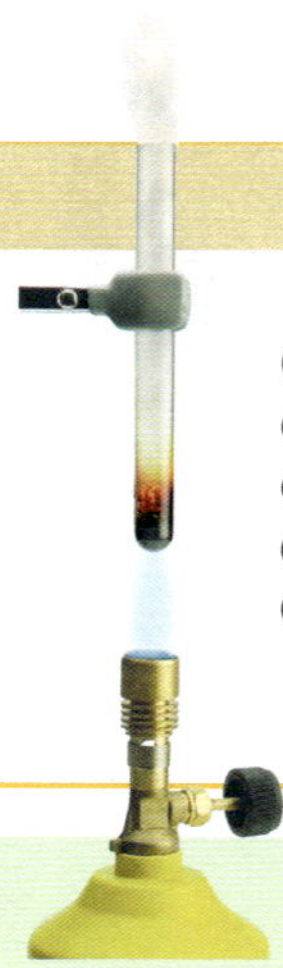 Quan escalfem la barreja de sofre i ferro sobre la flama, es produeix un sòlid negre, que no és atret per l'imant. Què ha passat?  |

## ACTIVITATS

**1** Explica quins dels processos següents són canvis físics i quins són canvis químics:

a) Dissoldre sucre en aigua.
b) Menjar-se un pastís.
c) Bullir alcohol.
d) Cremar alcohol.
e) Barrejar alcohol amb aigua.
f) Barrejar aigua i oli.
g) Encendre una bombeta.
h) Fer esclatar focs artificials.
i) Fregir un bistec.
j) Congelar un bistec.

**2** Idea una prova que et permeti saber amb certesa si cadascun dels canvis de l'exercici anterior és un canvi físic o un canvi químic.

# 1 Les reaccions químiques

Un canvi químic s'anomena **reacció química**.

Sovint, quan es produeix una reacció química té lloc un canvi notori que indica que s'està formant alguna cosa nova. Totes les reaccions químiques desprenen energia o n'absorbeixen. En aquests exemples la reacció s'acompanya de:

### Un gran alliberament de llum

Quan la cinta de magnesi (Mg) s'encén, reacciona amb l'oxigen ($O_2$) de l'aire i es transforma en una substància pulverulenta, que és òxid de magnesi, MgO. En aquesta reacció es desprèn una gran quantitat de llum.

### Despreniment de calor

En un got amb una dissolució d'hidròxid de sodi, NaOH, aboca -hi el contingut d'un altre got amb una dissolució d'àcid clorhídric, HCl. Col·loca un termòmetre dins del got de NaOH i veuràs que augmenta la temperatura.

### Formació de gasos

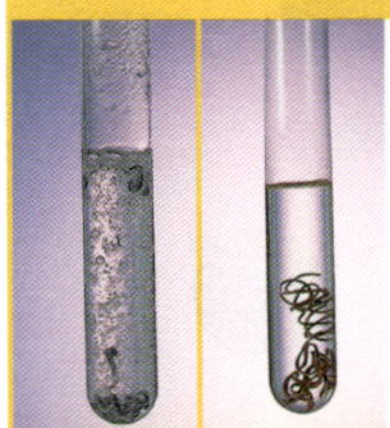

Quan afegim un àcid fort a alguns metalls, es descomponen i s'allibera gas hidrogen ($H_2$).

### Formació d'un fum de color

Acosta un got amb una dissolució aquosa concentrada d'amoníac, $NH_3$, a un altre got amb una dissolució concentrada d'àcid clorhídric, HCl. Veuràs que a l'aire apareix un fum blanc: és el clorur d'amoni que s'ha format.

### Formació d'un sòlid

A una dissolució transparent de nitrat de plom(II), $Pb(NO_3)_2$, afegeix-hi una altra dissolució transparent de iodur de potassi, KI. Veuràs que es forma un sòlid groc que, al cap d'un temps, es diposita al fons del recipient; és iodur de plom(II), $PbI_2$.

### Dissolució d'un sòlid

El marbre és carbonat de calci, $CaCO_3$.
Si aboques un àcid damunt de marbre, veuràs que es forma un bombolleig i, amb el temps, desapareix. En aquesta reacció el sòlid s'ha dissolt (ha desaparegut) i es desprèn un gas, el diòxid de carboni, $CO_2$.

## SABER FER

### Fer experiències casolanes

**A.** Posa una mica de bicarbonat de sodi en un plat i aboca-hi un bon raig de vinagre. Veuràs que es desprèn una gran quantitat de gas que fa bromera; és diòxid de carboni, que es forma quan el bicarbonat reacciona amb un àcid (vinagre).

El bicarbonat forma part de molts productes que es prenen per combatre la cremor d'estómac. També n'hi ha al llevat químic.

**B.** Posa closca d'ou picada en un plat i aboca-hi un raig de vinagre. Veuràs que es forma una gran quantitat de bromera i la closca va desapareixent. La closca d'ou té carbonat de calci (com el marbre), que, en contacte amb un àcid (el vinagre), es dissol i desprèn diòxid de carboni.

T'imagines el que pot passar si submergeixes un ou sencer en vinagre? Fes la prova i al cap d'uns dies tindràs l'ou sense closca.

### 1.1. Teoria de les col·lisions

> Quan es produeix una reacció química unes substàncies es transformen en unes altres diferents. Les substàncies que reaccionen s'anomenen **reactius**, i les que s'obtenen, **productes**.

Però, com es produeixen les reaccions químiques?

Tot i que es poden produir reaccions amb qualsevol tipus de substàncies, explicarem el que els passa a les substàncies moleculars; en els cristalls passa una cosa semblant. Observa el gràfic que representa la reacció entre els gasos clor i hidrogen per formar el clorur d'hidrogen:

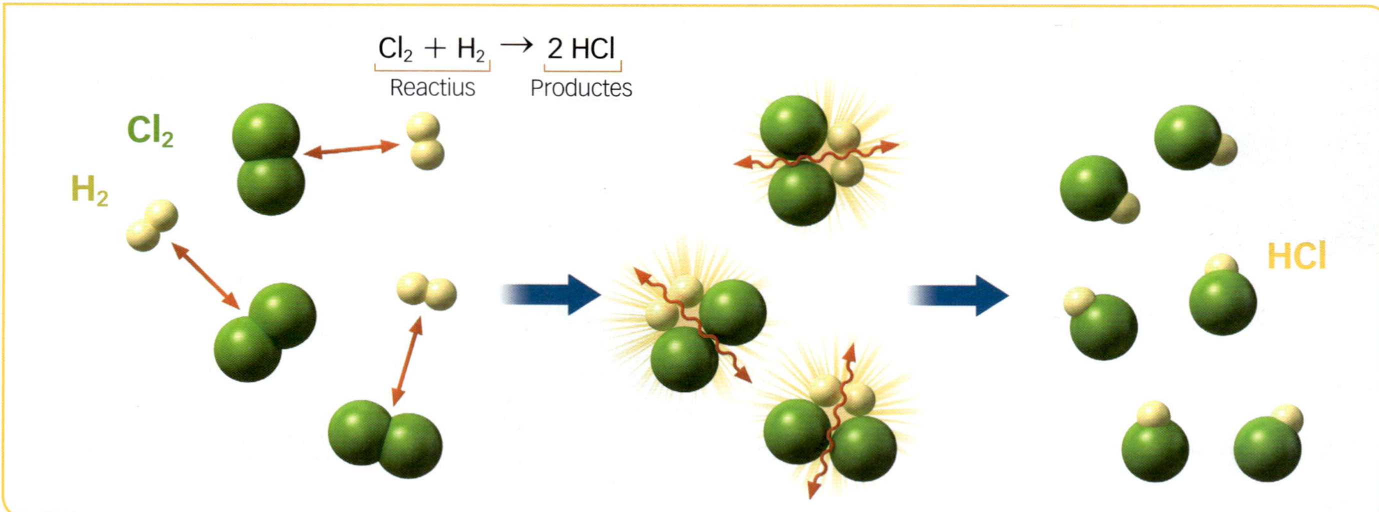


**Reacció de formació de l'àcid clorhídric.** Perquè es formi la molècula de H–Cl, prèviament s'han de trencar les molècules Cl–Cl i H–H. Això només s'aconsegueix si les molècules $Cl_2$ i $H_2$ topen amb l'energia i l'orientació adequades perquè el xoc sigui eficaç.

En una reacció química es destrueixen les molècules dels reactius, però no els seus àtoms, que es reagrupen per formar molècules noves. Perquè això passi les molècules han de xocar prèviament.

> Segons la **teoria de les col·lisions**, les reaccions químiques es produeixen quan les molècules dels reactius xoquen entre si i es trenquen. Els àtoms que s'han alliberat es reorganitzen, i formen les noves molècules.

Però no tots els xocs trenquen les molècules; només quan les molècules tenen una **orientació adequada** i una **velocitat suficient** el xoc és eficaç i es podran trencar les molècules dels reactius per formar els productes.

La velocitat de les partícules és un factor molt important per determinar si una reacció es produeix o no. Quan la velocitat és gran, també ho és l'energia cinètica; per tant, els xocs entre les molècules són més eficaços.

Podem **augmentar la velocitat d'una reacció**:

- **Elevant la temperatura**. A una temperatura més elevada, les partícules es mouen amb més velocitat.
- **Augmentant el grau de divisió de la matèria**. Els reactius sòlids reaccionen amb més rapidesa com més petita sigui la mida de la partícula, perquè així augmenta la superfície de contacte. D'una manera semblant, un sòlid reaccionarà més de pressa si està en dissolució, ja que d'aquesta manera les partícules que el formen ja estan separades.

**SABER-NE MÉS**

#### La velocitat de reacció i la pressió

En un gas la velocitat de reacció serà més elevada com més gran sigui la pressió, ja que les partícules estaran més a prop les unes de les altres i es produiran més xocs entre elles.

## 1.2. Què canvia i què es conserva en una reacció

En una reacció química es mantenen els àtoms dels diferents elements, però s'organitzen de manera diferent.

Observa la reacció entre el gas hidrogen i el gas oxigen per formar aigua. La fórmula de l'aigua determina que, perquè aquesta reacció sigui possible, s'han de combinar dues molècules d'hidrogen amb una molècula d'oxigen i formaran dues molècules d'aigua:

$$2\,H_2\,(g) + O_2\,(g) \rightarrow 2\,H_2O\,(l)$$

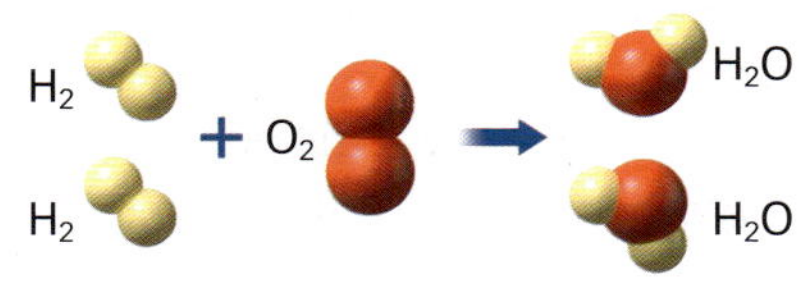


| Reactius: 2 $H_2$ (*g*) + $O_2$ (*g*) | Productes: 2 $H_2O$ (*l*) |
|---|---|
| 2 molècules d'hidrogen, cadascuna amb dos àtoms.<br>En total, 4 àtoms de H. | 2 molècules d'aigua, cadascuna amb dos àtoms d'hidrogen.<br>En total, 4 àtoms de H. |
| 1 molècula d'oxigen, amb dos àtoms.<br>En total, 2 àtoms de O. | 2 molècules d'aigua, cadascuna amb un àtom d'oxigen.<br>En total, 2 àtoms de O. |
| En total, 3 molècules (2 de $H_2$ + 1 de $O_2$). | En total, 2 molècules (2 molècules de $H_2O$). |
| La massa en els reactius és:<br>La massa de 4 àtoms de H<br>i la massa de 2 àtoms de O. | La massa en els productes és:<br>La massa de 4 àtoms de H<br>i la massa de 2 àtoms de O. |

| En una reacció química | |
|---|---|
| **Es conserva...** | **Canvia...** |
| • Els àtoms que hi intervenen.<br>• La massa. | • La fórmula química de les substàncies.<br>• En molts casos, el nombre de molècules. |

### Llei de conservació de la massa o llei de Lavoisier

L'any 1772 el químic francès Antoine Laurent Lavoisier, després de moltes experiències, va establir la **llei de la conservació de la massa**.

En una reacció química la matèria no es crea ni es destrueix, només es transforma. En conseqüència, la massa es manté constant. La massa total dels reactius és igual a la massa total dels productes.

**SABER-NE MÉS**

**Antoine Laurent Lavoisier (1743-1794)**

La gran contribució de Lavoisier a la química va ser la sistematització del mètode experimental i l'ús de la balança en totes les determinacions.

És coneguda la seva frase: «Res es crea, res es destrueix, tot es transforma».

Va morir guillotinat als 51 anys, durant la Revolució Francesa.

### ACTIVITATS

**3** Introduïm en un recipient les quantitats de gas hidrogen i de gas oxigen adequades per obtenir 5 molècules d'aigua oxigenada ($H_2O_2$).

a) Escriu la fórmula dels reactius i els productes.

b) Quantes molècules de gas hidrogen i quantes de gas oxigen hem introduït al recipient?

c) Explica el nombre d'àtoms de cada element químic en els reactius i en els productes.

d) Calcula la massa dels reactius d'aquesta reacció i la dels productes (en unitats atòmiques).

e) Indica què es conserva i què canvia en aquest procés.

**RECORDA-HO**

En les reaccions químiques s'indica l'estat físic de cada substància amb abreviatures:

- ***(s)***: estat sòlid.
- ***(l)***: estat líquid.
- ***(g)***: estat gasós.
- ***(aq)***: dissolució aquosa.

## 2 L'equació química

Una **equació química** és una representació simbòlica d'una reacció química.

Observa a l'esquema següent l'equació de la reacció entre el metall alumini i l'àcid clorhídric:

A l'esquerra de l'equació s'escriu la fórmula de les substàncies que reaccionen, els **reactius**.

Entre els reactius i els productes s'escriu una fletxa, que es llegeix «**per formar**».

A la dreta, la fórmula de les substàncies que es formen, els **productes**.

$$2\ Al\ (s) + 6\ HCl\ (aq) \rightarrow 2\ AlCl_3\ (aq) + 3\ H_2\ (g)$$

Coeficients estequiomètrics

A la dreta de cada fórmula es pot indicar l'estat.
(*s*) sòlid, (*l*) líquid, (*g*) gas; (*aq*) en dissolució aquosa.

A l'esquerra de cada fórmula s'escriu el **coeficient estequiomètric**, que és un nombre que indica la proporció en molècules, o àtoms, en la qual intervé aquesta substància a la reacció; si és 1, no s'escriu.

L'equació de l'esquema es llegeix:

«2 àtoms d'alumini sòlid reaccionen amb 6 molècules d'àcid clorhídric en dissolució aquosa per formar 2 equivalents a molècula de clorur d'alumini en dissolució i 3 molècules de gas hidrogen.»

Per conèixer la proporció en grams amb què es combinen reactius i productes hem de calcular la massa molar de cada substància i multiplicar-la pel coeficient estequiomètric corresponent en aquesta reacció. Comprova-ho a l'exemple següent.

- Massa molar del Al = 27 g.
- Massa molar del HCl = 1 + 35,5 = 36,5 g.
- Massa molar del $AlCl_3$ = 27 + 35,5 · 3 = 133,5 g.
- Massa molar del $H_2$ = 1 · 2 = 2 g.

**PARA ATENCIÓ**

**Massa molecular** és la massa d'una molècula. S'obté sumant la massa (en u) de tots els àtoms que la componen. Quan aquesta suma s'expressa en grams, s'anomena **massa molar**.

| | Reactius | | | | Productes | | |
|---|---|---|---|---|---|---|---|
| | 2 Al (*s*) | + | 6 HCl (*aq*) | → | 2 $AlCl_3$ (*aq*) | + | 3 $H_2$ (*g*) |
| Es llegeix... | 2 àtoms d'alumini | reaccionen amb | 6 molècules d'àcid clorhídric | per formar | 2 equivalents a molècula de clorur d'alumini | i | 3 molècules d'hidrogen |
| I també... | 2 · 27 = 54 g d'alumini | reaccionen amb | 6 · 36,5 = 219 g d'àcid clorhídric | per formar | 2 · 133,5 = 267 g de clorur d'alumini | i | 3 · 2 = 6 g d'hidrogen |
| Massa | 54 g + 219 g = **273 g** | | | | 267 g + 6 g = **273 g** | | |

Fixa't que es compleix la llei de la conservació de la massa, ja que la massa de tots els productes que s'obtenen coincideix amb la totalitat de la massa dels reactius.

## 2.1. L'ajust de les equacions químiques

En una reacció química, per a cada element hi ha d'haver el mateix nombre d'àtoms en els reactius que en els productes. Així, cal ajustar o equilibrar les equacions químiques col·locant **coeficients estequiomètrics** que indiquin la proporció en què hi intervé cada substància.

### 1. EXEMPLE RESOLT

**Ajusta l'equació química de la reacció de l'àcid clorhídric sobre l'alumini en la qual s'obté clorur d'alumini i gas hidrogen.**

| Passos que has de seguir... | Exemple... |
|---|---|
| **1.** Escriu les fórmules dels reactius i dels productes i col·loca-les segons la norma: Reactius → Productes. | $HCl + Al \rightarrow AlCl_3 + H_2$ |
| **2.** Observa el primer element i compta els àtoms d'aquest element que hi ha en els reactius. Després compta els àtoms de l'element que hi ha en els productes. Si no coincideixen, ho has d'ajustar. | Hi ha 1 àtom de H en els reactius (HCl) i 2 àtoms de H en els productes ($H_2$). Perquè hi hagi 2 àtoms de H en els reactius has de posar un 2 davant del HCl: $2\ HCl + Al \rightarrow AlCl_3 + H_2$ |
| **3.** Repeteix el procés amb el segon element. És possible que quan ajustis aquest element hagis de reajustar l'anterior. Tria coeficients que permetin que l'ajust del segon element mantingui ajustat el primer. | Ara hi ha 2 àtoms de Cl en els reactius (2 HCl) i 3 àtoms de Cl en els productes ($AlCl_3$). Si només et fixes en el Cl, l'ajust: $3\ HCl + Al \rightarrow AlCl_3 + H_2$ desequilibraria el balanç del H. Perquè quedin ajustats tots dos, H i Cl, has d'utilitzar els coeficients: $6\ HCl + Al \rightarrow 2\ AlCl_3 + 3\ H_2$ |
| **4.** D'una manera semblant ajusta el Al. | Posa-hi 2 Al perquè coincideixi amb el coeficient del 2 $AlCl_3$ en els productes: $6\ HCl + 2\ Al \rightarrow 2\ AlCl_3 + 3\ H_2$ |
| **5.** Comprova que amb aquests coeficients tots els elements estan ajustats. **Lectura de la reacció ajustada**: «6 molècules d'àcid clorhídric reaccionen amb 2 àtoms d'alumini per formar 2 equivalents a molècula de clorur d'alumini i 3 molècules d'hidrogen.» | (vegeu la taula següent) |

| | Reactius | | | | Productes | | |
|---|---|---|---|---|---|---|---|
| | 6 HCl | + | 2 Al | → | 2 $AlCl_3$ | + | 3 $H_2$ |
| H | 6 | | | | | | $3 \cdot 2 = 6$ |
| Cl | 6 | | | | $2 \cdot 3 = 6$ | | |
| Al | | | 2 | | 2 | | |

## ACTIVITATS

**4** Ajusta les equacions químiques següents i després escriu-les amb una frase que indiqui la proporció en àtoms o molècules amb què es combinen els reactius i s'obtenen els productes. Exemple:
«________ molècules de ________ reaccionen amb ________ àtoms de ________ per formar ________ equivalents a molècules de ________ i ________ molècules de ________».

a) $Cu + O_2 \rightarrow CuO$
b) $HCl \rightarrow H_2 + Cl_2$
c) $Zn + HCl \rightarrow H_2 + ZnCl_2$
d) $SO_2 + O_2 \rightarrow SO_3$
e) $NaNO_3 + CaCl_2 \rightarrow Ca(NO_3)_2 + NaCl$
f) $Mg(OH)_2 + HNO_3 \rightarrow Mg(NO_3)_2 + H_2O$

**5** Ajusta les equacions i dibuixa a la llibreta un esquema de les fórmules que intervenen a les reaccions següents. Representa amb un color diferent els àtoms de cada element.

a) $Cu + O_2 \rightarrow CuO$

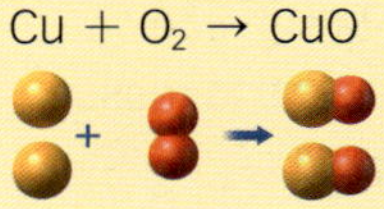

b) $H_2 + Br_2 \rightarrow HBr$
c) $NH_3 \rightarrow H_2 + N_2$
d) $CH_4 + O_2 \rightarrow CO_2 + H_2O$

# 3 Càlculs en les reaccions químiques

L'equació química ajustada d'una reacció ens indica en quina proporció hi intervenen les diferents substàncies que hi participen. Aquestes proporcions ens permetran resoldre tots els problemes relacionats amb les quantitats de reactius i productes que intervenen en la reacció química.

Anomenem **càlculs estequiomètrics** el conjunt d'operacions que permeten calcular quines quantitats de cada substància intervenen en una reacció química.

## 3.1. Càlculs estequiomètrics en massa

**2. EXEMPLE RESOLT**

**El magnesi és un metall que reacciona amb l'oxigen per formar òxid de magnesi. Disposem de 8 g de magnesi. Calcula:**

**a) Quants grams d'oxigen ens calen per reaccionar amb tot el magnesi?**

**b) Quants grams d'òxid de magnesi obtindrem?**

1. En primer lloc has d'escriure l'equació química de la reacció i ajustar-la.

$$2\,Mg + O_2 \rightarrow 2\,MgO$$

L'estequiometria indica que 2 àtoms de magnesi reaccionen amb 1 molècula d'oxigen per formar 2 equivalents a molècula d'òxid de magnesi.

2. Calcula la massa molar de cada substància per conèixer la proporció en què es combinen en grams. Llegeix a la taula periòdica la massa molar (*M*) dels elements:

- Magnesi: $M(Mg) = 24{,}3$ g.
- Oxigen: $M(O) = 16$ g.

Massa molar: $M(O_2) = 16 \cdot 2 = 32$ g/mol.

Massa molar: $M(MgO) = 24{,}3 + 16 = 40{,}3$ g/mol.

| 2 Mg | + | $O_2$ | → | 2 MgO |
|---|---|---|---|---|
| 2 · 24,3 = 48,6 g | | 32 g | | 2 · 40,3 = 80,6 g |

48,6 g de magnesi reaccionen amb 32 g de $O_2$ per formar 80,6 g d'òxid de magnesi (MgO).

3. Tenint en compte aquestes proporcions, podem calcular la massa de qualsevol substància que reaccioni o s'obtingui amb els 8 g de magnesi.

a) El factor de conversió que relaciona la massa d'oxigen i la de magnesi és:

48,6 g de magnesi ↔ 32 g d'oxigen

$$8\,\cancel{\text{g de Mg}} \cdot \frac{32\text{ g de }O_2}{48{,}6\,\cancel{\text{g de Mg}}} = \mathbf{5{,}3\text{ g de }O_2}$$

b) El factor de conversió que relaciona la massa d'òxid de magnesi i la de magnesi és:

48,6 g de magnesi ↔ 80,6 g d'òxid de magnesi

$$8\,\cancel{\text{g de Mg}} \cdot \frac{80{,}6\text{ g de MgO}}{48{,}6\,\cancel{\text{g de Mg}}} = \mathbf{13{,}3\text{ g de MgO}}$$

Fixa't que es compleix la llei de la conservació de la matèria: la massa dels productes coincideix amb la massa dels reactius.

| Reactius | | | Productes | |
|---|---|---|---|---|
| 2 Mg | + | $O_2$ | → | 2 MgO |
| 8 g | | 5,3 g | | 13,3 g |

**PARA ATENCIÓ**

**Per fer càlculs estequiomètrics:**

1. Escriu l'equació química de la reacció i ajusta-la.
2. Calcula la massa molar de cada substància.
3. Tenint en compte els coeficients estequiomètrics, calcula la proporció en què es combina cadascuna de les substàncies.
4. Per a cada càlcul, fes un factor de conversió que relacioni la massa de la substància coneguda que es combina amb la massa de la substància que busques.

## 3.2. Càlculs estequiomètrics entre gasos. Relació en volum

Avogadro va estudiar el comportament dels gasos a les reaccions químiques i va deduir que, quan en una reacció química hi intervenen diversos gasos que es troben en les mateixes condicions de pressió i temperatura, la proporció en la qual es combinen les seves molècules és la mateixa que la proporció en volum.

El volum que ocupa un gas depèn de les condicions en què es troba, no de la fórmula que té. Es pot comprovar que:

La massa molar de qualsevol gas a 1 atm de pressió i una temperatura de 0 °C ocupa 22,4 L. Anomenem **volum molar** el volum que ocupa la massa molar de gas en aquestes condicions:

$$V_{molar} = 22{,}414 \text{ L}$$

### 3. EXEMPLE RESOLT

**A la reacció de formació d'aigua, calcula el volum de $H_2$, mesurat a 2 atm i 50 °C, que reacciona amb 5 L de $O_2$, també a 2 atm i 50 °C.**

Escriu l'equació química ajustada. A sota de cada substància escriu les dades que coneixes.

| $2\ H_2$ | + | $O_2$ | → | $2\ H_2O$ |
|---|---|---|---|---|
| 2 atm, 50 °C, $V$? | | 2 atm, 50 °C, 5 L | | |

Tots els gasos de la reacció estan en les mateixes condicions de pressió i temperatura. Per tant, la proporció en molècules és la mateixa que la proporció en volum:

$$5 \text{ L de } O_2 \cdot \frac{2 \text{ molècules de } H_2}{1 \text{ molècula de } O_2} = 5 \text{ L de } O_2 \cdot \frac{2 \text{ L de } H_2}{1 \text{ L de } O_2} = \mathbf{10 \text{ L de } H_2}$$

## ACTIVITATS

**6** **Durant la fabricació de l'àcid sulfúric, el gas diòxid de sofre ($SO_2$) es fa reaccionar amb oxigen ($O_2$) per obtenir triòxid de sofre ($SO_3$), també gas.**

a) Escriu la reacció que té lloc i ajusta-la.

b) Quants grams d'oxigen fan falta per reaccionar amb 16 g de $SO_2$?

c) Quants grams de $SO_3$ obtindríem en aquest cas?

d) Quin volum de $SO_2$ i de $O_2$ necessitaríem per obtenir 20 L de $SO_3$, si tots els gasos es troben en les mateixes condicions de pressió i temperatura?

**7** **Quan es descompon gas amoníac ($NH_3$) es forma gas hidrogen ($H_2$) i gas nitrogen ($N_2$).**

a) Escriu la reacció i ajusta-la.

b) Calcula quants grams d'amoníac s'han de descompondre per obtenir 7 g de nitrogen.

c) Calcula la massa d'hidrogen que s'obtindria en aquest cas.

d) En un recipient introduïm 34 g d'amoníac a 0 °C i 1 atm. Quin volum de $N_2$ i $H_2$ obtindrem en aquestes mateixes condicions?

## 4 Reaccions químiques de la vida quotidiana

Si no hi ha prou oxigen durant una combustió, en comptes de diòxid de carboni s'obté monòxid de carboni, un gas molt verinós que pot produir la mort per asfíxia. Per això és molt important que les combustions es facin en un lloc ben ventilat.

Per poder estudiar la relació que hi ha entre la química i el medi ambient és imprescindible conèixer algunes reaccions químiques comunes que hi influeixen de manera directa. Hi ha tres tipus de reaccions que es produeixen molt sovint: les reaccions de combustió, les d'oxidació i reducció (redox), i les de neutralització.

### 4.1. Les reaccions de combustió

Les **combustions** són reaccions químiques en què una substància, que anomenem **combustible**, reacciona amb l'oxigen per formar diòxid de carboni i aigua. Aquestes reaccions són exotèrmiques; això significa que, quan es produeixen, es desprèn energia en forma de calor.

El combustible pot ser metà, propà, butà, fuel, gasolina, petroli o fusta, mentre que la font d'oxigen sol ser l'aire.

#### 4. EXEMPLE RESOLT

**En la combustió del metà i del butà es desprèn l'energia que s'indica en les reaccions que hi ha a continuació. Recorda: 1 kJ = $10^3$ J.**

| | |
|---|---|
| Metà: | $CH_4\,(g) = 2\,O_2\,(g) \rightarrow CO_2\,(g) + 2\,H_2O + 890$ kJ/mol |
| Butà: | $2\,C_4H_{10}\,(g)\ \ 13\,O_2\,(g) \rightarrow 8\,CO_2\,(g) + 10\,H_2O + 2.880$ kJ/mol |

**a) Calcula la quantitat d'energia que es desprèn quan es cremen 10 kg de metà.**

**b) Calcula l'energia que es desprèn quan es cremen 10 kg de butà.**

**c) Quines conclusions pots treure respecte dels dos combustibles?**

a) Has de calcular la quantitat de substància en mols que són 10 kg de metà; per això, utilitza la massa molar: $M(CH_4) = 16$ g.

$$10\ \cancel{kg} \cdot \frac{1.000\ g}{1\ \cancel{kg}} \cdot \frac{1\ mol}{16\ \cancel{g}} = 625\ \text{mol de } CH_4$$

$$625\ \cancel{\text{mol de } CH_4} \cdot \frac{890\ kJ}{\cancel{mol\ CH_4}} = 556.250\ kJ$$

b) Per calcular la quantitat d'energia que proporcionen 10 kg de butà utilitza la massa molar: $M(C_4H_{10}) = 58$ g.

$$10\ \cancel{kg} \cdot \frac{1.000\ \cancel{g}}{1\ \cancel{kg}} \cdot \frac{1\ mol\ C_4H_{10}}{58\ \cancel{g}\ C_4H_{10}} = 172{,}4\ \text{mol de } C_4H_{10}$$

$$172{,}4\ \cancel{\text{mol de } C_4H_{10}} \cdot \frac{2.880\ kJ}{mol\ \cancel{C_4H_{10}}} = 495.512\ kJ$$

c) És fàcil observar que la quantitat d'energia que desprenen 10 kg de combustible és més gran en el cas del metà. Per tant, deduïm que el metà té una capacitat calorífica més gran que el butà.

#### ACTIVITATS

**8** Calcula l'energia que es desprèn quan es cremen 1.000 kg de metà.

**9** Per coure un menjar necessitem 12.000 kJ. Si tenim una cuina de butà, quants quilograms d'aquest combustible haurem de cremar per coure el menjar?

## 4.2. Les reaccions d'oxidació i reducció (redox)

Quan un objecte de ferro es rovella és perquè s'ha oxidat. Aquesta oxidació és deguda al fet que alguns àtoms de ferro han perdut electrons, mentre que alguns àtoms d'oxigen n'han guanyat. Es tracta d'una reacció d'oxidació i reducció (redox), també anomenada **reacció de transferència d'electrons**, ja que hi ha un flux d'electrons des d'un o uns quants ions o àtoms cap a altres àtoms o ions.

L'**oxidació** és el procés en què una substància perd electrons, mentre que la **reducció** és el procés en què una substància guanya electrons.

Quan una substància guanya electrons es converteix en un anió; quan perd electrons, es converteix en un catió. Per exemple:

$$1/2\ Cl_2 + 1 \text{ electró} \rightarrow Cl^- \qquad Na_2 - 1 \text{ electró} \rightarrow Na^+$$

En aquestes reaccions sempre hi ha una substància que s'oxida i una altra que es redueix de manera simultània. Una reacció redox seria la següent:

$$Zn\ (s) + Cl_2\ (g) \rightarrow Zn^{2+}\ (aq) + 2\ Cl^-\ (aq)$$

La substància que s'oxida (la que perd electrons) s'anomena **reductora**, i la que es redueix (la que guanya electrons) rep el nom d'**oxidant**.

Les reaccions redox es produeixen en àmbits molt diferents:

- Nombroses **reaccions metabòliques** que es produeixen a l'interior de l'organisme dels éssers vius són reaccions redox. Per exemple, moltes de les que es produeixen durant la respiració cel·lular. També intervenen reaccions redox en la fotosíntesi de les plantes.
- Les **piles** i les **bateries** proporcionen energia elèctrica a partir d'energia química alliberada gràcies als electrons que es desprenen en les reaccions redox que tenen lloc a l'interior del generador.

Algunes reaccions redox són espontànies: si deixem un tros de ferro a la intempèrie, s'oxida (es rovella). En canvi, n'hi ha d'altres que, perquè es produeixin, necessiten un subministrament d'energia.

Aquests claus estan rovellats, és a dir, el ferro s'ha oxidat.

**ACTIVITATS**

10 Per què les reaccions redox també s'anomenen reaccions de transferència d'electrons?

11 Relaciona el fet que una substància s'oxidi o es redueixi amb el fet que guanyi o perdi electrons.

12 En l'oxidació d'un clau de ferro, quin element s'oxida i quin es redueix?

**SABER-NE MÉS**

### Reacions redox i fotosíntesi

Hi ha reaccions redox que tenen lloc en els éssers vius, com és el cas de la fotosíntesi. La fotosíntesi és el conjunt de reaccions que permeten la conversió d'energia lluminosa del Sol en energia química estable gràcies a la síntesi de matèria orgànica. La fan, bàsicament, les plantes verdes. En la fotosíntesi l'energia de la llum és utilitzada per trencar la molècula d'aigua i per «excitar» (activar energèticament) 2 electrons per cada molècula d'aigua trencada:

$$H_2O \xrightarrow[\text{lluminosa}]{\text{energia}} 1/2\ O_2 + 2\ H^+ + 2\ e^-$$

L'oxigen producte d'aquesta reacció és alliberat a l'atmosfera, mentre que els 2 protons ($H^+$) i els 2 electrons ($e^-$) excitats serviran per reduir la molècula de diòxid de carboni ($CO_2$) i convertir-la en una molècula orgànica que emmagatzema energia. Si en aquest procés intervenen 6 molècules de diòxid de carboni ($CO_2$) i 12 molècules d'aigua ($H_2O$), el resultat serà la síntesi d'una molècula de glucosa ($C_6H_{12}O_6$), 6 molècules d'oxigen i 6 molècules d'aigua, segons l'equació química següent:

$$6\ CO_2 + 12\ H_2O \xrightarrow[\text{lluminosa}]{\text{energia}} C_6H_{12}O_6 + 6\ O_2 + 6\ H_2O$$

## 4.3. Els àcids i les bases

El vinagre és àcid acètic. L'utilitzem per condimentar aliments.

Els àcids i les bases, també anomenades àlcalis, són substàncies que tenen un seguit de característiques pròpies i oposades en molts aspectes.

- **Característiques dels àcids**:
  - Tenen un gust àcid.
  - Dissolen alguns metalls, com ara el zinc, en un procés en què es desprèn gas hidrogen.
  - Dissolen el marbre en un procés en què es desprèn diòxid de carboni.
  - Les propietats dels àcids desapareixen quan reaccionen amb una base.
- **Característiques de les bases**:
  - Tenen un gust amargant i són untuoses al tacte.
  - Afavoreixen la dissolució dels greixos; per això es fan servir com a productes de neteja.
  - Fan malbé la capa de greix de la pell.
  - Les propietats de les bases desapareixen quan reaccionen amb un àcid.

Utilitzem àcids i bases en la vida quotidiana.

| ÀCIDS | |
|---|---|
| **Nom** | **Dades d'interès** |
| Àcid clorhídric: $HCl$ | Intervé en la digestió. Quan se'n produeix en excés, provoca acidesa d'estómac. |
| Àcid sulfúric: $H_2SO_4$ | Té una gran importància com a producte industrial. És el principal responsable de la pluja àcida. |
| Àcid nítric: $HNO_3$ | S'utilitza per fabricar explosius. És responsable de la pluja àcida. |

| BASES | |
|---|---|
| **Nom** | **Dades d'interès** |
| Amoníac: $NH_3$ | S'utilitza per fabricar productes de neteja i fertilitzants. |
| Hidròxid de sodi: $NaOH$ | Es fa servir per elaborar molts productes químics i sabó. També com a producte de neteja, per desembussar canonades. |
| Bicarbonat de sodi: $NaHCO_3$ | Contraresta l'acidesa d'estómac. S'utilitza com a llevat químic per fer pa de pessic, magdalenes, etc. |

Molts detergents contenen hidròxid de sodi.

No tots els àcids ni totes les bases tenen la mateixa intensitat pel que fa a les propietats; n'hi ha que són més forts que d'altres. L'acidesa de les substàncies es mesura en una escala de pH, una escala de nombres de l'1 al 14; com més baix és el pH, més àcida és la substància, i com més alt, més bàsica.

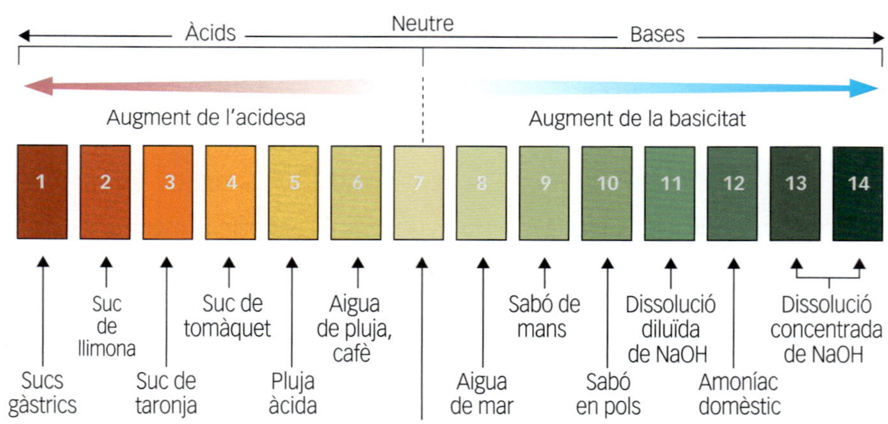


Aigua pura: pH = 7

## 4.4. Les reaccions de neutralització

Una de les característiques dels àcids i de les bases és que, quan reaccionen entre si, es produeix una reacció que s'anomena de **neutralització** perquè es transformen en una sal neutra i aigua.

Normalment, en les reaccions de neutralització es desprèn energia en forma de calor, és a dir, són **reaccions exotèrmiques**.

Els àcids són substàncies que, quan es dissolen en aigua, fan que augmenti la proporció d'ions $H^+$ (també anomenats protons), i les bases fan que s'incrementi la proporció d'ions $OH^-$ (també anomenats hidroxils).

La reacció de neutralització entre els àcids i les bases és deguda a la formació d'aigua a partir dels $H^+$ dels àcids i els $OH^-$ de les bases, i l'aigua és una substància neutra.

Observa els exemples següents:

$$\underset{\text{Àcid clorhídric}}{HCl} + \underset{\text{Hidròxid de sodi}}{NaOH} \rightarrow \underset{\text{Clorur de sodi}}{NaCl} + \underset{\text{Aigua}}{H_2O}$$

$$\underset{\text{Àcid acètic}}{CH_3 - COOH} + \underset{\text{Hidròxid de potassi}}{KOH} \rightarrow \underset{\text{Acetat de potassi}}{CH_3 - COOK} + \underset{\text{Aigua}}{H_2O}$$

$$\underset{\text{Àcid clorhídric}}{HCl} + \underset{\text{Hidròxid amònic}}{NH_4OH} \rightarrow \underset{\text{Clorur amònic}}{NH_4Cl} + \underset{\text{Aigua}}{H_2O}$$

En una reacció de neutralització, els reactius (àcid i base) reaccionen per formar sempre els mateixos productes (una sal i aigua).

Àcid + base → sal + aigua

### SABER-NE MÉS

#### Com neutralitzar les picades

Vespa

La picada de les abelles és àcida, però la de les vespes és bàsica.

Abella

Per tant, per tractar les picades d'abelles s'utilitza una base d'amoníac, mentre que per neutralitzar les picades de les vespes és millor posar-se una mica de vinagre.

### ACTIVITATS

**13** Un dels remeis més antics per combatre l'acidesa d'estómac és prendre bicarbonat de sodi. Busca el valor del pH d'aquest compost i explica per què és efectiu contra l'acidesa.

**14** A les farmàcies venen un remei eficaç contra les picades d'insectes. L'olor que fa ens indica que conté amoníac. Raona si les picades de la major part dels insectes són àcides o bàsiques.

**15** Alguns productes de neteja porten la recomanació que no es barregin amb altres productes, perquè poden produir cremades i, a més, perden eficàcia. Tenint en compte el que hem dit sobre les reaccions de neutralització:

a) Podries explicar el perquè d'aquests problemes?

b) Busca entre els productes que hi ha a casa teva un que sigui àcid i un altre que sigui bàsic.

**16** Deus haver sentit dir algun cop que els sucs i el cafè són irritants per a l'estómac. Repassa la taula de pH de la pàgina anterior i explica a què és degut aquest efecte irritant i què podem fer per corregir-lo.

## ➔ SABER-NE MÉS

### Catalitzadors i inhibidors

Els **catalitzadors** tenen moltes aplicacions industrials.
En la indústria de l'automòbil, per exemple, els catalitzadors dels cotxes i la gasolina sense plom són una de les principals modificacions que s'han incorporat per reduir l'impacte ambiental de les emissions contaminants.

En les reaccions metabòliques, els catalizadors són unes proteïnes anomenades **enzims**.

Els **inhibidors** tenen molta aplicació sobretot en la indústria alimentària com a conservants alimentaris, que impedeixen que es produeixin reaccions que modifiquin les característiques dels aliments envasats.

# 5 La velocitat d'una reacció química

D'acord amb la teoria de les col·lisions, la velocitat d'una reacció química depèn dels aspectes següents:

- **La naturalesa dels reactius**. Hi ha reactius que reaccionen molt intensament entre si, mentre que d'altres ni tan sols reaccionen.
- **La temperatura**. Generalment, quan augmenta la temperatura augmenta la velocitat de la reacció.
- **El grau de divisió dels reactius**. Aquesta variació només té eficàcia en el cas dels sòlids.
- **La concentració de la dissolució**. En el cas de reactius en dissolució.
- **La presència de catalitzadors o d'inhibidors**. Els catalitzadors són substàncies que incrementen força la velocitat d'una reacció, mentre que els inhibidors la redueixen. Tant els uns com els altres actuen en quantitats molt petites, són molt específics i no es consumeixen en la reacció. Moltes de les reaccions del metabolisme dels éssers vius estan regulades per catalitzadors biològics.
- **El pH del medi**. Sobretot quan s'utilitzen catalitzadors biològics.

### 5. EXEMPLE RESOLT

**Com es mesura la velocitat d'una reacció química**

Un mètode senzill de mesura consisteix a mesurar la reducció de la massa total si un o més d'un dels productes de la reacció és un gas que es desprèn, ja que la massa d'aquest gas no és mesurada per la balança.

1. Mesura la massa del recipient més els reactius.
2. Mesura la massa a intervals regulars de temps.
3. Compara les mesures. Per fer el càlcul de la velocitat, només has de dividir la variació de la massa entre el període de temps o interval. Si volem ser més precisos, podem augmentar o disminuir el període de temps de cada interval (fer mesures cada 10 s o cada 60 s, segons el cas).
4. Anota les dades en una taula i després, a partir de les dades de la taula, construeix el gràfic corresponent.

| Temps (s) | Massa total (g) — — recipient + contingut | Variació massa (g) | Velocitat reacció (mg/s) |
|---|---|---|---|
| 0 | 90,50 | | |
| 30 | 90,36 | 0,14 | 4,6 |
| 60 | 90,22 | 0,14 | 4,6 |
| 90 | 90,09 | 0,13 | 4,3 |
| 120 | 89,98 | 0,11 | 3,6 |
| 150 | 89,89 | 0,09 | 3 |
| 180 | 89,81 | 0,08 | 2,6 |
| 210 | 89,74 | 0,07 | 2,3 |
| 240 | 89,68 | 0,06 | 2 |

Dades de la descomposició de l'aigua oxigenada a temperatura ambient.

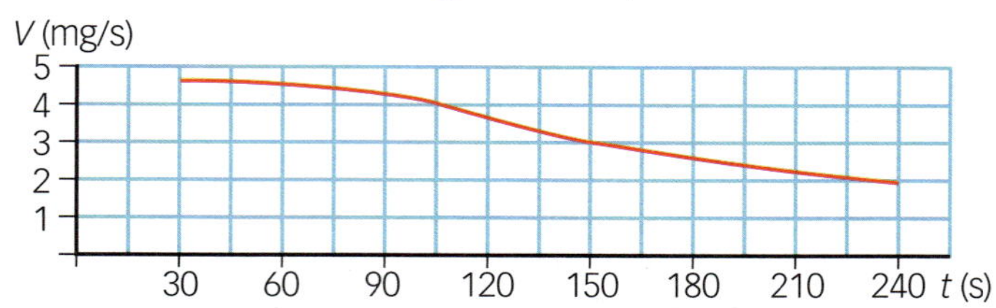

Representació gràfica de la descomposició de l'aigua oxigenada a temperatura ambient.

La gràfica no és una línia recta. Això vol dir que la velocitat de la reacció no es manté constant al llarg del temps. Quan la velocitat arriba a zero, la reacció s'ha acabat. Si tots els productes de la reacció estan en estat sòlid o líquid, aquest mètode no serveix.

## 5.1. Variables que afecten la velocitat d'una reacció química

Per poder comprovar la influència de variables en la velocitat d'una reacció química, utilitzarem com a exemple la descomposició de l'aigua oxigenada.

L'aigua oxigenada ($H_2O_2$) és una dissolució aquosa de peròxid d'hidrogen que es descompon espontàniament en aigua i oxigen segons la reacció següent:

$$2\ H_2O_2\ (aq) \rightarrow 2\ H_2O\ (l) + O_2\ (g)$$

Si tenim en compte que l'oxigen és un gas i que, per tant, es desprèn, es fa evident que la massa continguda en el recipient disminueix gradualment.

La reacció de descomposició és molt lenta i per poder mesurar variacions de massa ha de transcórrer molt de temps. A més, l'aigua oxigenada comercial sol ser una dissolució molt diluïda; generalment és una dissolució de peròxid d'hidrogen al 3 %. Per poder dur a terme aquesta reacció en un període de temps raonable, hi afegirem un **catalitzador**, la catalasa, que és una proteïna present en els teixits animals que augmenta la velocitat de la descomposició de l'aigua oxigenada.

- **Augmentem la temperatura**. Si augmentem la temperatura, augmenta moltíssim la velocitat de la reacció fins a una certa temperatura, en la qual la reacció s'atura bruscament. Això passa perquè la catalasa és una proteïna, i a partir d'una temperatura determinada les proteïnes es desnaturalitzen, és a dir, perden les seves propietats.
- **Augmentem el grau de divisió dels reactius**. En el cas de reactius sòlids, si en modifiquem el grau de divisió perquè els fragmentem, és a dir, augmentem la superfície de contacte del reactiu, la velocitat de la reacció augmenta.
- **Variem la concentració de la dissolució**. Podem diluir l'aigua oxigenada afegint-hi més aigua. Si disposem de peròxid d'hidrogen també podrem preparar dissolucions més concentrades. Podrem observar que si la dissolució és més diluïda la velocitat disminueix, i si és més concentrada, la velocitat augmenta.
- **Variem el pH del medi**. Les reaccions es duen a terme en un pH òptim, que en el cas de les reaccions biològiques és un pH neutre. Si acidifiquem o alcalinitzem la dissolució, la velocitat de la reacció disminueix dràsticament. També podem comprovar que, encara que afegim un àcid i una base a la dissolució, si aconseguim la neutralització, és a dir, un pH neutre, la reacció recupera la velocitat habitual.

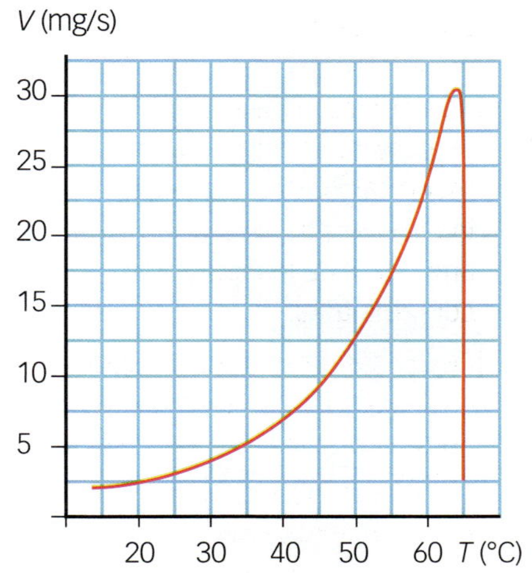

Representació gràfica de la velocitat de descomposició del $H_2O_2$ segons la temperatura.

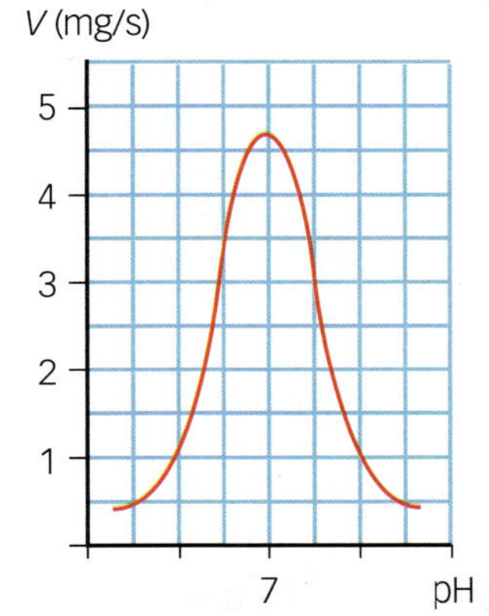

Representació gràfica de la velocitat de descomposició del $H_2O_2$ segons el pH.

### ACTIVITATS

**17** Explica raonadament per què, quan els productes de la reacció són sòlids o líquids, és a dir, no n'hi ha cap en estat gasós, no es pot aplicar el mètode que s'explica en aquestes dues pàgines.

**18** Quan ens netegem una ferida amb aigua oxigenada, per què s'hi formen bombolles?

**19** Esbrina per què, quan augmenta la temperatura, la reacció s'atura de sobte aproximadament als 65 °C.

Formació de **pluja àcida**.

La **pluja àcida** provoca greus **danys**, com ara la destrucció de la vegetació, la corrosió de la pedra i els metalls, etc.

# 6 La química i el medi ambient

El medi ambient està format per tots els éssers vius i els objectes que els envolten, juntament amb l'aire i l'aigua en els quals es desenvolupen. De vegades es produeixen canvis en el medi ambient que provoquen un augment o una disminució de la presència d'algunes substàncies, amb conseqüències importants per als éssers vius que s'hi troben.

En alguns casos, els canvis mediambientals són deguts a activitats humanes, com ara incendis, indústries, explotacions agropecuàries o l'ús de vehicles; en altres casos, són deguts a activitats naturals, com, per exemple, volcans, tempestes o altres fenòmens meteorològics. La major part de les vegades la química ens permet analitzar els canvis per mirar de determinar-ne la causa i, si és possible, corregir-la perquè es recuperi l'equilibri.

Per vetllar per la qualitat del medi ambient els organismes internacionals han establert la quantitat màxima de substàncies contaminants que hi pot haver a l'aire, l'aigua o el sòl.

## 6.1. La pluja àcida

La pluja és resultat de la condensació de l'aigua que hi ha a l'atmosfera a conseqüència d'un descens de la temperatura. En el seu estat natural, l'aigua és una substància neutra. Per tant, la pluja hauria de ser neutra.

Però quan es produeix una combustió, s'aboquen a l'atmosfera grans quantitats de gasos, com ara $CO_2$ (diòxid de carboni), NO (òxid de nitrogen) i $SO_2$ (diòxid de sofre).

A les zones altes de l'atmosfera els òxids de nitrogen i de sofre es combinen amb més oxigen, i es transformen en compostos que, si es barregen amb aigua, es converteixen en $HNO_3$ (àcid nítric), $H_2SO_4$ (àcid sulfúric) i $H_2CO_3$ (àcid carbònic).

Quan a l'atmosfera hi ha una gran quantitat d'òxids de carboni, nitrogen i sofre, i plou, la pluja que cau és àcida i causa greus danys a la vegetació, fins al punt d'arribar a destruir boscos sencers.

### ACTIVITATS

**20** Les centrals tèrmiques, on es produeix electricitat cremant combustibles, provoquen pluja àcida. Però de vegades la pluja àcida apareix en llocs on no hi ha cap indústria que faci combustions. Es considera que la pluja àcida que destrueix els boscos de la península Escandinava procedeix de la Gran Bretanya. Consulta algun mapa d'Europa i explica per què pot passar això.

**21** Alguns volcans tenen erupcions periòdiques en les quals expulsen diversos materials. S'ha trobat pluja àcida en un radi d'entre 10 i 30 quilòmetres al voltant d'alguns volcans de l'Amèrica Central. Raona quin tipus de substàncies deuen haver emès els volcans.

## 6.2. L'efecte d'hivernacle

La radiació del Sol arriba a la Terra i hi aporta llum i calor. Com a resultat, la superfície de la Terra té una temperatura mitjana de 15 °C, molt superior als –18 °C que tindria si no existís l'efecte d'hivernacle.

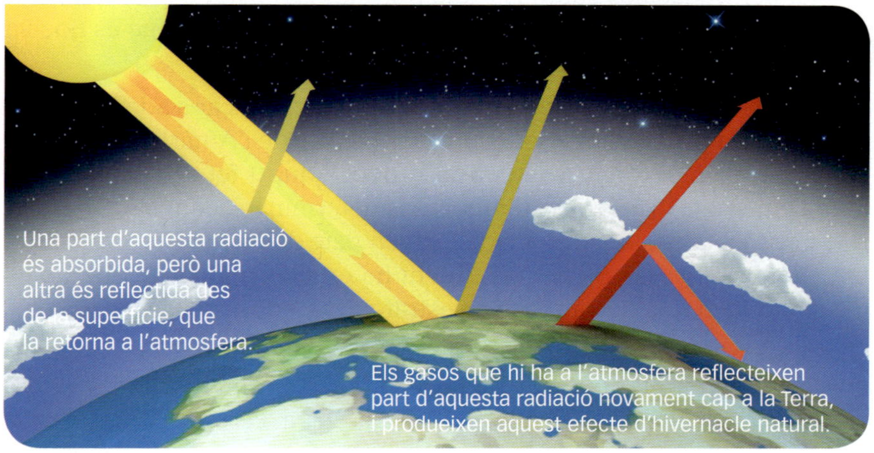


Quan a l'atmosfera hi ha una gran quantitat de $CO_2$, augmenta la radiació que reflecteix cap a la Terra. Això produeix un **increment de l'efecte d'hivernacle**, que fa que augmenti la temperatura de la superfície terrestre. L'augment de la temperatura de la Terra pot provocar greus conseqüències, com el desglaç dels casquets polars i l'augment del nivell de les aigües a l'Antàrtida i a Groenlàndia.

Els éssers vius produeixen $CO_2$ quan respiren. Aquest gas l'utilitzen les plantes durant la fotosíntesi; però si es produeix una gran quantitat de $CO_2$, les plantes no són capaces d'absorbir-lo tot i s'acumula a l'atmosfera. Les activitats que provoquen un gran augment del $CO_2$ a l'atmosfera són els incendis i la crema de combustibles fòssils, com la que es produeix als cotxes, les calefaccions o les fàbriques. Per controlar aquest augment l'any 1997 molts països van signar el **Protocol de Kyoto**, pel qual es comprometien a controlar les seves emissions de gasos contaminants.

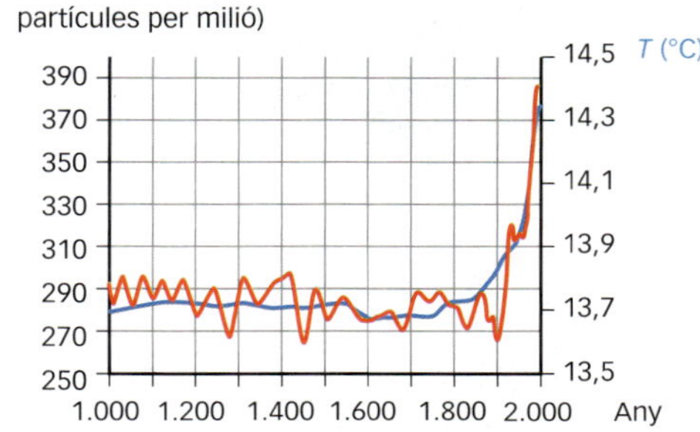


Relació entre l'**augment del $CO_2$ a l'atmosfera** i el de la temperatura a la superfície terrestre.

S'espera que l'any 2025 quedarà completament submergida la ciutat de Kivalina, a Alaska (EUA), a conseqüència del desglaç provocat per l'**escalfament global**.

### ACTIVITATS

**22** Els hivernacles permeten obtenir productes de primavera i estiu en ple hivern. Explica com funcionen prenent com a exemple l'efecte d'hivernacle de l'atmosfera terrestre.

**23** Analitza quines de les accions següents contribueixen a l'efecte d'hivernacle i explica quines són degudes a les activitats humanes.

| Acció | Incrementa l'efecte d'hivernacle? | Activitat humana? |
|---|---|---|
| Incendi provocat | | |
| Erupció volcànica | | |
| Respiració | | |
| Calefacció | | |
| Ús de vehicles | | |
| Tala d'arbres | | |

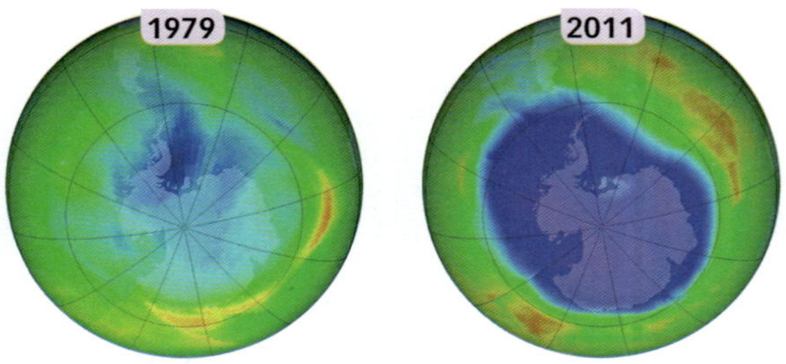


Creixement de la regió afectada pel forat de la **capa d'ozó**.

Els **catalitzadors** dels cotxes fan que els òxids de nitrogen es descomponguin en nitrogen i altres gasos que, quan surten a l'atmosfera, ja no contaminen.

## ACTIVITATS

**24** Fes una llista d'activitats que provoquin la contaminació de l'aire.

**25** Sovint es diu que és molt menys contaminant utilitzar el transport públic que el cotxe particular. Explica per què pot ser.

**26** Busca com es neteja l'aigua en una estació depuradora i explica-ho amb esquemes i fotografies.

## 6.3. La destrucció de la capa d'ozó

El planeta Terra està envoltat d'una zona de gasos que anomenem **atmosfera**. Entre els 15 i els 40 km d'altura sobre la superfície de la Terra s'estén una capa anomenada **estratosfera**, que conté **ozó**. Aquest gas, format per molècules compostes de tres àtoms d'oxigen ($O_3$), té la propietat d'absorbir la part de la radiació solar ultraviolada que és nociva per als éssers vius.

A partir de l'any 1980 els investigadors es van començar a adonar que el gruix de la capa d'ozó havia disminuït per sobre de l'Antàrtida; és el que coneixem com el **forat de la capa d'ozó**. Aquest fet es va relacionar amb l'emissió a l'atmosfera d'uns gasos determinats, com els CFC (clorofluorocarbonis), uns gasos que formen part de molts esprais i de sistemes de refrigeració com els que hi ha en els frigorífics, que no es descomponen fins que arriben a l'estratosfera, i destrueixen l'ozó.

Hi ha acords internacionals que prohibeixen l'ús dels CFC, ja que si continua disminuint el gruix de la capa d'ozó augmentaran les radiacions ultraviolades nocives que arriben a la Terra. Però els CFC són molt estables a l'atmosfera, i per tant, el seu efecte no desapareix immediatament, encara que deixem d'emetre'n. Afortunadament, en els últims anys s'han obtingut imatges que indiquen que la capa d'ozó s'està recuperant, i, si seguim així, s'espera que el problema estarà resolt l'any 2060.

## 6.4. Contaminació de l'aire i de l'aigua

L'aire és una barreja de gasos formada per nitrogen (78 %), oxigen (21 %) i una petita quantitat (1 %) d'altres gasos, com el diòxid de carboni, vapor d'aigua, argó, heli, etc.

Algunes activitats provoquen un **canvi en la composició de l'aire**; de vegades són degudes a l'evolució de la mateixa natura, com les emissions volcàniques, però en altres casos la causa són les **activitats humanes**. Així, les **combustions** que es produeixen en els vehicles de motor (cotxes, avions, vaixells, etc.), en les calefaccions o en moltes indústries fan que arribin a l'atmosfera gasos que provoquen efectes no desitjats, com ara la pluja àcida, l'efecte d'hivernacle o la disminució de la capa d'ozó.

Per evitar això s'instal·len filtres que capturen aquests gasos i els fan reaccionar amb altres substàncies, i amb això s'evita que arribin a l'atmosfera.

L'aigua intervé en moltes activitats humanes, agrícoles i industrials. De vegades l'aigua arrossega **components sòlids**, com, per exemple, en les explotacions mineres o en la neteja de granges. De vegades s'hi afegeixen substàncies que es dissolen i **canvien l'acidesa**, com els detergents, o bé altres substàncies que **canvien la capacitat de mantenir la vida**, com ara insecticides, adobs, olis o altres productes industrials. Finalment, també s'hi aboquen aigües a **altes temperatures** (aigües de refrigeració), que fan que disminueixi la quantitat d'oxigen que hi ha dissolt.

Per evitar els problemes de tots aquests abocaments, les aigües que resulten d'aquests usos no s'aboquen directament als rius, als llacs o al mar, sinó que se sotmeten a un procés de depuració i potabilització que depèn de la contaminació que arrosseguin.

# 7 La química i el progrés

La química ha facilitat el desenvolupament social. Gràcies als seus coneixements, ha millorat la salut de les persones i els animals, disposem de més i millors aliments i s'han obtingut materials molt avançats que permeten fabricar dispositius amb les utilitats més diverses.

## 7.1. La química i l'agricultura

La química ha permès accedir a nombroses substàncies que milloren l'agricultura: fertilitzants, pesticides o herbicides.

Els **fertilitzants** aporten al terreny els nutrients necessaris per al desenvolupament de les plantes. Molts contenen N, P i K; també poden contenir Ca, S, Mg, Fe i Cu.

Els **pesticides** o **plaguicides** s'utilitzen per repel·lir o evitar les plagues d'insectes, microbis i altres éssers que impedeixen el desenvolupament normal de les plantes.

Els **herbicides** maten les males herbes que creixen juntament amb els cultius.

## 7.2. La química i l'alimentació

La indústria química alimentària s'ocupa de la conservació i manipulació dels aliments envasats i frescos. Els procediments d'esterilització, envasament al buit o refrigeració ens permeten disposar d'aliments en bon estat per al consum durant més temps.

També s'han trobat substàncies que, afegides als aliments, n'afavoreixen la conservació i en milloren l'aspecte i les propietats. Cadascuna té un codi que permet identificar-les a l'etiqueta.

| | Conservants | Antioxidants | Colorants | Acidulants |
|---|---|---|---|---|
| Serveixen per a... | Impedir el creixement de microorganismes. | Evitar l'oxidació. | Millorar l'aspecte. | Augmentar l'acidesa i intensificar el sabor. |
| Exemples | • E-249: nitrit de potassi.<br>• E-200: àcid sòrbic. | • E-330: àcid cítric.<br>• E-300: àcid ascòrbic. | • E-127: eritrosina.<br>• E: 172: òxid de ferro. | • E-260: àcid acètic.<br>• E-338: àcid fosfòric. |

## 7 .3. La química i els nous materials

La química ens ha facilitat materials amb unes propietats que ens permeten disposar d'objectes que abans eren impensables.

- Els **plàstics** són polímers, és a dir, molècules molt grans que s'obtenen per la unió de moltes molècules petites. Els polímers poden formar fibres artificials, com el niló o el polièster; es poden modelar per efecte de l'escalfor, com el poliestirè o la baquelita, o donar lloc a materials molt resistents, com el kevlar.
- Els **cristalls líquids** són materials que en estat líquid tenen una estructura interna perfectament ordenada, com si fossin cristalls. Canvien de color quan varia la temperatura o amb una petita alteració de voltatge. És per això que s'utilitzen per fabricar pantalles.
- Els **superconductors** són materials que permeten el pas del corrent elèctric amb una resistència quasi nul·la. Fins ara només tenien aquesta propietat alguns metalls, com el mercuri a temperatures molt baixes (–268 °C), i això feia difícil utilitzar-los; però s'està investigant per obtenir superconductors a temperatura ambient.

### ACTIVITATS

27 Busca informació que et permeti identificar quines de les fibres següents són naturals i quines s'obtenen artificialment gràcies a la química.

a) Cotó fluix.
b) Niló.
c) Cànem.
d) Seda.
e) Polièster.
f) Raió.

## REPASSA L'ESSENCIAL

**28** Segons la teoria de les col·lisions, perquè es produeixi una reacció:

a) Només cal que xoquin entre si les molècules dels reactius.

b) N'hi ha prou que les molècules dels reactius xoquin amb l'orientació adequada.

c) S'han de trencar els enllaços que uneixen els àtoms en els reactius i formar-se nous enllaços.

d) Les molècules dels reactius han d'estar a temperatura elevada.

**29** En tota reacció química sempre es manté constant:

a) El nombre de molècules.

b) El nombre d'àtoms.

c) La massa.

d) El volum.

**30** Escriu l'equació corresponent a la reacció: dues molècules d'aigua líquida es descomponen per formar dues molècules de gas hidrogen i una molècula de gas oxigen. Després emplena la taula a la llibreta.

| | Reactiu | Producte | Fórmula | Coeficient estequiomètric | Estat físic |
|---|---|---|---|---|---|
| Hidrogen | | | | | |
| Oxigen | | | | | |
| Aigua | | | | | |

**31** Copia el quadre següent a la llibreta i emplena'l. A partir d'aquesta informació escriu l'equació química de la reacció, ajusta-la i expressa-la amb una frase.

| Fórmula | Reactiu | Producte | Nom | Coeficient estequiomètric | Estat físic |
|---|---|---|---|---|---|
| | ✓ | | Metà | 1 | Gas |
| | | ✓ | Aigua | 2 | |
| $CO_2$ | | ✓ | | 1 | |
| $O_2$ | ✓ | | | 2 | |

**32** Emplena la taula per a aquesta equació química ajustada:

$$2\ H_2\ (g) + O_2\ (g) \rightarrow 2\ H_2O\ (g)$$

Masses atòmiques: H = 1 u; O = 16 u.

| | Hidrogen | Oxigen | Aigua |
|---|---|---|---|
| ...ècules | | | |
| ...s de O | | | |
| ... de H | | | |
| ...) | | | |



**33** El monòxid de carboni (CO) reacciona amb l'oxigen per formar diòxid de carboni ($CO_2$). És cert que sempre que reaccionen 2 g de CO s'obtenen 2 g de $CO_2$?

$$2\ CO\ (g) + O_2\ (g) \rightarrow 2\ CO_2\ (g)$$

**34** Perquè es produeixi una reacció de combustió es necessita:

a) Combustible i calor.

b) Combustible.

c) Combustible i oxigen.

d) Calor i oxigen.

**35** Si mesures el pH d'una dissolució d'amoníac en aigua, trobes que és:

a) Àcid. b) Neutre. c) Bàsic.

**36** Identifica les substàncies que falten a les frases següents i relaciona cadascuna amb el fenomen al qual s'al·ludeix més avall:

a) Quan s'acumula __________ a l'atmosfera, la radiació que reflecteix la Terra retorna a la superfície terrestre.

b) Quan s'acumula __________ a l'atmosfera, disminueix el component que filtra la radiació solar ultraviolada.

c) Quan s'acumulen __________ a l'atmosfera, l'aigua de pluja pot ser àcida.

- Pluja àcida.
- Increment de l'efecte d'hivernacle.
- Destrucció de la capa d'ozó.

**37** L'esquema següent recull els fluxos de radiació de l'efecte hivernacle.

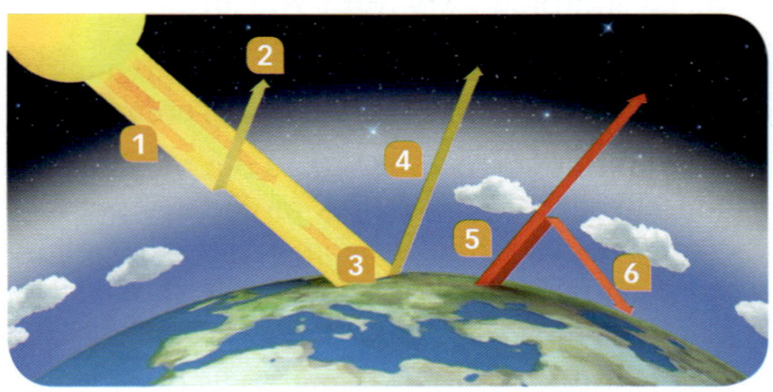


a) Indica a què correspon:

- Les radiacions marcades amb 1, 3 i 6.
- Les radiacions marcades amb 2, 4 i 5.

b) Quines d'aquestes radiacions formen part de l'efecte d'hivernacle natural?

c) Quines d'aquestes radiacions provoquen un increment de l'efecte d'hivernacle?

## PRACTICA

### Les reaccions químiques

**38** Indica detalls de les fotografies que et permetin justificar que s'està produint una reacció química:

A
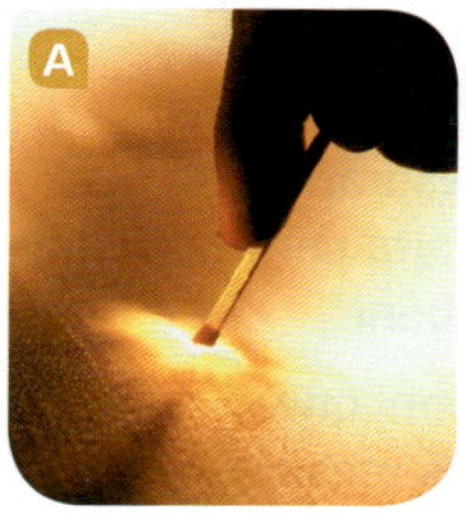

B
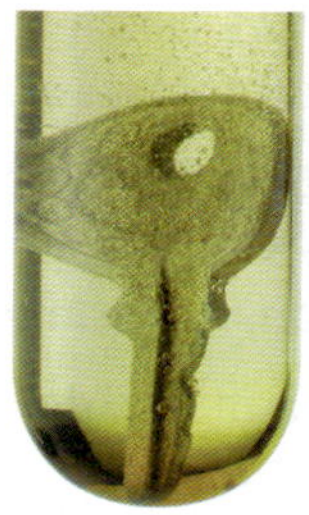

**39** Si mesurem la massa d'un tros de cinta de magnesi i després la fem cremar, i mesurem també la massa de l'òxid de magnesi que hem obtingut, observem que no són iguals. Per què? No es compleix la llei de conservació de la matèria? Pista: analitza la reacció tenint en compte totes les substàncies que hi intervenen.

### L'equació química

**40** Emplena a la llibreta la taula d'aquesta reacció. Després expressa-la amb una frase:

$$3\ HCl\ (aq) + Al(OH)_3\ (aq) \rightarrow AlCl_3\ (aq) + 3\ H_2O\ (l)$$

| Fórmula | Reactiu | Producte | Nom | Coeficient estequiomètric |
|---|---|---|---|---|
| $HCl$ | x | | | 3 |
| $Al(OH)_3$ | x | | | 1 |
| $AlCl_3$ | x | | | 1 |
| $H_2O$ | | x | | 3 |

**41** Amb les dades del quadre següent escriu l'equació química de la reacció i expressa-la amb una frase.

| Fórmula | Reactiu | Producte | Nom | Coeficient estequiomètric |
|---|---|---|---|---|
| $C_3H_8$ | ✓ | | Propà | 1 |
| | | ✓ | Aigua | 4 |
| | | ✓ | Monòxid de carboni | 3 |
| $O_2$ | ✓ | | | 5 |

**42** Ajusta les equacions químiques següents i després escriu-les amb una frase:

a) $HI \rightarrow H_2 + I_2$

b) $NO + O_2 \rightarrow NO_2$

c) $H_2SO_4 + NaOH \rightarrow Na_2SO_4 + H_2O$

d) $NO_2 + H_2O \rightarrow HNO_3 + NO$

## Càlculs en les reaccions químiques

### 6. EXEMPLE RESOLT

**L'alumini reacciona amb l'oxigen de l'aire formant òxid d'alumini ($Al_2O_3$).**

**a) Escriu la reacció i ajusta-la.**

**b) Calcula la quantitat d'oxigen que reaccionarà amb 50 g d'alumini.**

**c) Quina quantitat d'òxid d'alumini s'obtindrà en l'apartat anterior?**

a) Escriu l'equació de la reacció.

$$Al + O_2 \rightarrow Al_2O_3$$

Fes balanç dels àtoms de cada element en els reactius i en els productes:

- Al: hi ha 1 àtom en els reactius i 2 en els productes. Has de posar un 2 com a coeficient del Al en els reactius.
- O: hi ha 1 molècula de $O_2$ en els reactius i 3 àtoms de O en els productes. Has de posar un 3 com a coeficient del $O_2$ en els reactius i un 2 com a coeficient del $Al_2O_3$ en els productes.
- Això fa que en els productes hi hagi 4 àtoms de Al, i per tant, el coeficient del Al en els reactius ha de ser 4, i no 2:

$$\mathbf{4\ Al + 3\ O_2 \rightarrow 2\ Al_2O_3}$$

b) i c) Calcula la massa molar de cada substància per saber-ne la proporció en grams. Busca les dades de les masses atòmiques a la taula periòdica:

- $M(Al) = 27{,}0$ g.
- $M(O_2) = 16 \cdot 2 = 32$ g.
- $M(Al_2O_3) = 27 \cdot 2 + 16 \cdot 3 = 102$ g.

| 4 Al | + | 3 $O_2$ | → | 2 $Al_2O_3$ |
|---|---|---|---|---|
| 4 àtoms | | 3 molècules | | 2 equivalents a molècula |
| 4 · 27 = 108 g | | 3 · 32 = 96 g | | 2 · 102 = 204 g |
| 50 g | | ? | | ? |

Calcula el factor de conversió que relaciona la massa d'alumini amb la massa d'oxigen:

$$108\text{ g de Al} \leftrightarrow 96\text{ g de } O_2$$

$$50\text{ g de Al} \cdot \frac{96\text{ g de } O_2}{108\text{ g de Al}} = \mathbf{44{,}4\ g\ de\ O_2}$$

Calcula el factor de conversió que relaciona la massa d'alumini amb la d'òxid d'alumini:

$$108\text{ g de Al} \leftrightarrow 204\text{ g de } Al_2O_3$$

$$50\text{ g de Al} \cdot \frac{204\text{ g de } Al_2O_3}{108\text{ g de Al}} = \mathbf{94{,}4\ g\ de\ Al_2O_3}$$

**43** Escriu l'enunciat de la llei de la conservació de la massa i respon:

a) Quin científic la va establir?

b) Quin mètode va utilitzar per fer la investigació?

c) Posa un exemple d'una reacció per explicar aquesta llei.

**44** El carbó es crema amb oxigen i produeix diòxid de carboni per una reacció que podem expressar així:

$$C\,(s) + O_2\,(g) \rightarrow CO_2\,(g)$$

a) Quina massa (g) d'oxigen cal per cremar 6 kg de carbó?

b) Quina massa de diòxid de carboni s'obtindria en aquest cas?

**45** Un dels combustibles que més utilitzem és el gas propà, de fórmula $C_3H_8$. Es crema quan reacciona amb l'oxigen de l'aire ($O_2$) i es forma diòxid de carboni i aigua.

a) Escriu la reacció i ajusta-la.

b) Quina quantitat de substància en grams de gas propà s'haurà cremat si obtenim 2 kg de diòxid de carboni?

c) Quina massa d'oxigen en grams caldrà utilitzar per obtenir 2 kg de diòxid de carboni?

**46** L'àcid clorhídric (HCl) s'obté fent reaccionar l'àcid sulfúric ($H_2SO_4$) amb el clorur de sodi (NaCl), per mitjà de la reacció (sense ajustar):

$$NaCl + H_2SO_4 \rightarrow Na_2SO_4 + HCl$$

a) Ajusta la reacció i expressa-la amb una frase.

b) Quants grams de clorur de sodi fan falta per obtenir 1 kg d'àcid clorhídric?

c) Quants grams d'àcid sulfúric reaccionaran en aquest cas?

**47** Quan aboquem aigua a la calç viva, CaO, es forma calç apagada (o amarada), $Ca(OH)_2$.

a) Escriu l'equació química ajustada de la reacció i expressa-la amb una frase.

b) Calcula la massa de calç apagada que es formarà si tenim 10 kg de calç viva.

c) Calcula la quantitat d'aigua que necessitem per apagar la calç viva que tenim.

**48** El ferro és un metall que reacciona amb l'àcid clorhídric (HCl) per formar triclorur de ferro ($FeCl_3$) i gas hidrogen.

a) Escriu la reacció i ajusta-la.

b) Quants grams de triclorur de ferro es formaran amb un tros de ferro de 15 g?

c) Quants grams de gas hidrogen es desprenen en aquesta reacció?

### 7. EXEMPLE RESOLT

**Quan el monòxid de carboni, CO, reacciona amb oxigen en excés d'aquest, es transforma en diòxid de carboni, $CO_2$. En una bombona de 12 L tenim monòxid de carboni a 0 °C i 1 atmosfera de pressió. Calcula:**

**a) El volum de gas oxigen, mesurat a 0 °C i 1 atm de pressió, que fa falta per reaccionar amb tot el monòxid de carboni.**

**b) La massa de diòxid de carboni que obtindrem, suposant que es mesura en les mateixes condicions de pressió i temperatura que els anteriors.**

En primer lloc has d'escriure l'equació química ajustada. Després escriu la informació disponible a sota de cada substància:

| 2 CO (g) | + | $O_2$ (g) | → | 2 $CO_2$ (g) |
|---|---|---|---|---|
| 12 L<br>0 °C, 1 atm | | 0 °C, 1 atm | | 0 °C, 1 atm |

a) Com que tots els gasos estan en les mateixes condicions de pressió i temperatura, la proporció en què es combinen en volum és la mateixa que la proporció en molècules.

Relaciona el volum de CO amb el de les altres dues substàncies tenint en compte els coeficients estequiomètrics de cadascuna:

$$12 \text{ L de CO} \cdot \frac{1 \text{ molècula de } O_2}{2 \text{ molècules de CO}} =$$

$$= 12 \cancel{\text{ L de CO}} \cdot \frac{1 \text{ L de } O_2}{2 \cancel{\text{ L de CO}}} = \mathbf{6\ L\ de\ O_2}$$

b) El coeficient estequiomètric del $CO_2$ és el mateix que el del CO. Per tant, el volum de $CO_2$ que s'obtindrà és el mateix que el de CO, 12 L, ja que tots dos estan en les mateixes condicions de pressió i temperatura.

A 0 °C i 1 atm de pressió la massa molar de qualsevol gas ocupa 22,4 L.

$$M(CO_2) = 12 + 2 \cdot 16 = 44 \text{ g}$$

$$12 \cancel{\text{ L de } CO_2} \cdot \frac{44 \text{ g de } CO_2}{22{,}4 \cancel{\text{ L de } CO_2}} = \mathbf{23{,}6\ g\ de\ CO_2}$$

**49** El monòxid de carboni, CO, reacciona amb oxigen per formar diòxid de carboni, $CO_2$. Si fem reaccionar 84 g de CO, quants litres de diòxid obtindrem, mesurats a 0 °C i 1 atm de pressió?

## Reaccions químiques de la vida quotidiana

**50** Completa les reaccions de combustió següents i ajusta-les.

a) $C_4H_{10} + O_2 \rightarrow CO_2 +$ ______

b) $C_3H_6 +$ ______ $\rightarrow CO_2 + H_2O$

c) $CH_4 +$ ______ $\rightarrow$ ______ $+ H_2O$

d) $C_6H_{12}O_6 + O_2 \rightarrow$ ______ $+$ ______

**51** Raona si les afirmacions següens són certes o falses.

a) En les reaccions de combustió no es compleix la llei de la conservació de la massa.

b) Les reaccions de combustió sempre produeixen diòxid de carboni i aigua.

c) Els combustibles poden cremar sense oxigen.

d) La combustió està relacionada amb l'increment de l'efecte d'hivernacle.

**52** Completa les reaccions següents entre un àcid i una base i ajusta-les.

a) $HBr + NaOH \rightarrow$ ______ $H_2O$

b) $HCl + Ca(OH)_2 \rightarrow CaCl_2$ ______

c) $H_2SO_4 +$ ______ $\rightarrow Na_2SO_4 + H_2O$

## Velocitat de les reaccions químiques

**53** Esmenta i explica els factors que determinen la velocitat d'una reacció química.

## La química i el medi ambient

**54** El gràfic següent mostra el percentatge de participació estimat de diferents compostos en la destrucció de la capa d'ozó.

- CFC: clorofluorocarboni.
- $CCl_4$: tetraclorur de carboni.
- $CH_3CCl_3$: triclorur d'etil.

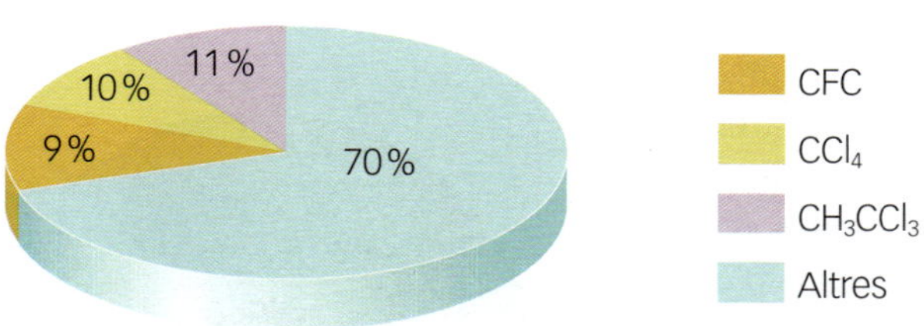


a) Quina és la substància que més contribueix a la destrucció de la capa d'ozó?

b) Per a què s'utilitza aquesta substància?

c) Quines mesures podem prendre per reduir la presència d'aquesta substància a l'atmosfera?

**55** El gràfic següent mostra les variacions que ha experimentat la concentració del $CO_2$ en l'atmosfera pròxima al volcà Mauna Loa.

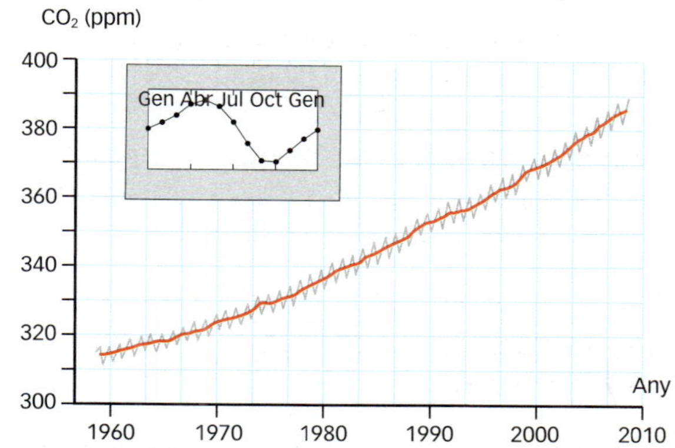


Raona quina de les afirmacions següents és certa.

a) L'any 1960 quasi no hi havia $CO_2$ a l'atmosfera.

b) El $CO_2$ augmenta a la primavera i disminueix a l'estiu.

c) L'augment del $CO_2$ a l'atmosfera ha estat més gran durant la dècada del 2000 al 2010 que de 1960 a 1970.

**56** Indica les diferències entre fertilitzants, plaguicides i herbicides.

**57** Busca informació sobre els plàstics conductors de l'electricitat i els biodegradables. Indica dues utilitats específiques de cadascun.

**58** Analitza amb la resta de la classe els efectes mediambientals que poden provocar a la teva població:

a) El transport.

b) Les calefaccions.

c) Les indústries.

d) Les aigües residuals.

Indica tres accions que pots dur a terme directament per reduir els efectes mediambientals de les activitats que has assenyalat.

## AMPLIA

**59** El gas hidrogen reacciona amb el gas oxigen per formar aigua. En un recipient introduïm 10 g de gas hidrogen i 10 g de gas oxigen. Determina:

a) La quantitat màxima d'aigua que podem obtenir.

b) Quin és el reactiu sobrant? En quina quantitat?

c) Quina quantitat del reactiu que és escàs hi hauríem d'afegir perquè no sobrés gens de l'altre reactiu?

d) Quina quantitat d'aigua s'hauria format en cas que les quantitats d'hidrogen i d'oxigen fossin les que has obtingut a l'apartat c)?

**60** Busca informació sobre les reaccions de fermentació i de putrefacció. Explica breument si es donen a la natura, en quines condicions i quines reaccions químiques es produeixen.

**SABER FER**

## TÈCNICA. Estudiar una reacció química

L'**ozó** és una substància formada únicament d'àtoms d'oxigen. En cada molècula d'ozó hi ha tres àtoms d'oxigen. A l'atmosfera l'ozó serveix de filtre enfront de les radiacions ultraviolades procedents del Sol. Sense ozó aquestes radiacions perjudicarien els éssers vius i causarien moltes malalties a les persones.

Cap a l'any 1980 es va observar que el gruix de la capa d'ozó que hi ha a l'atmosfera s'estava reduint. Es va comprovar que l'ozó estava disminuint a conseqüència d'una reacció química provocada per uns compostos anomenats **clorofluorocarbonis (CFC)**, que són presents, per exemple, en esprais i aparells d'aire condicionat. També destrueixen l'ozó els halons, substàncies que s'utilitzaven fins fa uns anys en extintors d'incendis.

Reacció de destrucció de l'ozó.

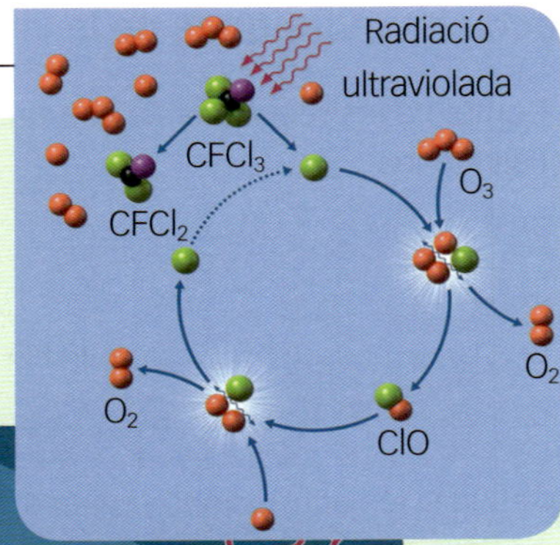


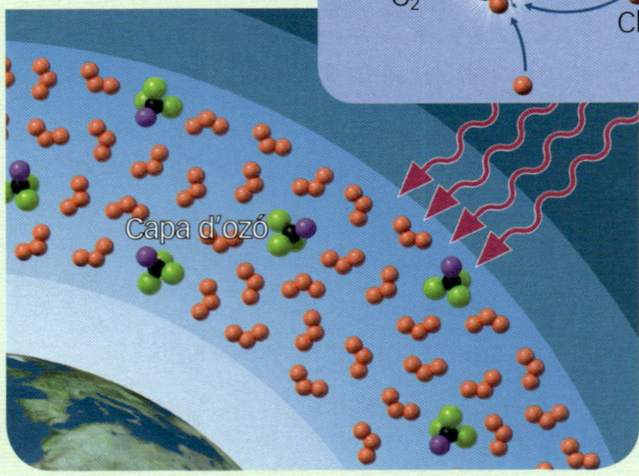


**61** Observa les il·lustracions de dalt i respon.

a) Quants àtoms de clor fan falta per destruir una molècula d'ozó?

b) D'on surten aquests àtoms de clor? Són presents de manera natural a l'atmosfera?

c) Quines substàncies noves es formen al final de la reacció química?

d) Són contaminants, aquestes substàncies?

**62** Observa com actua l'ozó davant de les diverses radiacions ultraviolades que arriben procedents del Sol.

a) L'ozó protegeix de tota la radiació ultraviolada que ens arriba?

b) INTERPRETA LA IMATGE. Explica el gràfic amb paraules.

c) De quina manera l'eliminació d'ozó afecta la vida a la Terra?

**63** Escriu la reacció global que té lloc com a resum de tot el procés que es descriu a la il·lustració.

a) Quins són els reactius?

b) Quins són els productes?

**64** Per què podem afirmar que una sola molècula de CFC pot destruir moltes molècules d'ozó?

**65** Quin és el perill d'aquest fet per a la integritat de la capa d'ozó? Un cop destruïda la molècula d'ozó, es destrueix el clor contaminant?

**66** A la imatge es mostren amb tons blaus les regions on la capa d'ozó és més prima. Quines solucions se t'acudeixen per evitar la destrucció de la capa d'ozó?

## UN CAS PRÀCTIC. **Com podem combatre la destrucció de la capa d'ozó?**

L'Agència Estatal de Meteorologia (AEMET) ha confirmat l'aturada de la tendència negativa en la destrucció de la capa d'ozó, tot i que la recuperació fins als nivells anteriors a 1980, quan es va alertar del problema, no es produirà fins el 2050, o el 2075 en el cas de la regió antàrtica.

Així ho explica l'AEMET en un comunicat en ocasió del dia internacional per la preservació de la capa d'ozó [...]. Aquesta jornada commemora la signatura l'any 1987 del Protocol de Montreal, amb l'objectiu d'eliminar les substàncies destructores de l'ozó, principalment els clorofluorocarbonis (CFC) i els halons, així com d'incloure nous compostos causants d'aquesta destrucció.

Les dades d'aquests últims anys reflecteixen, segons l'AEMET, que el Protocol està funcionant, ja que ha aconseguit aturar la tendència negativa observada durant les dècades de 1980 i 1990 i mantenir estable durant aquests últims anys tant l'extensió del forat (reducció del gruix de la capa) d'ozó com els seus nivells.

Quant al forat d'ozó, va arribar a la màxima extensió el 17 de setembre de l'any 2009, amb una superfície de 24,1 milions de quilòmetres quadrats (una mica més petita que l'extensió de l'Amèrica del Nord).

[...]

El 2009 la capa d'ozó va disminuir 3 milions de quilòmetres quadrats respecte al 2008. En conjunt, l'any 2009 es va caracteritzar per un inici prematur en la destrucció de la capa d'ozó, a mitjan agost, una extensió màxima similar a la dels últims anys i una recuperació en els nivells d'ozó una mica més ràpida respecte a l'any anterior.

[...]

Quant al forat d'ozó d'aquest any [2010] encara és prematur fer una previsió de la seva evolució, però sembla que hi ha indicis que apunten a un forat d'ozó relativament més petit aquest any.

[...]

*20 minutos*, 15/09/2010.

**67** COMPRENSIÓ LECTORA. Quina és la idea principal del text?

**68** El gràfic següent mostra el consum mundial d'algunes substàncies destructores de l'ozó atmosfèric.

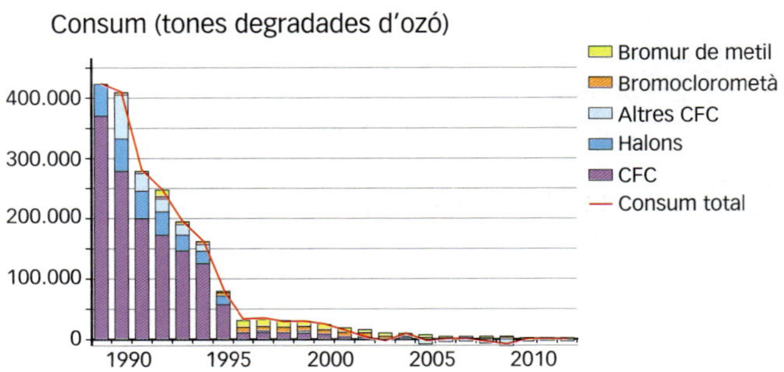


a) Quina tendència s'hi observa?

b) Explica les unitats de l'eix vertical. A què fan referència?

c) Et sembla que la química ha ajudat a protegir el medi ambient? Explica la resposta.

d) Encara que l'ús d'agents destructors de l'ozó s'ha reduït, la capa d'ozó tardarà a recuperar-se. Explica això tenint en compte la reacció química que destrueix l'ozó que has estudiat a la pàgina anterior.

**69** Sabem que la quantitat d'ozó present a l'atmosfera experimenta una variació estacional.

a) Explica què vol dir això.

b) Si mesurem el gruix de la capa d'ozó al març i veiem que és més gran que l'octubre de l'any anterior, podem afirmar que la capa d'ozó s'està recuperant?

c) Aleshores, quina gràfica mostrarà millor com varia el gruix de la capa d'ozó al llarg d'una dècada?

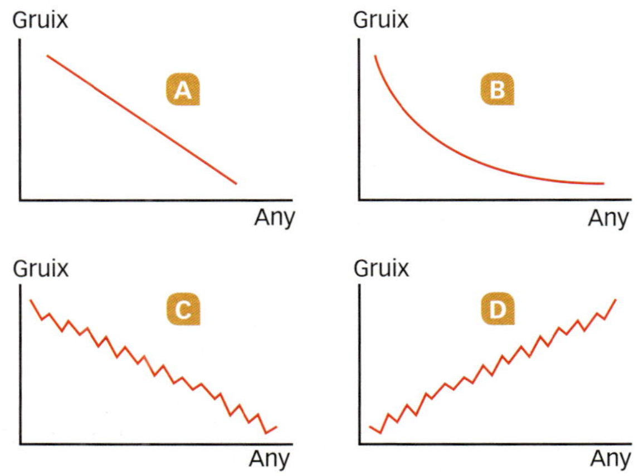


**70** Com aconseguirem aturar el problema de la destrucció de la capa d'ozó?

INVESTIGA | APRENENTATGE COOPERATIU

## DUES REACCIONS QUÍMIQUES VISIBLES

En una reacció química les substàncies es transformen en unes altres substàncies diferents. Tot i que no sempre és possible, de vegades podem percebre aquesta transformació, tal com passa en els dos exemples següents.

### A. OXIDACIÓ DEL MAGNESI

#### MATERIAL

- Vidre de rellotge.
- Cinta de magnesi.
- Pinces.
- Encenedor.
- Balança (opcional).
- Ulleres (recomanat).

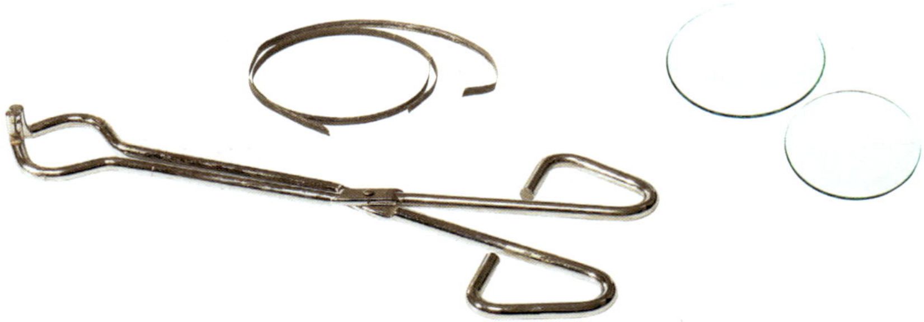

#### PROCEDIMENT

1. Talla un tros de cinta de magnesi (entre 15 i 20 cm).
2. Amb les pinces de fusta, subjecta la cinta sobre el vidre de rellotge.
3. Acosta l'encenedor encès a l'extrem lliure de la cinta i espera que es comenci a cremar.
4. Cal que mantinguis la cinta tota l'estona sobre el vidre de rellotge, de manera que si en cau algun tros, caigui sobre el vidre.
5. Espera que es cremi la major part de la cinta. Llavors obre la pinça, deixa que caigui sobre el vidre de rellotge el tros que quedava agafat i espera que s'apagui la flama.

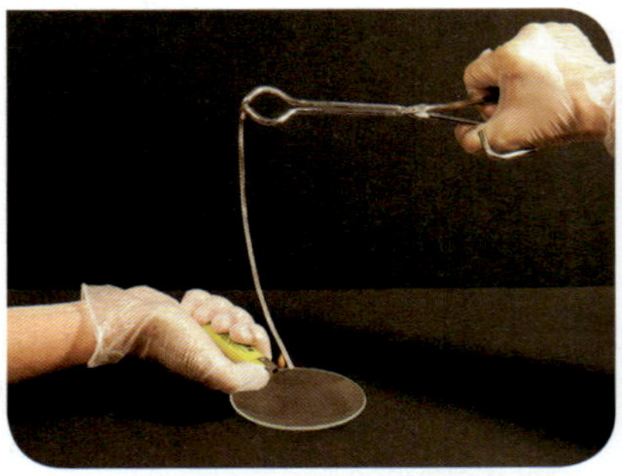

**PARA ATENCIÓ**

Vés amb molt de compte i no miris fixament el magnesi encès: la llum brillant et podria enlluernar.

#### ACTIVITATS

**71** Observa l'aspecte i el color inicial de la cinta de magnesi.

**72** Observa l'aspecte i el color de la substància que queda al vidre de rellotge després de la combustió. Podries agafar-ho amb la pinça, com ho feies amb el magnesi de la cinta?

**73** Interpreta l'experiència.

a) En aquesta experiència hi ha signes clars que s'ha produït una reacció química. Indica'n algun.

b) Escriu l'equació química ajustada del procés.

c) Raona si la massa del producte obtingut és més gran que la massa de la substància que ha reaccionat, o no.

## B. REACCIÓ ENTRE EL CLORUR D'HIDROGEN I L'AMONÍAC

### MATERIAL

- Tub de vidre obert pels dos costats.
- 2 taps de goma que ajustin als extrems.
- 2 suports amb pinces.
- 2 trossos de cotó fluix.
- 2 pipetes Pasteur.
- HCl: dissolució aquosa comercial concentrada.
- $NH_3$: dissolució aquosa comercial concentrada.

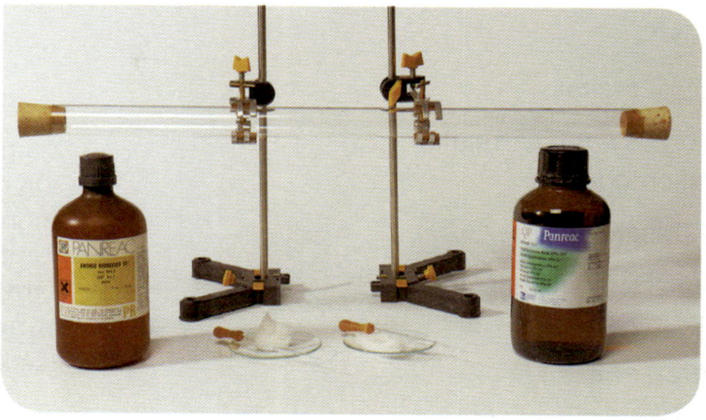

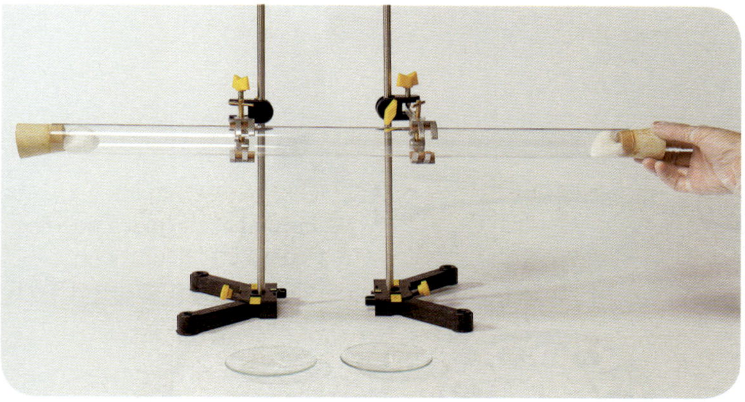

### PROCEDIMENT

1. Comprova que el tub de vidre estigui completament net i col·loca'l en posició horitzontal, agafat amb les pinces dels dos suports.
2. Posa-hi un tros de cotó fluix a prop de cada extrem.
3. Amb una pipeta Pasteur, posa 2 o 3 mL de $NH_3$ comercial sobre el cotó fluix d'un extrem i tanca aquest extrem amb el tap de goma.
4. Amb una altra pipeta Pasteur, posa 2 o 3 mL de HCl comercial sobre el cotó fluix de l'altre extrem i tanca'l amb el tap de goma.
5. Observa el núvol blanc que es va formant a l'interior del tub.

**PARA ATENCIÓ**

El HCl comercial i el $NH_3$ comercial desprenen vapors molt corrosius. Procura que les ampolles estiguin obertes el mínim de temps possible. Treballa en un lloc ventilat; si pot ser, en una vitrina de gasos.

### ACTIVITATS

**74** Observa l'olor que es desprèn quan obres l'ampolla de HCl comercial i la de $NH_3$ comercial.

**75** Observa si es veu algun fum quan s'obre l'ampolla de $NH_3$ o l'ampolla de HCl, separadament.

**76** Observa l'aspecte i el color del fum que es forma dins del tub. On es forma? S'hi acaba dipositant algun sòlid? De quin color?

**77** Interpreta l'experiència.

a) En aquesta experiència hi ha signes clars que s'ha produït una reacció química. Indica'n algun.

b) Escriu l'equació química ajustada del procés.

c) Explica en quin estat físic es troben les substàncies que reaccionen i en quin estat físic està la que s'obté.

# 6 Forces elèctriques i magnètiques

**SABER**

- L'electricitat.
- Forces entre càrregues elèctriques.
- El magnetisme.
- L'electromagnetisme.

**SABER FER**

- Fer experiències amb cossos electritzats.
- Comprovar quines forces apareixen en acostar dos imants.
- Utilitzar la brúixola.

Els **plats** que formen un disc dur són rígids. És per això que anomenem així aquest component. Els plats giren a **milers de revolucions per minut** per accedir ràpidament a la informació.

Els plats es fabriquen amb un aliatge de **cobalt** i altres metalls, que recobreix una base d'alumini o material ceràmic. Damunt de la capa magnètica es disposen unes altres capes protectores fines.

En cada **8 mm²** es poden emmagatzemar **100 GB**.

El **capçal** es desplaça pel disc enregistrant i llegint la informació, però sense arribar a tocar-ne la superfície.

La superfície de cada plat es divideix en **cel·les** que fan unes desenes de nanòmetres. En cada cel·la s'emmagatzema un bit d'informació: un u o un zero.

Diversos **plats** permeten emmagatzemar uns quants terabytes en un espai reduït.

El disc dur rep **alimentació** elèctrica de la font d'alimentació o bateria de l'ordinador.

La connexió **SATA** permet l'intercanvi de dades amb l'ordinador.

## FÍSICA QUOTIDIANA. **Discos durs**

Fa 25 anys un ordinador personal emmagatzemava uns quants megaoctets. Aquesta era la capacitat dels discos durs. Avui dia és possible comprar un disc dur d'uns quants terabytes (1 TB = 1.000.000 MB) per unes desenes d'euros.

En els discos durs més comuns en els ordinadors el mètode que s'utilitza per enregistrar, llegir i esborrar la informació es basa en el magnetisme.

### COM S'EMMAGATZEMA LA INFORMACIÓ?

El capçal lector/enregistrador actua com un electroimant. El senyal elèctric que li arriba es transforma en un senyal magnètic que «magnetitza» les diferents cel·les del plat del disc dur, de manera semblant a com un imant magnetitza un clip metàl·lic. La informació s'enregistra de manera permanent, fins i tot encara que l'equip s'apagui i es talli el subministrament de corrent elèctric.

Per llegir la informació, el capçal lector passa per damunt de la informació emmagatzemada i es produeix l'efecte invers: el corrent que es genera és un reflex de la informació que hi ha emmagatzemada a les cel·les «magnetitzades».

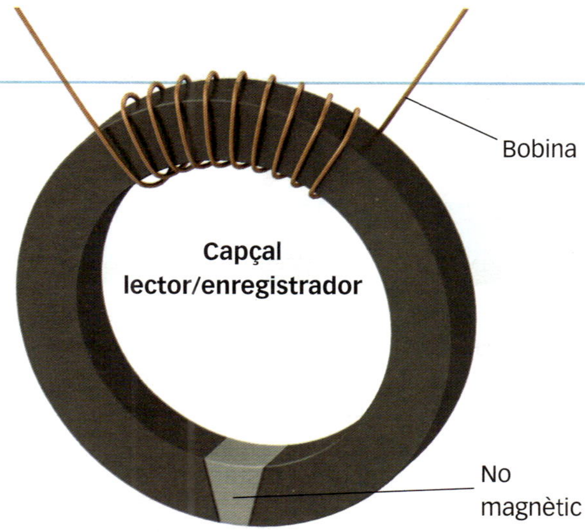


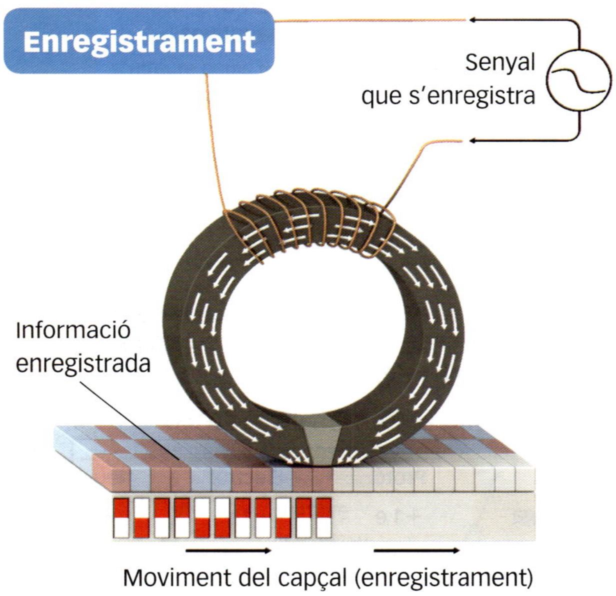


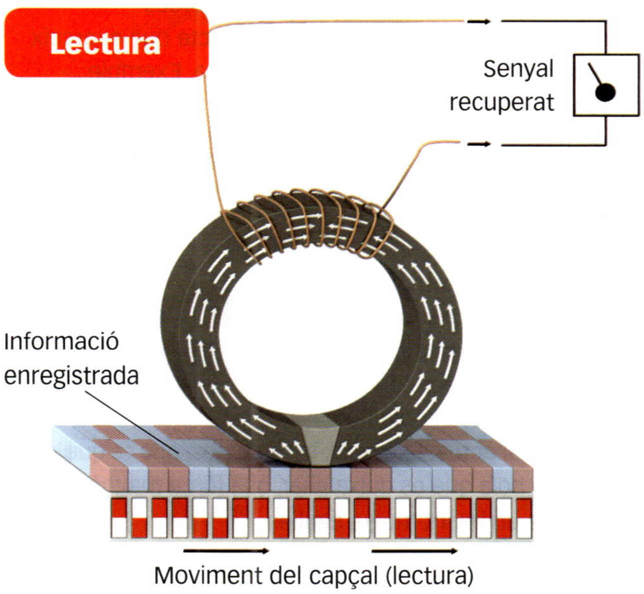


### ? INTERPRETA LA IMATGE

- Quins mètodes se t'acuden per ampliar la capacitat d'un disc dur sense augmentar-ne la mida?
- Per què es diu que el capçal lector actua com un electroimant?

### CLAUS PER COMENÇAR

- Quina força apareix quan acostem dos imants?
- Què vol dir que un material és magnètic? Tots els materials metàl·lics són magnètics? Justifica la resposta amb uns quants exemples.

# ACTIVITATS FINALS

## PRACTICA

### L'electricitat

**29** Quan freguem un bolígraf de plàstic contra un jersei de llana, sol adquirir càrrega elèctrica i pot atreure petits trossets de paper. Analitza les frases següents, tria'n la correcta i explica per què:

a) Tots els paperets tenen càrrega elèctrica neta, oposada a la càrrega elèctrica del bolígraf.
b) Els paperets s'enganxen al bolígraf perquè són de mida molt petita.
c) Els paperets no tenen càrrega elèctrica neta. Però quan els acostem el bolígraf carregat, les càrregues dels paperets es redistribueixen i es produeix una atracció entre càrregues de signe diferent.
d) Quan el bolígraf s'acosta als paperets, les càrregues del bolígraf salten fins als paperets i això fa que aquests siguin atrets pel bolígraf.

**30** Imagina que la boleta d'un pèndol està carregada positivament i hi acostem una vareta amb càrrega negativa. Què passa?

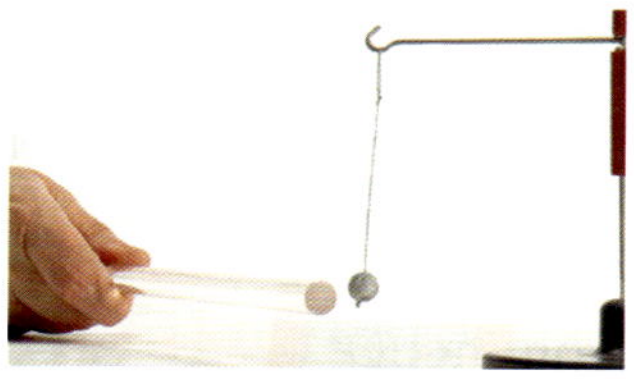

a) Com que la vareta està carregada, no passa res. La boleta del pèndol es queda quieta.
b) Com que la vareta no arriba a tocar la boleta del pèndol, aquesta es manté en repòs.
c) Les càrregues elèctriques de la vareta atreuen la boleta del pèndol, que s'hi acosta fins que la toca.
d) La vareta, com que és metàl·lica, disposa de càrregues elèctriques que es poden moure. Les càrregues positives se situen a prop de la boleta del pèndol i el repel·leixen.

**31** Un manual de primers auxilis ens dóna consells de com ens hem de comportar si ens atrapa una tempesta elèctrica al camp. Llegeix-lo i respon:

«Si noteu pessigolleig al cos, se us ericen els cabells o veieu que un objecte de metall brilla i llança espurnes, la descàrrega del llamp és imminent.

Si aneu en grup és aconsellable dispersar-se uns metres. Si un llamp afecta una persona, les altres que hi estiguin en contacte es poden veure afectades per la descàrrega. Per això és aconsellable allunyar-se de ramats i grups de mamífers.

Cal retirar-se dels llocs elevats, com ara cims o turons, i de terrenys entollats. No us col·loqueu sota arbres ni en edificis aïllats.

Apagueu els aparells de comunicació i les ràdios.

Allunyeu-vos d'objectes metàl·lics, com, per exemple, tanques, les vies del tren, línies elèctriques o telefòniques, bicicletes, etc.

El millor lloc per refugiar-se és dins d'un vehicle tancat. Cal apagar el motor, desconnectar l'antena i tancar les finestretes i entrades d'aire.»

a) A què és degut el pessigolleig que es pot notar immediatament abans del llamp?
b) Per què cal fugir dels llocs elevats i no protegir-se sota un arbre quan hi ha tempesta?
c) Per què no es pot anar amb bici i es recomana ficar-se dins d'un vehicle tancat?

### Forces entre càrregues elèctriques

**32** Calcula quants electrons són:

a) 0,75 C b) 5 μC c) 3 nC

Dada: 1 e = $1{,}6 \cdot 10^{-19}$ C

**2. EXEMPLE RESOLT**

**Dos cossos amb una càrrega *Q* positiva estan situats a banda i banda d'un cos de càrrega *q*, negativa, i a la mateixa distància *d*. Quina és la força total que actua sobre el cos de càrrega *q*?**

Cada cos de càrrega *Q* exerceix una força d'atracció sobre el cos de càrrega *q*, ja que les dues càrregues tenen signe contrari. Segons la llei de Coulomb:

$$F = K \cdot \frac{Q \cdot q}{d^2}$$

El valor de la força que exerceix cada càrrega *Q* sobre *q* és el mateix, només canvia el sentit:

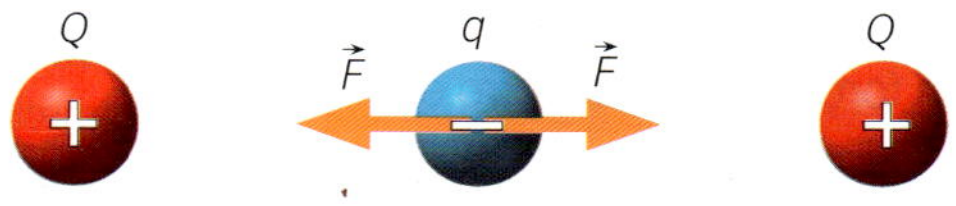


Sobre el cos de càrrega *q* actuen dues forces iguals i oposades. En conseqüència, **la força total és nul·la**.

**33** Dos cossos amb una càrrega *Q* positiva estan situats a banda i banda d'un cos de càrrega *q*, positiva, i a la mateixa distància *d*. Quina és la força total que actua sobre el cos de càrrega *q*?

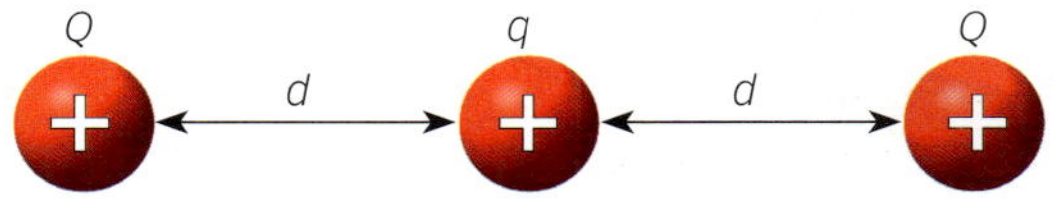


### 3. EXEMPLE RESOLT

**Calcula la força que hi ha entre un cos que té una càrrega de +2 μC i un altre de −30 nC que estan en l'aire, separats una distància de 3 cm.**

**Dada:** $K = 9 \cdot 10^9 \, \frac{N \cdot m^2}{C^2}$.

Com que els cossos tenen càrregues de diferent tipus, la força entre tots dos serà d'atracció.

Segons la llei de Coulomb:

$$F = K \cdot \frac{Q \cdot q}{d^2} \rightarrow$$

$$\rightarrow F = 9 \cdot 10^9 \, \frac{N \cdot \cancel{m^2}}{\cancel{C^2}} \cdot \frac{2 \cdot 10^{-6} \, \cancel{C} \cdot 30 \cdot 10^{-9} \, \cancel{C}}{0{,}03^2 \, \cancel{m^2}}$$

$$\mathbf{F = 0{,}6 \; N}$$

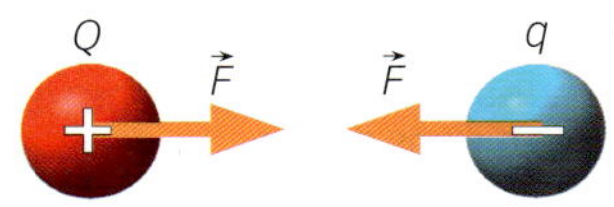


Tingues en compte que la llei de Coulomb permet calcular el valor de la força; per això les càrregues s'escriuen sense el signe.

A la fórmula de Coulomb totes les magnituds s'han d'expressar en unitats del Sistema Internacional.

En aquest cas, les càrregues s'atreuen amb una força de 0,6 N, perquè les càrregues tenen signe contrari.

**34** Calcula la força que hi ha entre un cos que té una càrrega de −2 μC i un altre de –5 mC que estan en l'aire, separats una distància de 3 cm.

Dada: $K = 9 \cdot 10^9 \, \frac{N \cdot m^2}{C^2}$.

**35** Calcula la força que hi ha entre un cos que té una càrrega de –2 μC i un altre de –5 mC que estan en l'aire, separats una distància de 6 cm.

Dada: $K = 9 \cdot 10^9 \, \frac{N \cdot m^2}{C^2}$.

**36** Calcula la força que hi ha entre un cos que té una càrrega de –4 μC i un altre de –5 mC que estan en l'aire, separats una distància de 3 cm.

Dada: $K = 9 \cdot 10^9 \, \frac{N \cdot m^2}{C^2}$.

## El magnetisme

**37** Explica per què un cos pot tenir càrrega positiva o càrrega negativa, però un imant no pot tenir només pol nord o només pol sud.

**38** Col·loca aquests imants de manera que estiguin tots tres units. Ho pots fer de dues maneres.

**39** Explica per què sempre que es trenca un imant en dos trossos s'obtenen dos imants complets.

## L'electromagnetisme

**40** Explica per què aquest dispositiu no atreu els objectes de ferro. Què s'hauria de fer perquè els atragués?

**41** A la seva experiència original, Faraday va connectar una bobina A a una pila elèctrica P. Va connectar una altra bobina B a un galvanòmetre G, aparell que detecta el pas de corrent. Quan acostava o allunyava la bobina A a la B, el galvanòmetre detectava pas de corrent.

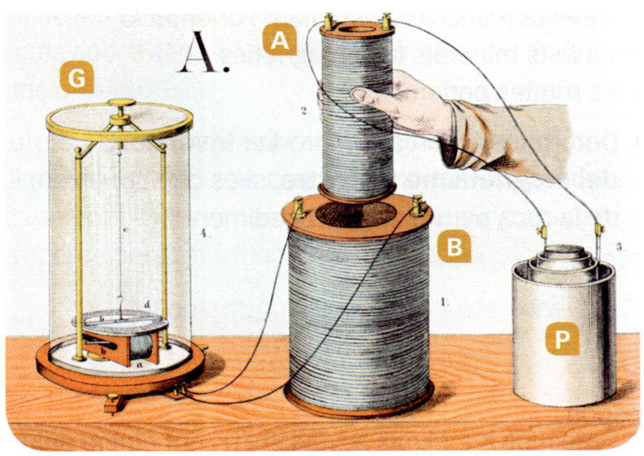


Raona per què aquesta experiència reflecteix el mateix fenomen que el que hem descrit quan hem explicat que un imant pot generar un corrent elèctric. Què substitueix l'imant?

## AMPLIA

**42** Et sembla una bona idea portar un paraigua amb punta metàl·lica durant una tempesta? Per què?

**43** Els imants poden deixar de ser-ho quan s'escalfen. La temperatura a la qual es produeix aquest fenomen depèn del material. Així, per al ferro és 770 °C, i per al níquel, 360 °C. Repassa els esquemes dels dominis i dóna una explicació a aquest fet.

INVESTIGA APRENENTATGE COOPERATIU

# ELECTRICITAT, BRÚIXOLES I IMANTS

## A. EL COMPORTAMENT MAGNÈTIC DEL CORRENT ELÈCTRIC

El corrent elèctric té un comportament magnètic que fa que sigui capaç de desviar l'agulla d'una brúixola. En aquesta experiència comparem el seu comportament amb el d'un imant convencional.

### MATERIAL

- Imant de barra.
- Brúixola.
- Llimadures de ferro.
- Fil de coure (si pot ser, amb extrems de diferent color).
- Pila o font de corrent continu.
- Barra de ferro dolç.
- Bobina.

### PROCEDIMENT

1. Comprova el comportament de l'imant. Mou-lo al voltant d'una brúixola i observa el moviment de l'agulla. Acosta-hi un pol de l'imant i després l'altre.
2. Col·loca un full o un vidre damunt de l'imant i escampa-hi llimadures de ferro. Dóna-hi uns copets perquè les llimadures s'orientin. Mou el full o el vidre per damunt de l'imant i observa el desplaçament de les llimadures.
3. Comprova el comportament magnètic d'una bobina amb corrent. Connecta els extrems de la bobina a la pila o als borns de la font de corrent continu. Escampa llimadures de ferro en un full o un vidre i col·loca'l damunt de la bobina. Dóna-hi uns copets perquè les llimadures de ferro s'orientin. Observa el desplaçament de les llimadures quan mous el vidre sobre la bobina. Col·loca la brúixola a prop dels extrems de la bobina. Observa l'agulla quan és a prop d'un extrem i quan és a prop de l'altre. Observa el comportament de la brúixola quan encens i apagues la font o connectes i desconnectes la pila.
4. Comprova el comportament de la bobina amb una barra de ferro dolç a l'interior. Introdueix la barra de ferro dins del nucli de la bobina i repeteix el pas anterior.

### ACTIVITATS

**57** A quina part de l'imant o de la bobina s'acumulen les llimadures de ferro?

**58** Per què es mouen les llimadures quan es mou l'imant o la bobina?

**59** Com expliques que l'agulla de la brúixola es desplaci quan passa corrent pel fil?

**60** Com és el comportament magnètic de la bobina quan té una barra de ferro?

## B. CONSTRUIR UN ELECTROIMANT

Es pot aprofitar l'efecte magnètic del corrent elèctric per construir un electroimant, un imant que actua quan hi passa un corrent elèctric i deixa de fer-ho quan es talla el corrent.

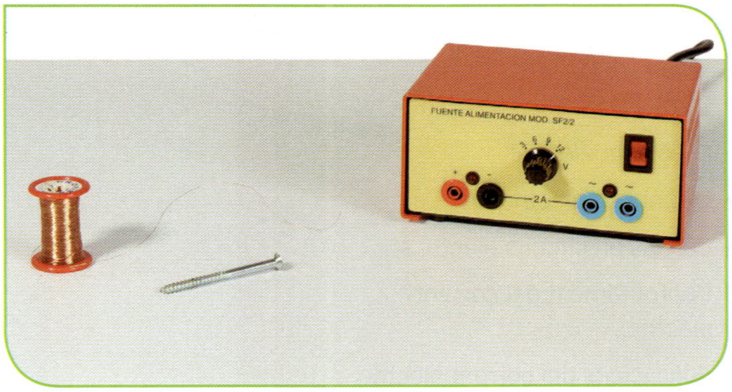


### MATERIAL

- Fil de coure.
- Clau de ferro.

### PROCEDIMENT

1. Enrotlla fil de coure al voltant d'un clau de ferro (entre 100 i 200 voltes). Connecta els dos extrems del fil als borns de la font de tensió. Si utilitzes una pila, connecta només un dels extrems del fil de coure a un dels borns de la pila.
2. Acosta el clau a un munt de llimadures de ferro i observa el que passa.
3. Encén la font o connecta l'altre extrem del fil de coure a l'altre born de la pila. acosta el clau amb el cable enrotllat a les llimadures de ferro. Què passa, ara?
4. Apaga la font o desconnecta un extrem del fil de coure de la pila. Què els passa, a les llimadures de ferro?

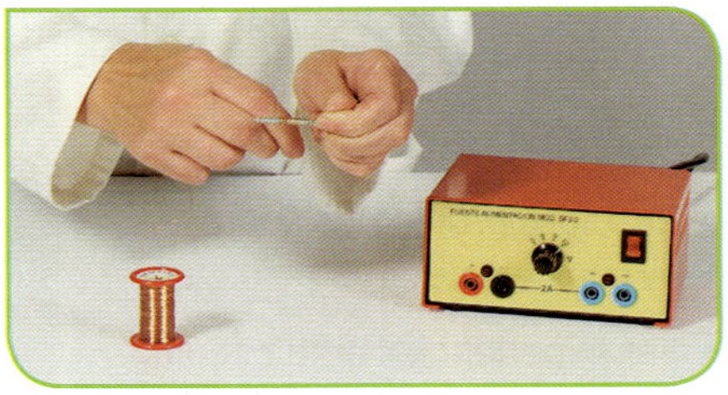

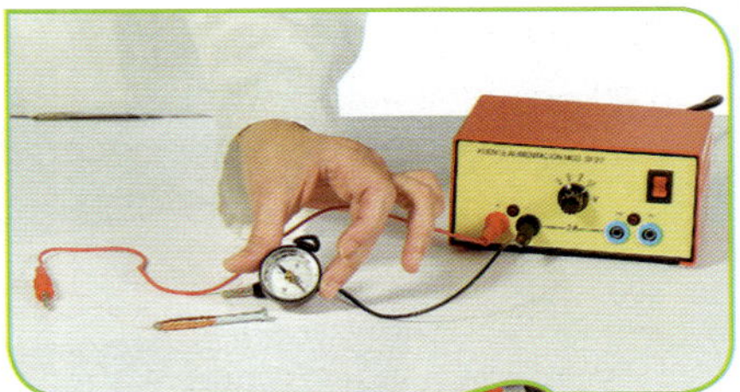

5. Mou l'extrem del clau connectat al corrent a prop de la brúixola i observa què passa.

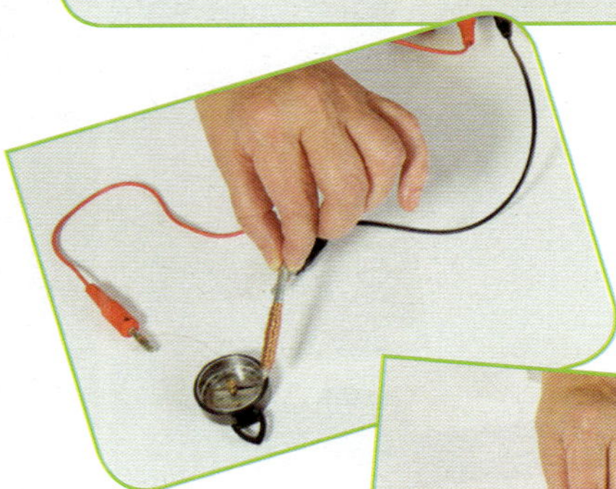

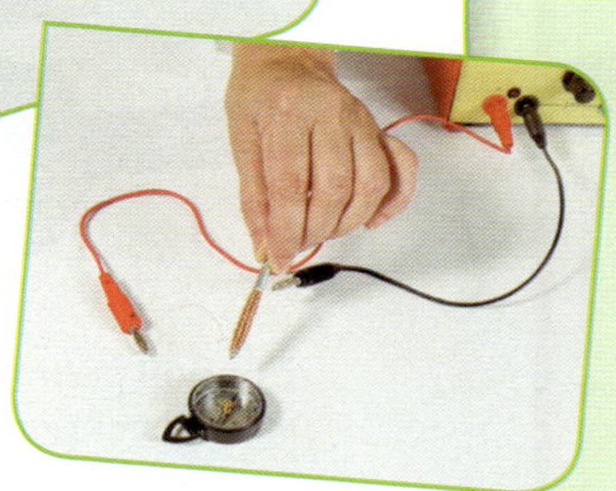

### ACTIVITATS

61 Què fa falta perquè un clau de ferro es comporti com un imant?

62 Els electroimants s'utilitzen a la indústria per moure peces metàl·liques. Raona quins avantatges pot tenir un imant enfront d'un electroimant. Se t'acut algun desavantatge?

# 7 Electricitat i electrònica

**SABER**

- El corrent elèctric.
- Magnituds elèctriques.
- Càlculs en circuits elèctrics.
- L'aprofitament del corrent elèctric.
- Aplicacions del corrent elèctric.
- Electricitat i electrònica.

**SABER FER**

- Resoldre problemes sobre circuits elèctrics.
- Fer experiències amb circuits elèctrics.

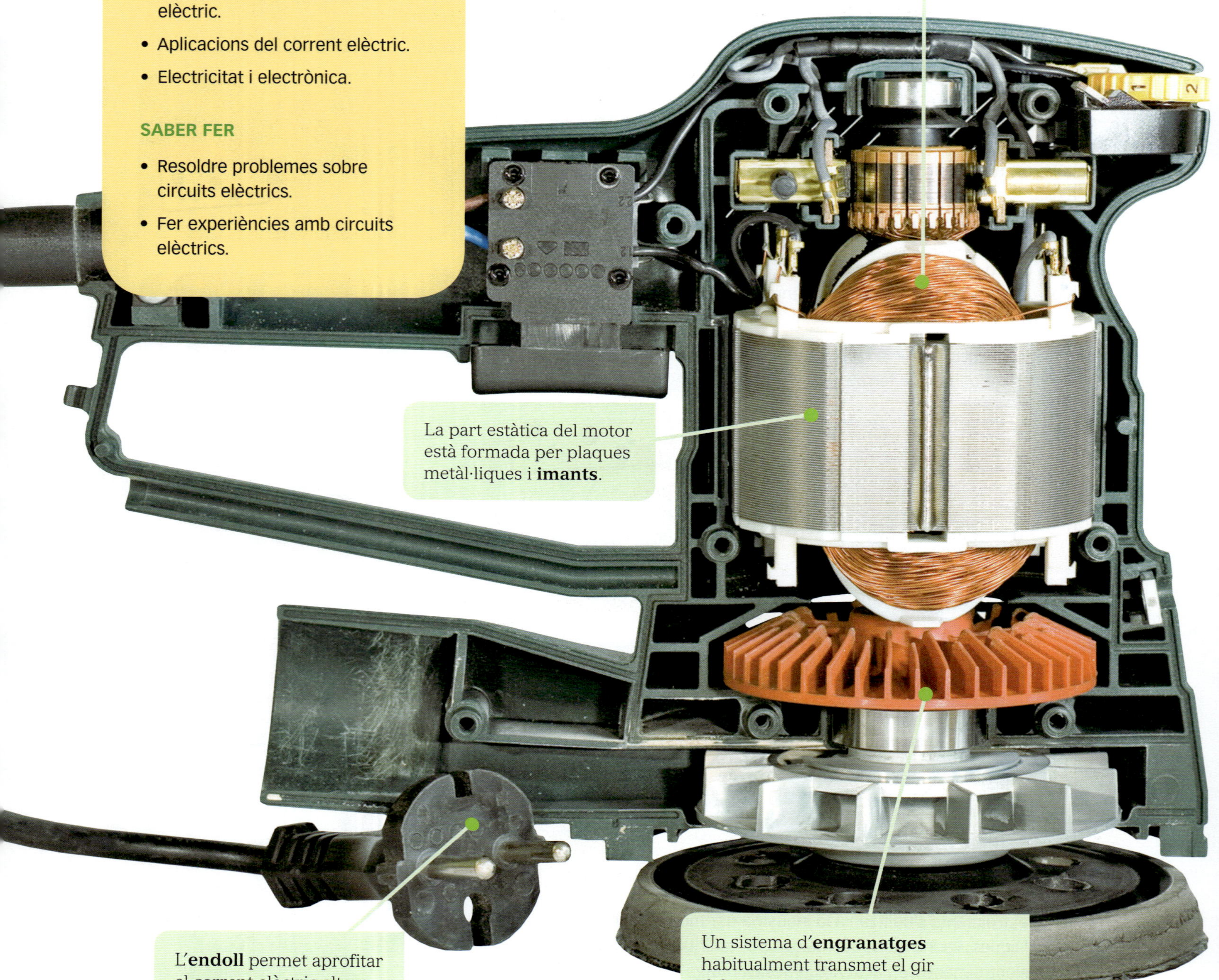

## FÍSICA QUOTIDIANA. **El motor elèctric**

Un **motor elèctric** és una màquina capaç de produir moviment a partir d'un corrent elèctric. Qualsevol aparell elèctric amb peces mòbils, com un ventilador o una batedora, té un motor elèctric a dins.

Els motors elèctrics són més eficients que els motors de combustió, i no contaminen durant el funcionament, encara que sí que es pot produir contaminació durant la fase de generació de l'energia elèctrica a les centrals.

### PER QUÈ GIRA EL MOTOR?

Quan circula corrent per les bobines, aquestes es comporten com un **imant** amb dos pols: nord i sud.

Com que les bobines estan situades entre imants, els seus pols se senten atrets i repel·lits pels pols dels imants. Per això les **bobines giren** quan hi circula el corrent. Gràcies a unes escombretes s'aconsegueix canviar contínuament la polaritat de la bobina en cada gir, i així el gir de les bobines es manté sense parar mentre hi circula el corrent elèctric.

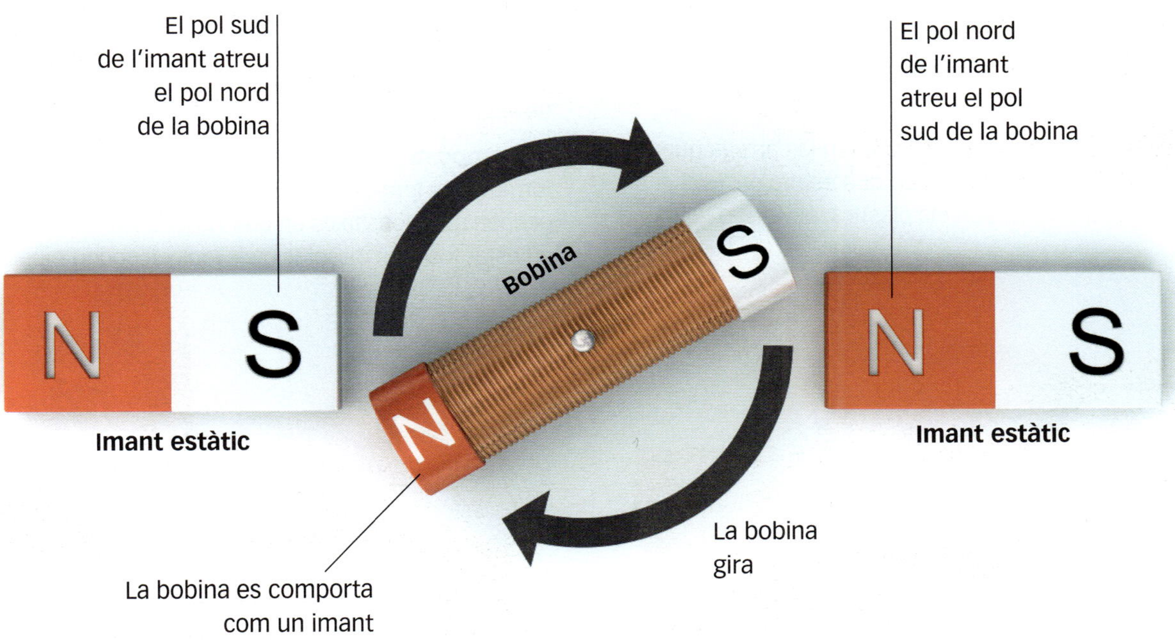


### INTERPRETA LA IMATGE

- Explica com s'aconsegueix el gir en un motor elèctric.
- Com s'aconsegueix el moviment en la batedora de cuina que apareix en aquesta pàgina? Cita el nom d'alguns aparells que necessiten un motor elèctric per funcionar.

### CLAUS PER COMENÇAR

- En què consisteix el corrent elèctric?
- Actualment s'estudia la possibilitat d'utilitzar cotxes amb motor elèctric, que contaminen molt menys que els vehicles de gasolina o gasoil. Creus que val la pena invertir en aquests vehicles, encara que siguin més cars i tinguin menys autonomia que els vehicles amb motor d'explosió?

## REPASSA FÍSICA I QUÍMICA

### Cossos conductors i cossos aïllants

Des del punt de vista del comportament que tenen amb les càrregues elèctriques, els materials poden ser conductors, aïllants o semiconductors:

- **Conductors:** són els que permeten el moviment de càrregues elèctriques. Els conductors típics són els metalls.

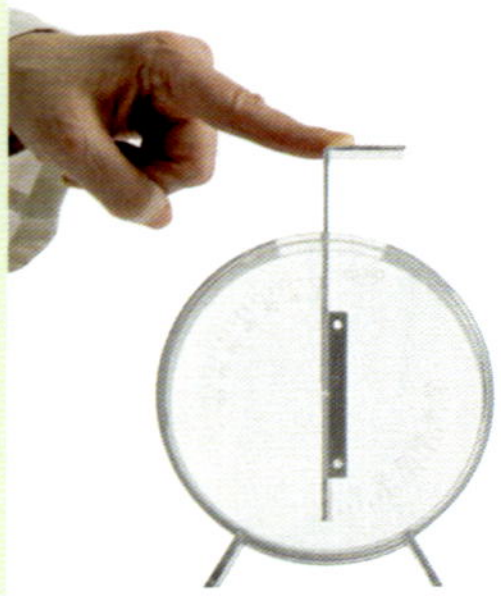

Si toquem amb el dit la placa metàl·lica d'un versori o la bola carregada d'un electroscopi, les plaques metàl·liques separades s'ajunten, i això indica que la càrrega del versori o de l'electroscopi ha passat als nostres dits.

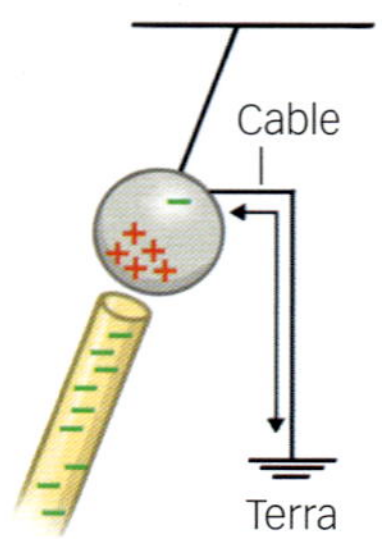


En la connexió a terra descarreguem la càrrega acumulada en un cos a través d'un cable metàl·lic que connectem al terra, a la paret o al sostre d'un edifici.

- **Aïllants:** són materials que retenen la càrrega que se'ls comunica i no permeten que es mogui. Exemples d'aïllants són els plàstics, el vidre o la fusta.

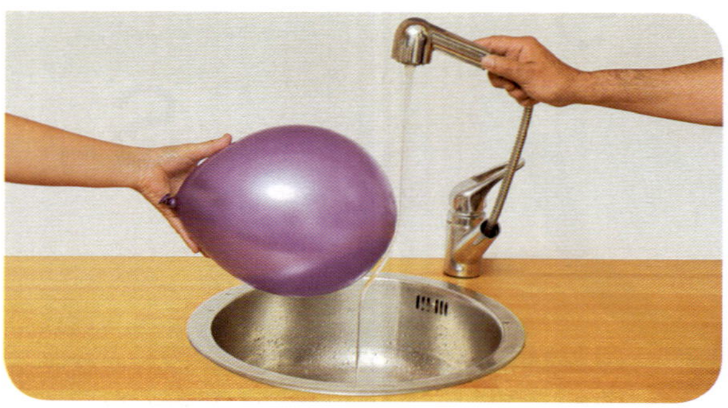

El globus carregat reté la càrrega encara que el toquem amb les mans.

- **Semiconductors:** són materials no conductors que es converteixen en conductors en unes circumstàncies determinades. S'utilitzen en dispositius electrònics. Un dels semiconductors més comuns és el silici.

### Cossos que condueixen l'electricitat i cossos que la no condueixen

Els **metalls** són substàncies formades per àtoms amb pocs electrons a la capa més externa. Els àtoms perden aquests electrons, que formen una mena de mar en el qual s'estabilitzen els ions positius.

Aquests electrons tenen una certa llibertat de moviment; per això els metalls condueixen el corrent elèctric.

Si connectem un tros de metall als extrems d'una pila, els electrons es desplacen cap al pol positiu. Es produeix un corrent d'electrons que va des del pol negatiu de la pila cap al positiu.

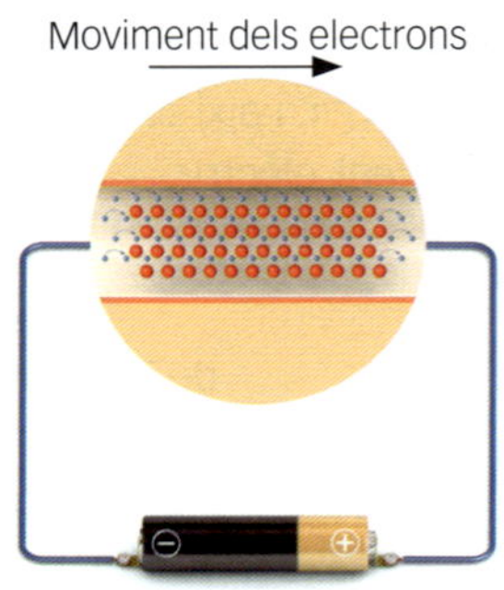


Els **compostos iònics** estan formats per ions positius i negatius. En estat sòlid els ions ocupen posicions fixes en una xarxa cristal·lina, però en estat fos o en dissolució els ions es poden moure.

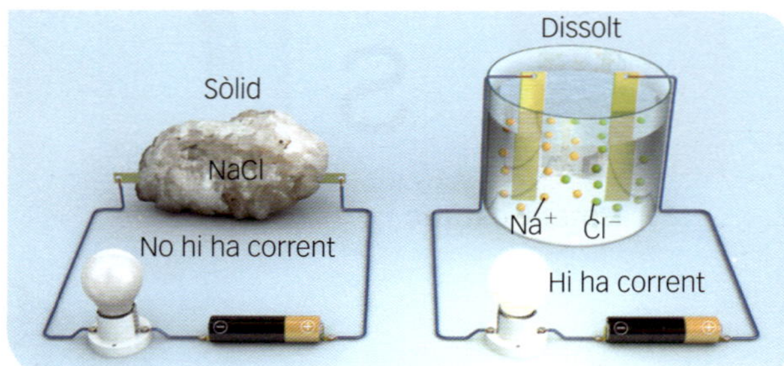


El carbó i els plàstics són substàncies covalents que no tenen electrons ni ions que es puguin desplaçar. Són substàncies aïllants.

### ACTIVITATS

**1** Indica quines de les substàncies següents condueixen l'electricitat si es connecten als extrems d'una pila.

a) Coure.
b) Clorur de sodi sòlid.
c) Plata.
d) Ferro.
e) Carbó.
f) Clor.
g) Sodi.
h) Amoníac.
i) Clorur de potassi dissolt en aigua.

**2** Explica per què els cables elèctrics que utilitzem estan formats per fils metàl·lics recoberts de plàstic i els tornavisos tenen una part metàl·lica i una altra de fusta o de plàstic.

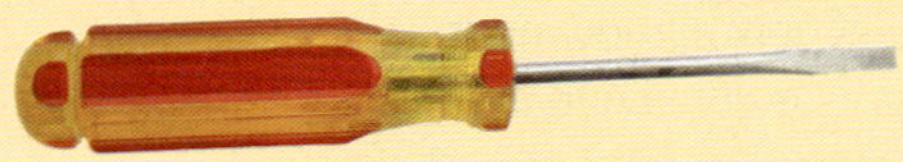

# 1 El corrent elèctric

Un **corrent elèctric** consisteix en un conjunt de càrregues elèctriques que es mouen de manera ordenada. La major part de les vegades seran electrons que es mouen per un fil metàl·lic.

Perquè les càrregues elèctriques es moguin de manera ordenada és necessari que alguna cosa les impulsi, és a dir, que els doni energia i els marqui el sentit del moviment. Aquest dispositiu és un **generador** de corrent, que pot ser una pila o una presa de corrent de la instal·lació elèctrica.

- Les piles són generadors de **corrent continu**. És a dir, corrent en què les càrregues es mouen sempre en el mateix sentit. L'energia procedeix d'una reacció química que es produeix a l'interior. La pila s'esgota quan s'esgoten els reactius i s'acaba la reacció.
- A casa i en la major part de les instal·lacions elèctriques s'utilitza **corrent altern**: un corrent que canvia de sentit unes quantes vegades per segon (als habitatges, 50 vegades per segon). Aquesta electricitat es produeix a les centrals elèctriques i es transmet a la instal·lació. S'obté com a resultat del moviment d'imants i bobines elèctriques en una turbina.

## 1.1. Circuit elèctric

Un **circuit elèctric** és el camí tancat que recorren les càrregues elèctriques i que els permet tornar al punt de partida.

Per poder funcionar, el circuit ha de tenir un generador que aporti energia a les càrregues que arriben al final del recorregut perquè el tornin a iniciar. En aquesta unitat treballarem amb circuits de corrent continu. El generador elèctric té un paper similar a les bombes en els circuits hidràulics.

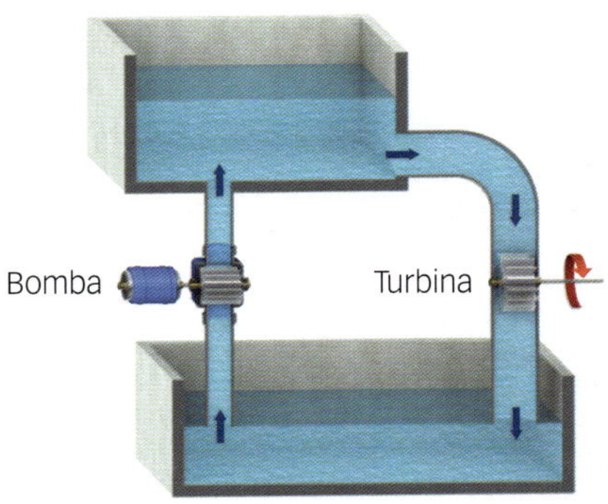


L'aigua passa del dipòsit superior a l'inferior, i en el procés fa un treball, com, per exemple, moure una turbina. Perquè l'aigua faci aquest recorregut de manera contínua és necessari que una bomba la impulsi novament al dipòsit superior.

Les càrregues elèctriques recorren el circuit i en el procés fan un treball, com, per exemple, encendre una bombeta. Perquè les càrregues facin aquest recorregut de manera contínua és necessari que la pila proporcioni energia que els permeti reiniciar el circuit.

### PARA ATENCIÓ

**El sentit del corrent elèctric**

El **sentit real** del corrent és del pol negatiu al positiu. Les càrregues elèctriques són electrons. En un circuit els electrons surten del pol negatiu i es mouen cap al pol positiu.

Tradicionalment, el **sentit convencional** del corrent és del pol positiu al negatiu. Això és perquè aquest sentit es va establir abans de conèixer l'existència dels electrons, quan es creia que les càrregues elèctriques que es mouen pel circuit eren positives.

| Element | Símbol |
|---|---|
| Conductor |   |
| Pila | 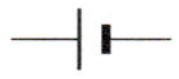 |
| Resistència | 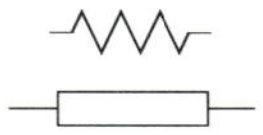 |
| Interruptor obert |  |
| Interruptor tancat |   |
| Motor |  |
| Generador |  |
| Amperímetre (aparell per mesurar la intensitat de corrent) |  |
| Voltímetre (aparell per mesurar la diferència de potencial) | 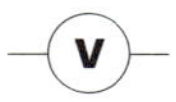 |
| Làmpada |  |

**Símbols** que s'utilitzen per representar els elements d'un circuit elèctric.

## 1.2. Elements d'un circuit elèctric

Un circuit elèctric pot incloure diferents elements, com, per exemple, resistències, motors o bombetes. A més, ha de tenir una bateria o un generador elèctric i cables que permetin que tot això estigui connectat entre si. També és adequat un interruptor que permeti obrir i tancar el circuit.

Els elements del circuit es representen habitualment amb símbols. Les bombetes o qualsevol altre element que funcioni (estufa, planxa...) es representen com a resistències.

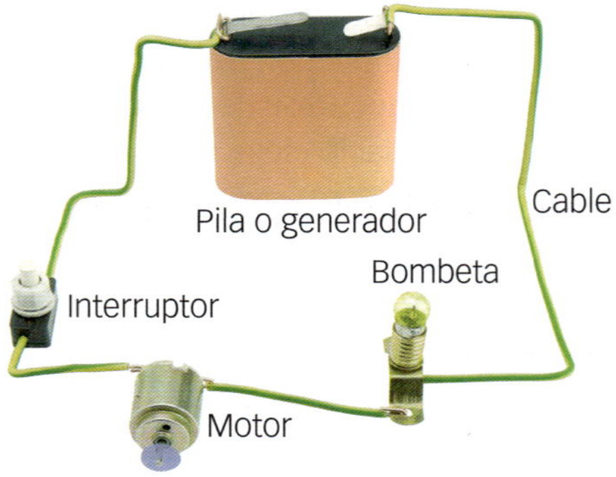


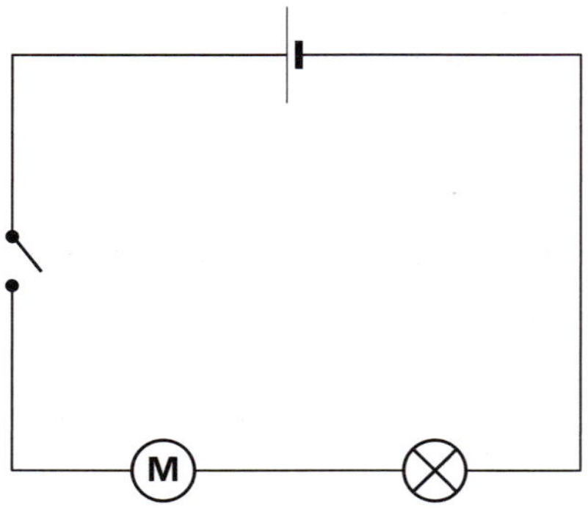


## 1.3. Connexió d'elements en sèrie i en paral·lel

Observa els elements que componen aquest circuit i la representació corresponent:

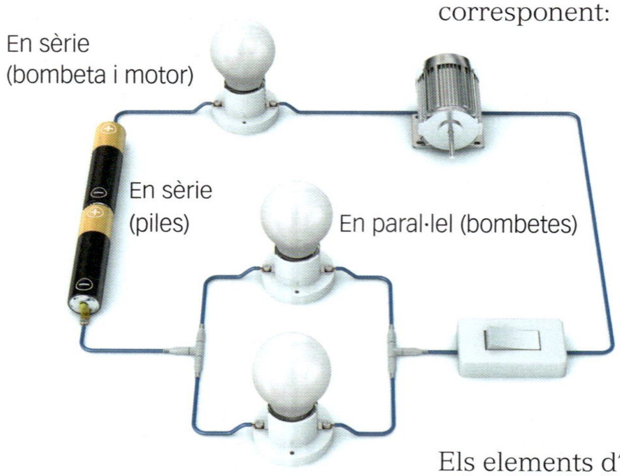


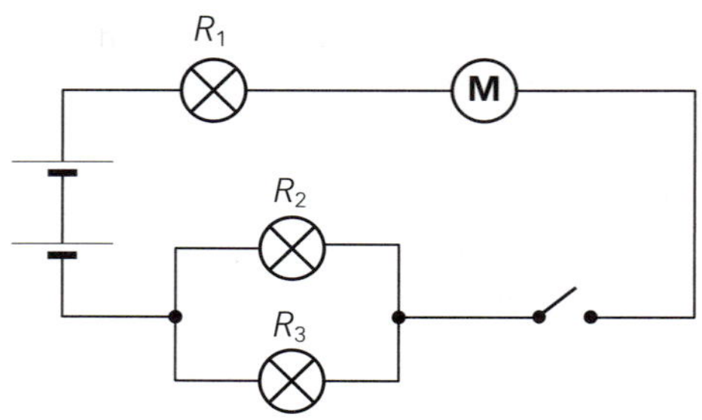


Els elements d'un circuit es poden connectar:

- **En sèrie:** els elements es col·loquen l'un darrere l'altre, com les piles, la resistència $R_1$ i el motor M.
- **En paral·lel:** els elements es col·loquen en branques que surten d'un punt del circuit i s'uneixen en un altre punt. Les resistències $R_2$ i $R_3$ estan en paral·lel.

Sovint, en els circuits hi ha elements en sèrie connectats amb un conjunt d'elements en paral·lel (circuit mixt).

### ACTIVITATS

**3** Elabora l'esquema d'un circuit que tingui una bateria, una bombeta i una resistència en sèrie. Col·loca-hi un interruptor que et permeti obrir-lo i tancar-lo.

**4** Dibuixa l'esquema d'un circuit que tingui una bombeta i una resistència en paral·lel. El circuit ha d'incloure també una bateria i un interruptor.

## 2 Magnituds elèctriques

De qualsevol element que estigui en funcionament en un circuit elèctric, ens interessa saber-ne algunes magnituds: la intensitat de corrent que hi passa i la diferència de potencial o caiguda de tensió que s'hi produeix. Aquestes magnituds estan relacionades amb la resistència de l'element al pas del corrent. Veurem el que representa cadascuna, com es calculen i com es mesuren.

### 2.1. Intensitat del corrent

Imagina que pots fer un tall en un conductor i comptar les càrregues que hi passen en cada segon.

> S'anomena **intensitat de corrent elèctric** (*I*) la càrrega elèctrica que travessa una secció del conductor en una unitat de temps.
>
> $$I = \frac{Q}{t}$$

En el SI es mesura en **amperes (A)**. Per un conductor circula una intensitat d'1 A quan el travessa una càrrega d'1 C cada segon.

$$1\ \text{A} = \frac{1\ \text{C}}{1\ \text{s}}$$

Per a corrents d'intensitat molt baixa s'utilitza el mil·liampere (mA); i si és molt alta, el quiloampere (kA). $1\ \text{mA} = 10^{-3}\ \text{A}$; $1\ \text{kA} = 10^{3}\ \text{A}$.

La intensitat del corrent es mesura amb un aparell anomenat **amperímetre**. Per mesurar la intensitat que passa per un element del circuit, com, per exemple, una bombeta, l'amperímetre s'ha de col·locar **en sèrie** amb aquest element perquè per tots dos passi el mateix corrent.

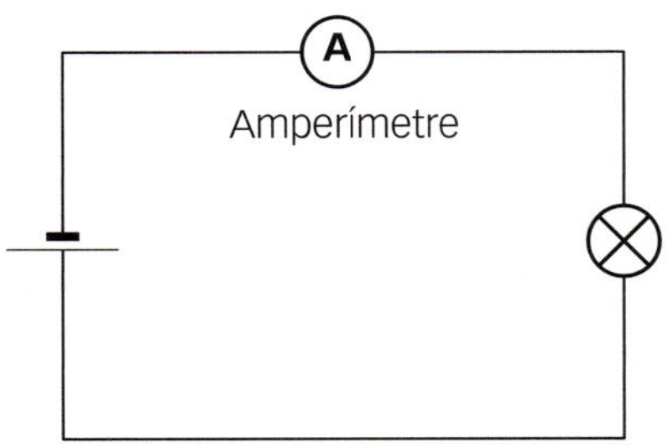


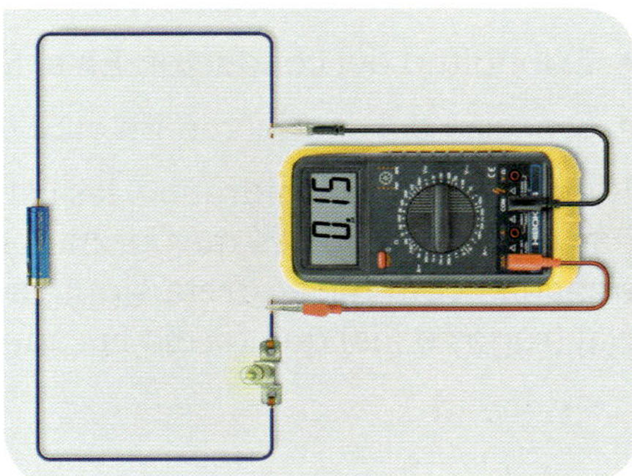


### ACTIVITATS

5 Quina és la intensitat del corrent que passa per un dispositiu si el travessen 1.000 C en 25 s?

6 Calcula la càrrega que passa per un conductor si hi circula un corrent de 8 mA durant 2 min. Expressa la càrrega en electrons.

7 Quant de temps ha de circular un corrent de 3 A per un conductor perquè hi hagin passat 12 mC?

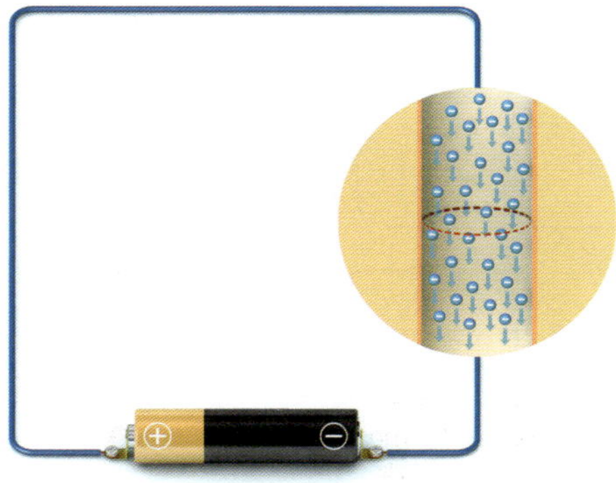

La **intensitat** del corrent representa el nombre de càrregues que passen per una secció del conductor en una unitat de temps.

**? INTERPRETA LA IMATGE**

- Quin sentit s'ha utilitzat a l'esquema per representar el corrent elèctric, el real o el convencional?

A Mesura el voltatge.
B Mesura la intensitat.

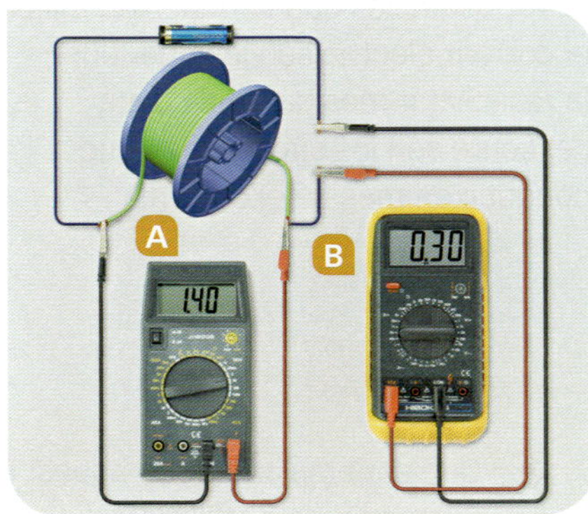


Un **polímetre** és un aparell que serveix per mesurar intensitats, voltatges i resistències. Té un comandament selector i diferents escales. Les dues clavilles es col·loquen en una entrada o una altra depenent de la mesura que s'ha de prendre.

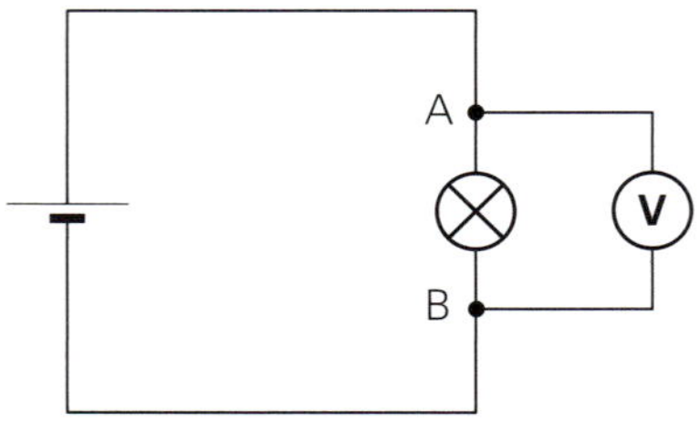


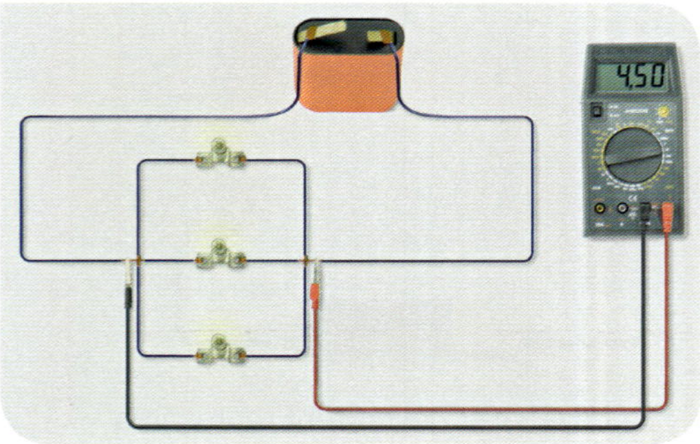


## 2.2. Diferència de potencial

S'anomena **diferència de potencial, caiguda de tensió** o **voltatge ($\Delta V$)** entre dos punts A i B d'un circuit, l'energia que guanya o perd la unitat de càrrega quan passa d'un punt a l'altre (de A a B).

En el SI la diferència de potencial es mesura en **volts (V)**. Per a quantitats molt baixes o molt altes s'utilitzen el mil·livolt (mV) o el quilovolt (kV).

- 1 mV = $10^{-3}$ V.
- 1 kV = $10^{3}$ V.

El voltatge es mesura amb un aparell anomenat **voltímetre**. Per mesurar la diferència de potencial en un element d'un circuit, com, per exemple, una bombeta, el voltímetre s'ha de col·locar **en paral·lel** amb aquest element.

## 2.3. Resistència

Quan una determinada intensitat de corrent travessa un element d'un circuit, les càrregues perden més o menys energia depenent de la resistència que aquest element ofereixi al pas del corrent.

La **resistència (*R*)** d'un element és l'oposició que ofereix al pas del corrent.

Per a un conductor la resistència depèn de la longitud, del gruix i del material del qual estigui fet (coure, plata, etc.). I la resistència és més gran com més llarg i estret sigui el conductor.

$$R = \rho \cdot \frac{L}{S}$$

- *R*: resistència del conductor. En el SI es mesura en **ohms (Ω)**.
- ρ: resistivitat. És una característica del material del qual està fet el conductor. En el SI es mesura en (Ω · m).
- *L*: longitud del conductor. En el SI es mesura en m.
- *S*: secció del conductor. En el SI es mesura en $m^2$.

Reprenem el símil hidràulic: les canonades ofereixen una resistència al pas de l'aigua que és més gran com més gran és la longitud de la canonada i com més estreta sigui; la resistència també depèn del material (rugós o llis) que forma la canonada.

| Material | Resistivitat (Ω · m) |
|---|---|
| Plata | $1{,}5 \cdot 10^{-8}$ |
| Coure | $1{,}7 \cdot 10^{-8}$ |
| Alumini | $2{,}8 \cdot 10^{-8}$ |
| Níquel | $7{,}2 \cdot 10^{-8}$ |
| Ferro | $1{,}1 \cdot 10^{-7}$ |
| Plom | $2{,}2 \cdot 10^{-6}$ |
| Nicrom | $1{,}0 \cdot 10^{-6}$ |
| Carboni | $6{,}3 \cdot 10^{-5}$ |
| Germani | 0,45 |
| Silici | 640 |

Taula de **resistivitats**.
Les substàncies que condueixen millor el corrent elèctric són les que tenen la resistivitat més baixa. La plata i el coure són les substàncies que condueixen més bé el corrent.

### ACTIVITATS

**8** Què està malament en aquest esquema? Corregeix-ho a la llibreta.

**9** Calcula la resistència de:

a) Un fil de coure de 2 m de llargada i 2 mm de diàmetre.

b) Un fil de coure de 20 m de llargada i 2 mm de diàmetre.

c) Un fil de coure de 2 m de llargada i 20 mm de diàmetre.

d) Un fil de ferro de 20 m de llàrgada i 20 mm de diàmetre.

**10** Per què s'utilitza coure i no plom, per exemple, en els cables de corrent?

## 2.4. Llei d'Ohm

**SABER FER**

### Muntar un circuit elèctric

Munta un circuit com el de la figura. Has d'utilitzar un generador que et permeti aplicar diferents voltatges al circuit.

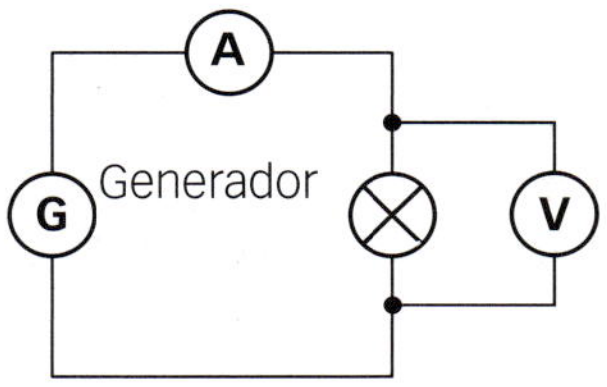


Col·loca l'amperímetre de manera que puguis mesurar el corrent que passa per la bombeta, i el voltímetre perquè hi puguis mesurar la diferència de potencial.

Selecciona diferents voltatges en el generador i anota els valors que llegeixis a l'amperímetre i el voltímetre en cada cas.

En una experiència hem obtingut els valors d'aquesta taula.

| Voltatge (V) | Intensitat (A) |
|---|---|
| 0,8 | 0,10 |
| 1,2 | 0,15 |
| 1,6 | 0,20 |

1. Representa gràficament $\Delta V$ respecte de $I$. Quina relació hi ha entre les variables?

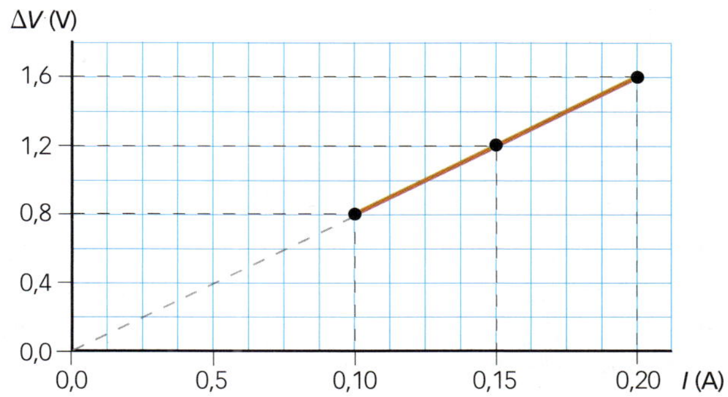


**Interpretació:** Les magnituds són directament proporcionals.

2. Emplena la taula següent a la llibreta.

| Voltatge (V) | Intensitat (A) | $\frac{\Delta V}{I}$ |
|---|---|---|
| 0,8 | 0,10 | $\frac{0,8}{0,10} = 8$ |
| 1,2 | 0,15 | |
| 1,6 | 0,20 | |

De l'experiència es dedueix que per a un element d'un circuit (en aquest cas, la bombeta) la relació entre la diferència de potencial i la intensitat del corrent que el travessa és constant. El valor d'aquest quocient és la resistència de l'element.

Aquesta relació la va establir el físic alemany George Simon Ohm (1789-1854) i, en honor seu, es coneix com la **llei d'Ohm**.

**Llei d'Ohm**. La diferència de potencial entre els extrems d'un element que forma part d'un circuit és igual a la intensitat que el travessa multiplicada per la seva resistència:

$$\Delta V = I \cdot R$$

- $\Delta V$ es mesura en volts (V) en el SI.
- $I$ es mesura en amperes (A) en el SI.
- $R$ es mesura en ohms (Ω) en el SI.

La llei d'Ohm és una llei experimental. Encara que hi ha alguns materials que no la compleixen, resulta molt útil a l'hora d'estudiar circuits.

Aquesta llei ens permet fer una nova definició d'aquestes unitats:

Un **volt** és la diferència de potencial existent entre els extrems d'un element que té una resistència d'1 Ω quan el travessa un corrent d'1 A.

**ACTIVITATS**

11 A partir de la definició de volt que es dedueix de la llei d'Ohm, escriu una definició similar per a l'ampere i l'ohm.

12 Quina és la diferència de potencial en una resistència de 2,2 kΩ si la travessa un corrent de 0,15 A?

13 Quina és la intensitat de corrent que passa per un dispositiu que té una resistència de 2,2 kΩ en cas que es produeixi una caiguda de tensió de 110 V?

## PARA ATENCIÓ

Els càlculs en els circuits elèctrics ens permeten conèixer la diferència de potencial, la intensitat i la resistència de cadascun dels elements que els componen. Per a aquests càlculs utilitzarem la **llei d'Ohm**.

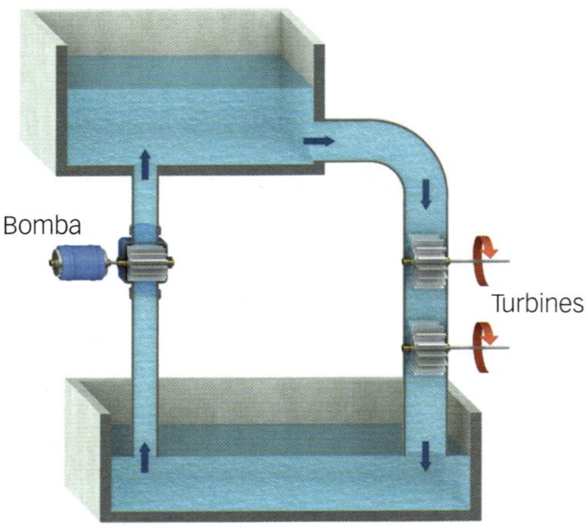


**Símil hidràulic.** En el circuit de l'aigua col·loquem dues turbines al tub de baixada, una a continuació de l'altra. Per totes dues passa el mateix corrent d'aigua i de l'energia que porta aquesta aigua, una part s'inverteix a moure la primera turbina i l'altra part a moure la segona.

## RECORDA-HO

Els cables de connexió es representen amb línies contínues per indicar que no ofereixen resistència al pas del corrent i no produeixen caiguda de tensió.

# 3 Càlculs en circuits elèctrics

## 3.1. Circuits amb diverses resistències

Suposem un circuit amb diversos elements que representem mitjançant la resistència. Els elements poden ser una bombeta, una planxa, una estufa, etc. Perquè hi circuli el corrent necessitem un generador que aporti energia a les càrregues. En l'estudi del circuit és útil calcular la resistència equivalent d'un conjunt de resistències.

Una **resistència equivalent** de diverses resistències és una resistència que exerceix el mateix paper que el conjunt de les altres. Si $R_{eq}$ és la resistència equivalent de $R_1$ i $R_2$, al circuit podrem substituir $R_1$ i $R_2$ per una resistència igual a $R_{eq}$.

### Resistències connectades en sèrie

Suposem un circuit com el de la figura, en el qual les dues resistències, $R_1$ i $R_2$, estan en sèrie. Per totes dues passa la mateixa intensitat de corrent, $I$, i de l'energia que dóna el generador a la unitat de càrrega ($\Delta V_T$) una part es transforma en la primera resistència ($\Delta V_1$) i l'altra part en la segona ($\Delta V_2$).

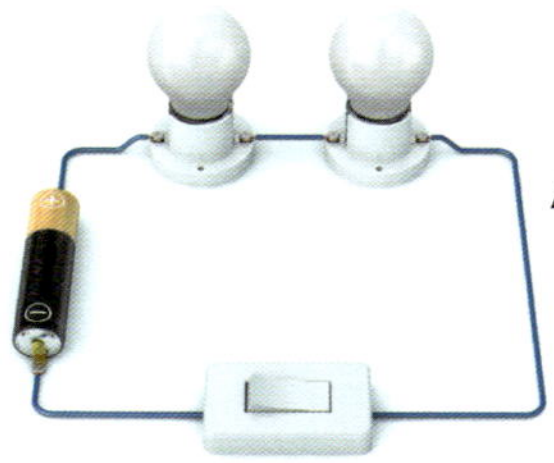

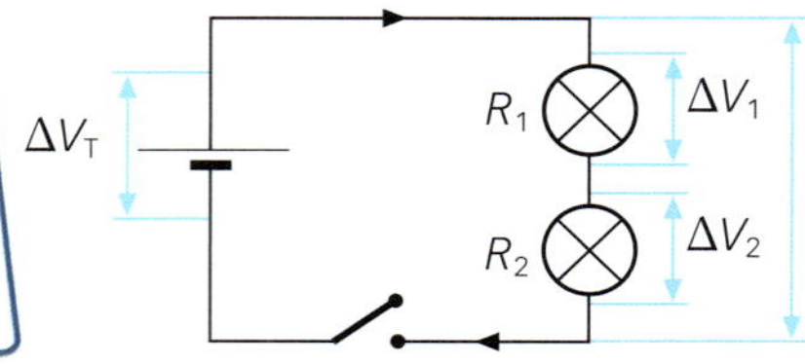


$\Delta V_T = \Delta V_1 + \Delta V_2$

Dividim els dos membres per la intensitat $I$: $\frac{\Delta V_T}{I} = \frac{\Delta V_1}{I} + \frac{\Delta V_2}{I}$

I tenint en compte la llei d'Ohm: $R_{eq} = R_1 + R_2$

En resum, per a un circuit amb diversos elements en sèrie:

- **Intensitat:** és la mateixa per a tots els elements que estan en sèrie.
- **Diferència de potencial:** l'energia total es va transformant en cadascun dels elements: $\Delta V_T = \Delta V_1 + \Delta V_2$.
- **Resistència equivalent:** la resistència total o equivalent és la suma de les resistències en sèrie: $R_{eq} = R_1 + R_2$.

## ACTIVITATS

**14** En aquest circuit, $R_1 = 6\ \Omega$ i $R_2 = 3\ \Omega$.

a) Quina és la resistència equivalent del circuit?

b) Si per la resistència de 6 Ω passa un corrent de 2 A, quina caiguda de tensió s'hi produeix?

c) Quina és la intensitat que passa per $R_2$? Quina caiguda de tensió s'hi produeix?

d) Quin voltatge proporciona el generador?

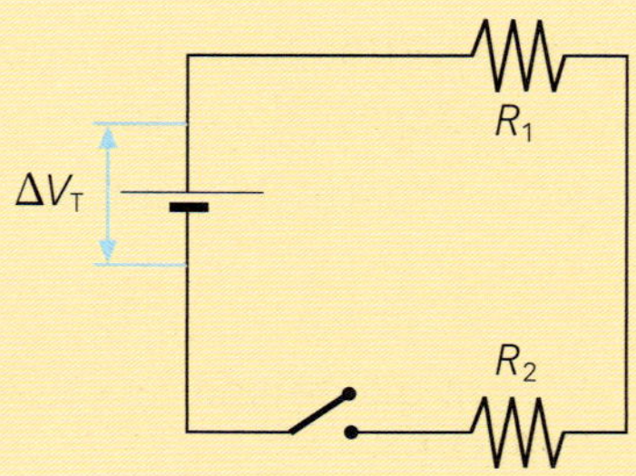

## Resistències connectades en paral·lel

Suposem que tenim un circuit com el de la figura en el qual les dues resistències, $R_1$ i $R_2$, estan connectades en paral·lel. Quan arriben al punt en què el circuit es divideix, les càrregues poden circular per cadascuna de les branques, és a dir, la intensitat de corrent, $I$, que arriba a la derivació es divideix entre les dues branques ($I_1$ i $I_2$). Les càrregues han de «gastar» la mateixa energia quan van per una branca que quan van per l'altra, ja que tornen a coincidir en un mateix punt del circuit després de la derivació.

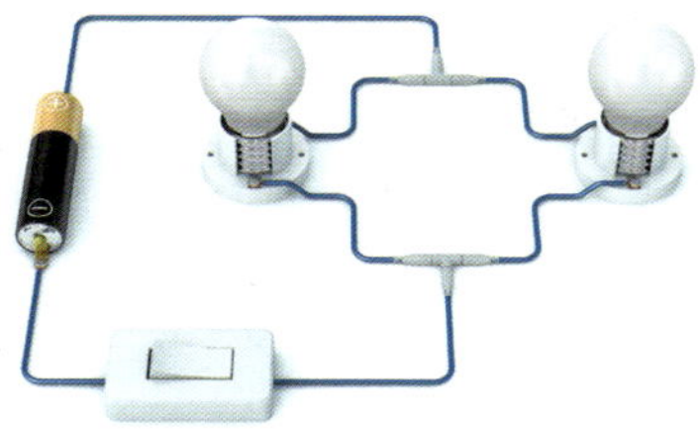

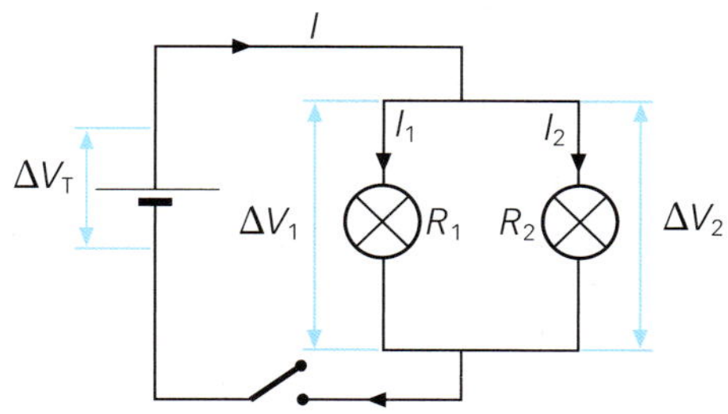


$$I = I_1 + I_2$$

La caiguda de tensió en les dues resistències en paral·lel és la mateixa. En aquest esquema coincideix amb l'energia que dóna el generador. $\Delta V_T = \Delta V_1 = \Delta V_2$.

Dividim els dos membres pel voltatge $\Delta V$:
$$\frac{I}{\Delta V} = \frac{I_1}{\Delta V} + \frac{I_2}{\Delta V}$$

I tenint en compte la llei d'Ohm:
$$\frac{1}{R_{eq}} = \frac{1}{R_1} + \frac{1}{R_2}$$

En resum, per a un circuit amb diversos elements en paral·lel:

- **Intensitat:** la intensitat total que arriba a la derivació es divideix en les diferents branques: $I = I_1 + I_2$.
- **Diferència de potencial:** és la mateixa en cada branca: $\Delta V_1 = \Delta V_2$.
- **Resistència:** la inversa de la resistència equivalent de totes les resistències que estan en paral·lel és igual a la suma de les inverses de cadascuna:

$$\frac{1}{R_{eq}} = \frac{1}{R_1} + \frac{1}{R_2}$$

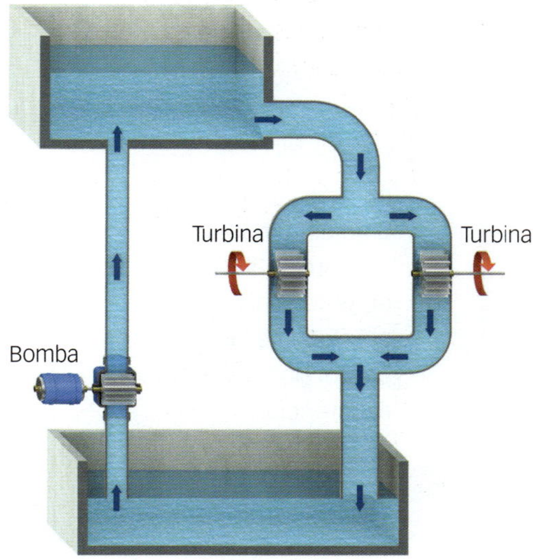


**Símil hidràulic.** Observa el circuit de l'aigua. Si en un punt del tub fem una derivació, l'aigua circularà per una branca o per l'altra. L'aigua de les dues branques es torna a unir després de la derivació.

### REPASSA MATEMÀTIQUES

Recorda com se sumen fraccions:

$$\frac{1}{5} + \frac{2}{3} = \frac{3 \cdot 1}{3 \cdot 5} + \frac{5 \cdot 2}{5 \cdot 3} =$$
$$= \frac{3}{15} + \frac{10}{15} = \frac{3 + 10}{15} = \frac{13}{15}$$

### ACTIVITATS

**15** En aquest circuit $R_1 = 6\ \Omega$ i $R_2 = 3\ \Omega$.

a) Quina és la resistència equivalent del circuit?

b) Si el generador proporciona un voltatge de 18 V, quina caiguda de tensió es produeix en cada resistència?

c) Quina intensitat passa per cada resistència?

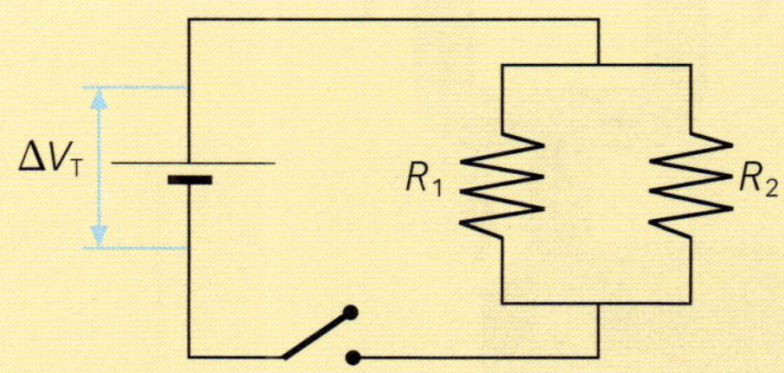


**16** La llum que emet una bombeta depèn de la intensitat que hi passa; més intensitat suposa més il·luminació. Si tenim tres bombetes iguals, amb la mateixa resistència com il·luminaran més, si les connectem en sèrie o en paral·lel?

### PARA ATENCIÓ

Altres enunciats de la llei d'Ohm:

- La intensitat de corrent que circula per un element d'un circuit és directament proporcional a la diferència de potencial entre els extrems i inversament proporcional a la seva resistència:

$$I = \frac{\Delta V}{R}$$

- Per a un element en un circuit el quocient entre la diferència de potencial entre els seus extrems i el corrent que hi passa és igual a la resistència:

$$\frac{\Delta V}{I} = R$$

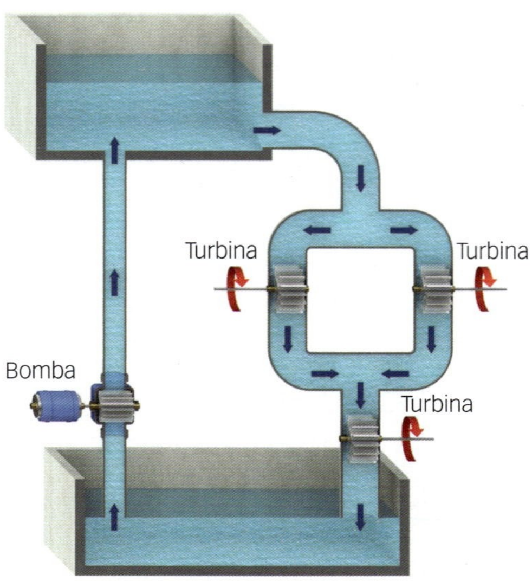


**Símil hidràulic.** Per a un circuit amb resistències en combinació mixta.

## Resistències en combinació mixta

El més habitual és que en un circuit real tinguem diverses resistències en combinació mixta, és a dir, algunes en sèrie i altres en paral·lel. En cada cas haurem d'anar simplificant el circuit a poc a poc.

### 1. EXEMPLE RESOLT

**En el circuit de la figura, $R_1 = 2\ \Omega$, $R_2 = 4\ \Omega$ i $R_3 = 3\ \Omega$.**

**a) Calcula la resistència equivalent del circuit.**

**b) Si el generador proporciona al circuit un voltatge de 6,5 V, quina intensitat hi ha en cada resistència?**

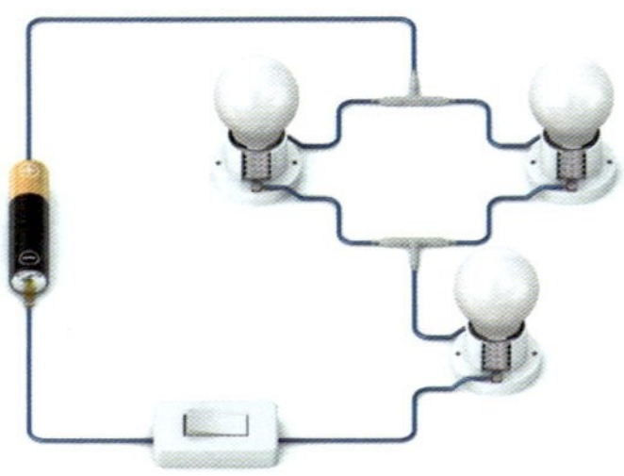

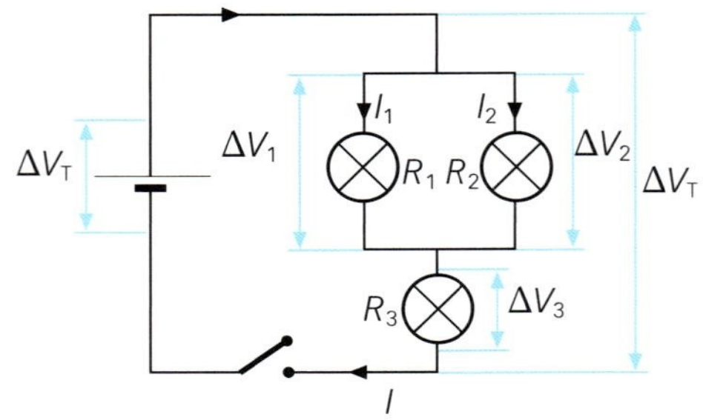


a) Les resistències $R_1$ i $R_2$ estan en paral·lel, i el conjunt de totes dues està en sèrie amb la resistència $R_3$. Calcula la resistència equivalent de $R_1$ i $R_2$:

$$\frac{1}{R_{eq\ 1+2}} = \frac{1}{R_1} + \frac{1}{R_2} = \frac{1}{2} + \frac{1}{4} = \frac{2}{4} + \frac{1}{4} = \frac{3}{4\ \Omega} \rightarrow R_{eq\ 1+2} = \frac{4}{3}\ \Omega$$

Calcula la resistència equivalent d'aquest conjunt amb $R_3$, que està en sèrie respecte a les altres:

$$R_T = R_{eq\ 1+2} + R_3 = \frac{4}{3}\ \Omega + 3\ \Omega = \frac{4}{3}\Omega + \frac{9}{3}\Omega = \mathbf{\frac{13}{3}\ \Omega}$$

b) Aplica la llei d'Ohm al conjunt del circuit per calcular la intensitat que surt del generador:

$$\Delta V_T = I \cdot R_{eq} \rightarrow I = \frac{\Delta V_T}{R_{eq}} = \frac{6{,}5\ V}{\frac{13}{3}\ \Omega} = 1{,}5\ A$$

La intensitat $I$ que surt del generador passa per $R_3$. Apliquem la llei d'Ohm a aquesta resistència, i calculem la diferència de potencial que hi ha:

$$\Delta V_3 = I \cdot R_3 = 1{,}5\ A \cdot 3\ \Omega = 4{,}5\ V$$

L'energia que proporciona el generador a les càrregues es transforma en $R_3$ i en el conjunt de $R_1$ i $R_2$:

$$\Delta V_T = \Delta V_{eq\ 1+2} + \Delta V_3 \rightarrow$$
$$\rightarrow \Delta V_{eq\ 1+2} = \Delta V_T - \Delta V_3 = 6{,}5\ V - 4{,}5\ V = 2\ V$$

Aplica la llei d'Ohm a $R_1$ i $R_2$:

- $I_1 = \frac{\Delta V_{eq\ 1+2}}{R_1} = \frac{2\ V}{2\ \Omega} = \mathbf{1\ A}$

- $I_2 = \frac{\Delta V_{eq\ 1+2}}{R_2} = \frac{2\ V}{4\ \Omega} = \mathbf{0{,}5\ A}$

**2. EXEMPLE RESOLT**

**Calcula la resistència equivalent del circuit de la figura. Dades: $R_1 = 2\ \Omega$, $R_2 = 4\ \Omega$ i $R_3 = 3\ \Omega$.**

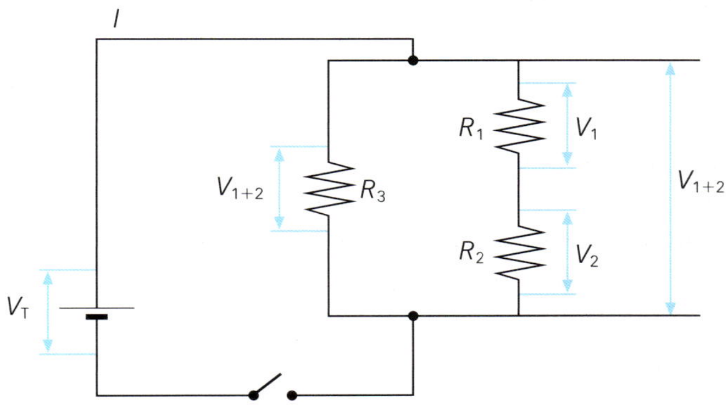


Observa que ara les resistències $R_1$ i $R_2$ estan en sèrie i $R_3$ està en paral·lel amb el conjunt de les dues anteriors.

Calcula la resistència equivalent de $R_1$ i $R_2$:

$$R_{eq\ 1+2} = R_1 + R_2 = 2\ \Omega + 4\ \Omega = 6\ \Omega$$

Calcula la resistència equivalent d'aquest conjunt amb $R_3$, que està en paral·lel respecte a les altres:

$$\frac{1}{R_T} = \frac{1}{R_{eq\ 1+2}} + \frac{1}{R_3} = \frac{1}{6} + \frac{1}{3} = \frac{1}{6} + \frac{2}{6} = \frac{3}{6\ \Omega} \rightarrow$$

$$\rightarrow R_T = \frac{6\ \Omega}{3} = \mathbf{2\ \Omega}$$

## 3.2. Circuits amb diverses piles

En una calculadora o una llanterna sovint utilitzem com a generadors unes quantes piles, connectades en sèrie o en paral·lel.

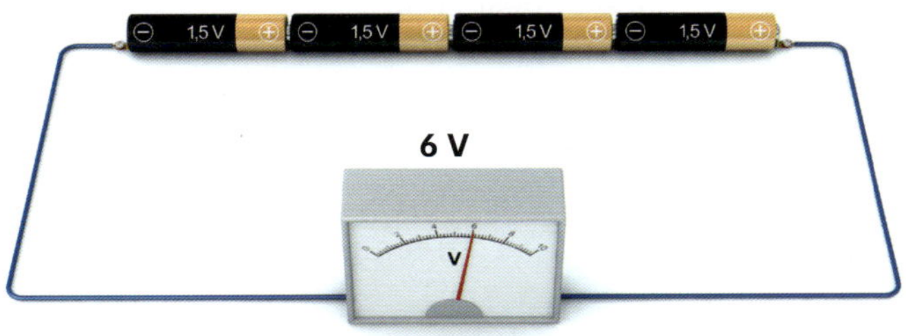


Les piles s'agrupen **en sèrie** quan el pol positiu d'una pila està unit al negatiu de la següent. El voltatge total del conjunt és la suma dels voltatges de totes les piles.

Les piles s'agrupen **en paral·lel** quan s'uneixen els pols positius de totes les piles entre si i els pols negatius entre si. El voltatge total del conjunt és igual al voltatge d'una de les piles. L'avantatge de col·locar-les en paral·lel és que l'aparell pot funcionar més temps sense que les piles s'esgotin.

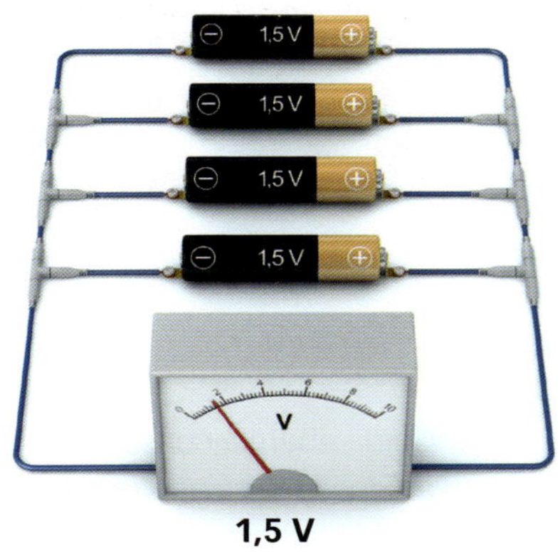


## ACTIVITATS

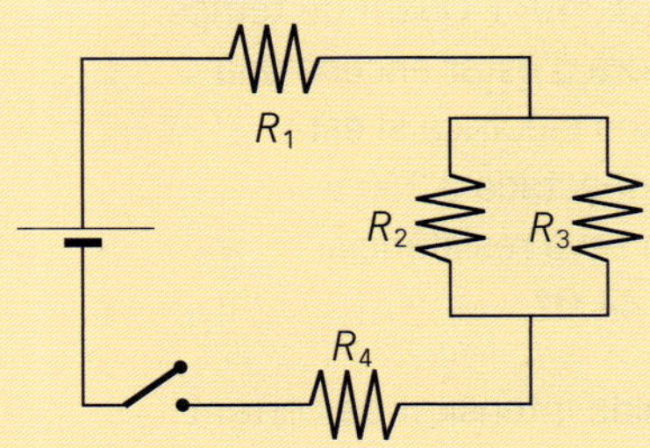


**17** Calcula la resistència equivalent d'aquest circuit si $R_1 = 5\ \Omega$, $R_2 = 4\ \Omega$, $R_3 = 12\ \Omega$ i $R_4 = 10\ \Omega$.

**18** Quan es tanca l'interruptor del circuit de la figura s'observa que per la resistència $R_3 = 12\ \Omega$ passa un corrent de 0,75 A. Calcula:

a) La intensitat que circula per cada resistència.

b) La caiguda de potencial en cada resistència.

c) La diferència de potencial que proporciona el generador.

**19** Calcula la resistència equivalent del circuit de la dreta (a baix) si:

- $R_1 = 6\ \Omega$
- $R_2 = 9\ \Omega$
- $R_3 = 25\ \Omega$
- $R_4 = 5\ \Omega$
- $R_5 = 7\ \Omega$

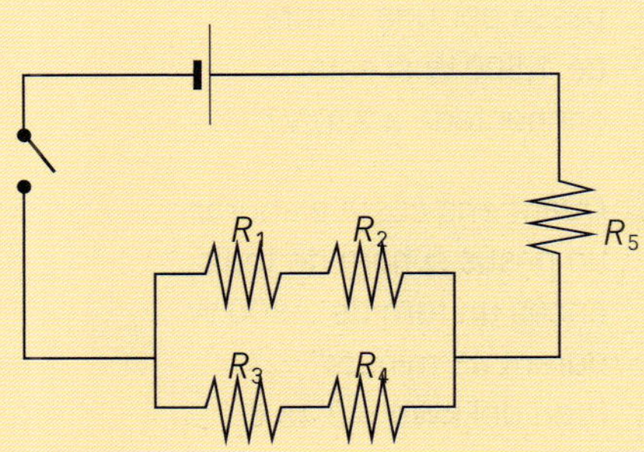


**20** Calcula la intensitat que circula per una bombeta de 10 Ω en un circuit amb tres piles d'1,5 V connectades en sèrie.

# 4 L'aprofitament del corrent elèctric

La major part dels aparells elèctrics utilitzen l'energia de les càrregues elèctriques per dur a terme un treball: escalfar, il·luminar, aspirar, etc.

## 4.1. Energia del corrent elèctric

L'energia del corrent elèctric ($E$) és la que tenen les càrregues que circulen pel circuit. Es relaciona amb:

- La **diferència de potencial**, que és l'energia de la unitat de càrrega.
- La **intensitat del corrent**, que és la càrrega que travessa una secció del conductor per unitat de temps.
- El **temps** durant el qual està funcionant.

$$E = q \cdot \Delta V = I \cdot t \cdot \Delta V$$

La llei d'Ohm relaciona la diferència de potencial en un dispositiu ($\Delta V$) amb la intensitat del corrent que hi circula ($I$) i la seva resistència ($R$). Això ens permet expressar l'energia d'aquesta manera:

$$E = I \cdot t \cdot \Delta V = I \cdot t \cdot I \cdot R = I^2 \cdot R \cdot t$$

L'**energia** del corrent elèctric en un aparell depèn de la seva resistència, de la intensitat que hi circula i del temps durant el qual funciona.

$$\boldsymbol{E = I^2 \cdot R \cdot t}$$

En el SI l'energia es mesura en **joules (J)**.

## 4.2. Potència elèctrica

A l'hora de comprar una estufa, valorem la quantitat d'escalfor que ens pot subministrar i el temps que tarda a fer-ho. Diem que l'estufa és potent si proporciona força escalfor en poc temps.

S'anomena **potència elèctrica (*P*)** d'un aparell la relació que hi ha entre l'energia que pot subministrar i el temps que tarda a fer-ho.

$$\boldsymbol{P = \frac{E}{t} = \Delta V \cdot I = I^2 \cdot R}$$

En el SI la potència es mesura en **watts (W)**. Un aparell té la potència d'1 watt quan utilitza una energia d'1 joule cada segon.

$$1\text{watt} = \frac{1\text{ joule}}{1\text{ segon}}\ ;\ 1\text{ W} = \frac{1\text{ J}}{1\text{ s}}$$

Si multipliquem la potència d'un aparell pel temps durant el qual està funcionant, obtenim l'energia.

$$\boldsymbol{E = P \cdot t}$$

Per això el W · s és una unitat d'energia: 1 J = 1 W · 1 s.

**RECORDA-HO**

Una unitat d'energia que s'utilitza molt és el **quilowatt hora, kWh**. Equival a l'energia que consumeix un aparell elèctric d'1 kW de potència que estigui funcionant durant una hora.

L'equivalència amb el joule és:

$$1\text{ kWh} = 3{,}6 \cdot 10^6\text{ J}$$

**ACTIVITATS**

21 Quina energia consumeix en dues hores una estufa de 35 Ω si hi passa un corrent de 6 A?

22 Per preparar un àpat necessitem una energia de $3 \cdot 10^6$ J. Quant de temps haurà d'estar encesa una cuina elèctrica si està connectada a 230 V i la seva resistència és 44 Ω?

23 Quina intensitat de corrent passa per una estufa de 1.500 W si està connectada a 230 V?

24 Quant ens costa elaborar un pastís si hem de tenir encès un forn de 1.800 W durant 45 minuts? Preu del kWh = 0,18 €.

# 5 Aplicacions del corrent elèctric

T'imagines casa teva sense corrent elèctric? No hi hauria bombetes, ni nevera, ni televisor... Probablement hauríem d'inventar una nova vida, ja que moltes de les activitats que duem a terme necessiten aparells que aprofiten l'energia del corrent elèctric per obtenir un altre tipus d'energia o fer un treball.

**CORRENT ELÈCTRIC**

Efectes

| Tèrmic | Lluminós | Magnètic | Mecànic | Químic |
|---|---|---|---|---|
| Efecte Joule | Làmpades i díodes | Electromagnetisme | Motor | Electroquímica |

## 5.1. Efecte tèrmic del corrent

Quan circula corrent elèctric per un fil conductor, aquest s'escalfa. Això és degut als continus xocs que es produeixen entre els electrons en moviment i les partícules que formen el fil.

S'anomena **efecte Joule** la transformació de l'energia elèctrica en energia tèrmica, que es transmet en forma de calor.

Molts aparells es basen en aquest efecte, com, per exemple, les estufes, la torradora o la planxa. Però és un efecte advers en altres dispositius, com ara el microprocessador d'un ordinador, que s'escalfa quan funciona i necessita ventilació constant perquè no s'espatlli.

L'efecte Joule negatiu és un efecte advers que, a més de provocar que s'espatllin els dispositius, redueix l'aprofitament de l'energia elèctrica. L'energia que es transforma en calor en un microprocessador és una energia que es perd; a més, cal gastar més energia perquè funcioni el ventilador que necessita.

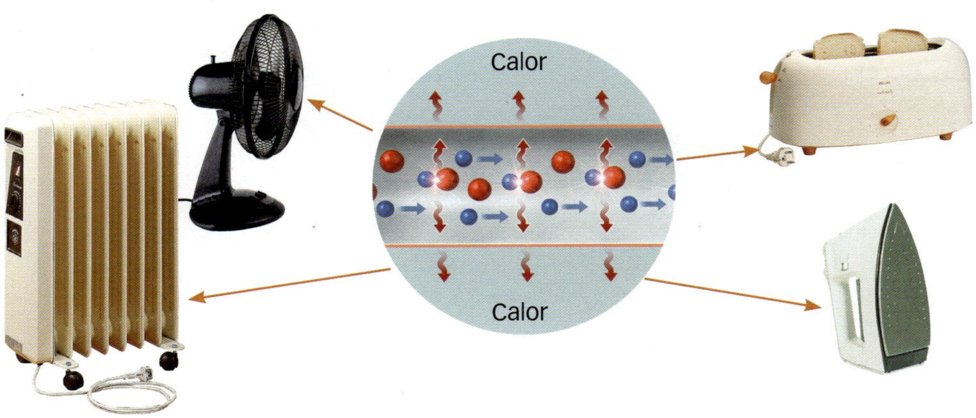


Quan el corrent elèctric passa per un conductor, els xocs entre les partícules del conductor produeixen calor.

**SABER-NE MÉS**

**James Prescott Joule (1818-1889)**

Va ser un físic britànic conegut per les seves investigacions en el camp de l'electricitat, el magnetisme i la termodinàmica. En honor seu la unitat d'energia s'anomena joule.

**ACTIVITATS**

25 El ventilador s'utilitza per refrescar. En canvi, el seu motor s'escalfa quan funciona. Explica aquesta aparent contradicció.

26 Podem assegurar que un ventilador escalfa l'aire de l'habitació en la qual es troba?

## 5.2. Efecte lluminós del corrent

Fins fa un segle, les persones s'il·luminaven amb la llum natural o la que es produeix en cremar un combustible (oli, gas...). Ara, l'electricitat ens permet utilitzar llum artificial. Disposem de diferents tipus de llums:

### Làmpada d'incandescència

Patentada per Thomas Alva Edison l'any 1879, encara avui dia manté un disseny similar.

Es fa circular un corrent per un filament metàl·lic de tungstè (wolframi) llarg i fi, tancat dins d'un bulb o bombeta de vidre ple d'un gas inert (argó o criptó). El metall s'escalfa fins arribar a una temperatura de 2.200 °C i emet llum.

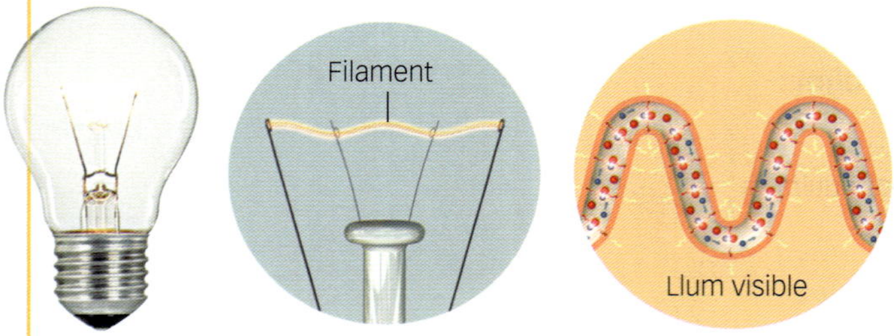


Aquestes làmpades són molt poc eficients; només aprofiten el 10 % de l'energia per produir llum, la resta es perd en forma de calor.

Encara que són molt barates, duren unes 1.000 hores enceses i després es fonen. L'encesa és quasi instantània i la il·luminació es manté uniforme encara que es produeixin petits canvis en el voltatge. En desús, ja que a la Unió Europea està prohibit comercialitzar-ne.

### Làmpada halògena

Van sortir al mercat cap al 1950. El funcionament és similar al de les bombetes tradicionals però, en comptes d'un gas inert, a l'interior hi ha un gas halogen. Això permet arribar a temperatures molt més altes i, en conseqüència, produir més llum. Per suportar aquestes temperatures, el bulb és de quars, cosa que les encareix.

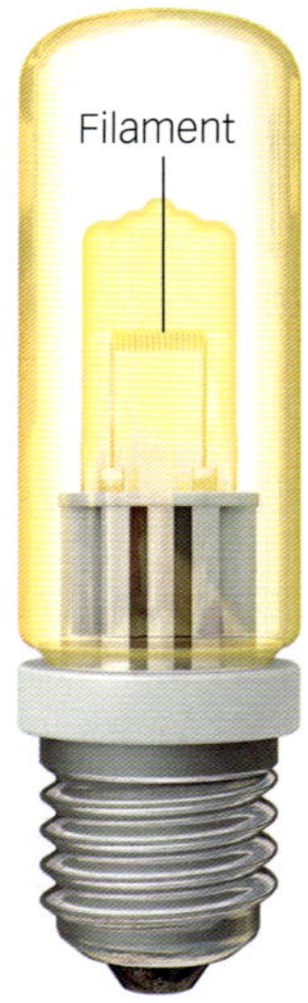


Són un 15 % més eficaces que les làmpades d'incandescència.

Duren entre 2.000 i 3.000 hores. Algunes poden funcionar a un voltatge molt baix, uns 12 V, i per tant, el consum és inferior.

### Làmpada fluorescent

Un gas s'ionitza i allibera electrons, els quals emeten llum ultraviolada. Aquesta llum xoca amb les parets de la làmpada, que estan recobertes d'una substància fluorescent, i emet llum visible.

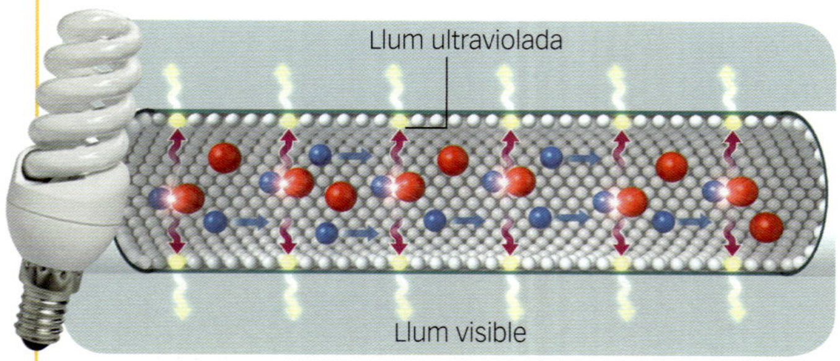


Les làmpades fluorescents són més eficients que les d'incandescència, ja que transformen més energia elèctrica en llum. Encara que la làmpada és més cara, consumeix de quatre a sis vegades menys que les bombetes incandescents, i tenen una durada d'unes 8.000 hores.

Les primeres làmpades fluorescents eren de tub, però durant la dècada de 1980 van aparèixer làmpades compactes, en les quals el tub fluorescent s'enrotlla i així la bombeta té una mida comparable a les bombetes convencionals.

### Díode LED (*Light Emitting Diode*)

La llum que emet un LED és produïda per l'energia que desprèn l'electró d'un semiconductor quan cau d'un nivell energètic a un altre.

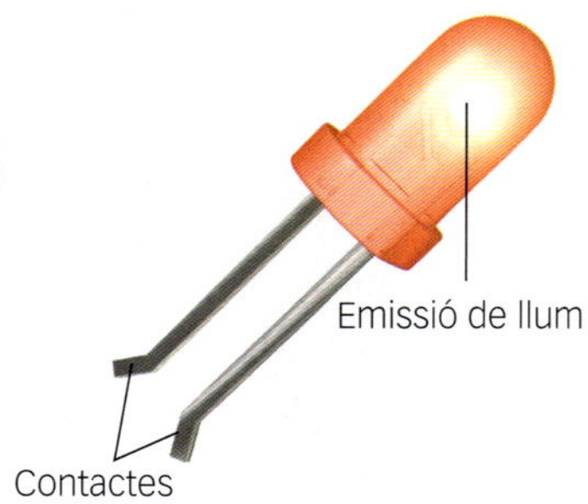


Les làmpades de tipus LED són les més eficients de totes: consumeixen el 90 % menys que les làmpades d'incandescència i el 30 % menys que les fluorescents. Poden tenir una durada de fins a vint anys.

Encara que el seu preu és elevat, els avantatges fan que es vagin imposant en enllumenats públics, semàfors o llanternes. També s'utilitzen en elements decoratius, per la possibilitat d'obtenir fàcilment llum de diferents colors.

### 5.3. Efecte magnètic del corrent

Com vam veure a la unitat anterior, l'any 1820 Hans Christian Oersted (1777-1851) va observar que un corrent elèctric desplaçava l'agulla d'una brúixola situada a prop.

Més tard, cap al 1831, Michael Faraday (1791-1867) va comprovar que quan es movia un imant dins d'una bobina, es produïa un corrent elèctric.

El descobriment de Faraday és la base del **generador de corrent altern** o alternador.

Un **alternador** és una màquina en la qual es fa girar una bobina conductora dins d'un sistema d'imants; com a resultat es genera un corrent altern.

La bobina gira gràcies a una turbina impulsada per vapor d'aigua, en una central tèrmica, o per l'aigua que cau, en una central hidroelèctrica.

A les centrals elèctriques s'obté corrent mitjançant un alternador.

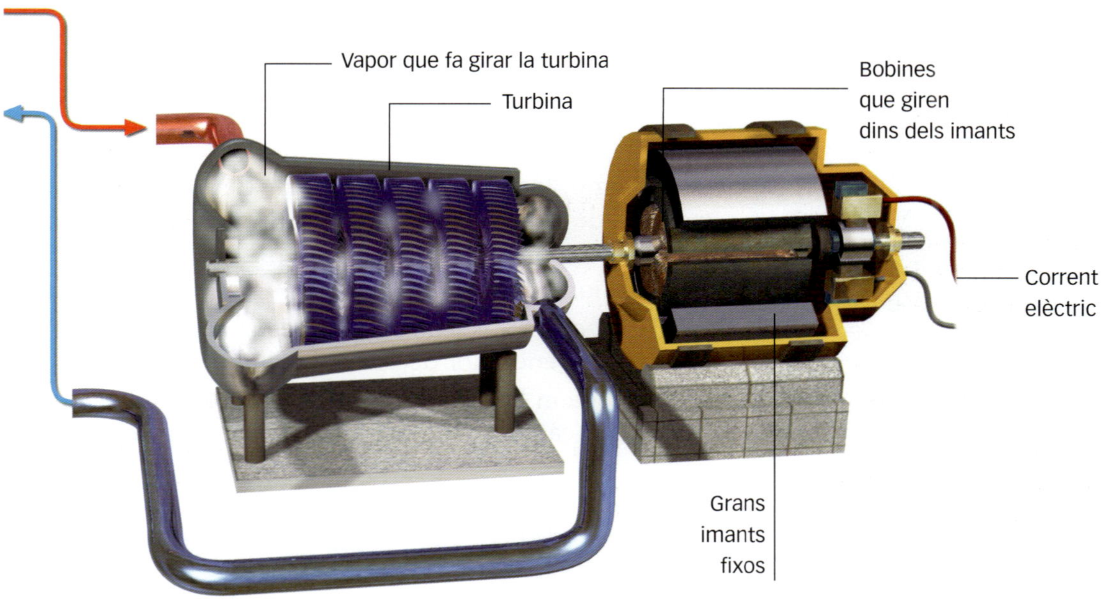


### 5.4. Efecte mecànic del corrent

Un corrent elèctric pot provocar moviment. Això és el que passa en un motor elèctric, que funciona de manera inversa a l'alternador.

Es fa passar un corrent per una bobina, i això fa que aquesta es comporti com un imant. Al voltant de la bobina es col·loquen imants, les atraccions d'aquests imants fan girar la bobina i aquesta provoca un gir a l'eix del motor. El moviment es pot transmetre mitjançant engranatges i altres mecanismes, segons quin sigui l'aparell que conté el motor. Recorda les pàgines inicials.

Els **motors elèctrics** tenen moltes aplicacions en electrodomèstics, eines, i en general, sempre que un aparell elèctric tingui parts mòbils que no es desplacen manualment.

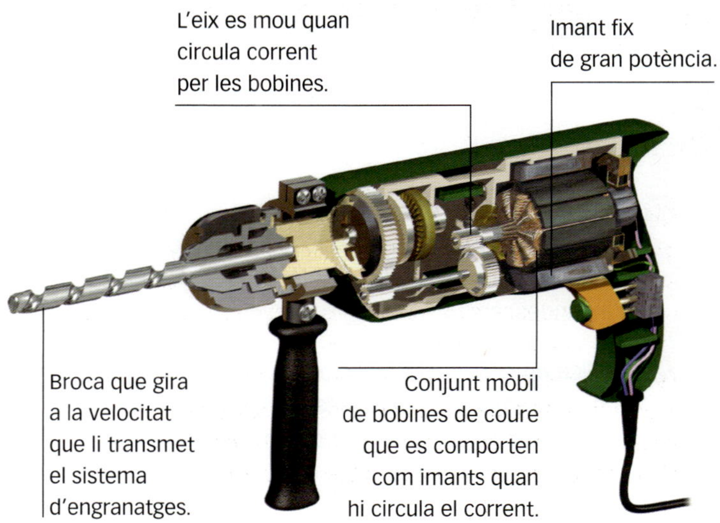

La **galvanització** s'aplica a nombrosos objectes: coberts, joies, planxes per a la construcció o per a la indústria automobilística, fils conductors o objectes de joieria i decoració.

## 5.5. Efecte químic del corrent

El corrent elèctric pot provocar reaccions químiques, com la descomposició de l'aigua per electròlisi. A la indústria el corrent elèctric s'utilitza per obtenir metalls, com l'alumini, per purificar metalls o per recobrir (aplacar) un metall barat amb un de més car o més resistent a la corrosió. El niquelatge (recobriment de níquel) o el cromatge (recobriment de crom) ja es duien a terme al primer quart del segle XX.

Anomenem **galvanoplàstia** la tècnica que permet recobrir objectes metàl·lics o ceràmics d'una fina capa d'un altre metall.

Per fer-ho es necessita un corrent elèctric continu i una dissolució d'un compost del metall que s'utilitzarà per recobrir.

Les funcions de la galvanització són diverses:

- **Protegir** una superfície metàl·lica de la corrosió. Per exemple, dipositant una capa de zinc sobre objectes de ferro.
- **Adornar** una peça metàl·lica amb un recobriment més valuós. S'utilitzen el coure, l'or o la plata.
- **Millorar** les propietats elèctriques o òptiques. Com que uns metalls són més bons conductors que altres, podem recobrir una peça elaborada amb un metall resistent amb un altre metall que sigui més bon conductor.

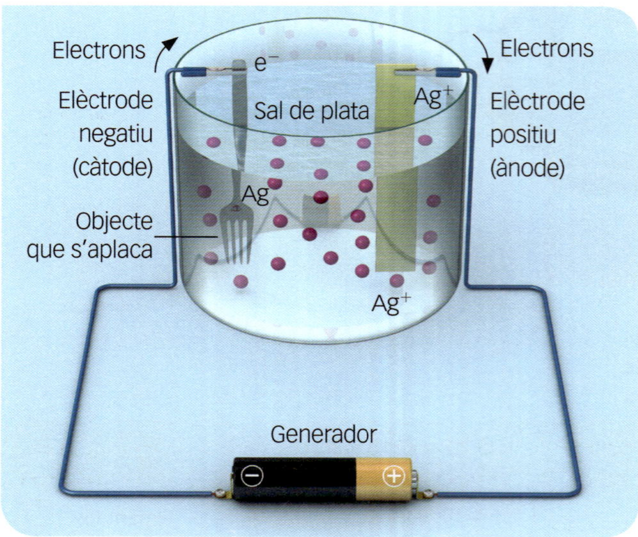


La galvanoplàstia permet recobrir de plata un objecte metàl·lic de qualitat inferior.

1. Preparem una dissolució amb una sal de plata, perquè tingui ions $Ag^+$.
2. Hi introduïm un elèctrode connectat al pol positiu (ànode) d'un generador de corrent continu.
3. Connectem l'objecte que volem recobrir a l'elèctrode negatiu (càtode) del generador i l'introduïm a la dissolució.
4. Quan es connecta el generador, els ions de plata van cap a l'elèctrode negatiu, capten un electró i es dipositen sobre l'objecte en forma de metall plata.

$$Ag^+ + 1\,e^- \rightarrow Ag$$

Com més temps duri el procés, més gruixuda serà la capa de plata dipositada.

### ACTIVITATS

**27** Posa un exemple d'una aplicació que aprofiti l'efecte Joule en positiu. A continuació explica l'efecte Joule negatiu que es produeix a les làmpades d'incandescència.

**28** Explica en unes quantes línies les diferències que hi ha entre una bombeta incandescent i un tub fluorescent. Pots raonar per què dura més temps el fluorescent?

**29** Actualment s'estan substituint les làmpades de molts semàfors per LED. Explica per què es fa si els LED són més cars que les làmpades convencionals.

**30** Elabora una llista amb aparells que utilitzes i que disposen d'un motor elèctric.

**31** Sempre és avantatjós recobrir un metall amb un altre metall? Explica-ho amb exemples.

# 6 Electricitat i electrònica

Totes les aplicacions elèctriques que acabem d'estudiar requereixen un corrent d'electrons que circuli a través d'un material conductor, generalment, un metall. En les condicions adequades, però, els electrons també es poden moure d'un lloc a l'altre a través del buit o d'un gas, o per mitjà de materials semiconductors, com el silici. Els aparells que contenen parts en les quals els electrons es mouen d'aquesta manera es diu que són aparells electrònics.

L'**electrònica** és la part de la física que estudia el funcionament de dispositius en els quals un corrent d'electrons es propaga en el buit, a través de gasos o de semiconductors. Els circuits electrònics s'utilitzen, sobretot, per controlar aparells i per processar informació.

Tot seguit estudiarem alguns components d'un circuit electrònic.

**Làmpada de buit**, o **díode.**
Quan s'aplica un voltatge adequat entre les plaques, els electrons salten d'una placa a l'altra a través del buit. Aquest va ser un dels primers dispositius electrònics que van permetre el desenvolupament d'aparells com el televisor o l'ordinador.

## 6.1. Resistències

Una **resistència** regula la quantitat de corrent que circula per una part d'un circuit electrònic.

Les resistències són **fixes** o **variables**. En aquestes últimes, el valor de la resistència pot variar:

- Quan movem un comandament (**potenciòmetre**).
- Segons la intensitat de la llum (**LDR**).
- Segons la temperatura (**NTC** o **PTC**).

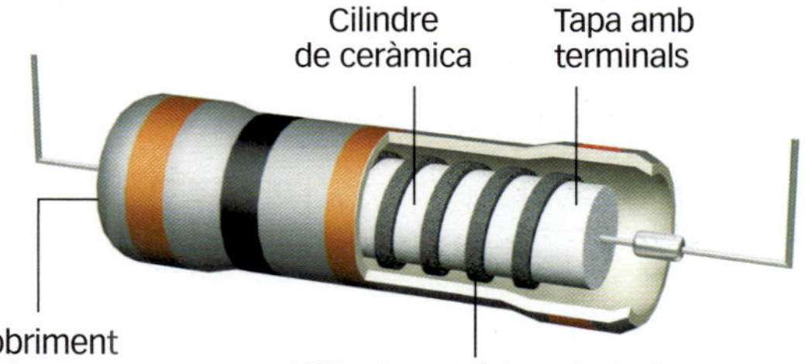


### Resistència fixa o resistor

Estan fetes d'un material ceràmic recobert d'aïllant. Tenen impreses quatre bandes de colors, que permeten identificar el valor de la resistència en ohms mitjançant un codi de colors. Per llegir el valor de la resistència es col·loca aquesta de manera que la banda de tolerància (plata, or o vermell) estigui a la dreta.

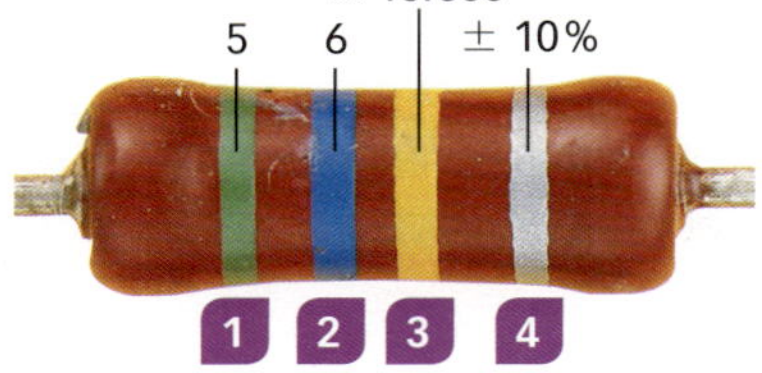


**$56 \cdot 10^4\ \Omega \pm 10\% = 560 \pm 56\ k\Omega$**

Símbol de la resistència fixa en un circuit.

| Codi de colors | 1r color: 1a xifra | 2n color: 2a xifra | 3r color: factor multiplicador | 4t color: tolerància |
|---|---|---|---|---|
| Negre | 0 | 0 | × 1 | |
| Marró | 1 | 1 | × 10 | ± 1% |
| Vermell | 2 | 2 | × 100 | ± 2% |
| Taronja | 3 | 3 | × 1.000 | |
| Groc | 4 | 4 | × 10.000 | |
| Verd | 5 | 5 | × 100.000 | |
| Blau | 6 | 6 | × 1.000.000 | |
| Violeta | 7 | 7 | × 10.000.000 | |
| Gris | 8 | 8 | × 100.000.000 | |
| Blanc | 9 | 9 | | |
| Vermell | | | | ± 2% |
| Or | | | | ± 5% |
| Plata | | | | ± 10% |

Símbol del **potenciòmetre**.

Potenciòmetre **lliscant**.

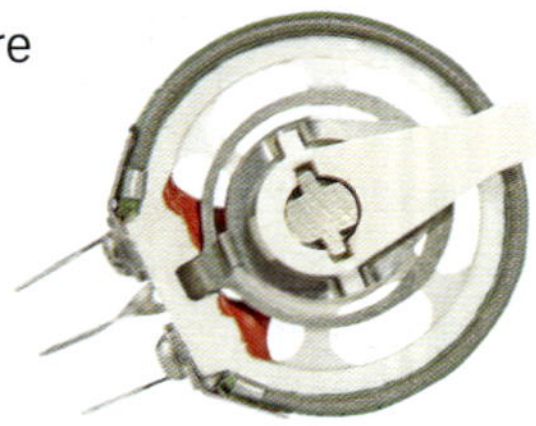

Potenciòmetre **rotatori**.

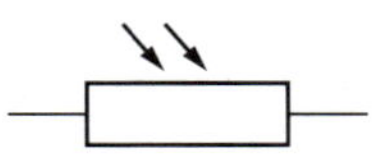

Símbol d'una resistència **LDR**.

Símbols de **termistors**.

## Resistència variable o potenciòmetre

El seu valor es pot graduar entre 0 i un valor màxim, que varia segons el potenciòmetre.

Segons el funcionament, els potenciòmetres poden ser rotatoris o lliscants. En tot cas, l'indicador central pot estar tocant a un extrem (resistència 0) o desplaçar-se fins a l'altre (resistència màxima).

Hi ha potenciòmetres en els comandaments de volum, en llums d'intensitat d'il·luminació variable o en el control de velocitat d'un cotxe teledirigit.

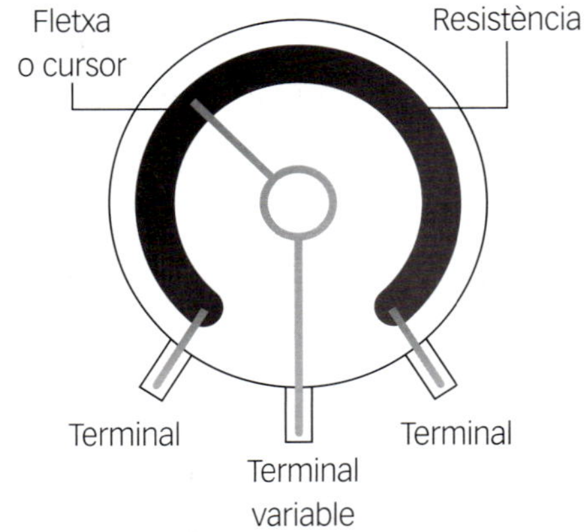


## Resistències que varien amb la llum (LDR, *light dependent resistor*)

S'utilitzen com a sensors de llum. Per exemple, permeten encendre automàticament un fanal quan es fa fosc.

Quan augmenta la quantitat de llum que reben disminueix la resistència, que passa de milions d'ohms a menys de cent.

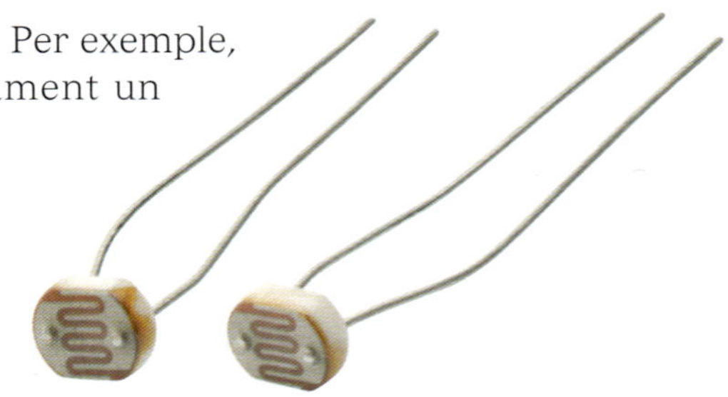

## Resistències que varien amb la temperatura o termistors

S'utilitzen com a sensors de temperatura en termòstats. Poden ser de dos tipus:

- **NTC:** la resistència disminueix quan augmenta la temperatura.
- **PTC:** la resistència augmenta quan augmenta la temperatura.

Diferents tipus de **NTC**.

**PTC** d'un termòstat.

## ACTIVITATS

**32** Determina el valor en ohms de les resistències que s'indiquen:

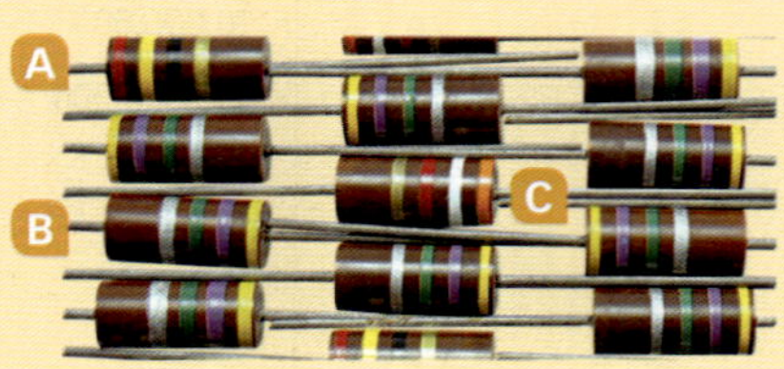


**33** Dibuixa a la llibreta una resistència amb les ratlles que indiquen el valor de cadascuna d'aquestes resistències:

a) 2.500 Ω (±5 %).  b) 370 kΩ (±10 %).

**34** Posa algun exemple d'una aplicació on surti a compte utilitzar una resistència variable en comptes d'una de fixa.

## 6.2. Condensadors

Un **condensador** permet emmagatzemar càrrega elèctrica i utilitzar-la quan faci falta, generant un corrent elèctric.

Consta de dues plaques metàl·liques separades per un material aïllant, anomenat **dielèctric**.

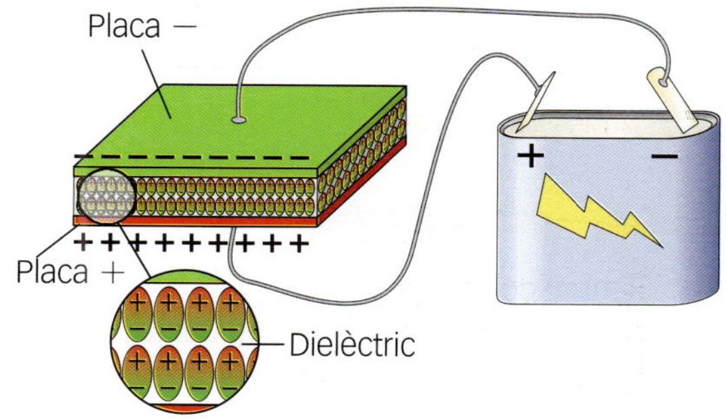


Quan es carreguen les plaques, les càrregues del dielèctric s'orienten per **inducció**.

Anomenem **capacitat** d'un condensador la relació existent entre la càrrega que pot emmagatzemar i el voltatge al qual se sotmet.

$$C = \frac{q}{V}$$

En el Sistema Internacional la capacitat s'expressa en **farads (F)**.

Els condensadors normals tenen una capacitat inferior a 1 F:

- 1 mF = $10^{-3}$ F.
- 1 µF = $10^{-6}$ F.
- 1 nF = $10^{-9}$ F.
- 1 pF = $10^{-12}$ F.

S'utilitzen condensadors de diferents tipus, encara que els més comuns són els ceràmics i els electrolítics. Solen portar impresa la capacitat i el voltatge màxim al qual es poden connectar.

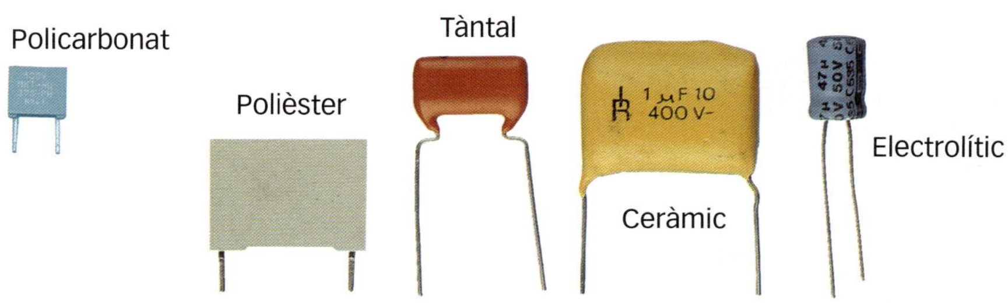

Símbols de condensadors en un circuit. Els condensadors electrolítics tenen polaritat, és a dir, el seu pol positiu s'ha d'unir al pol positiu de la pila; en cas contrari, s'espatllen.

### SABER FER

#### Fer funcionar un condensador

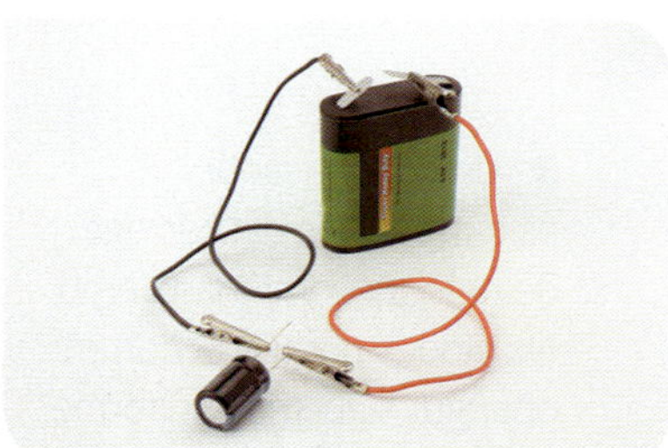

1. Connecta un condensador a una pila i espera que es carregui.

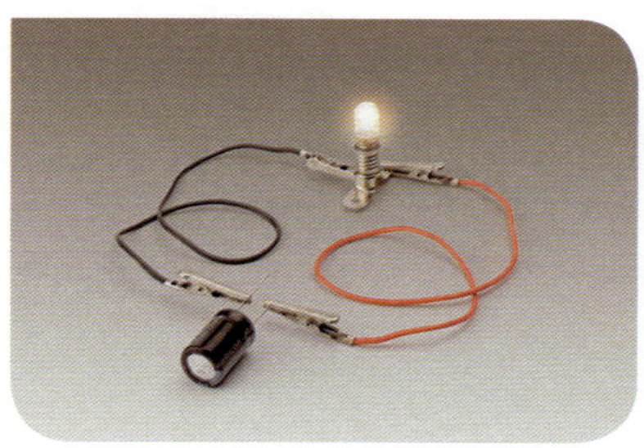

2. Connecta el condensador a una bombeta. La bombeta s'il·lumina.

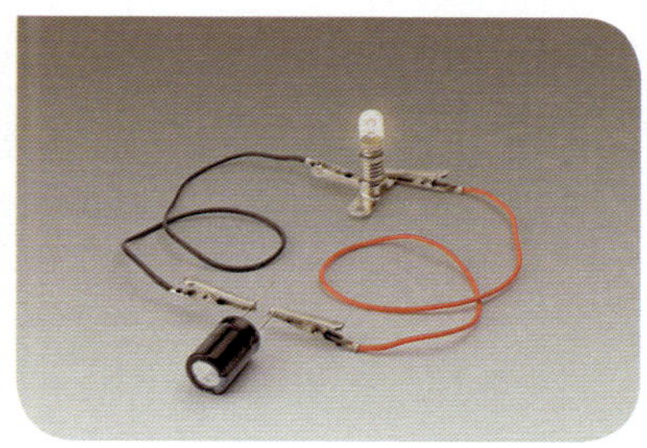

3. La bombeta va il·luminant cada vegada menys, fins que s'apaga.

### ? INTERPRETA LA IMATGE

- D'on procedeix el corrent que fa que la bombeta s'il·lumini?
- Per què es va apagant al cap de poc temps, la bombeta?
- Què caldria fer perquè la bombeta es tornés a il·luminar?

### PARA ATENCIÓ

No toquis mai els terminals d'un condensador. Si està carregat pots rebre una forta descàrrega.

## 6.3. Díodes

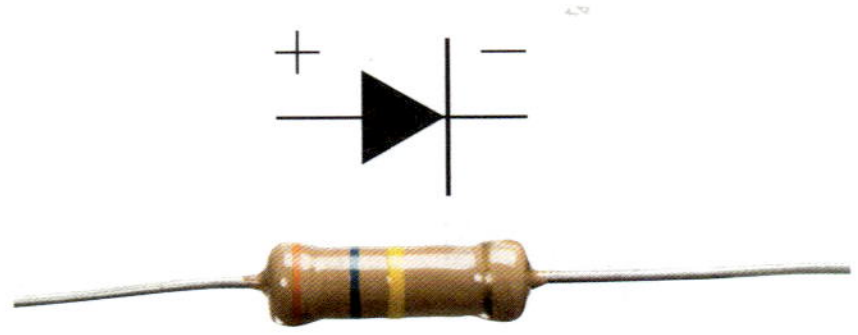


Símbol del **díode**.
El component sol portar una banda platejada a l'extrem que s'ha de connectar al pol negatiu.

> Un **díode** és un dispositiu que només deixa passar el corrent elèctric que circula en un sentit.

Avui dia els díodes estan formats per un semiconductor, un material, com el silici, que només condueix el corrent en unes circumstàncies determinades. Si el díode està orientat en el sentit en què circula el corrent, permet que aquest circuli, però si l'orientació és la contrària, impedeix el pas del corrent.

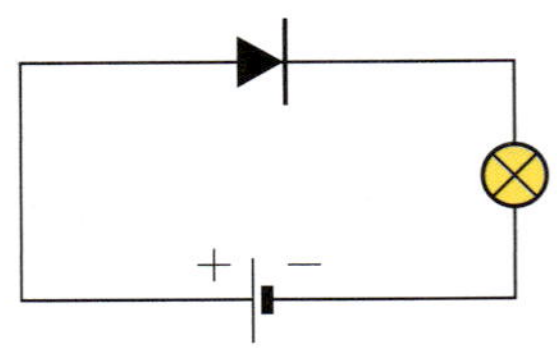


**Díode polaritzat directament.**
Permet el pas del corrent.

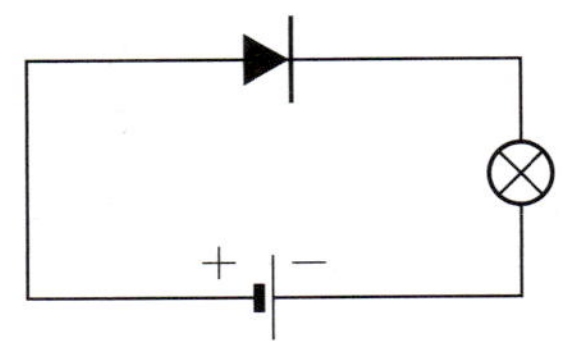


**Díode polaritzat inversament.**
No permet el pas del corrent.

Es pot utilitzar un díode en aparells que funcionen amb bateria. Si la bateria es col·loca en l'orientació equivocada, el díode impedirà que circuli el corrent i evitarà que l'aparell s'espatlli.

### SABER-NE MÉS

#### Transformadors de corrent

El telèfon mòbil o la videoconsola funcionen amb corrent continu de 12 V, que poden agafar d'una bateria. Periòdicament recarreguem la bateria connectant-la a la xarxa, tot i que en els endolls de casa obtenim corrent altern de 230 V. Com s'aconsegueix això?

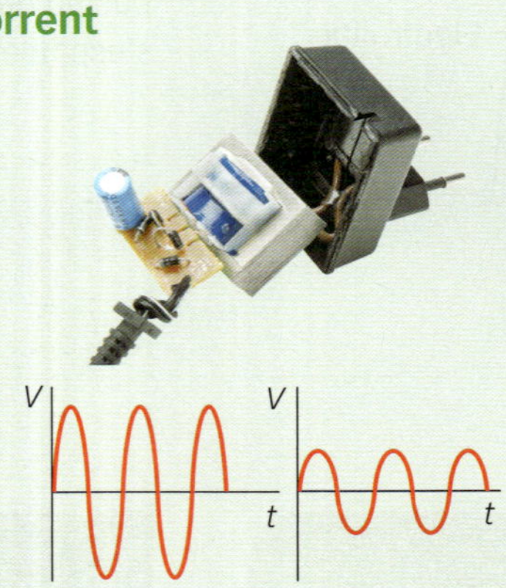


**1.** Un transformador converteix el corrent altern de 230 V en corrent altern de 12 V.

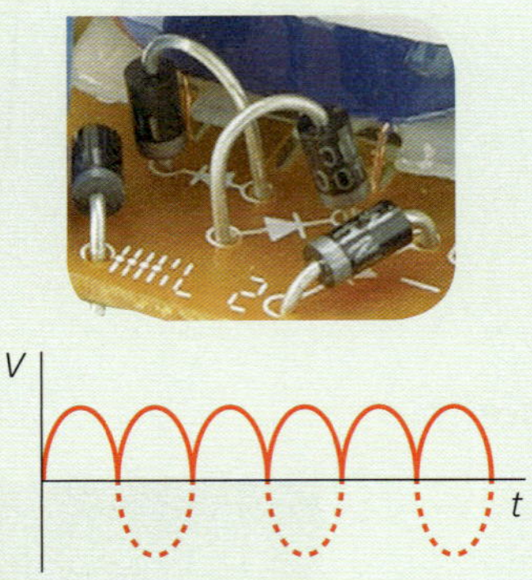


**2.** Un pont de díodes transforma el corrent altern en corrent continu polsant.

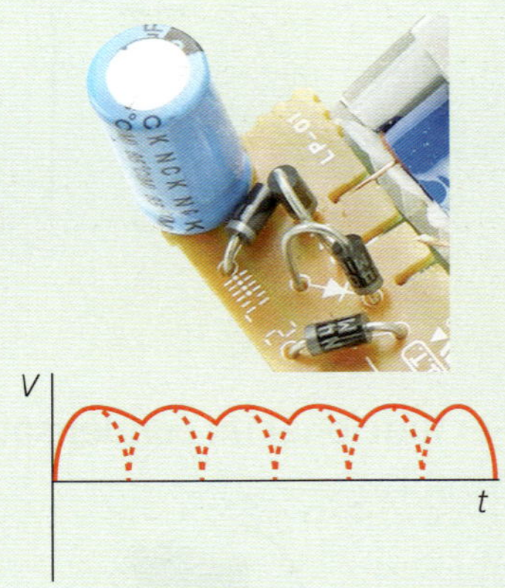


**3.** Un condensador es carrega i es descarrega de manera combinada amb els díodes perquè el corrent obtingut sigui més uniforme.

Senyal lluminós amb **díodes LED**. Els LED poden emetre llum de diferents colors.

### El díode LED

> Un **LED** (*Light Emitting Diode*) és un díode que emet llum quan està polaritzat directament.

S'utilitza com a pilot lluminós en molts dispositius per indicar que està funcionant o en condicions de funcionar (en *standby*). Per exemple, en televisors o equips de vídeo i àudio.

Els LED també es fan servir per als semàfors, senyals de trànsit, rètols o guarniments lluminosos.

### 6.4. Transistors

Un **transistor** és un component que s'utilitza en circuits electrònics per obrir o tancar el circuit (interruptor), o per amplificar el corrent.

Un transistor està format per tres capes de semiconductor, cadascuna amb un terminal, que s'anomenen **emissor**, **base** i **col·lector**.

Segons com flueixi el corrent pels tres terminals, el transistor pot funcionar com a interruptor o com a amplificador.

Els primers transistors es van utilitzar en equips de so, com els aparells de ràdio o els telèfons, per amplificar el senyal sonor.

Actualment s'utilitzen transistors com a part dels circuits integrats o dels microprocessadors.

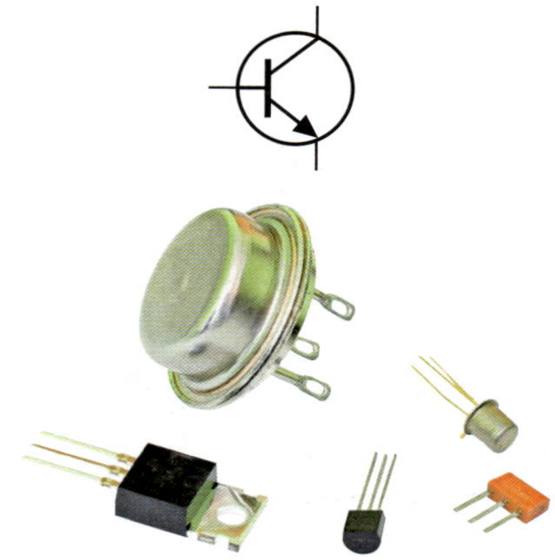

Símbol del transistor i alguns transistors comuns.

### 6.5. Microprocessadors

Un **microprocessador** és un circuit complex format per transistors i altres components electrònics col·locats sobre un suport de silici.

Els transistors funcionen com a interruptors que es poden programar per processar instruccions lògiques. El programa informàtic és la seqüència de passos que es traduiran en les ordres lògiques que executarà el microprocessador.

De microprocessadors se'n troben en molts dispositius: càmeres fotogràfiques, telèfons mòbils o cotxes, encara que els més potents són els que s'inclouen en els ordinadors.

A simple vista es poden apreciar diferències notables entre els primers **microprocessadors** de la dècada de 1970 i els microprocessadors moderns.

El primer microprocessador comercial el va desenvolupar l'empresa Intel l'any 1971 i comptava amb 2.300 transistors. Cap a l'any 2000, l'Intel Pentium II s'acostava als trenta milions de transistors. A partir de llavors, noves tecnologies han permès disposar de microprocessadors cada vegada més petits i potents.

### 6.6. Circuits

Un **circuit imprès** és una placa de material no conductor, com la fibra de vidre o el plàstic, a la qual es connecten mitjançant pistes de coure diversos components electrònics: condensadors, transistors, resistències i microprocessadors.

En un **circuit integrat** o **xip** els transistors, resistències, etc., van integrats en un encapsulatge.

#### ACTIVITATS

**35** Localitza els elements següents en el circuit imprès de la imatge.

a) LED.
b) Resistència.
c) Xip.
d) Placa.

# ACTIVITATS FINALS

## REPASSA L'ESSENCIAL

**36** Representa el circuit de la figura de manera esquemàtica. Indica en quin sentit circula el corrent en cada element. És el mateix que el sentit en què circulen els electrons?

**37** Completa les frases a la llibreta.

a) La intensitat del corrent és la _________ que travessa una secció del conductor en una unitat de _________. En el SI es mesura en _________.

b) Anomenem _________ l'oposició que ofereix un material al pas del corrent. En el SI es mesura en _________.

c) El producte de la intensitat del corrent que passa per un dispositiu multiplicat per la seva resistència s'anomena _________. En el SI es mesura en _________.

d) L'energia produïda o consumida en un dispositiu en una unitat de _________ s'anomena _________. En el SI es mesura en _________.

**38** Volem mesurar la diferència de potencial i la intensitat que circula per la resistència d'aquest circuit. Indica on i com col·locaries el voltímetre i l'amperímetre.

**39** La llei d'Ohm relaciona la resistència d'un dispositiu al pas del corrent elèctric amb la intensitat que el travessa i la diferència de potencial que hi ha. Indica quina d'aquestes expressions és la correcta.

a) $R = \dfrac{\Delta V}{I}$ b) $I = \Delta V \cdot R$ c) $\Delta V = \dfrac{I}{R}$

**40** En un circuit tenim una resistència de 4 Ω i una altra de 12 Ω connectades a un generador de 4,8 V. Indica quina o quines de les afirmacions següents és certa.

a) La resistència equivalent és de 3 Ω si totes dues estan en sèrie.

b) La resistència equivalent és de 16 Ω si totes dues estan en paral·lel.

c) Si les dues resistències estan en sèrie, per totes dues passa la mateixa intensitat de corrent.

d) Si les dues resistències estan en paral·lel, passa més corrent per la de 4 Ω.

e) Quan les dues resistències estan en sèrie, la diferència de potencial en cadascuna és de 4,8 V.

**41** En un circuit tenim connectades quatre resistències de 5 Ω. Calcula la resistència equivalent:

a) Si totes quatre estan connectades en sèrie.

b) Si totes quatre estan connectades en paral·lel.

c) Si totes quatre estan connectades com a A.

d) Si totes quatre estan connectades com a B.

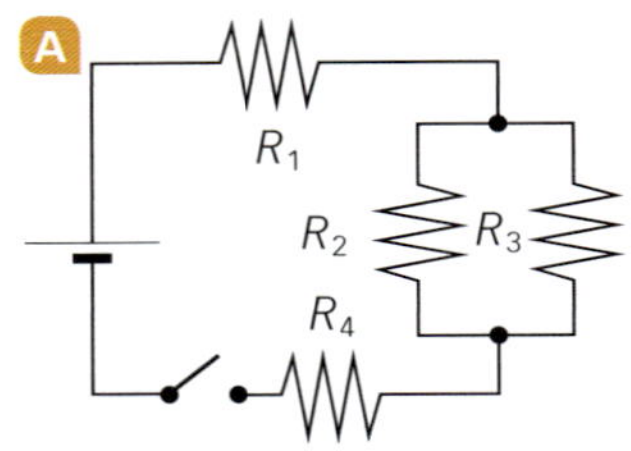


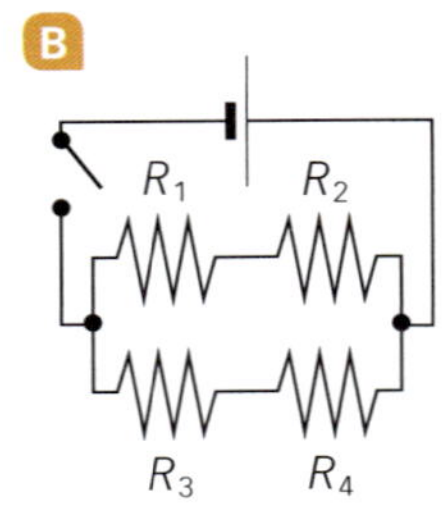


**42** Corregeix les fórmules incorrectes:

a) $R = \rho \cdot \dfrac{L}{S^2}$

b) $R = \dfrac{I}{\Delta V}$

c) $P = I^2 \cdot R \cdot t$

d) $E = \dfrac{P}{t}$

e) $E = I^2 \cdot \Delta V \cdot t$

f) $E = I \cdot \Delta V$

**43** A la sopa de lletres següent, localitza els noms amagats dels components de circuits electrònics:

| | | | | | | | | | | | | | | |
|---|---|---|---|---|---|---|---|---|---|---|---|---|---|---|
| Z | R | S | N | E | S | W | K | H | Y | M | N | V | I | U |
| C | O | V | O | W | H | P | K | M | L | O | O | X | X | A |
| L | D | N | E | H | D | V | G | T | E | D | W | U | W | I |
| L | A | P | G | N | D | O | C | N | A | K | R | P | I | Y |
| P | S | D | O | Y | K | G | T | Q | A | O | O | W | A | K |
| F | S | K | M | T | X | L | Y | A | D | Y | L | D | I | T |
| C | E | N | G | G | E | Q | N | A | H | O | E | W | C | V |
| H | C | Z | R | D | J | N | S | H | Q | D | G | B | N | T |
| V | O | X | J | H | E | N | C | R | O | F | G | C | E | Q |
| Y | R | H | X | A | E | G | P | I | N | F | W | T | T | U |
| N | P | W | L | D | D | Q | D | B | O | G | H | O | S | J |
| F | O | S | N | E | S | W | K | H | Y | M | N | V | I | U |
| Q | R | O | M | S | J | P | I | P | R | Q | E | Y | S | E |
| I | C | K | R | O | T | S | I | S | N | A | R | T | E | Q |
| I | I | X | G | Q | P | P | F | Y | E | X | P | A | R | U |
| E | M | E | P | E | C | E | X | V | D | Y | O | C | M | E |

**44** Per escalfar una habitació fem servir un calefactor de 2.000 W. Si el tenim encès durant 3 hores diàries:

a) Quina quantitat d'energia, en kWh, consumeix al mes?

b) El preu del kWh és de 0,18 €. Quant costa cada mes escalfar l'habitació?

**45** Relaciona a la llibreta els termes següents amb l'efecte corresponent del corrent.

a) Semàfor
b) Soldador
c) Molinet
d) Aplacat d'or
e) Electroimant
f) Fanals
g) Trepant
h) Forn

☐ Tèrmic
☐ Magnètic
☐ Mecànic
☐ Lluminós
☐ Químic

PRACTICA

## El corrent elèctric. Magnituds elèctriques

**46** Emplena a la llibreta la taula que relaciona la intensitat de corrent que travessa un conductor en diferents temps.

| Càrrega (C) | Temps (s) | Intensitat (A) |
|---|---|---|
| 4 | 1 | |
| 4 | 5 | |
| 4 | | 10 |
| | 0,5 | 8 |

**47** Per la secció d'un conductor passen 10 μC en 0,01 s. Quina intensitat té el corrent en aquest conductor? Quants electrons hi passen a cada segon? Dada: 1 C $= 6{,}25 \cdot 10^{18}$ e.

**48** La resistència d'un fil de coure de 10 m de longitud i $10^{-4}$ m$^2$ de secció és d'$1{,}72 \cdot 10^{-3}$ Ω. Calcula:

a) La resistivitat del coure.

b) La resistència d'un fil de coure que tingui:

- El doble de longitud.
- El doble de secció.
- El doble de longitud i el doble de secció.

Emplena una taula com aquesta a la llibreta.

| Longitud (m) | Secció (m$^2$) | Resistència (Ω) |
|---|---|---|
| 10 | $10^{-4}$ | $1{,}72 \cdot 10^{-3}$ |
| 20 | $10^{-4}$ | |
| 10 | $2 \cdot 10^{-4}$ | |
| 20 | $2 \cdot 10^{-4}$ | |

**49** Calcula la longitud que ha de tenir un fil de ferro de $10^{-4}$ m$^2$ de secció perquè la seva resistència sigui $1{,}72 \cdot 10^{-3}$ Ω. Compara-ho amb l'activitat anterior i explica per què els cables elèctrics són de coure i no de ferro. Dada: $\rho(\text{Fe}) = 1{,}0 \cdot 10^{-7}$ Ω · m.

**50** Observa la taula de resistivitats i respon a la llibreta.

| Metall | Resistivitat (Ω · m) |
|---|---|
| Ferro | $1{,}0 \cdot 10^{-7}$ |
| Coure | $1{,}7 \cdot 10^{-8}$ |
| Plata | $1{,}5 \cdot 10^{-8}$ |
| Plom | $2{,}2 \cdot 10^{-7}$ |

a) Ordena'ls de menys a més resistivitat.

b) Quin metall condueix més bé el corrent? Per què?

c) Quin metall ofereix més resistència al pas del corrent?

d) Per què no s'utilitzen fils de plata en els cables i els circuits elèctrics?

### 3. EXEMPLE RESOLT

**Per una bombeta connectada a 230 V passa un corrent d'intensitat 0,1 A. Calcula:**
**a) La resistència que té la bombeta.**
**b) La càrrega que hi ha circulat en 30 minuts.**

a) Calcula la resistència aplicant la llei d'Ohm:

$$\Delta V = I \cdot R \rightarrow R = \frac{\Delta V}{I} = \frac{230\ \text{V}}{0{,}1\ \text{A}} = \mathbf{2.300\ \Omega}$$

b) Utilitzem el concepte d'intensitat del corrent:

$$I = \frac{Q}{t} \rightarrow Q = I \cdot t = 0{,}1\ \text{A} \cdot 1.800\ \text{s} = \mathbf{180\ C}$$

**51** Un circuit elèctric té instal·lada una resistència variable. Aplica la llei d'Ohm i emplena la taula a la llibreta.

| Intensitat (A) | Diferència de potencial (V) | Resistència (Ω) |
|---|---|---|
| 10 | 20 | |
| 5 | 20 | |
| | 2 | 1.000 |
| 50 | | 3.000 |

**52** A un conductor se li apliquen diferents voltatges que es mostren a la taula següent, juntament amb la intensitat de corrent que hi circula en cada cas.

| $\Delta V$ (V) | 1 | 2 | 3 | 5 | 7 |
|---|---|---|---|---|---|
| $I$ (A) | 0,2 | 0,4 | 0,6 | 1 | 1,4 |

a) Representa gràficament $\Delta V$ respecte de $I$.

b) Quina relació hi ha entre el voltatge i la intensitat?

c) Quin significat físic té el pendent de la recta que has obtingut? Quin valor té?

**53** Què passaria si un aparell elèctric que ha de funcionar a 230 V el connectem a 125 V? I a l'inrevés? Aplica-ho a una bombeta que té una resistència de 900 Ω.

## Càlculs en circuits elèctrics

**54** Dedueix, en cada cas, si les bombetes següents estan connectades en sèrie o en paral·lel.

a) Quan descargolem una bombeta, les altres no s'encenen.

b) Un amperímetre marca el mateix valor en tots els punts del circuit.

c) Si es fon una bombeta, la resta continuen funcionant.

**55** Observa els circuits següents i respon.

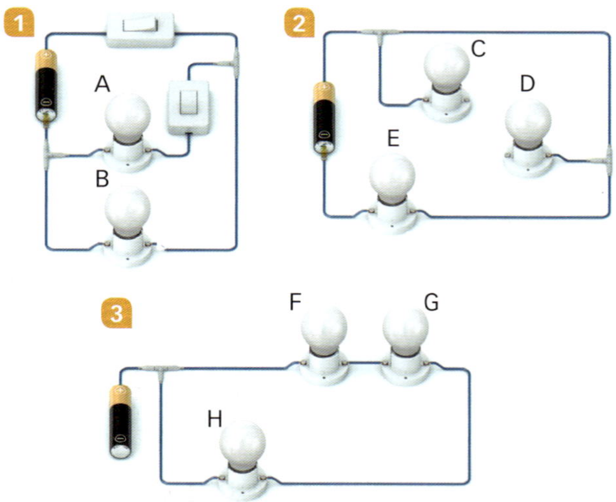


a) Quines bombetes estaran enceses?

b) Quines connexions has d'incloure en cada circuit perquè totes les bombetes estiguin enceses?

c) Amb totes les bombetes enceses indica, en cada circuit, quines bombetes estan connectades en sèrie i quines estan connectades en paral·lel.

**56** En aquest circuit, $R_1 = 2\ \Omega$, $R_2 = 4\ \Omega$ i $R_3 = 12\ \Omega$.

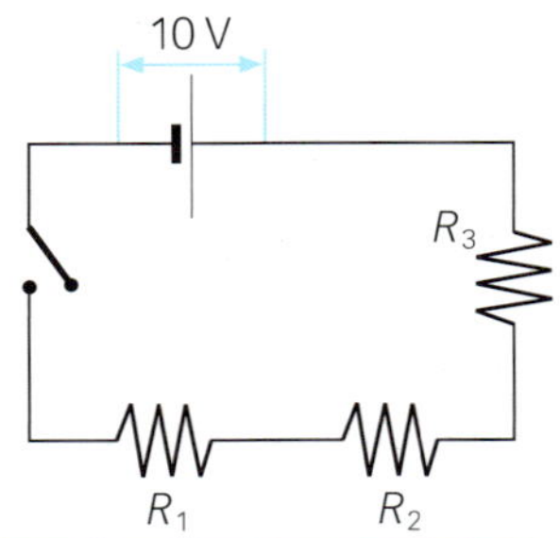


a) Quina resistència equivalent té el circuit?

b) Quina intensitat passa per cada resistència?

c) Quina diferència de potencial hi ha en cada resistència?

### 4. EXEMPLE RESOLT

**En el circuit de la figura, $R_1 = 2\ \Omega$, $R_2 = 4\ \Omega$, $R_3 = 3\ \Omega$ i $R_4 = 8\ \Omega$. Calcula la intensitat que passa per cada resistència.**

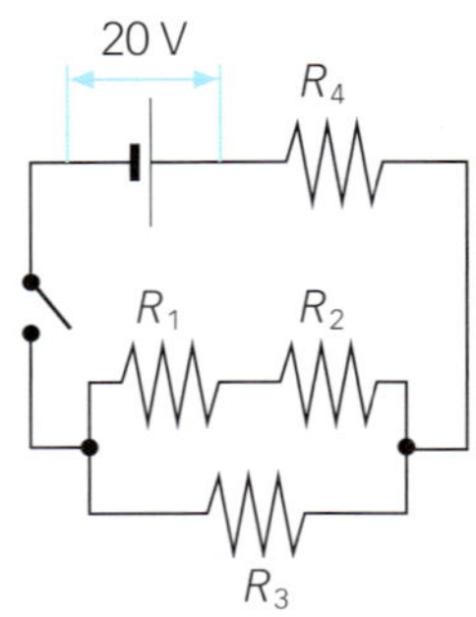


Les resistències $R_1$ i $R_2$ estan en sèrie, i el conjunt, en paral·lel amb $R_3$.

$$R_{eq\ 1+2} = R_1 + R_2 = 2\ \Omega + 4\ \Omega = 6\ \Omega$$

$$\frac{1}{R_{eq\ 1+2+3}} = \frac{1}{R_{eq\ 1+2}} + \frac{1}{R_3} = \frac{1}{6} + \frac{1}{3} = \frac{3}{6\ \Omega} \rightarrow$$

$$\rightarrow R_{eq\ 1+2+3} = \frac{6\ \Omega}{3} = 2\ \Omega$$

La resistència $R_4$ està en sèrie amb el conjunt anterior.

Calcula la resistència total del circuit:

$$R_T = R_{eq\ 1+2+3} + R_4 = 2\ \Omega + 8\ \Omega = 10\ \Omega$$

Apliquem la llei d'Ohm al circuit per calcular la $I$ total:

$$\Delta V_T = I_T \cdot R_T \rightarrow I_T = \frac{\Delta V_T}{R_T} = \frac{20\ \text{V}}{10\ \Omega} = 2\ \text{A}$$

$\boldsymbol{I_T = I_4 = 2}$ **A**. Si apliquem la llei d'Ohm a $R_4$ podem calcular la diferència de potencial que té. La resta serà la diferència de potencial del conjunt en paral·lel:

$$\Delta V_4 = I_4 \cdot R_4 = 2\ \text{A} \cdot 8\ \Omega = 16\ \text{V}$$

$$\Delta V_T - \Delta V_4 = 20\ \text{V} - 16\ \text{V} = 4\ \text{V}$$

Aquesta és la diferència de potencial de $R_3$. Si apliquem la llei d'Ohm a aquesta resistència podrem conèixer la intensitat que hi circula:

$$I_3 = \frac{\Delta V_3}{R_3} = \frac{4\ \text{V}}{3\ \Omega} = \mathbf{\frac{4}{3}\ A}$$

La intensitat que passa per l'altra branca de la derivació és la diferència entre el total i $I_3$. Com que $R_1$ i $R_2$ estan en sèrie, passarà la mateixa intensitat per totes dues:

$$I_1 = I_2 = I_T - I_3 = 2\ \text{A} - \frac{4}{3}\ \text{A} = \mathbf{\frac{2}{3}\ A}$$

**57** En aquest circuit, $R_1 = 2\ \Omega$, $R_2 = 4\ \Omega$ i $R_3 = 12\ \Omega$.

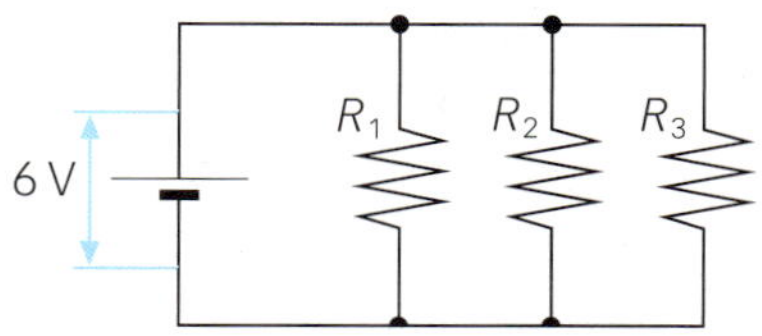


a) Quina resistència equivalent té el circuit?

b) Quina intensitat passa per cada resistència?

c) Quina diferència de potencial hi ha en cada resistència?

**58** En el circuit de la figura $R_1 = 7\ \Omega$, $R_2 = 3\ \Omega$, $R_3 = 9\ \Omega$ i $R_4 = 6\ \Omega$. Calcula la intensitat que passa per cada resistència.

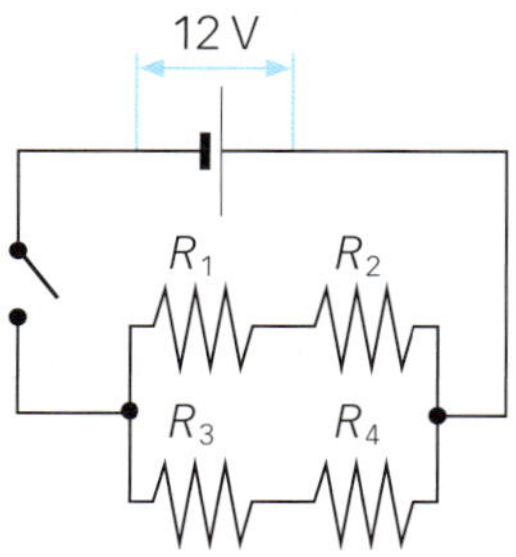


## L'aprofitament del corrent elèctric

### 5. EXEMPLE RESOLT

**Una bombeta d'incandescència de 60 W està connectada a 230 V. Calcula:**

**a) La intensitat de corrent que hi passa.**

**b) La resistència de la bombeta.**

**c) L'energia elèctrica que consumeix en dues hores de funcionament (en kWh).**

**d) La bombeta perd el 90 % de l'energia en forma de calor. Calcula (en J) l'escalfor que irradia en cada minut de funcionament.**

a) La potència està relacionada amb la intensitat i la diferència de potencial:

$$P = \Delta V \cdot I \rightarrow I = \frac{\Delta V}{P} = \frac{60\ \text{W}}{230\ \text{V}} = \mathbf{0{,}26\ A}$$

b) Aplica la llei d'Ohm a la bombeta:

$$\Delta V = I \cdot R \rightarrow R = \frac{\Delta V}{I} = \frac{230\ \text{V}}{0{,}26\ \text{A}} = \mathbf{885\ \Omega}$$

c) Perquè les unitats siguin les adequades expressa la potència en kW i el temps en h.

$$E = P \cdot t = 0{,}06\ \text{kW} \cdot 2\ \text{h} = \mathbf{0{,}12\ kWh}$$

d) Calcula l'energia que consumeix cada minut i després el 90 % d'aquest valor. Com que es demana el resultat en J, cal que utilitzis unitats del SI.

$$E = P \cdot t = 60\ \text{W} \cdot 60\ \text{s} = 3.600\ \text{J}$$

Calor que irradia:

$$Q = 90\,\% \cdot E = \frac{90}{100} \cdot 3.600\ \text{J} = \mathbf{3.240\ J}$$

**59** Si dos aparells elèctrics que tenen potència diferent funcionen durant el mateix temps, quin transformarà més quantitat d'energia?

**60** Un assecador té una potència de 1.600 W, i fan falta 10 minuts per eixugar-s'hi els cabells.

a) Quina quantitat d'energia consumeix?

b) Si el preu del kWh és 0,18 €, quant costa?

**61** La potència d'una làmpada és 500 W, i la seva resistència, 30 Ω, Quina intensitat hi passa?

**62** Pel motor d'una rentadora connectada a la xarxa (230 V) circula una intensitat de 3,5 A. Calcula la potència que desenvolupa i l'energia que consumeix en una rentada d'una hora.

**63** Completa a la llibreta el quadre de consum i cost per a diferents aparells elèctrics, tenint en compte que el preu d'1 kWh és 0,18 €.

| Aparell | Potència (W) | Temps (h) | Consum (kWh) | Cost (€) |
|---|---|---|---|---|
| Rellotge elèctric | 4 | 24 | | |
| Bombeta | 100 | 4 | | |
| Televisor | 300 | 5 | | |
| Planxa | 1.000 | 1,5 | | |
| Rentadora | 3.500 | 1 | | |
| Aire condicionat | 3.000 | 4 | | |

## Aplicacions del corrent elèctric

**64** Indica quin efecte del corrent elèctric s'utilitza o s'ha utilitzat en els objectes següents:

a) 

b) 

c) 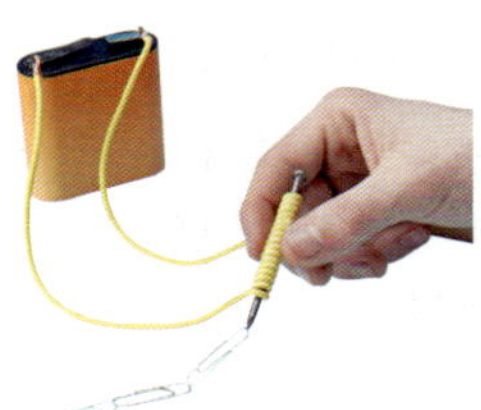

d) 

e) 

f) 

**65** Les bombetes d'incandescència transformen l'energia elèctrica en energia calorífica i lluminosa. El filament de tungstè que tenen arriba a temperatures de 2.200 °C. (El tungstè és un material de resistència elèctrica elevada, amb un punt de fusió de 3.400 °C). El filament està tancat dins d'una càpsula de vidre de la qual s'ha retirat l'aire, mitjançant el buit, i s'hi ha introduït un gas inert.

a) En quin efecte de l'electricitat es basa el funcionament d'una bombeta?

b) Per què s'utilitza el metall tungstè per fabricar-ne els filaments?

c) Què passaria si utilitzéssim un altre metall amb un punt de fusió de 2.000 °C?

d) Què passa quan es fon una bombeta?

## Electricitat i electrònica

### 6. EXEMPLE RESOLT

**Quina d'aquestes resistències pot ser de 400 Ω?**

| | 1a ratlla | 2a ratlla | 3a ratlla | 4a ratlla |
|---|---|---|---|---|
| a) | taronja | violeta | groc | daurat |
| b) | groc | verd | marró | daurat |
| c) | taronja | violeta | marró | plata |
| d) | blau | gris | vermell | plata |

Calcula el valor de cada resistència utilitzant el codi de colors:

| | 1a ratlla | 2a ratlla | 3a ratlla | 4a ratlla | Valor |
|---|---|---|---|---|---|
| a) | taronja | violeta | groc | daurat | |
| | 3 | 7 | $\cdot 10^4$ | ±5 % | $37 \cdot 10^4 \pm 1{,}85 \cdot 10^4$ |
| b) | groc | verd | marró | daurat | |
| | 4 | 5 | $\cdot 10$ | ±5 % | 450 ± 22,5 |
| c) | taronja | violeta | marró | plata | |
| | 3 | 7 | $\cdot 10$ | ±10 % | 370 ± 37 |
| d) | blau | gris | vermell | plata | |
| | 6 | 8 | $\cdot 10^2$ | ±10 % | 6.800 ± 680 |

Els valors límit de la resistència c) són:

370 − 37 i 370 + 37; és a dir, 333 Ω i 407 Ω.

Per tant, la resistència de l'enunciat ha de ser **la c)**.

**66** Calcula el valor màxim i el mínim que pot tenir una resistència ceràmica amb les ratlles següents:

| 1a ratlla | 2a ratlla | 3a ratlla | 4a ratlla |
|---|---|---|---|
| marró | gris | violeta | daurat |

**67** Un reòstat és una resistència variable. Té dos terminals fixos i un de mòbil, que es pot fer girar o lliscar.

Dibuixa la posició en què han d'estar els terminals perquè la resistència sigui mínima i la posició en què han d'estar perquè la resistència sigui màxima.

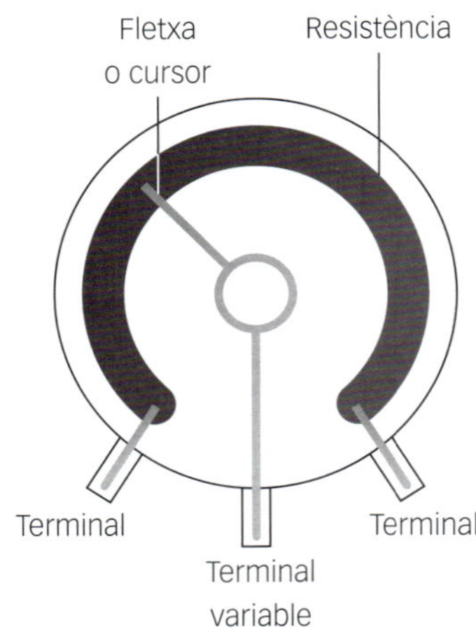


**68** Indica quins d'aquests elements es poden trobar en un circuit elèctric i quins en un circuit electrònic. (Alguns elements podran estar en qualsevol dels dos.)

a) Interruptor.
b) Díode.
c) Resistència.
d) Condensador.
e) Fil de coure.
f) Generador.
g) Transistor.
h) Reòstat.

**69** A les bombetes incandescents, prop del 90 % de l'electricitat que hi entra es converteix en calor, i no en llum.

Les investigacions sobre nous sistemes d'il·luminació que estalviïn energia han trobat una nova tecnologia: els LED, o díodes emissors de llum.

Els LED no tenen filaments, igual que els tubs fluorescents, i per tant, no s'escalfen, consumeixen molt poca energia i tenen vida llarga. Un dels inconvenients que tenen és que emeten una llum molt brillant, però només en un punt, no en una àrea àmplia, com les làmpades incandescents o fluorescents. Això és un problema per omplir de llum una habitació. A més, tenen un preu bastant més alt que el dels dispositius que utilitzem per il·luminar casa nostra.

a) Quins són els avantatges dels LED respecte de la bombeta d'incandescència?

b) Quins avantatges té el fluorescent respecte del LED?

c) Normalment els llums de LED tenen molts punts lluminosos. A què és degut?

**70** Relaciona a la llibreta les imatges següents amb l'element corresponent. (Pista: fixa't en les lletres i els nombres que porta gravat cada element.)

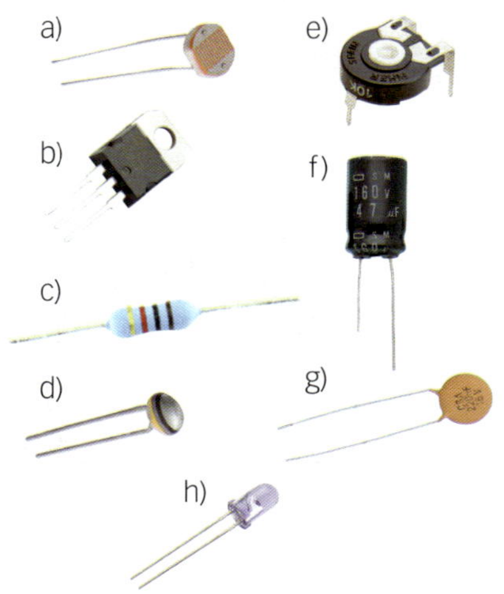


- ☐ Resistència
- ☐ Reòstat
- ☐ LDR
- ☐ NTC
- ☐ Díode LED
- ☐ Condensador electrolític
- ☐ Condensador
- ☐ Transistor

**71** Relaciona a la llibreta símbols i elements:

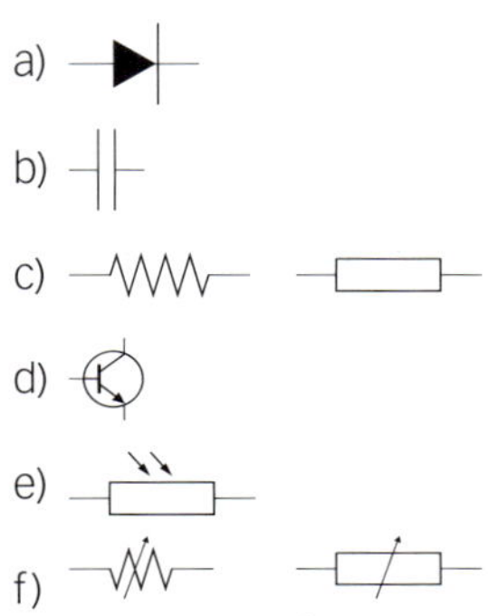


- ☐ Resistència
- ☐ Reòstat
- ☐ LDR
- ☐ Díode
- ☐ Condensador
- ☐ Transistor

**72** Llegeix el text i respon:

«L'any 1959, l'enginyer nord-americà Jack S. Kilby va desenvolupar el primer circuit integrat col·locant sis transistors sobre una placa de silici. Va ser l'inici de la microelectrònica, que va tenir, des d'aquell moment, un desenvolupament imparable.

Amb el temps, es van anar incorporant més transistors en una placa cada vegada més petita. Es van aconseguir circuits amb una gran capacitat de processament, els microprocessadors, que són el cor dels ordinadors i altres dispositius electrònics.

Veient aquesta evolució, Gordon Moore, cofundador de l'empresa Intel, va enunciar l'any 1965 la llei de Moore, segons la qual el nombre de microprocessadors d'un circuit integrat es duplica cada dos anys.»

a) Creus que la llei de Moore és una llei científica?

b) Els microprocessadors actuals, són més grans que els primers microprocessadors? Com ho saps?

c) Els ordinadors actuals, tenen més o menys capacitat de processament que els antics? Com ho saps?

## AMPLIA

### 7. EXEMPLE RESOLT

**Cada pila d'aquest circuit és de 4,5 V. $R_1$ és desconeguda, $R_2 = 20\ \Omega$ i $R_3 = 30\ \Omega$. Quan tanquem l'interruptor, per $R_1$ passa un corrent d'1 A. Calcula:**

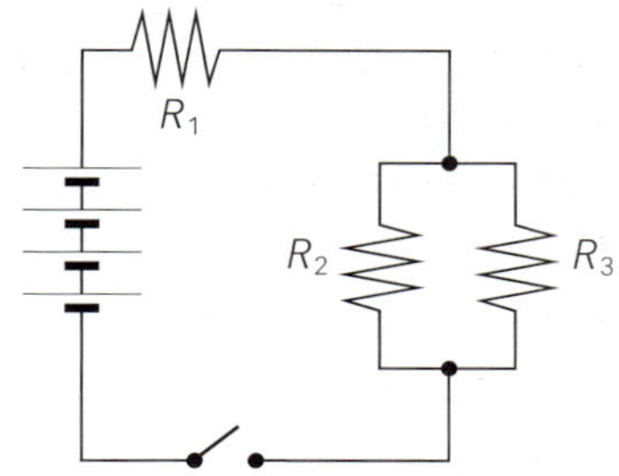


**a) El valor de $R_1$.**

**b) La intensitat del corrent a $R_2$ i $R_3$.**

a) Les quatre piles en sèrie equivalen a un generador de 4,5 V · 4 = 18 V. La intensitat de corrent que passa per $R_1$ és la que surt del generador, és a dir, $I_T = I_1$. Apliquem la llei d'Ohm al circuit complet:

$$\Delta V_T = I_T \cdot R_T \rightarrow R_T = \frac{\Delta V_T}{I_T} = \frac{18\ \text{V}}{1\ \text{A}} = 18\ \Omega$$

$R_2$ i $R_3$ estan en paral·lel;

$$\frac{1}{R_{eq\ 2+3}} = \frac{1}{R_2} + \frac{1}{R_3} = \frac{1}{20\ \Omega} + \frac{1}{30\ \Omega} = \frac{5}{60\ \Omega} \rightarrow$$

$$\rightarrow R_{eq\ 2+3} = \frac{60\ \Omega}{5} = 12\ \Omega$$

$$R_T = R_1 + R_{eq\ 2+3} \rightarrow$$

$$\rightarrow R_1 = R_T - R_{eq\ 2+3} = 18\ \Omega - 12\ \Omega = \mathbf{6\ \Omega}$$

b) Apliquem la llei d'Ohm a $R_1$ i obtenim $\Delta V_1$. $\Delta V_T - V_1$ és la diferència de potencial del conjunt en paral·lel:

$$\Delta V_1 = I_1 \cdot R_1 = 1\ \text{A} \cdot 6\ \Omega = 6\ \text{V}$$

$$\Delta V_2 = \Delta V_3 = \Delta V_T - \Delta V_1 = 18\ \text{V} - 6\ \text{V} = 12\ \text{V}$$

Apliquem la llei d'Ohm a $R_2$ i $R_3$ i calculem $I_2$ i $I_3$:

$$I_2 = \frac{\Delta V_2}{R_2} = \frac{12\ \text{V}}{20\ \Omega} = \mathbf{0{,}6\ A}$$

$$I_3 = \frac{\Delta V_3}{R_3} = \frac{12\ \text{V}}{30\ \Omega} = \mathbf{0{,}4\ A}$$

Es comprova que $I_T = I_1 = I_2 + I_3$.

**73** En aquest circuit tenim quatre piles de 4,5 V connectades en paral·lel a les resistències: $R_1 = 6\ \Omega$, $R_2 = 20\ \Omega$ i $R_3 = 30\ \Omega$. Calcula la intensitat que passa per cada resistència quan es tanca el circuit.

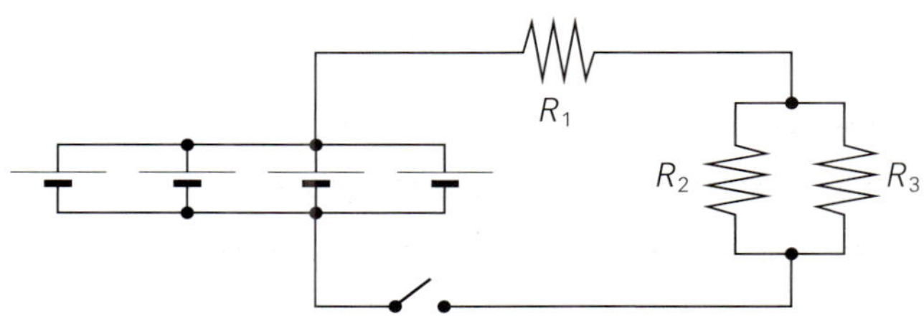

## TÈCNICA. Analitzar un circuit elèctric

Al circuit elèctric de la dreta, el voltatge del generador i la resistència elèctrica dels diversos elements determinen quina intensitat de corrent circula per cadascuna de les branques del circuit.
La resistència de cada làmpada és de 10 Ω i la de cada motor és de 20 Ω.

És important saber quina intensitat passa per cada element per evitar que aquest es cremi. Per exemple, en molts circuits hi ha un fusible que fa de «vigilant». Quan la intensitat de corrent supera un llindar determinat, el fusible es fon i el circuit s'interromp, de manera que s'evita que s'espatllin els elements que hi hagi connectats.

Pots simular el funcionament de circuits utilitzant el programari Yenka → Electricitat i magnetisme.

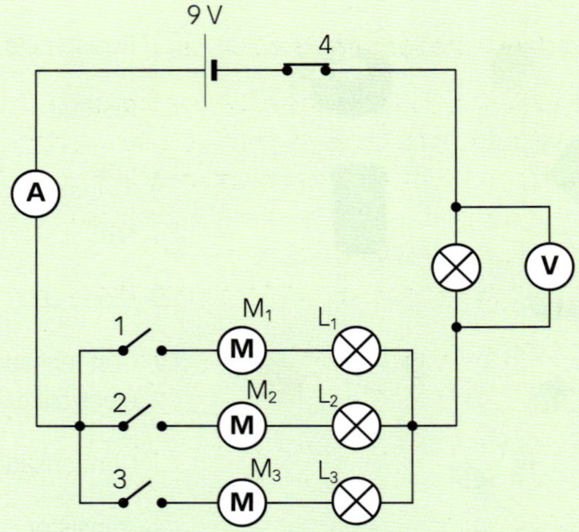


Com està connectat l'amperímetre? I el voltímetre?

**74** Com està connectat cadascun dels elements del circuit? Per què el voltímetre s'ha connectat d'aquesta manera?

**75** Utilitza el programari Yenka o un de similar per muntar un circuit virtual equivalent al de dalt. Partint de la situació que recull la imatge, indica què passarà quan…

a) Tanquem l'interruptor 1. Quina serà ara la resistència total equivalent del circuit?

b) Tanquem els interruptors 1 i 2. Quina serà ara la resistència total equivalent del circuit?

c) Tanquem successivament els interruptors 1, 2 i 3. Quina serà ara la resistència total equivalent del circuit?

d) Aleshores, sempre que hi ha diverses resistències connectades a un circuit, la resistència total equivalent és més gran que cadascuna de les resistències?

**76** Explica què indicarà el voltímetre si:

a) Es tanca únicament l'interruptor 1.

b) Es tanca únicament l'interruptor 2.

c) Es tanquen els interruptors 1 i 2.

d) Es tanquen els interruptors 1, 2 i 3.

**77** Explica què indicarà l'amperímetre si:

a) Es tanca únicament l'interruptor 1.

b) Es tanca únicament l'interruptor 2.

c) Es tanquen els interruptors 1 i 2.

d) Es tanquen els interruptors 1, 2 i 3.

**78** Si tots els motors tenen la mateixa resistència:

a) Circularà la mateixa intensitat per tots quan tanquem els tres interruptors?

b) Quina caiguda de potencial hi haurà en cadascun?

**79** La intensitat que marca l'amperímetre és la mateixa que circula pels motors $M_1$, $M_2$ i $M_3$? Explica la resposta.

**80** Dibuixa un circuit equivalent a aquest representat per una sola resistència el valor de la qual correspongui al cas que tots els interruptors estiguin tancats.

**81** Ara observa aquest circuit.

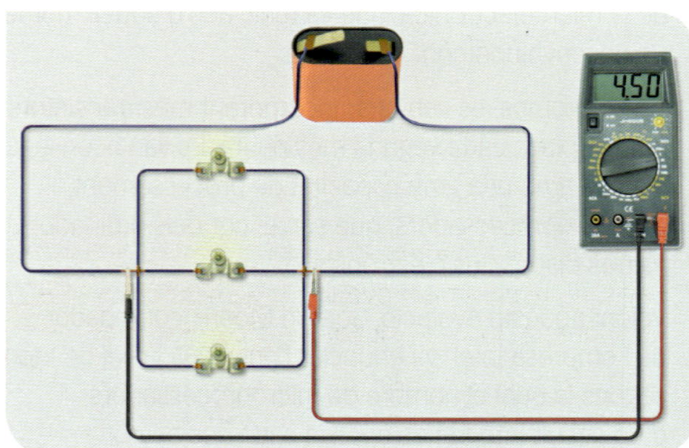


a) Com està connectat el polímetre, com a amperímetre o com a voltímetre? Com ho saps?

b) Com es modificaria el valor que es mostra a la pantalla si desconnectem una de les làmpades? Mostraria un nombre més gran o més petit? Per què?

## UN CAS PRÀCTIC. Manegem l'electricitat de manera segura

**Com podem evitar accidents elèctrics**

- Assegureu-vos que el vostre habitatge tingui la instal·lació elèctrica en condicions. Quan s'hagi de canviar un llum, arreglar un endoll, etc., talleu l'electricitat utilitzant l'interruptor. Quan hàgiu de ser fora de casa vostra durant un temps, desconnecteu la llum; així evitareu incendis.
- Eviteu tocar artefactes elèctrics en funcionament quan aneu descalços o amb les mans mullades.
- Reviseu periòdicament els endolls, els cables i les clavilles per assegurar-vos que es troben en perfecte estat.
- Eviteu connectar diversos artefactes elèctrics a derivació triple; la sobrecàrrega a la línia pot provocar curtcircuits i, per tant, pot produir un incendi.
- Eviteu fer instal·lacions elèctriques i reparacions si no sou especialistes en aquest tema. Feu revisar periòdicament la instal·lació elèctrica íntegrament a un especialista.
- Quan desendolleu un aparell, eviteu estirar el cable: agafeu la clavilla per desconnectar-lo.
- Quan a la casa hi hagi nens petits, col·loqueu tapes protectores als endolls per evitar que hi fiquin els dits.
- Eviteu que els infants introdueixin filferros, tisores, etc., en els endolls.
- No connecteu aparells que s'hagin mullat.
- Si observeu (dins de casa o al carrer) algun cable tallat, aviseu immediatament la vostra empresa proveïdora d'energia elèctrica, i procureu quedar-vos en el lloc per alertar els altres. No toqueu el cable en cap moment.
- Els endolls i les clavilles que estiguin picats o presentin taques s'han de reemplaçar, ja que un mal contacte pot ocasionar una espurna i això podria desencadenar un incendi.

**Què cal fer davant d'un accident elèctric**

- En cas que accidentalment, vosaltres sigueu la descàrrega a terra de l'artefacte elèctric, heu de procurar deixar-lo anar i allunyar-vos-en.
- Si algun artefacte explota mentre està connectat, interrompeu el subministrament d'energia i després desconnecteu-lo.
- Si és una altra persona qui està rebent la descàrrega elèctrica, talleu el subministrament d'electricitat, desconnecteu l'artefacte, i si la persona encara hi està adherida, separeu la víctima amb un pal eixut. Verifiqueu si respira i si té pols. Practiqueu l'auxili corresponent i demaneu ajuda.

Adaptat de: http://www.bomberosdecasares.com.ar

**82** EXPRESSIÓ ESCRITA Elabora un resum del text en unes quantes línies.

**83** COMPRENSIÓ LECTORA. En quantes parts dividiries el text? De què parla cadascuna?

**84** Explica els dibuixos que apareixen en el cartell següent, destinat a prevenir accidents amb l'electricitat.

Elabora un cartell similar amb mesures adequades per protegir les persones que utilitzen la instal·lació elèctrica:

a) A casa teva.

b) Al teu centre d'ensenyament.

**85** Revisa la instal·lació elèctrica a casa teva o al teu institut.

a) Elabora una llista dels punts en què detectis endolls sobrecarregats.

b) Anota en una taula els desperfectes observats. Indica-hi quin aparell o aparells mostren aquesta anomalia.

c) Quines modificacions hauries de tenir en compte per evitar riscos en cas que hi hagi nens petits?

**86** Ara elabora una llista amb conductes que tingueu tu o la teva família a l'hora de manejar circuits elèctrics que siguin positives, i una altra llista amb conductes que siguin contraproduents.

Compara les teves llistes amb les dels teus companys de classe i decidiu en grup una campanya, recolzada amb una presentació multimèdia, amb l'objectiu d'augmentar la seguretat a l'hora de manejar l'electricitat.

## COMPROVACIÓ DE LA LLEI D'OHM

La llei d'Ohm relaciona la diferència de potencial en un dispositiu amb la seva resistència i la intensitat del corrent que hi passa. Es pot aplicar a un element d'un circuit, a diversos elements connectats o a tot un circuit.

### MATERIAL

- Generador variable de corrent continu.
- Resistència.
- Cables de connexió.
- 2 polímetres.

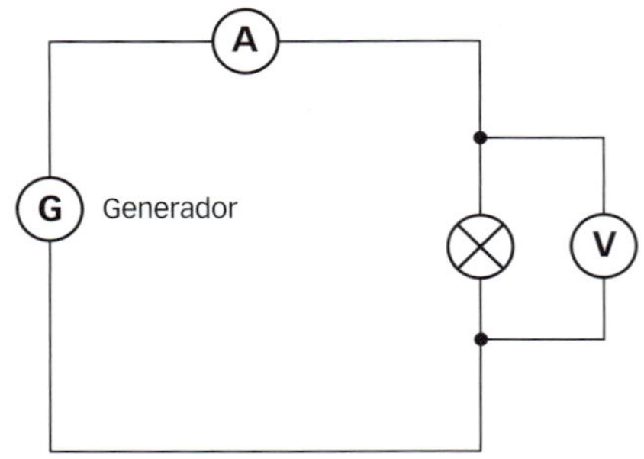


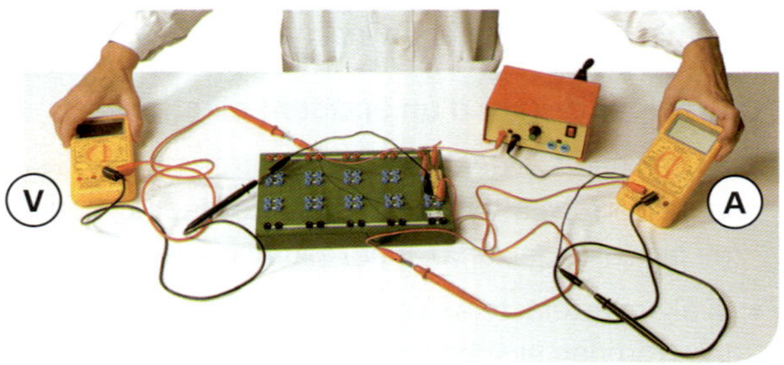


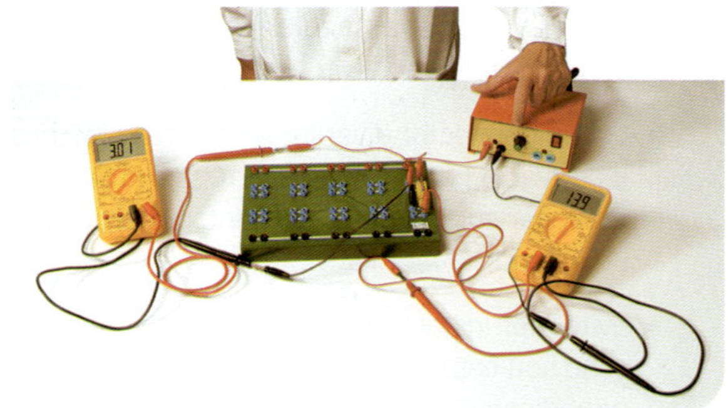

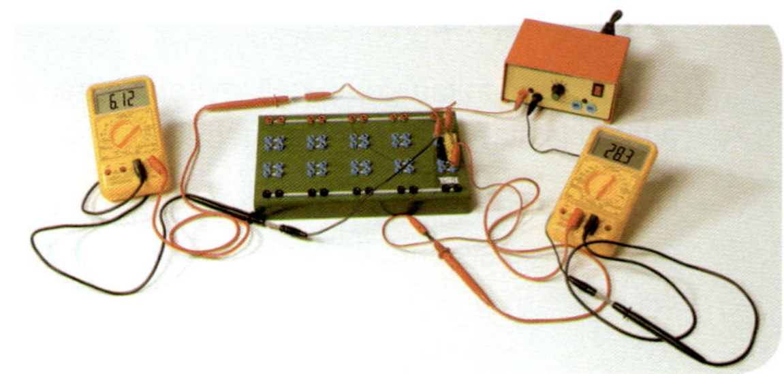

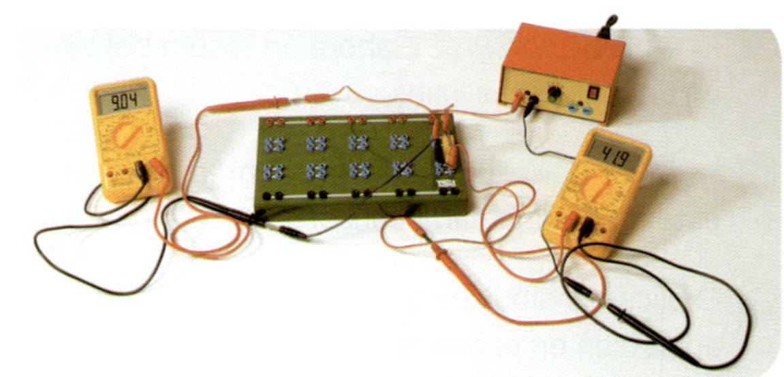

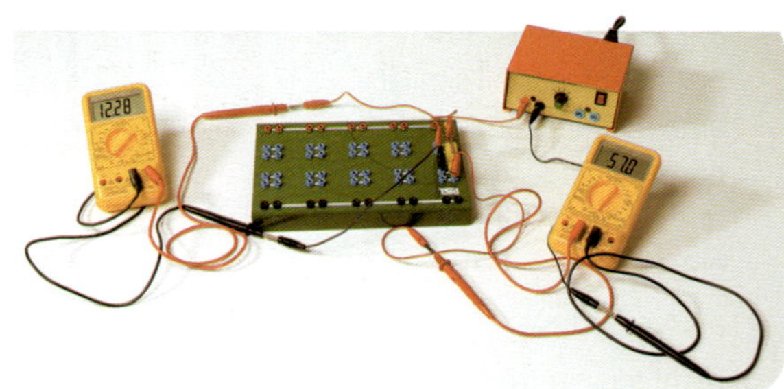

### PROCEDIMENT

1. Amb l'interruptor del generador de corrent apagat, fes el muntatge de l'esquema. Comprova que els polímetres estiguin disposats de manera que un actuï com a amperímetre (A) i l'altre com a voltímetre (V).
2. Selecciona un voltatge baix al generador de tensió. Encén l'interruptor i llegeix el que indiquen l'amperímetre i el voltímetre; fixa't en les unitats. Anota el resultat a la taula. Apaga l'interruptor.
3. Selecciona un voltatge més gran en el generador de tensió i repeteix el pas 2.
4. Repeteix el pas 3 fins a tenir, almenys, cinc parells de dades: diferència de potencial, intensitat. Emplena una taula com la de sota a la llibreta.

| Experiència | Voltatge del generador (V) | Lectura del voltímetre (V) | Lectura de l'amperímetre (A) |
|---|---|---|---|
| 1 | | | |
| 2 | | | |
| 3 | | | |
| 4 | | | |
| 5 | | | |

## REPRESENTACIÓ GRÀFICA DE LES DADES

1. En un paper mil·limetrat o quadriculat, o bé amb un full de càlcul, representa gràficament els valors de $\Delta V$ respecte de $I$. Utilitza una escala adequada als valors de cada magnitud.
2. Col·loca un regle sobre els punts i dibuixa la recta d'ajust, és a dir, la recta que s'ajusta més bé als punts. No et preocupis si hi ha punts que no estan sobre la recta.
3. Calcula el pendent de la recta ($m$). Per fer-ho:
   a) Agafa dos punts de la recta en què puguis llegir fàcilment el valor de $\Delta V$ i de $I$:
   - Punt 1 ($I_1$, $\Delta V_1$).
   - Punt 2 ($I_2$, $\Delta V_2$).

   b) Fes el càlcul:

$$m = \frac{\Delta V_2 - \Delta V_1}{I_2 - I_1}$$

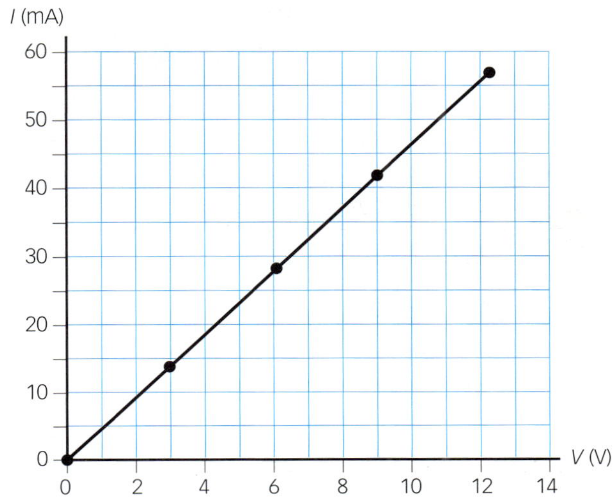


## COMPETÈNCIA DIGITAL

Pots utilitzar un full de càlcul per elaborar la gràfica.

Per obtenir la recta d'ajust tria entre les opcions l'anomenada Agrega línia de tendència.

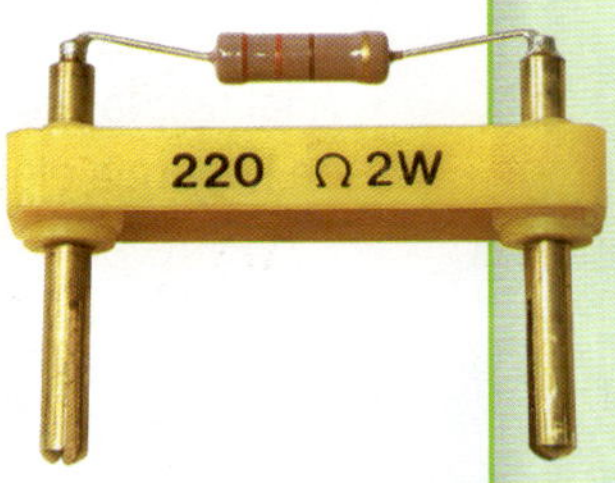


## ANÀLISI DE RESULTATS

Amb les dades que has obtingut, emplena una taula com aquesta a la llibreta.

| Experiència | Lectura del voltímetre (V) | Lectura de l'amperímetre (A) | $R = \frac{\Delta V}{I}$ (Ω) |
|---|---|---|---|
| 1 | | | |
| 2 | | | |
| 3 | | | |
| 4 | | | |
| 5 | | | |

**PARA ATENCIÓ**

Utilitza les unitats adequades segons les magnituds amb què treballes.

## ACTIVITATS

**87** En cada experiència compara el valor del voltatge en el generador de tensió amb la lectura del voltímetre.

a) Coincideixen?

b) A què creus que és degut?

**+ 88** Observa la gràfica i analitza la relació entre les variables. Són directament proporcionals o inversament proporcionals?

**+ 89** Compara el valor del pendent amb els càlculs que has fet a l'última columna de la taula. Què representa el pendent de la recta?

# 8 Les centrals elèctriques

**SABER**

- Tipus de corrent elèctric.
- Les fàbriques d'electricitat.
- Transport i distribució d'electricitat.
- Impacte ambiental de l'electricitat.
- L'electricitat a casa.

**SABER FER**

- Analitzar la producció i l'ús de l'energia elèctrica.

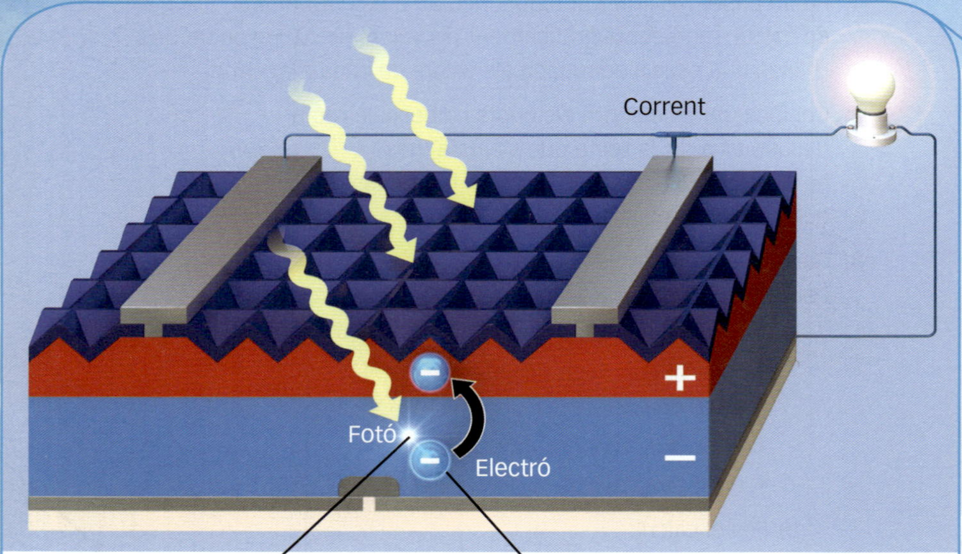


1. Una partícula que forma la llum, anomenada **fotó**, incideix sobre la cèl·lula.
2. Un **electró** del material absorbeix el fotó, es mou cap a la capa superior de la cèl·lula i genera el corrent.

Les cèl·lules fotovoltaiques **es connecten les unes a les altres** per sumar els efectes de l'electricitat generada per cadascuna.

Els panells de cèl·lules solars són **cars**, però un augment en el nombre de panells fabricats n'abarateix els costos.

## APLICACIONS DE LES CÈL·LULES FOTOVOLTAIQUES

Calculadores

Satèl·lits i naus espacials

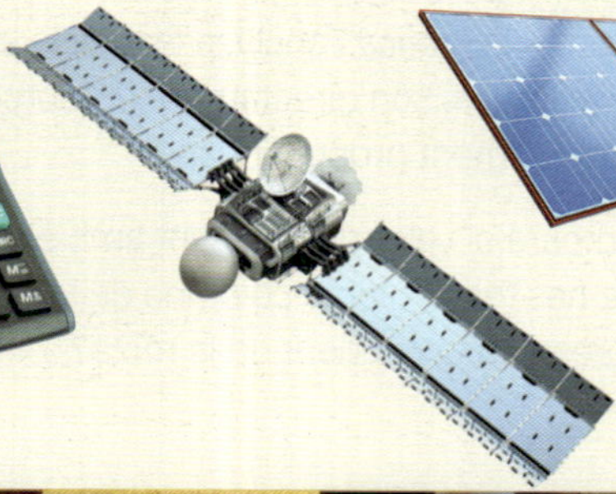

Centrals elèctriques solars

Producció d'energia en habitatges i empreses

Fanals i altres elements de mobiliari urbà

## FÍSICA QUOTIDIANA. **Panells de cèl·lules solars**

Necessitem energia per a tot: per desplaçar-nos, per fer les tasques domèstiques, per utilitzar ordinadors, telèfons mòbils o altres aparells electrònics, etc.

El carbó o el petroli són fonts que produeixen energia, tot i que contaminen. Però hi ha altres fonts d'energia que són menys contaminants, com, per exemple, l'energia solar, que s'aprofita en els panells de cèl·lules solars per produir energia elèctrica.

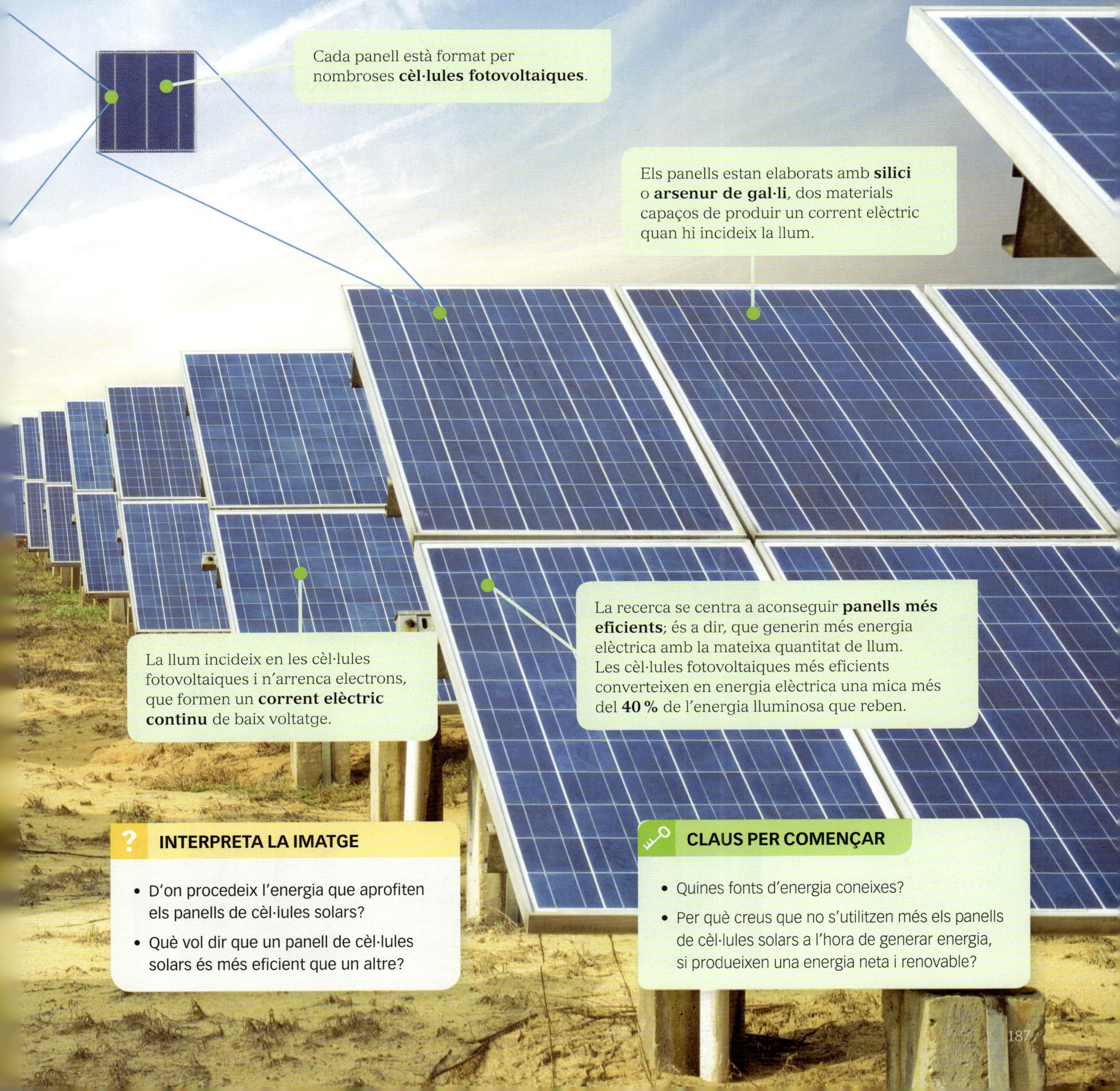


### ? INTERPRETA LA IMATGE

- D'on procedeix l'energia que aprofiten els panells de cèl·lules solars?
- Què vol dir que un panell de cèl·lules solars és més eficient que un altre?

### CLAUS PER COMENÇAR

- Quines fonts d'energia coneixes?
- Per què creus que no s'utilitzen més els panells de cèl·lules solars a l'hora de generar energia, si produeixen una energia neta i renovable?

## REPASSA FÍSICA I QUÍMICA

### Què és l'energia?

L'energia és una magnitud física que mesura la capacitat d'un cos o sistema material per produir canvis en si mateix o en altres cossos.

En el Sistema Internacional d'unitats, l'energia es mesura en **joules (J)**.

1 joule és una quantitat petita d'energia. Sovint, l'energia s'expressa utilitzant múltiples del joule, com, per exemple, el kJ, el MJ o el TJ.

Hi ha altres unitats d'energia:

- Caloria (cal):
  1 cal = 4,18 J.
- Quilowatt hora (kWh):
  $10^3$ W · 3.600 s = 3,6 · $10^6$ J.

**1. EXEMPLE RESOLT**

**Expressa 850 J en calories.**

Escriu el factor de conversió. Fes-ho de manera que desapareguin els joules en simplificar.

$$850\,\cancel{J} \cdot \frac{1\ \text{cal}}{4{,}18\,\cancel{J}} = \mathbf{203\ cal}$$

**2. EXEMPLE RESOLT**

**La factura de la llum d'una casa indica que s'han consumit 62 kWh. Expressa-ho en joules.**

Escriu el factor de conversió:

$$62\,\cancel{\text{kWh}} \cdot \frac{3{,}6 \cdot 10^6\ \text{J}}{1\,\cancel{\text{kWh}}} = \mathbf{2{,}23 \cdot 10^8\ J}$$

### Tipus d'energia

**Energia tèrmica**

És l'energia que té un cos en virtut de la temperatura. Quan escalfem un cos, augmenta la seva energia tèrmica. Quan el refredem, disminueix la seva energia tèrmica.

**Energia cinètica**

És l'energia que té un cos quan està en moviment. Depèn de la massa i de la velocitat del cos.

**Energia potencial**

És l'energia que té un cos pel fet d'estar en una posició determinada. Depèn de la massa i de la posició del cos.

**Energia elèctrica**

És l'energia que tenen les càrregues elèctriques en moviment.

**Energia radiant**

És l'energia que transporten les ones electromagnètiques, com la radiació solar, la llum, o les ones de telecomunicacions. En general s'anomena radiació.

**Energia química**

És l'energia que tenen les substàncies químiques i que es posa de manifest quan intervenen en una reacció química.

**Energia nuclear**

És l'energia que s'emmagatzema en els nuclis dels àtoms i que s'allibera quan es trenquen (fissió), s'uneixen (fusió) o se'n desprenen partícules radioactives.

## REPASSA FÍSICA I QUÍMICA

### Fonts d'energia

Una font d'energia és qualsevol material o recurs natural que es pugui utilitzar per obtenir energia aprofitable.

| Fonts d'energia no renovables | Fonts d'energia renovables |
|---|---|
| Són aquelles que es troben a la natura en quantitat limitada. No és possible reemplaçar els recursos consumits per obtenir energia, i per tant, acabaran esgotant-se. Són fonts d'energia no renovables els combustibles fòssils (**carbó**, **petroli**, **gas natural**) i els materials radioactius (com l'**urani** o el **plutoni**) que són fonts d'energia nuclear.  | Són aquelles en què els recursos es recuperen després d'utilitzar-los, sigui perquè no s'esgoten (com el **sol**, el **vent** o l'**aigua**) o perquè se'n tornen a obtenir en un temps curt (com els **biocombustibles**).  |

### Aprofitament de les fonts d'energia

Aprofitem les fonts d'energia de diferents maneres.

**Combustibles**

- En cuines o calefaccions. Per combustió directa.
- En mitjans de transport. Per combustió en un motor.
- En fàbriques d'energia elèctrica.

**Materials radioactius**

- Obtenció d'energia elèctrica en centrals nuclears.

**El sol**

- Energia tèrmica. S'aprofita l'escalfor del sol.
- Energia elèctrica. Es transforma l'energia radiant en electricitat (panells fotovoltaics).

**Vent**

- Directament, per fer moure molins, vaixells...
- En aerogeneradors elèctrics.

**Aigua**

- Directament, per fer moure molins.
- En centrals hidroelèctriques.

### ACTIVITATS

**1** Expressa en joules les quantitats següents. Utilitza els factors de conversió adequats.

a) 12 kJ
b) 58 MJ
c) 2,7 TJ
d) 0,62 GJ

**2** Expressa en joules les quantitats següents. Utilitza els factors de conversió adequats.

a) 875 cal
b) 15 kWh
c) 2,5 MWh
d) 0,025 GWh

**3** Classifica aquestes expressions en font d'energia o tipus d'energia. Emplena la taula a la llibreta.

a) Urani.
b) Energia cinètica.
c) Energia fotovoltaica.
d) Energia elèctrica.
e) Carbó.
f) Vent.

| Font d'energia | Tipus d'energia |
|---|---|
| | |

# 1 Tipus de corrent elèctric

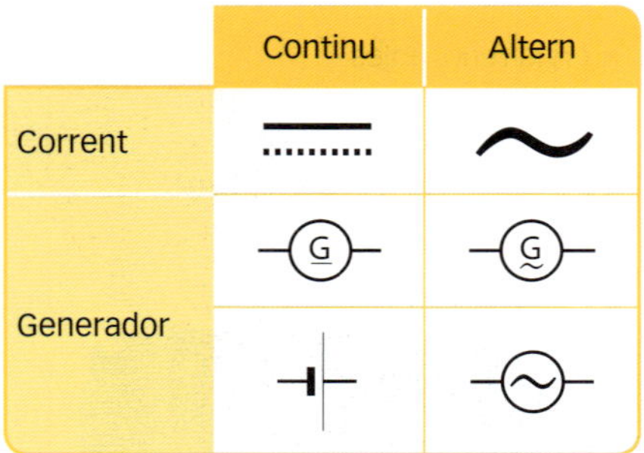


**Símbols** utilitzats per identificar el corrent altern i el corrent continu.

## 1.1. Corrent continu i corrent altern

Un corrent elèctric és un conjunt de càrregues elèctriques en moviment. Normalment circulen per un fil conductor (cable elèctric) o pels elements connectats a un circuit elèctric. Hi ha dos tipus de corrent elèctric:

- **Corrent continu:** les càrregues circulen sempre en el mateix sentit. El generador de corrent que proporciona energia a les càrregues perquè facin el seu recorregut té un pol positiu i un de negatiu que són sempre els mateixos. El corrent surt del pol positiu i arriba al negatiu circulant sempre en el mateix sentit.
- **Corrent altern:** les càrregues circulen de vegades en un sentit i de vegades en el contrari. El generador de corrent que proporciona energia a les càrregues canvia de polaritat diverses vegades per segon (a les llars, 50 vegades per segon). El corrent va sempre del pol positiu al negatiu; és per això que el corrent altern circula de vegades en un sentit i de vegades en el contrari.

**Corrent continu**

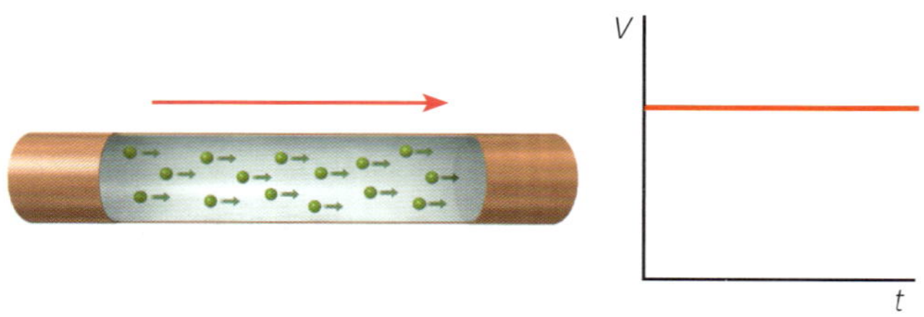


El generador de corrent continu proporciona una energia a cada càrrega, el voltatge, *V*, que té sempre el mateix valor.

**Corrent altern**

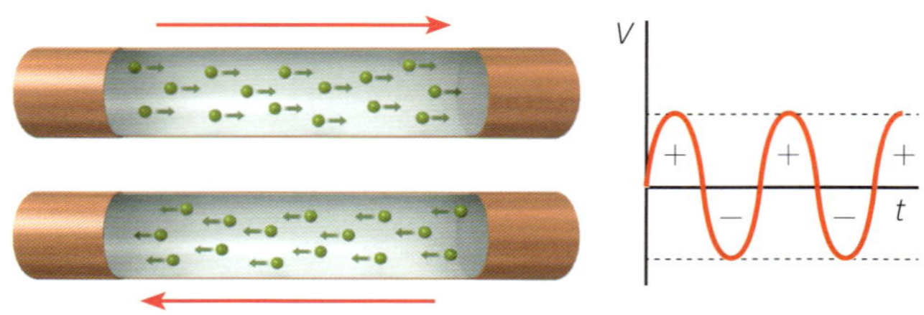


El generador de corrent altern proporciona una energia a cada càrrega, el voltatge, que varia entre un valor màxim (*V*) i un valor mínim (–*V*), passant pel zero.

**RECORDA-HO**

**Llei d'Ohm:**

$$V = I \cdot R$$

La llei d'Ohm relaciona la intensitat de corrent que passa per un element d'un circuit amb el voltatge o caiguda de tensió entre els seus extrems i la seva resistència.

La llei d'Ohm es compleix tant per al corrent altern com per al corrent continu. Com que en el corrent altern el voltatge canvia a cada instant, per als càlculs de la llei d'Ohm en els circuits de corrent altern cal utilitzar el **voltatge eficaç**:

$$V_{eficaç} = \frac{V_{màxim}}{\sqrt{2}}$$

**Corrent continu**

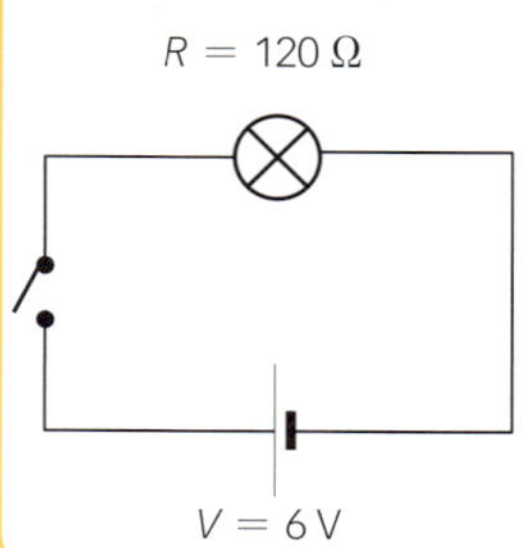


$$I = \frac{V}{R}$$

$$I = \frac{6\ V}{120\ \Omega} = 0{,}05\ A$$

**Corrent altern**

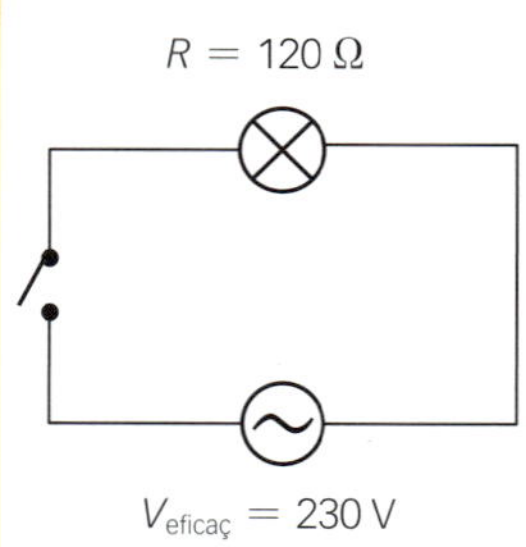


$$I = \frac{V_{eficaç}}{R}$$

$$I = \frac{230\ V}{120\ \Omega} = 1{,}92\ A$$

### 1.2. Generadors de corrent elèctric

Els **generadors de corrent continu** més habituals són els següents:

| Piles i bateries | Dinamo | Placa fotovoltaica |
|---|---|---|
|   |  |  |
| Les piles transformen energia química en energia elèctrica. S'esgoten quan finalitza la reacció química que s'hi produeix.<br>Les piles recarregables i les bateries poden revertir la reacció química de manera que es torni a iniciar. Es poden recarregar una quantitat determinada de vegades. | Generen energia elèctrica fent girar un dispositiu.<br>Tradicionalment s'utilitzaven per obtenir llum per als fanals de les bicicletes, i més recentment s'utilitzen per obtenir llum en llanternes o per a carregadors manuals de telèfons mòbils. | El silici és un material semiconductor. Quan els fotons de la llum del sol incideixen en la placa de silici, comuniquen energia als seus electrons perquè es posin en moviment, i d'aquesta manera originen un corrent continu. |

Els **generadors de corrent altern** es basen en l'experiència de Faraday, que consisteix a fer girar una bobina en presència d'un imant, o a moure un imant a prop d'una bobina.

- El corrent continu s'utilitza localment i per fer funcionar dispositius concrets, com, per exemple, una llanterna, un ordinador, un telèfon mòbil, o per il·luminar una casa aïllada.
- El corrent altern és molt més fàcil de produir industrialment en grans quantitats. També és més fàcil de transportar i distribuir.

El corrent continu es pot transformar en altern i viceversa, mitjançant inversors o rectificadors. També se'n pot modificar el voltatge utilitzant transformadors.

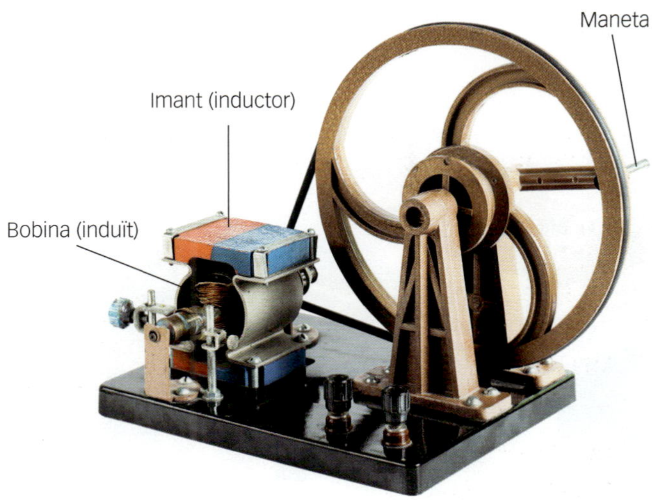


Quan fem girar la maneta, l'imant (inductor) fa que aparegui un corrent elèctric a la bobina (induït). El corrent que es genera és altern.

**ACTIVITATS**

4 Elabora l'esquema d'un circuit que tingui una pila, una bombeta i una resistència en sèrie. Col·loca-hi un interruptor que et permeti obrir-lo i tancar-lo.

5 Elabora l'esquema d'un circuit que tingui una bombeta i una resistència en paral·lel. El circuit també haurà de tenir una pila i un interruptor.

## 2 Les fàbriques d'electricitat

A les **centrals elèctriques** es genera l'electricitat que després utilitzem a casa nostra.

Les **centrals elèctriques** són instal·lacions on es fabrica l'electricitat. És a dir, on es produeix energia elèctrica a partir d'altres fonts d'energia.

En la major part de les centrals es genera corrent altern fent girar electroimants (el rotor) dins d'una peça estàtica que alberga les bobines on s'indueix el corrent (l'estator).

El rotor gira mitjançant una turbina moguda per vapor d'aigua, aigua embassada que cau o el vent, segons el tipus de central elèctrica.

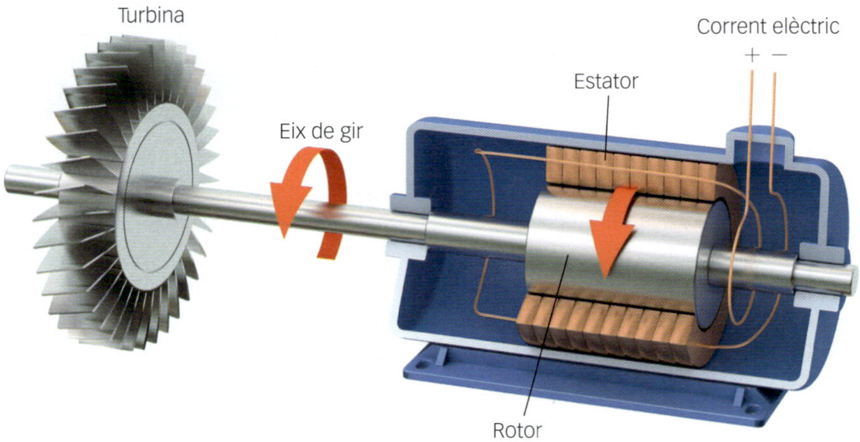


### 2.1. Central hidroelèctrica

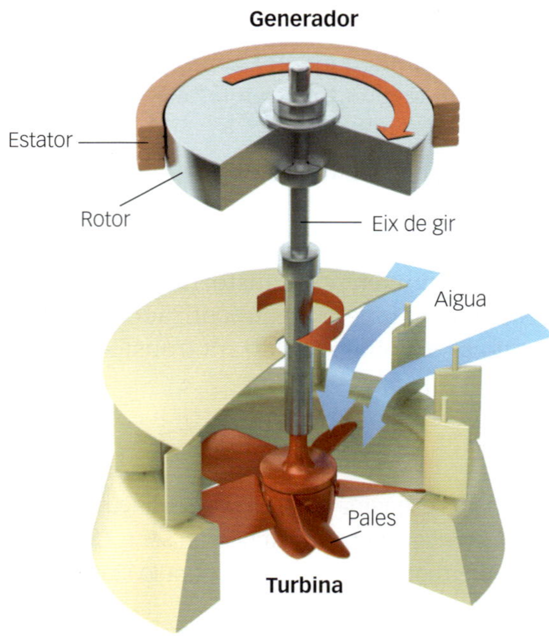


L'aigua embassada arriba a la turbina a través d'un canal i mou les pales. El moviment de la turbina es transmet al rotor, que indueix el corrent a l'estator del generador.

## 2.2. Centrals tèrmiques

### Central tèrmica de combustió

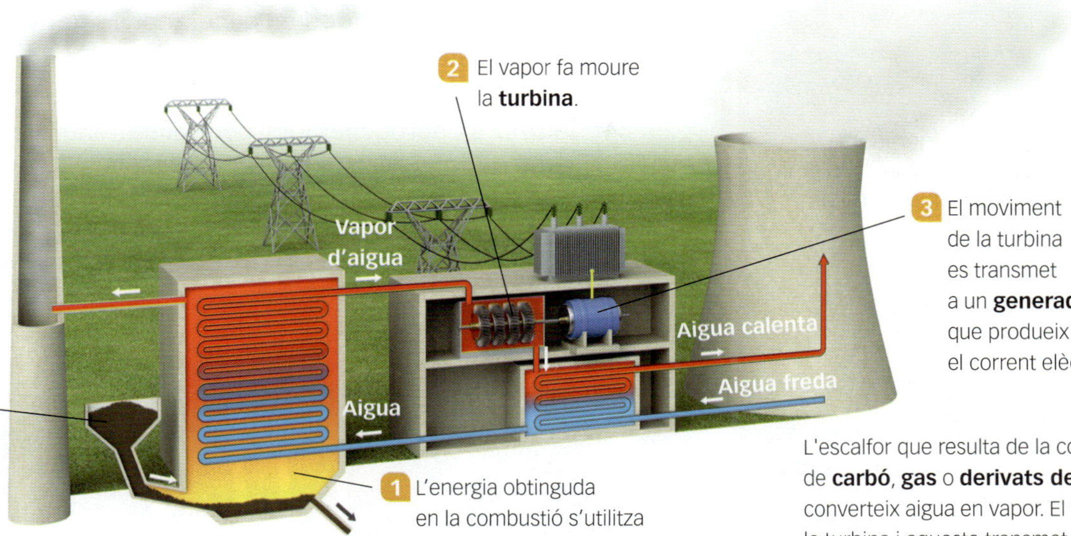


L'escalfor que resulta de la combustió de **carbó**, **gas** o **derivats del petroli** converteix aigua en vapor. El vapor fa girar la turbina i aquesta transmet el moviment al rotor, que indueix el corrent a l'estator del generador.

### Central tèrmica nuclear

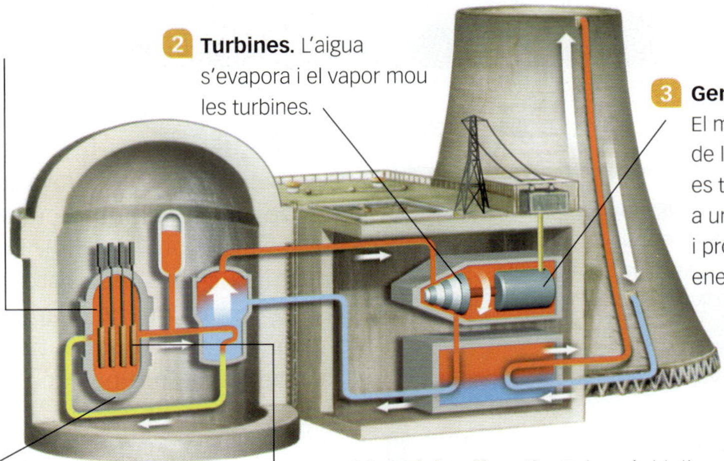


Quan es produeix la **fissió nuclear**, s'allibera una gran quantitat de calor que converteix aigua en vapor. El vapor fa girar la turbina i aquesta transmet el moviment al rotor, que indueix el corrent a l'estator del generador.

Per aprofitar millor l'energia del vapor, la turbina té diversos discos d'àleps o aspes, de radi cada vegada més gran. El gir de la turbina fa girar el rotor, que indueix corrent a les bobines de l'estator.

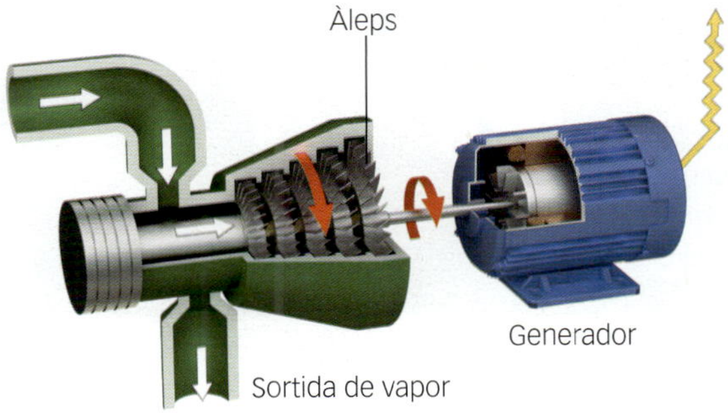


**ACTIVITATS**

6 Explica en què s'assemblen i en què es diferencien les turbines de les centrals hidroelèctriques i les de les centrals tèrmiques.

7 Quins combustibles es poden utilitzar a les centrals tèrmiques? Creus que es podria fer servir fusta?

## 2.3. Central eòlica

Els **aerogeneradors** aprofiten l'energia del vent per generar energia elèctrica. La força del vent mou les aspes de l'aerogenerador, que transmet el seu moviment al rotor d'un generador. El **generador** transforma el moviment de gir del multiplicador en electricitat. El rotor gira al seu interior i indueix corrent a les bobines de l'estator exterior.

Es pot utilitzar un aerogenerador per obtenir energia per a una instal·lació aïllada, o molts aerogeneradors instal·lats en un **parc eòlic** per generar una gran quantitat d'energia.

Perquè funcioni l'aerogenerador la velocitat del vent ha de ser més gran que 3 m/s i més petita que 25 m/s.

## 2.4. Central solar fotovoltaica

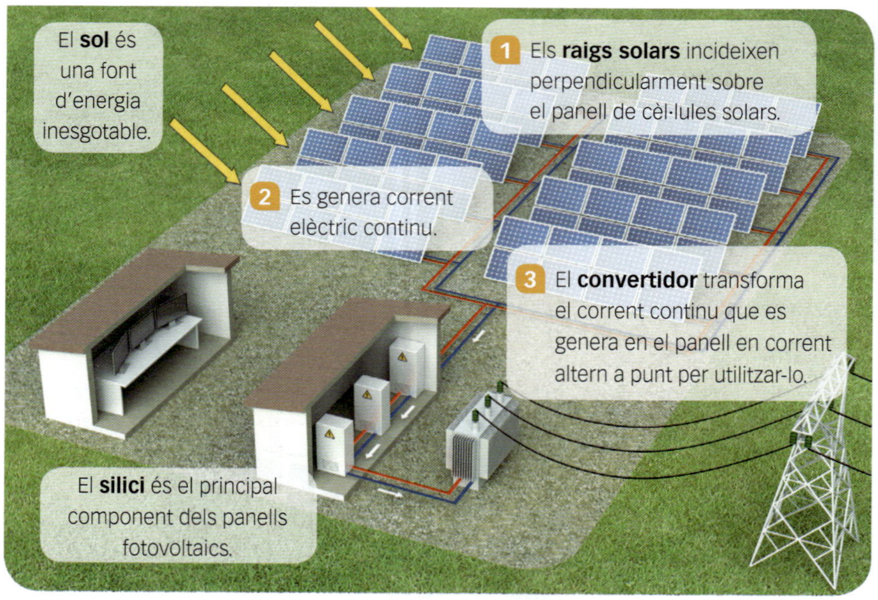


Quan els fotons de la llum solar incideixen sobre un panell de material semiconductor com el silici, comuniquen energia als seus electrons i aquests es posen en moviment. D'aquesta manera s'origina un corrent continu que es pot utilitzar per il·luminar una bombeta, un senyal de trànsit o un petit dispositiu.

Una central fotovoltaica produeix energia elèctrica en gran quantitat utilitzant molts panells orientats adequadament.

L'energia elèctrica es transporta de manera més eficient en forma de corrent altern. Per això s'utilitzen un **inversor** i un **transformador** per donar-li el voltatge adequat per distribuir-la per la xarxa elèctrica.

### ACTIVITATS

8. De quin tipus és el corrent elèctric que es produeix en un aerogenerador?
9. Raona si seria possible que tota l'energia elèctrica del país s'obtingués dels aerogeneradors. I de panells fotovoltaics?
10. De quin tipus és el corrent elèctric que es produeix en un panell de cèl·lules solars?

# 3 Transport i distribució d'electricitat

L'energia elèctrica que es produeix a les centrals ha d'arribar a les cases, fàbriques i altres instal·lacions per poder-la fer servir. Per transportar-la s'utilitzen cables elèctrics. Hi ha una xarxa elèctrica a la qual arriba l'energia que es produeix en totes les centrals i la distribueix per tot el territori.

L'energia que es perd en el transport és menor com més gran és el voltatge (també anomenat tensió elèctrica). Per això el corrent que es produeix a les centrals es transforma en corrent «d'**alta tensió**», i així es transmet per les línies de la xarxa elèctrica. Abans que entri a les fàbriques o a les cases es torna a reduir la tensió (el voltatge) perquè es pugui utilitzar.

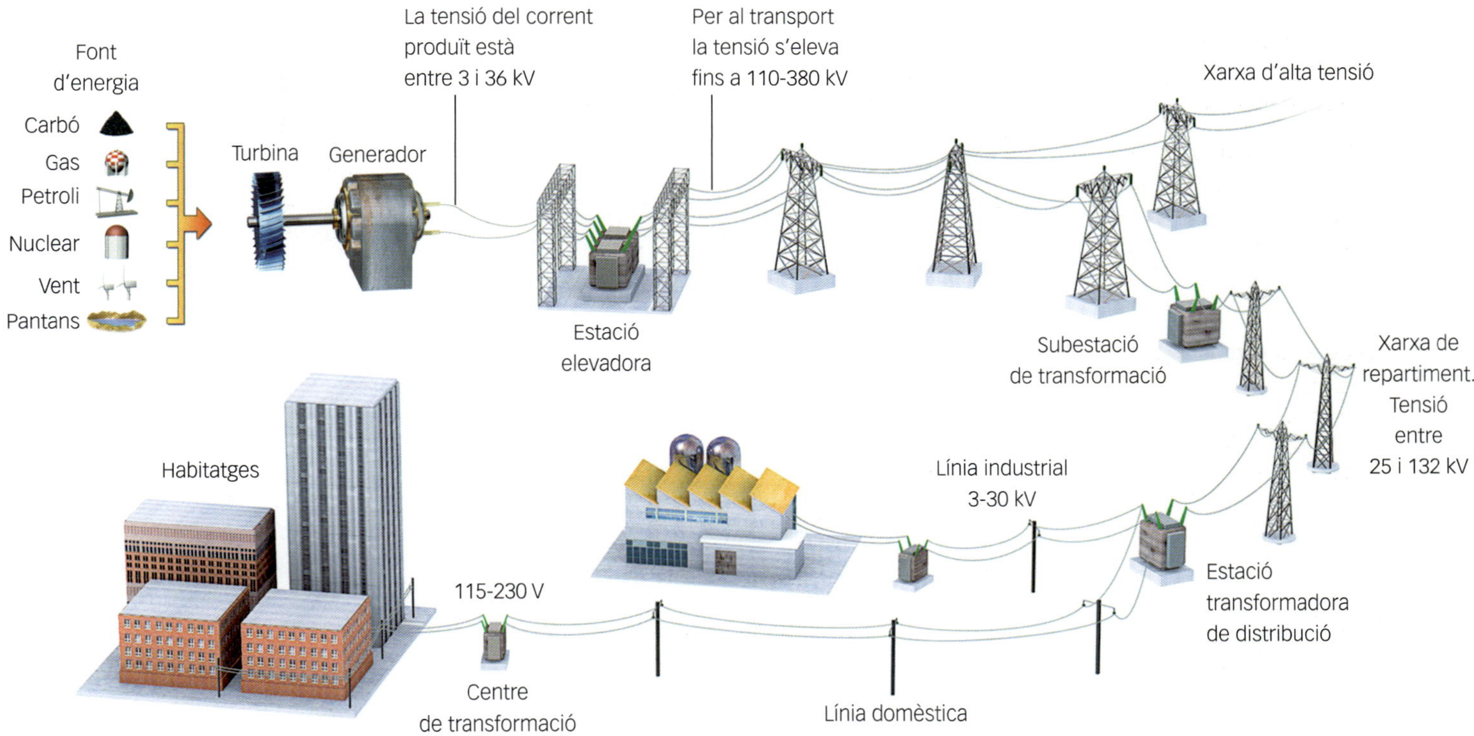


Distribució d'energia elèctrica des d'una central elèctrica fins als llocs de consum.

# 4 Impacte ambiental de l'electricitat

L'energia elèctrica és una energia neta al lloc en el qual s'utilitza, perquè no produeix cap mena de residus. Però no passa el mateix en el moment de la producció o del transport.

## 4.1. Impacte durant la producció

El dany que es produeix al medi ambient depèn del tipus de central elèctrica. Observa la taula següent.

| Tipus de central | Impacte atmosfèric | Impacte aquàtic | Impacte terrestre |
|---|---|---|---|
| **Central tèrmica de combustió** | • Emissió de gasos ($CO_2$, $SO_2$ i òxids de nitrogen).<br>• Augment de l'efecte d'hivernacle.<br>• Pluja àcida. | • Augment de l'acidesa de rius i llacs.<br>• Marees negres per abocaments accidentals de combustibles. | • Agressió per les explotacions mineres i les extraccions petrolieres i de gas.<br>• Ocupació del terreny i contaminació visual per les instal·lacions.<br>• Deterioració de cultius i monuments per la pluja àcida. |
| **Central tèrmica nuclear** | • No emet gasos. | • Accidents per emissions radioactives que poden arribar a l'aigua. | • Residus radioactius. S'han d'emmagatzemar de manera controlada.<br>• Accidents per emissions radioactives que poden afectar el terreny durant molts anys.<br>• Ocupació del terreny i contaminació visual per les instal·lacions. |
| **Central hidràulica** | • No emet gasos. | • Alteració del paisatge i els ecosistemes.<br>• Aparició de nous microclimes i hàbitats. | • Camps i pobles submergits. |
| **Central eòlica** | • Soroll molest per als éssers vius.<br>• Mort d'ocells que topen contra les aspes.<br>• Desorientació d'ocells migratoris. | • Als parcs eòlics aquàtics, alteració del paisatge i els ecosistemes de la zona. | • Als parcs eòlics terrestres, alteració del paisatge i els ecosistemes de la zona. |
| **Central fotovoltaica** | • No emet gasos. | • No emet residus aquàtics. | • Alteració del paisatge. Les instal·lacions ocupen molt d'espai.<br>• Els panells utilitzen materials contaminants. Cal cuidar la fabricació i l'eliminació dels panells que ja no serveixen. |

Per evitar incendis es talen molts arbres situats al costat de les línies elèctriques.

## 4.2. Impacte en el transport

L'energia elèctrica es transporta a través de línies d'alta tensió que ocupen terreny al llarg de tot el territori.

A causa del perill que es produeixin descàrregues i incendis, no es poden deixar créixer arbres sota les línies. Això comporta un impacte ambiental terrestre. També altera la vida dels ocells de la zona.

El corrent que circula pels cables produeix efectes magnètics. Actualment hi ha un debat sobre si aquests efectes poden produir alteracions en la salut dels éssers vius propers.

### ACTIVITATS

**11** Analitza l'impacte ambiental dels diferents tipus de centrals elèctriques i explica de manera raonada:

a) Quin tipus de central elèctrica és més respectuós amb el medi ambient.

b) Quin és menys respectuós.

# 5 L'electricitat a casa

El corrent que ens arriba a casa a través de la xarxa elèctrica és corrent altern de 230 V. Això és el que obtenim quan endollem qualsevol aparell a la xarxa.

En canvi, molts dels aparells que utilitzem habitualment funcionen amb corrent continu, com la calculadora, el telèfon mòbil o l'ordinador portàtil. Per poder-los fer servir utilitzem piles o bateries, que donen un corrent continu de 6 o 12 V, segons el cas. Aquests aparells també poden funcionar connectats a la xarxa; en aquest cas, necessitem un transformador.

## 5.1. La instal·lació elèctrica

A les cases hi ha un quadre elèctric amb una sèrie d'interruptors de seguretat que permeten controlar l'energia elèctrica que hi circula.

- **Interruptor general automàtic (IGA):** serveix per tallar el corrent en tota la casa.
- **Interruptor diferencial (ID):** talla el subministrament d'energia si hi detecta fuites. Pot saltar quan es produeix una gran tempesta o una avaria. Porta un botó per comprovar que funciona. Quan es pitja el botó, ha de quedar tallat el corrent i el diferencial ha de baixar. Si no hi ha una altra avaria, quan apugem el diferencial torna a circular el corrent.
- **Interruptors parcials (PIA):** permeten desconnectar l'energia elèctrica en una part de la casa o en una part de la instal·lació. N'hi pot haver un per a la cuina, un altre per al bany, la il·luminació, etc.
- **Interruptor de control de potència (ICP):** limita el consum total màxim de l'habitatge. El límit es contracta d'acord amb la potència dels aparells que vulguem tenir funcionant alhora. Normalment està situat fora de l'habitatge, a l'habitació de comptadors.

**PARA ATENCIÓ**

**El transformador**

A les preses de corrent dels habitatges entra corrent altern de 230 V. Però nosaltres utilitzem molts aparells que necessiten corrent continu i un voltatge molt menor.

Per això utilitzem **transformadors**.

Un transformador és un aparell que converteix el corrent altern en continu i redueix el voltatge des de 230 V fins al valor que necessita l'aparell que estem fent servir: una videoconsola, un ordinador portàtil, etc.

Aquests transformadors solen estar situats a l'interior de la peça que utilitzem com a endoll.

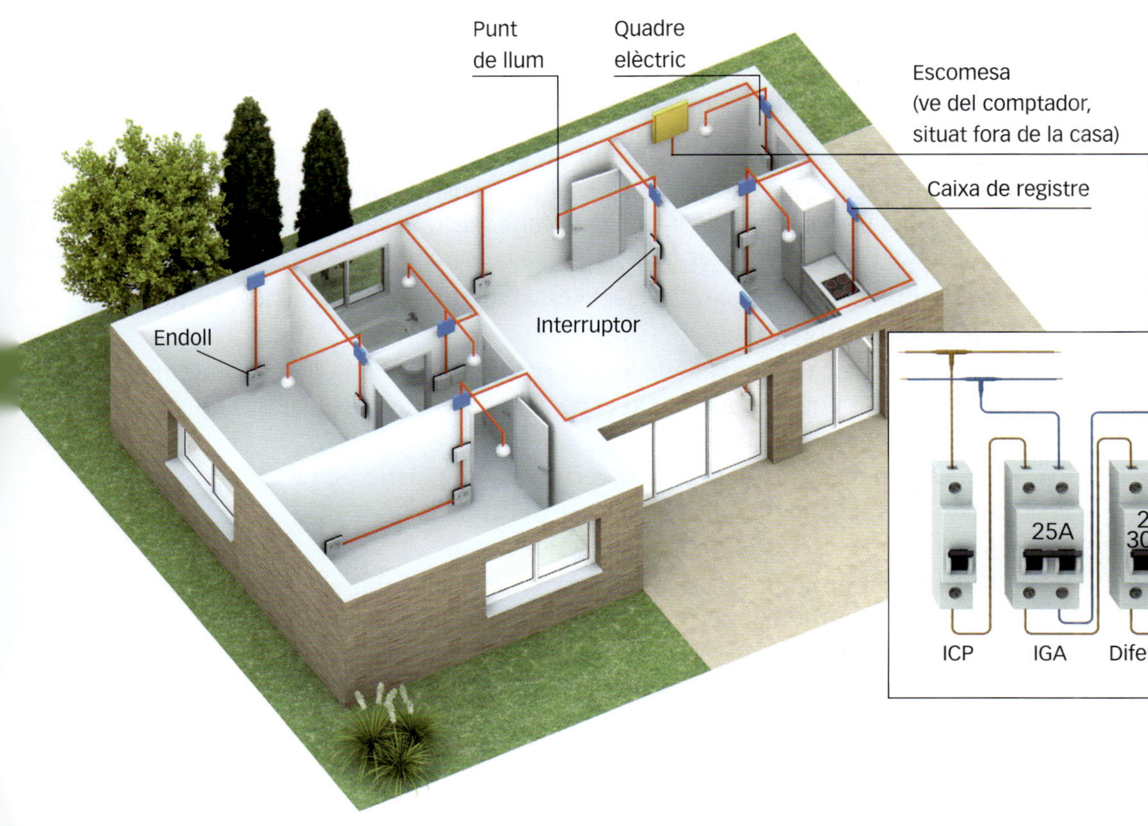


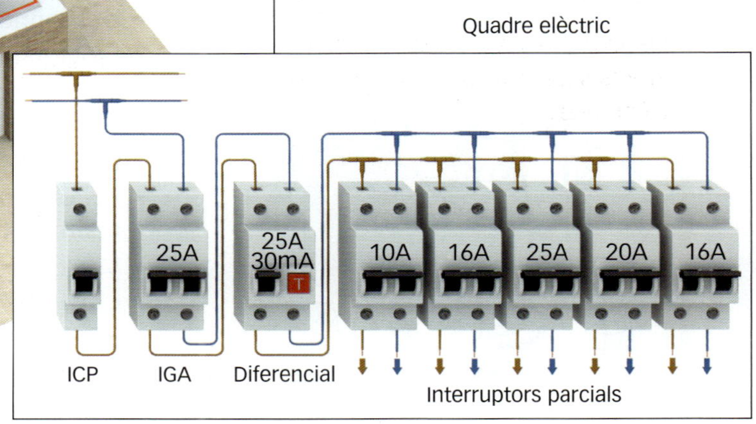


Esquema de la **instal·lació elèctrica** d'un habitatge.

## RECORDA-HO

La potència d'un aparell elèctric està relacionada amb altres magnituds:

- $P = \Delta V \cdot I$
- $P = \dfrac{E}{t}$

## ACTIVITATS

12 Quina part del rebut de la llum paguem si marxem de casa durant molt de temps i desconnectem l'interruptor general automàtic?

13 Escriu a la llibreta quines accions de la imatge representen un maneig insegur de l'electricitat. Indica com corregiries cadascuna d'aquestes accions.

### 5.2. El rebut de la llum

Les empreses que subministren l'energia elèctrica a les cases envien periòdicament un rebut en el qual indiquen la quantitat d'energia consumida (en kWh) i el cost que té. Aquí en tens un exemple.

| | |
|---|---|
| **DATA FACTURA**<br>Del 16-04-2015 al 15-05-2015 | **NÚM. FACTURA**<br>00000000 |
| **REMITENT**<br>Companyia elèctrica; Adreça postal; www.@@@@@.cat | |
| **FACTURACIÓ** | **€** |
| **1. Potència contractada**<br>5,5 kW × 30 dies × 0,011 518 8 € /(kW × dia) | 19,00 |
| **2. Energia consumida**<br>370 kWh × 0,124 107 €/kWh | 45,92 |
| **3. Impost electricitat**<br>64,92 € × 5,1127 % s × 1,051 13 | 3,32 |
| **4. Lloguer d'equips** | 0,81 |
| **IVA (21 % s/69,05)** | 14,5 |
| **TOTAL FACTURA** | **83,55 €** |

Costos segons BOE 01-01-2015: Servei: 97,434 %, Permanents: 0,150 %, Diversificació i seguretat de proveïment: 2,416 %.

En el rebut d'una companyia elèctrica, hi podem distingir diferents parts:

- **Facturació per potència.** Es paga una quantitat fixa per cada kW de potència que hàgim contractat.
- **Facturació per consum.** És el pagament per l'energia que hem consumit.
- **Lloguer d'equips de mesura.** És una quantitat fixa que es paga pel lloguer del comptador que mesura el consum de l'energia elèctrica.

### 5.3. Fer servir l'electricitat amb seguretat

L'electricitat que fem servir a casa té un voltatge molt superior al d'una pila. Una descàrrega d'aquesta electricitat al nostre cos pot produir molt de mal, fins i tot la mort. Per això cal respectar una sèrie de normes de seguretat a l'hora d'utilitzar la instal·lació i els aparells elèctrics:

- Desconnectem els aparells elèctrics abans de manipular-los, si no funcionen correctament.
- No fem servir un aparell elèctric si està mullat o si nosaltres estem mullats. Cal posar una atenció especial en l'ús de l'assecador i altres electrodomèstics al bany.
- Els cables elèctrics han d'estar recoberts de plàstic. Si un cable està malmès, cal desendollar-lo i reparar-lo.
- Vigilem que els endolls estiguin en bon estat.
- Cal utilitzar endolls amb presa de terra per connectar els aparells que consumeixen molta energia elèctrica (frigorífic, rentadora, etc.).
- No sobrecarreguem endolls ni utilitzem grans allargadors, perquè es podrien sobreescalfar i produir algun incendi.

# ACTIVITATS FINALS

## REPASSA L'ESSENCIAL

**14** Posa en ordre els fragments següents per construir a la llibreta dues frases relatives al corrent continu i dues més que es refereixin al corrent altern. Algun fragment s'utilitza més d'una vegada:

| En un corrent continu... | En un corrent altern... |
|---|---|
| • el pol positiu i el pol negatiu del generador | • sempre en el mateix sentit. |
| • de vegades en un sentit i de vegades en l'altre sentit | • s'intercanvien diverses vegades per segon. |
| • les càrregues elèctriques circulen | • són sempre els mateixos. |

**15** Escriu a la llibreta el nom dels generadors següents i indica si són generadors de corrent continu o altern:

A

C

B

D

**16** Localitza les paraules relacionades amb les centrals elèctriques i escriu-les a la llibreta:

| | | | | | | | | | | | | | | |
|---|---|---|---|---|---|---|---|---|---|---|---|---|---|---|
| N | L | M | S | Y | E | C | T | F | D | F | B | U | E | J |
| Z | U | N | H | L | I | U | C | C | Y | R | S | J | Y | P |
| H | P | C | U | H | R | Y | K | E | E | A | J | F | I | O |
| P | H | N | L | B | O | K | W | B | C | U | S | O | E | R |
| W | M | G | I | E | D | W | F | I | A | J | M | T | E | U |
| Y | F | N | M | I | A | L | M | O | M | G | J | O | N | N |
| X | A | Z | D | H | R | R | D | K | Q | E | L | V | O | K |
| R | N | P | Z | Z | E | R | K | Q | F | I | X | O | D | E |
| C | O | U | C | T | N | H | W | F | C | N | J | L | S | Y |
| W | O | T | M | N | E | K | F | A | B | L | R | T | A | V |
| J | C | V | O | E | G | F | M | V | K | E | A | A | R | Z |
| S | H | I | D | R | O | E | L | E | C | T | R | I | C | A |
| V | U | V | R | Y | K | Q | E | M | O | O | R | C | I | I |
| U | B | X | I | E | T | K | S | R | Q | B | V | A | B | G |
| B | X | B | X | O | A | X | E | D | K | R | S | C | M | B |

**17** Relaciona a la llibreta els diferents tipus de fonts d'energia amb les centrals elèctriques que la utilitzen:

a) Gas natural.
b) Vent.
c) Carbó.
d) Urani.
e) Aigua.
f) Derivats del petroli.
g) Sol.

☐ Eòlica.
☐ Tèrmica.
☐ Fotovoltaica.
☐ Hidràulica.
☐ Nuclear.

**18** De les centrals elèctriques següents, indica quines tenen turbina i quines no; i quines produeixen corrent altern i quines corrent continu:

a) Tèrmica.
b) Nuclear.
c) Hidràulica.
d) Eòlica.
e) Fotovoltaica.

**19** Indica a la llibreta quin és el voltatge del corrent en cada part de la xarxa de distribució elèctrica:

a) Xarxa d'alta tensió.
b) Línia industrial.
c) Línia domèstica.
d) Sortida de la central elèctrica.
e) Xarxa de repartiment.

☐ 115 V - 230 V
☐ 3 kV - 30 kV
☐ 3 kV - 36 kV
☐ 25 kV - 132 kV
☐ 110 kV - 380 kV

**20** Enllaça a la llibreta cada tipus de central elèctrica amb l'impacte ambiental que provoca:

a) Eòlica.
b) Tèrmica.
c) Fotovoltaica.
d) Hidràulica.
e) Nuclear.

☐ Incrementa l'efecte d'hivernacle.
☐ Ocupa molt de terreny.
☐ Altera la vida dels ocells.
☐ Provoca pluja àcida.
☐ No contamina l'aire.
☐ Produeix residus molt perillosos.
☐ Pot originar marees negres per accident.
☐ No contamina l'aigua.

**21** Al quadre elèctric de casa teva hi ha tres tipus d'interruptors. Indica quin es desconnecta en els casos següents:

a) Per arreglar una avaria a la rentadora.
b) Quan marxeu de vacances durant una bona temporada i no queda ningú a casa.
c) Quan es produeix una avaria a la instal·lació general.

**22** En la producció industrial d'energia elèctrica s'utilitzen diferents fonts d'energia (combustibles fòssils, nuclear, aigua, vent, sol). Raona en quines instal·lacions es pot decidir quanta energia volem produir i en quins casos la producció depèn de factors que no podem controlar.

## ACTIVITATS FINALS

PRACTICA

### Tipus de corrent elèctric

**23** Repassa els aparells elèctrics que hi ha a casa teva i indica quins funcionen amb corrent continu i quins funcionen amb corrent altern. Copia la taula i emplena-la a la llibreta.

| Aparell | C. continu | C. altern |
|---|---|---|
| Frigorífic | | |
| Videoconsola | | |
| Llum | | |
| Aspirador | | |
| Llanterna | | |
| Ordinador | | |
| Assecador de cabells | | |
| Reproductor de música | | |

### Les fàbriques d'electricitat

**24** A les diferents instal·lacions es transforma l'energia d'una font en energia elèctrica. A la taula següent s'indica el tipus d'energia que es transforma en cada cas. Escriu en cada cas una frase que expliqui la transformació completa:

| Central | Energia primària → | |
|---|---|---|
| Tèrmica de combustió | Química → | |
| Tèrmica nuclear | Nuclear → | |
| Hidràulica | Potencial → | |
| Eòlica | Cinètica → | |
| Fotovoltaica | Radiant → | |

**25** Repassa l'esquema d'una central elèctrica tèrmica i explica el tipus d'energia que hi ha en cada fase i com es transforma.

**26** Compara l'esquema d'una central tèrmica de combustió amb el d'una central tèrmica nuclear.

a) Quines parts són iguals en totes dues?

b) Quines són diferents?

**27** Imagina que vius en una casa aïllada, lluny de les línies de distribució d'electricitat. Raona quina de les instal·lacions següents és més adequada per obtenir l'energia elèctrica que necessites:

a) Una central elèctrica.

b) Una central nuclear.

c) Una central hidroelèctrica.

d) Un aerogenerador.

e) Panells fotovoltaics.

**28** Explica per a què serveix l'inversor que hi ha a les centrals fotovoltaiques. Per què no n'hi ha a les altres centrals elèctriques?

### Transport i distribució d'electricitat

**29** Tota l'energia elèctrica que s'obté a les centrals de qualsevol tipus que hi ha al nostre territori es distribueix a través d'una xarxa elèctrica única. Raona per què és més avantatjosa una xarxa elèctrica única que una xarxa per a cada central.

### Impacte ambiental de l'electricitat

**30** Busca informació sobre una central elèctrica propera a la teva ciutat. Prepara una presentació utilitzant un ordinador o una tauleta en la qual expliquis el tipus de central, on està situada i l'impacte ambiental que provoca.

### L'electricitat a casa

**31** Llegeix el text i respon les qüestions.

«Els fusibles són conductors de gran resistència i de punt de fusió baix que es fonen quan hi passa un corrent d'intensitat superior a la intensitat per a la qual estan dissenyats. Quan es fonen s'interromp el pas del corrent, de manera que els aparells connectats al circuit queden protegits.»

a) Per què creus que antigament els fusibles s'anomenaven «ploms»?

b) Quan es fon el fusible?

c) Quin avantatge suposa que es fongui?

**32** Indica la funció de cadascun d'aquests elements:

a) Cable.

b) Interruptor.

c) Diferencial.

d) Transformador.

**33** Investiga i estudia els aparells elèctrics que hi ha a casa teva i emplena la taula.

| Aparell | Potència | Voltatge | Intensitat |
|---|---|---|---|
| Televisor | | | |
| Bombeta | | | |
| Rentadora | | | |

34 Els electrodomèstics de la taula es connecten a 230 V.

| Aparell | Potència | Intensitat | Resistència |
|---|---|---|---|
| Planxa | 1.000 | | |
| Microones | 900 | | |
| Ventilador | 2.000 | | |
| Frigorífic | 500 | | |

a) Recorda les relacions entre les magnituds elèctriques i emplena la taula a la llibreta.

b) Quina intensitat circula per cada aparell?

c) Quin deu ser el valor de la resistència?

d) Si es connecten a 115 V, com varien aquestes magnituds?

35 Tal com s'observa en el gràfic següent, el consum d'energia elèctrica varia segons les hores del dia.

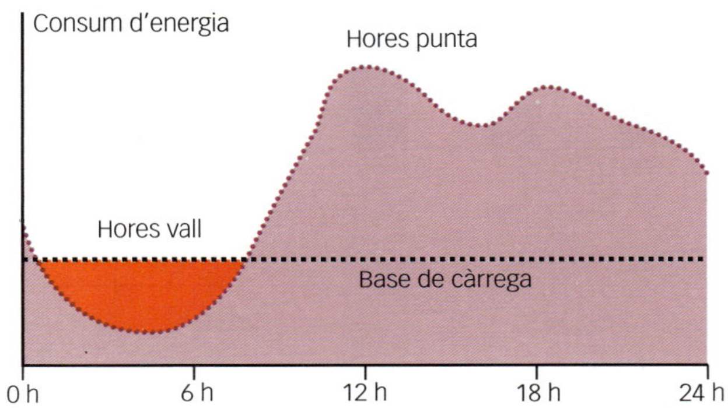


Basant-te en el gràfic, argumenta per què al rebut de la llum s'hauria de diferenciar l'energia que consumim a unes hores i la que consumim a unes altres.

a) A quines hores ha de ser més barata?

b) A quines hores ha de ser més cara?

## AMPLIA

36 A més a més dels cinc tipus de centrals elèctriques que has vist en aquesta unitat, també es pot obtenir energia elèctrica d'altres fonts:

- Biomassa. Es cremen residus orgànics o forestals.
- Geotèrmica. S'aprofita l'escalfor interna de la Terra.
- Mareomotriu. S'aprofita la pujada i la baixada de l'aigua a les marees.

Elabora un raonament que permeti explicar per què l'energia elèctrica que s'obté d'aquestes instal·lacions representa una part molt petita del total de l'energia elèctrica que es produeix.

37 El *fracking* és un terme anglès que fa referència a la tècnica de fracturació hidràulica per a l'extracció de gas.

Consisteix a extreure el gas acumulat en els porus i fissures de la roca mare molt poc permeable que impedeix l'emigració del gas a grans bosses d'hidrocarburs. Per extreure el gas, primer es perfora un pou de 5 km verticalment i després 2 km més en horitzontal, aleshores s'hi injecta aigua amb sorra i components químics i tòxics a pressió. El resultat és la fracturació de la roca i l'ascens del gas pel pou. Aquest procés es repeteix en centenars de pous seguint la roca rica en gas, de manera que s'arriba a afectar àmplies àrees.

- Observa el dibuix, llegeix el text i respon les preguntes:

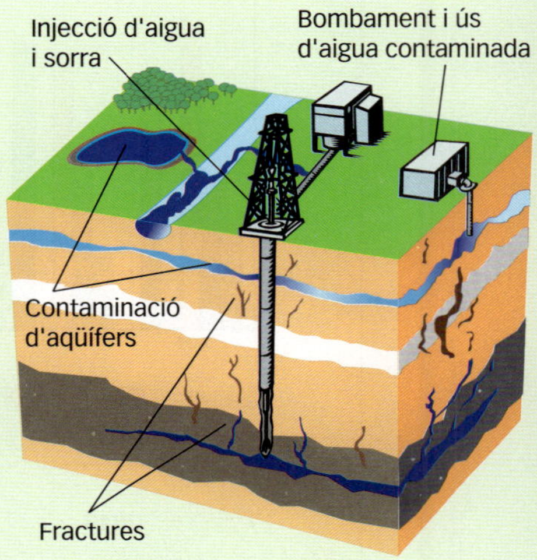


La qüestió de fons és: per què volem més gas? Per molt gas que poguéssim trobar al país amb el *fracking* els recursos energètics que tenim en abundància són les energies renovables. Aquestes energies són tecnologia que ja tenim i amb un sector empresarial i tecnològic disposat a aprofitar-les.

Els estudis com el «Renovables 100%» de Greenpeace demostren que podem arribar a un sistema energètic totalment basat en renovables, és absurd iniciar una nova cerca en altres combustibles fòssils amb potencials greus d'impacte per al planeta.

Els promotors del *fracking* prometen importants avantatges fins i tot per al medi ambient. Però darrere d'això s'amaga una qüestió purament econòmica, de la qual existeixen denúncies per especulació.

Encara que el *fracking* tingués èxit, l'únic que s'aconseguiria seria allargar la dependència dels combustibles fòssils, que són limitats. Com més combustibles fòssils explotem, més greus seran els efectes del canvi climàtic.

Font: www.greenpeace.es

a) Explica quins efectes té el *fracking* sobre:

- L'aigua
- L'atmosfera
- El paisatge
- L'economia

b) Quines energies renovables podríem utilitzar per aconseguir prou energia i no necessitar el *fracking*?

c) Busca més informació i feu un debat sobre el *fracking* entre tota la classe. Un grup defensarà aquest sistema d'extracció i l'altre grup hi estarà en contra.

## TÈCNICA. Analitzar gràfics sobre la producció i l'ús de l'energia

Cada vegada s'utilitzen més les fonts d'energia renovables. Tot i això, avui dia encara la major part de l'energia que consumim s'obté de fonts no renovables.

Amb la finalitat d'impulsar aquestes fonts d'energia netes es va fixar l'objectiu que l'any 2020 el 20 % de l'energia consumida a l'Estat espanyol procedeixi de fonts renovables.

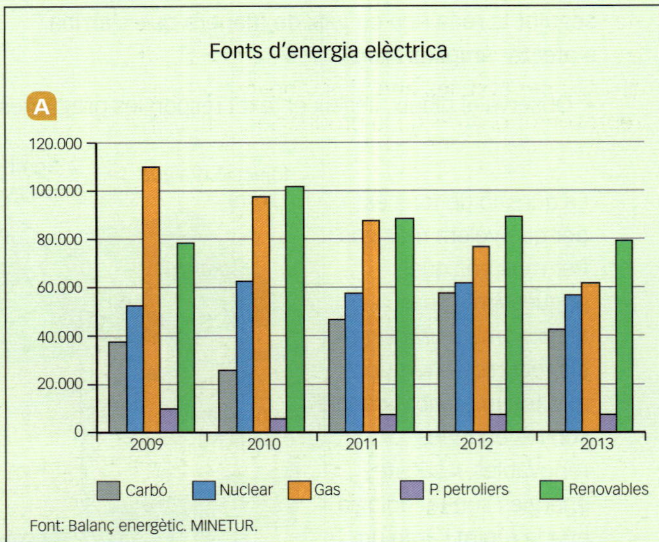


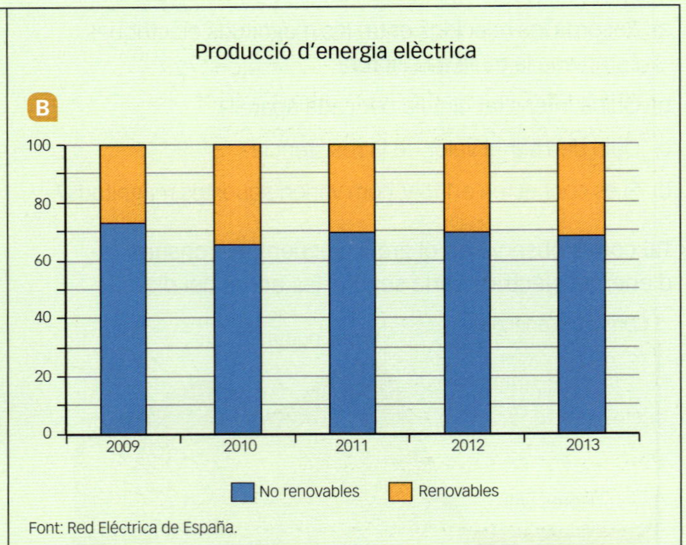


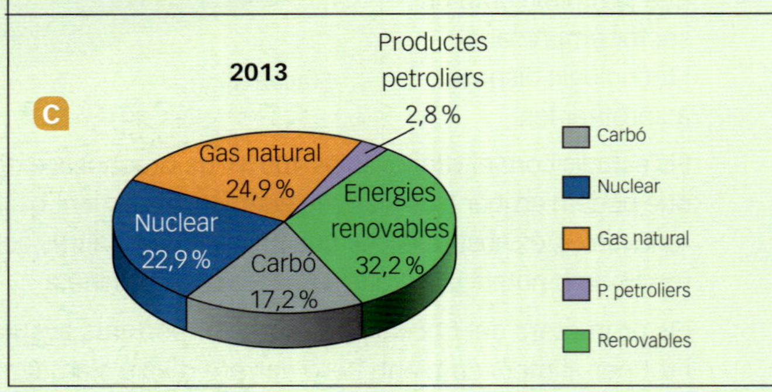


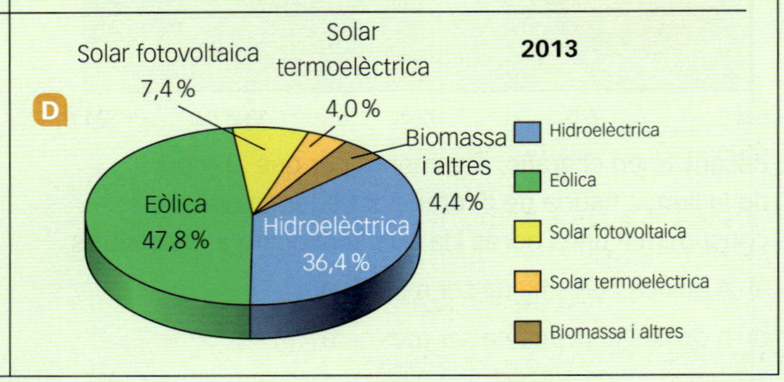


**38** Observa els gràfics i respon:

a) Quines dues fonts d'energia proporcionen la major part de l'energia elèctrica?

b) Són renovables o no renovables?

c) Quina és la font d'energia més utilitzada l'any 2013 per produir energia elèctrica? És renovable o no renovable?

d) Explica la tendència que s'observa en els últims anys en l'ús d'energies renovables. S'utilitzen cada vegada més o cada vegada menys?

e) Quina és la tendència en l'ús de les altres fonts d'energia? Quines s'utilitzen cada vegada menys? I cada vegada més?

f) D'on procedeix la major part de l'energia elèctrica que es produeix a l'Estat espanyol, de fonts renovables o de fonts no renovables?

g) Si l'any 2013 les energies renovables van produir 79.370 GWh, quants GWh procedeixen de l'energia eòlica? I de la solar fotovoltaica?

**39** El petroli és un recurs molt valuós que proporciona una riquesa enorme als països que en tenen reserves.

a) Per què el petroli és la principal font d'energia que gastem? Quines màquines l'utilitzen?

b) Quin inconvenient té per a Catalunya l'ús de grans quantitats de petroli? Pensa en l'economia, el medi ambient…

## UN CAS PRÀCTIC. Aprovaries la construcció d'una central eòlica propera?

Els últims mesos de l'any 2012 i el primer mes del 2013 s'han convertit en mesos molt productius, sobretot per a algunes energies renovables, com l'eòlica.

De novembre a febrer la producció d'energia eòlica ha batut un rècord al país, amb més del 27 % de la generació total. El vent que hem tingut durant alguns dies dels últims mesos ha fet que se'n produeixi el 36 % més que en el mateix període de l'any passat [...].

Encara que el 27 % de l'energia que es produeix pugui semblar una xifra baixa, és la quantitat d'energia suficient que demanen mensualment les llars del nostre país.

El vent està sent doncs un dels motors de la producció d'energia aquest hivern, ja que els altres sistemes d'energia neta han suposat el 17 %; per tant, les energies renovables han representat el 44 % de la producció total. [...]

Diego Quero, http://www.ideal.es, 4/02/2012.

Sovint es diu que l'impacte que tenen les fonts d'energia renovables és nul, ja que no emeten gasos a l'atmosfera, com les centrals tèrmiques, ni generen residus perillosos, com les centrals nuclears.

Però les centrals eòliques sí que tenen un impacte ambiental sobre el seu entorn. Per exemple, quan les aspes giren produeixen soroll que pot molestar els habitants de zones properes, i la recepció del senyal de televisió s'altera. A més, molts ocells moren cada any a conseqüència del xoc contra les aspes dels molins o contra els fils elèctrics de la central.

I és evident als ulls de tothom l'alteració del paisatge que provoquen, la transformació total del panorama al seu voltant.

**40** COMPRENSIÓ LECTORA. Escriu quina és la idea principal de cadascun dels textos.

**41** Observa la potència elèctrica instal·lada per a diferents fonts d'energia.

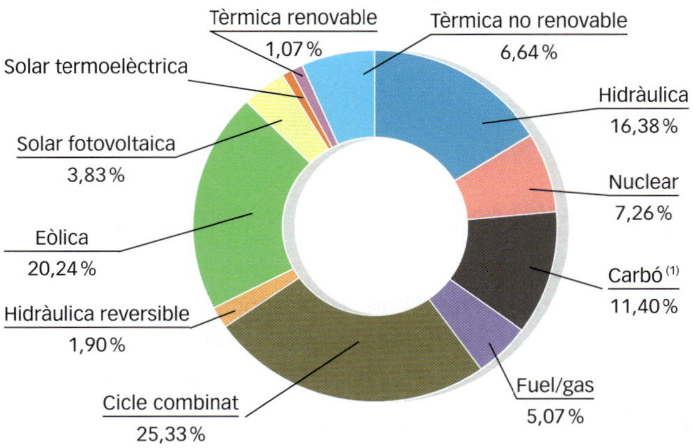


Cicle combinat: s'obté energia elèctrica i tèrmica a partir d'un combustible.
(1) A partir de l'1 de gener del 2011 inclou GICC (Elcogás).
Font: REE i AEE.

a) Quin percentatge de la potència instal·lada correspon a les energies renovables?

b) Per què les centrals eòliques o solars no produeixen sempre la mateixa quantitat d'energia?

c) La hidràulica reversible s'obté bombant de nit l'aigua pantà amunt per aprofitar després, de dia, l'energia que es genera. Per què es fa això?

**42** Quins són els avantatges de l'energia eòlica davant d'altres fonts d'energia?

**43** Les regions amb vents més intensos són sempre les més adequades per situar-hi centrals eòliques? Justifica la resposta.

**44** Ara respon: aprovaries la construcció d'una central eòlica a prop d'on vius?

## GENERAR UN CORRENT ELÈCTRIC ALTERN

L'any 1831 el físic britànic Michael Faraday va aconseguir obtenir un corrent elèctric movent un imant dins d'una bobina. A partir d'aquesta experiència es pot construir un generador de corrent altern i aconseguir, per exemple, que una bombeta s'il·lumini.

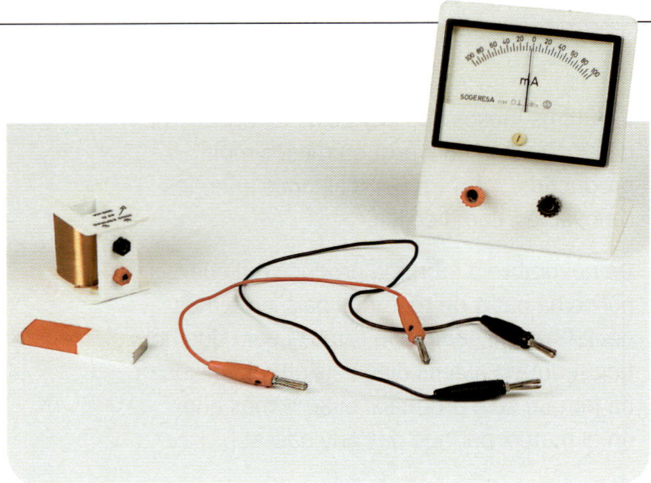


### A. EXPERIÈNCIA DE FARADAY

#### MATERIAL

- Imant de barra.
- Bobina.
- Amperímetre.
- Cables de connexió.

#### PROCEDIMENT

1. Connecta la bobina a l'amperímetre i observa la indicació de l'agulla.

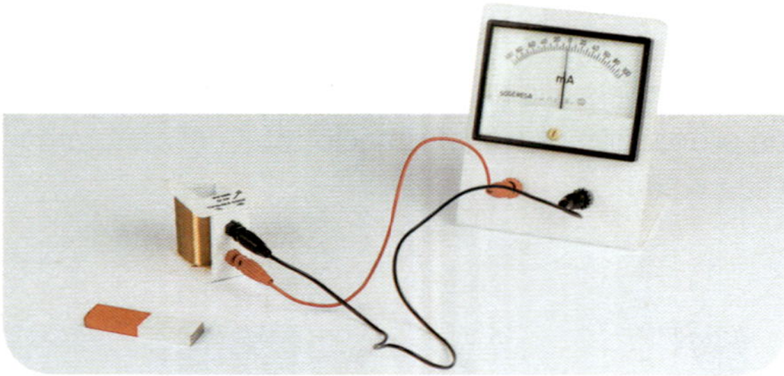

2. Posa l'imant amb la part vermella cap avall. Mou-lo cap a la bobina fins que arribi a entrar-hi. Observa la indicació de l'agulla de l'amperímetre.

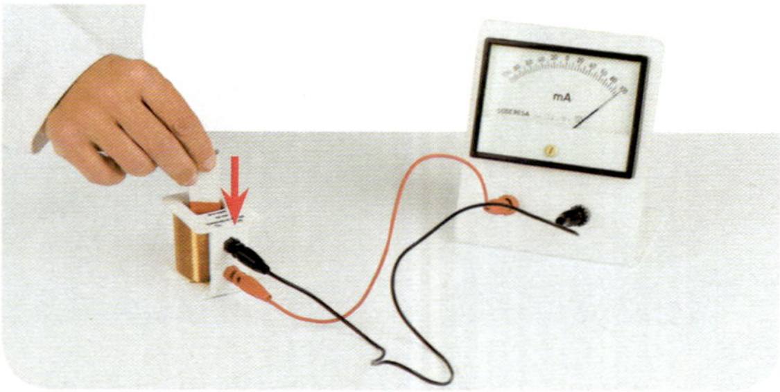

3. Deixa l'imant dins de la bobina i observa l'amperímetre.

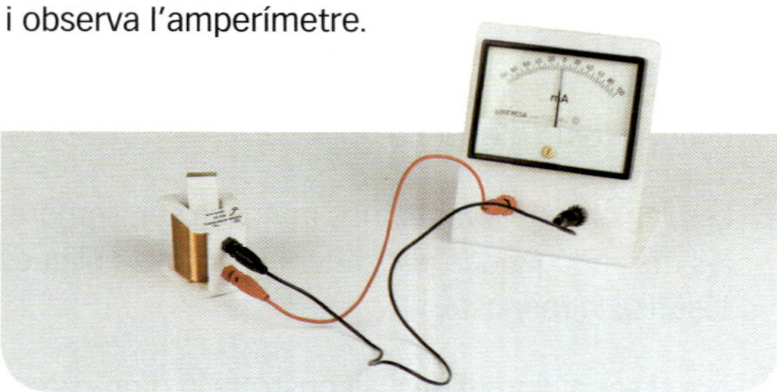

4. Treu l'imant verticalment fins que estigui completament fora de la bobina. Observa l'amperímetre.

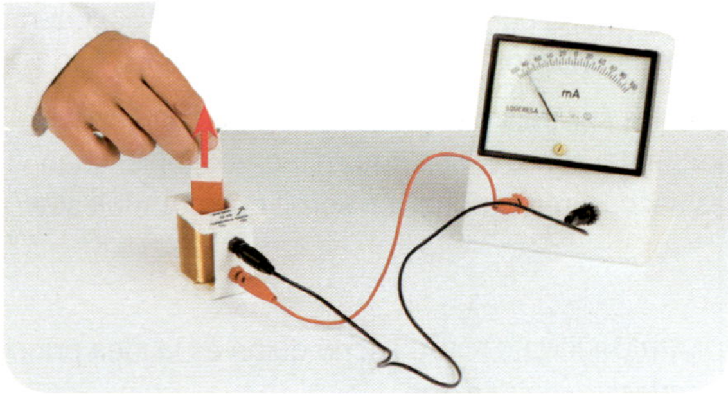

5. Repeteix els passos 2, 3 i 4 col·locant la part blanca de l'imant cap avall.
6. Repeteix l'experiència fent que l'imant baixi o pugi fins a l'interior de la bobina més o menys de pressa.

#### ACTIVITATS

45. Quan l'agulla de l'amperímetre marca zero, què indica?
46. En quins moments de l'experiència l'agulla de l'amperímetre marca zero?
47. Què indica el fet que l'agulla de l'amperímetre es desplaci cap a una banda i cap a l'altra?
48. De quin tipus és el corrent que es produeix en aquesta experiència?
49. Com pots aconseguir que el corrent que es produeix en aquesta experiència tingui més o menys intensitat?

## B. GENERADOR DE CORRENT ALTERN

Sobre la base de l'experiència de Faraday, muntem un generador de corrent altern. El corrent que es produeixi ens servirà per fer que s'encengui una petita bombeta.

### MATERIAL

- Generador didàctic de corrent altern.
- 2 imants de barra.
- Amperímetre.
- Portalàmpades i bombeta.
- Cables de connexió.

### PROCEDIMENT

1. Connecta el generador didàctic a l'amperímetre. Comprova que cada escombreta estigui recolzada en un dels anells del col·lector. Fes girar la maneta i comprova que la bobina gira però l'agulla de l'amperímetre no marca corrent.

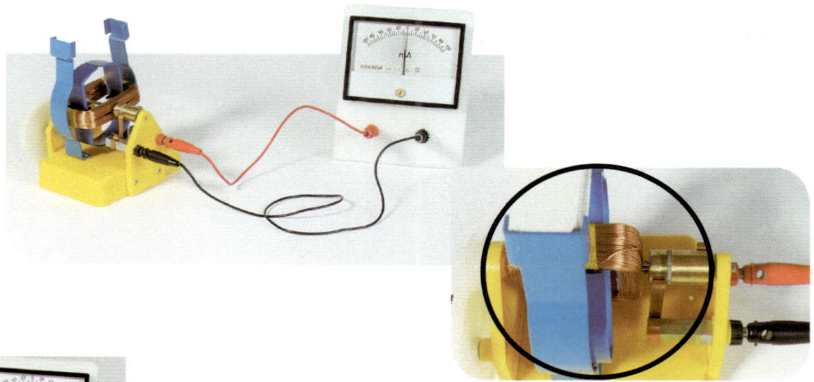

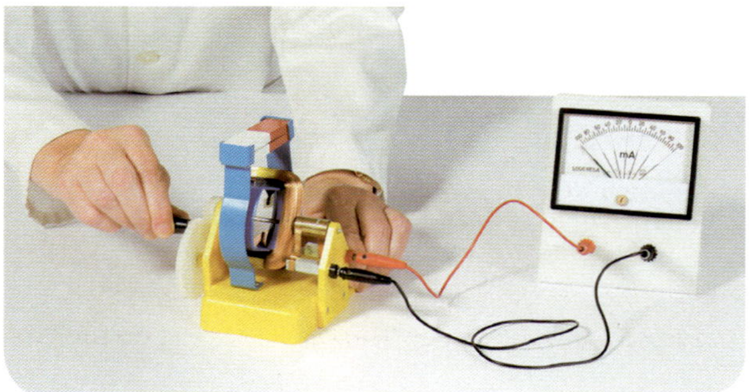

2. Col·loca els dos imants damunt de la bobina. Fes que quedin unides les parts del mateix color perquè l'efecte magnètic sigui més gran. Fes girar la maneta i comprova que, en girar la bobina, l'agulla de l'amperímetre es desplaça cap a una banda i cap a l'altra indicant el pas de corrent altern.

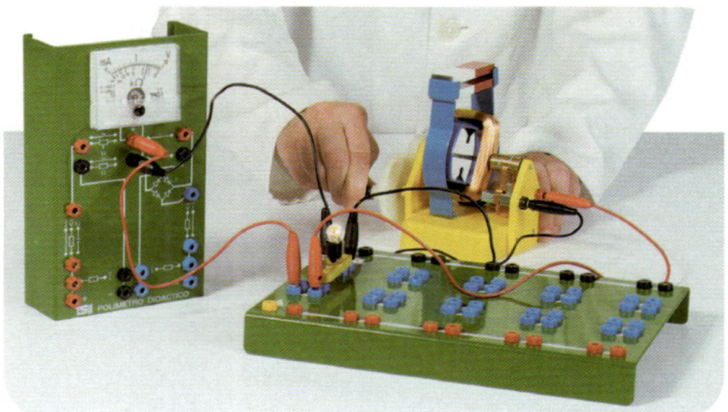

3. Munta un circuit col·locant un portalàmpades amb bombeta al generador. Connecta un voltímetre als extrems del llum per veure el pas del corrent. Fes girar la maneta i comprova que, si la velocitat és prou elevada, la bombeta s'encén.

### ACTIVITATS

**50** Per què s'ha de col·locar l'imant perquè l'amperímetre marqui pas de corrent quan gira la bobina?

**51** Per què la bombeta s'il·lumina si el generador gira molt de pressa i es manté apagada si gira a poc a poc?

# ANNEXOS

**ANNEX 1:** Sistema Internacional d'unitats

**ANNEX 2:** Formulació inorgànica

**ANNEX 3:** Taula periòdica dels elements

## ANNEX 1: Sistema Internacional d'unitats

| LONGITUD | MASSA | TEMPS |
|---|---|---|
| **Metre (m)** | **Quilogram (kg)** | **Segon (s)** |
| És la distància que recorre la llum al buit durant un temps de 1/299.792.458 segons. | Coincideix amb la massa d'un cilindre metàl·lic que es conserva a l'Oficina Internacional de Pesos i Mesures, a París. | És la durada de 9.192.631.770 períodes de la radiació corresponent a la transició entre els dos nivells hiperfins de l'estat fonamental de l'àtom de cesi-133. |

### Longitud

$10^{-13}$ m
Diàmetre d'un protó

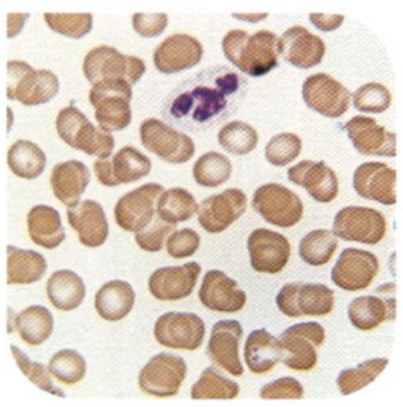

$10^{-9}$ m
Molècula d'hemoglobina

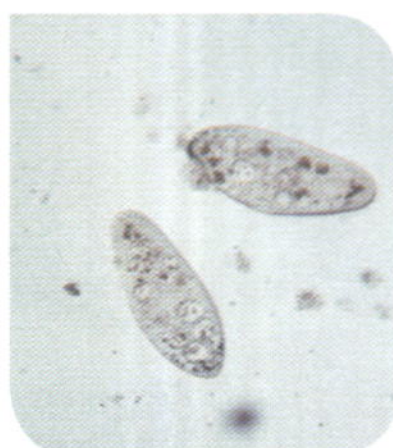

$10^{-5}$ m
Parameci

$10^{2}$ m
Estadi

$10^{4}$ m
Altura de l'Everest

$10^{7}$ m
Diàmetre de Venus

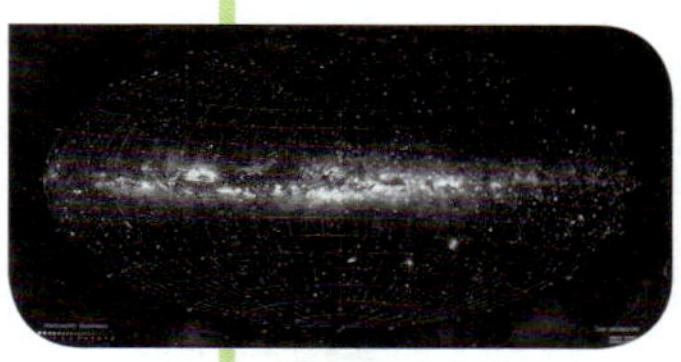

$10^{20}$ m
Diàmetre de la Via Làctia

### Massa

$10^{-18}$ kg
Virus de la grip

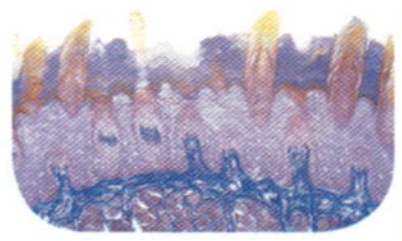

$10^{-12}$ kg
Cèl·lules humanes

$10^{-3}$ kg
Colibrí

$10^{2}$ kg
Puma

$10^{7}$ kg
Torre Eiffel

$10^{12}$ kg
Muralla xinesa

$10^{24}$ kg
Terra

### Temps

$10^{-6}$ s
Durada dels impulsos d'alguns làsers

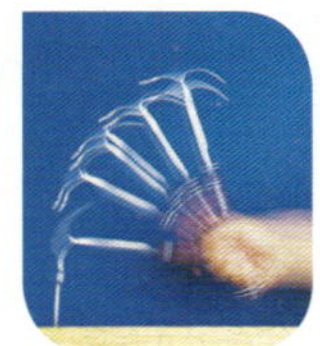

$10^{-5}$ s
Llampada de flaix

10 s
Rècord de 100 m llisos

$10^{3}$ s
Durada d'un eclipsi de Lluna

$10^{7}$ s
1 any

$10^{21}$ s
Edat de l'univers

| TEMPERATURA | QUANTITAT DE SUBSTÀNCIA | INTENSITAT DEL CORRENT | INTENSITAT LLUMINOSA |
|---|---|---|---|
| **Kelvin (K)** | **Mol (mol)** | **Ampere (A)** | **Candela (cd)** |
| Equival a la fracció 1/273,16 de la temperatura del punt triple de l'aigua. | És la quantitat de substància corresponent a tantes partícules com àtoms hi ha en 0,012 kg de carboni-12. | És la intensitat del corrent necessària, en dos fils rectilinis separats 1 metre, i pels quals circula corrent en sentits oposats, perquè la força entre tots dos sigui de $2 \cdot 10^{-3}$ N per cada metre de longitud. | És la intensitat lluminosa, en direcció perpendicular, d'una superfície de 1/600.000 $m^2$ d'un cos negre que es troba a la temperatura de solidificació del platí (2.043 K) a una pressió de 101.325 Pa. |

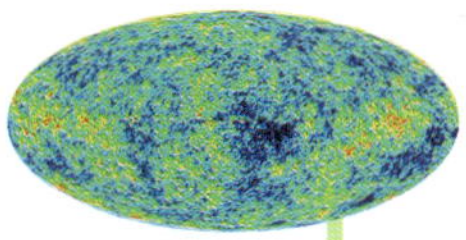

3 K

Radiació de fons de microones

$10^2$ K

Superfície de Saturn

$10^3$ K

Superfície del Sol

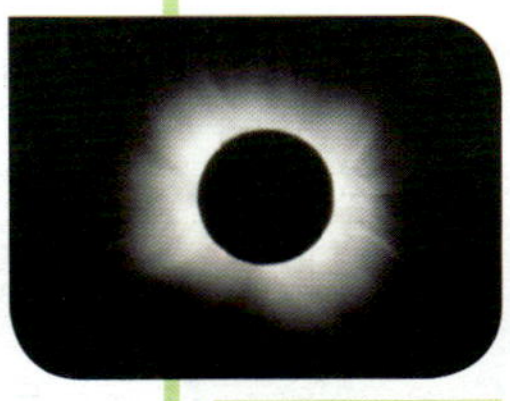

$10^6$ K

Corona solar

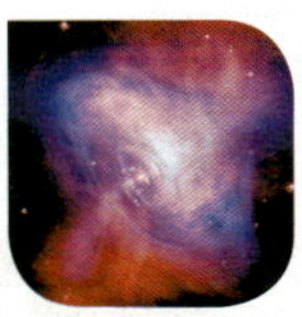

$10^{10}$ K

Explosió de supernova

$10^{32}$ K

Temperatura en el *big bang*

$10^{-3}$ mol

100 ml de gas en CN

$10^{-2}$ mol

Sucre per a un cafè

10 mol

Got d'aigua

$10^4$ mol

1 t de ferro

$10^{16}$ mol

Quantitat de $CO_2$ a l'atmosfera terrestre

$10^{22}$ mol

Tota l'aigua dels oceans

$10^{-9}$ A

Circuits electrònics

$10^{-6}$ A

Motor de joguina

$10^{-3}$ A

Circuits domèstics o de laboratori

1 A

Microprocessador

100 A

Arc de soldadura

$10^5$ A

Llamp

$10^{-4}$ cd

Paper blanc il·luminat

1 cd

Llum d'una espelma

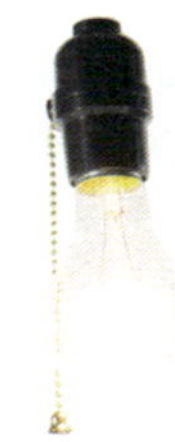

100 cd

Llum de bombeta de 100 W

$10^5$ cd

Flaix fotogràfic

$10^9$ cd (per $m^2$)

Sol

**PARA ATENCIÓ**

- Els metalls només tenen nombres d'oxidació positius. Estan situats a la part esquerra i central de la taula periòdica.
- Els no-metalls poden tenir nombres d'oxidació positius i negatius. Són a la part dreta de la taula periòdica.
- En general, els nombres d'oxidació d'un element depenen del grup del qual forma part. Es poden establir regles per recordar-los. Per exemple, tots els elements del grup 1 tenen nombre d'oxidació +1, i tots els del grup 17, −1. Els elements del grup 17 que tenen nombres d'oxidació positius tenen +1, +3, +5 i +7, que són els nombres senars fins la unitat del nombre del grup.

Busca relacions semblants per als nombres d'oxidació dels elements dels grups 2 i 16, 13 i 15, etc.

# 1 Noms i fórmules dels compostos químics

De la mateixa manera que utilitzem paraules per anomenar objectes, en química recorrem a les **fórmules** per representar i anomenar els compostos. Hi ha regles per construir les fórmules i regles per anomenar-les. Però abans d'aprendre a formular i anomenar compostos ens cal estudiar els conceptes de valència i nombre d'oxidació.

## 1.1. València

La **valència** és la capacitat que té un element de combinar-se amb un altre.

Prenem com a referència l'àtom d'hidrogen, de valència 1. Així doncs, la valència es defineix com el nombre d'àtoms de H que es poden combinar amb un àtom de qualsevol altre element. Per exemple, la fórmula de l'aigua és $H_2O$, i la de l'amoníac és $NH_3$. Diem que la valència del O és 2 perquè es combina amb 2 H; i la valència del N és 3 perquè es combina amb 3 H.

## 1.2. Nombre d'oxidació o de valència

El concepte de valència és limitat i no explica moltes fórmules de compostos. Per evitar això es defineix el nombre d'oxidació.

El **nombre d'oxidació** és el nombre d'electrons que un àtom capta o cedeix (totalment o parcialment) quan forma un compost.

És negatiu si guanya electrons i positiu si en perd. En aquesta taula apareixen els nombres d'oxidació dels elements més comuns.

| 1 | 2 | 3 | 4 | 5 | 6 | 7 | 8 | 9 | 10 | 11 | 12 | 13 | 14 | 15 | 16 | 17 |
|---|---|---|---|---|---|---|---|---|---|---|---|---|---|---|---|---|
| H −1 +1 | | | | | | | | | | | | | | | | |
| Li +1 | Be +2 | | | | | | | | | | | B −3 +3 | C −4 +2 +4 | N −3 +1 +3 +5 +2 | O −2 −1 | F −1 |
| Na +1 | Mg +2 | | | | | | | | | | | Al +3 | Si −4 +2 +4 | P −3 +3 +5 | S −2 +2 +4 +6 | Cl −1 +1 +3 +5 +7 |
| K +1 | Ca +2 | | | | Cr +6 +2 +3 | Mn +6 +7 +2 +3 +4 | Fe +2 +3 | Co +2 +3 | Ni +2 +3 | Cu +1 +2 | Zn +2 | Ga +3 | Ge −4 +2 +4 | As −3 +3 +5 | Se −2 +2 +4 +6 | Br −1 +1 +3 +5 +7 |
| Rb +1 | Sr +2 | | | | | | | | Pd +2 +4 | Ag +1 | Cd +2 | In +3 | Sn +2 +4 | Sb −3 +3 +5 | Te −2 +2 +4 +6 | I −1 +1 +3 +5 +7 |
| Cs +1 | Ba +2 | | | | | | | | Pt +2 +4 | Au +1 +3 | Hg +1 +2 | Tl +1 +3 | Pb +2 +4 | Bi +3 +5 | | |

# 2 Compostos binaris

Els compostos binaris són el resultat de la combinació d'àtoms de dos elements químics. Un dels dos tindrà nombre d'oxidació positiu (element electropositiu); i l'altre, nombre d'oxidació negatiu (element electronegatiu).

Els àtoms de tots dos elements s'han de combinar en una proporció tal, que el compost resultant sigui neutre.

A la taula següent es mostren els elements de la taula periòdica en l'ordre d'electronegativitat que seguim a l'hora d'elaborar les fórmules. Aquest ordre l'ha estat establert la IUPAC per conveni.

Entre dos elements, es considera més electronegatiu el que està més a prop de l'origen de la fletxa (extrem dret) i el més electropositiu, el que està més a prop de la punta (extrem esquerre); l'element més electronegatiu és el fluor, i el més electropositiu, el franci; observa la col·locació del H.

**PARA ATENCIÓ**

A mesura que es produïen avenços en el coneixement de la química, les regles han anat canviant, fent-se cada vegada més precises. Alguns compostos, com l'aigua, que es coneixen des de fa molt de temps, mantenen el nom tradicional, però a d'altres se'ls ha anat canviant el nom per un altre de més adequat a la seva composició. Així, allò que antigament es coneixia com l'àcid muriàtic ha passat a anomenar-se àcid clorhídric i, més tard, clorur d'hidrogen.

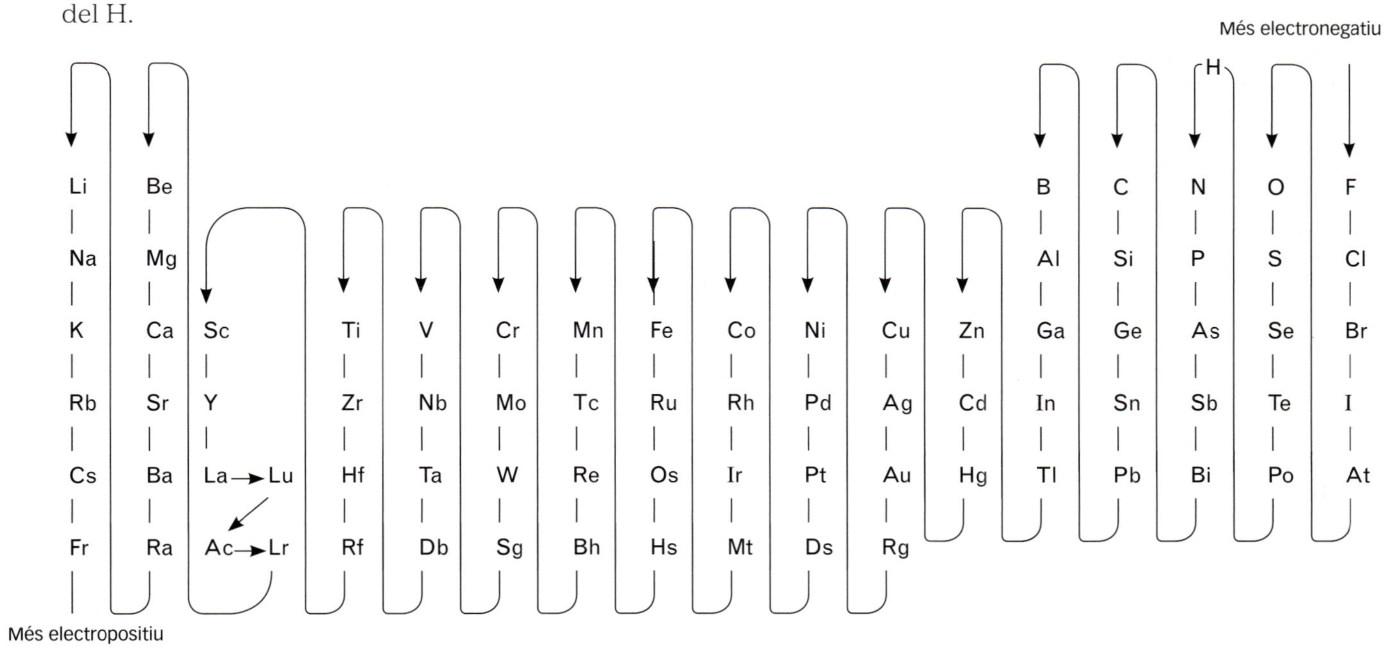


## 2.1. Formular un compost binari

| | |
|---|---|
| **1.** Escriu el símbol dels elements que es combinen amb el nombre d'oxidació corresponent. Col·loca a l'esquerra el de l'element més positiu. | $C^{+4}$ $S^{-2}$ |
| **2.** Fes que el nombre d'oxidació d'un element passi a ser el subíndex de l'altre. | $C^{+4}$ $S^{-2}$ → $C_2S_4$ |
| **3.** Tret d'algunes excepcions, simplifica la fórmula obtinguda. | $\mathbf{CS_2}$ |

**RECORDA-HO**

La Unió Internacional de Química Pura i Aplicada (IUPAC) és l'organisme internacional que dicta les regles per formular i anomenar els compostos químics. Les últimes es van publicar l'any 2005.

## 2.2. Anomenar un compost binari

La IUPAC admet diverses formes d'anomenar un compost binari. Aquestes regles no s'apliquen a aquells compostos en els quals l'oxigen és l'element electronegatiu.

**Nomenclatura de composició.** Es forma així:

Nom de l'element electronegatiu + *-ur* + *de* + nom de l'element electropositiu

El nom de cada element va precedit d'una partícula que indica el nombre d'àtoms d'aquest element que hi ha a la fórmula:

- *mono*, per a un. A la major part dels casos, si no hi ha dubte, el prefix *mono* es pot ometre.
- *di*, per a dos.
- *tri*, per a tres.
- *tetra*, per a quatre.
- *penta*, per a cinc.
- *hexa*, per a sis.
- *hepta*, per a set.

$CS_2$

***Di*****sulfur** ***de*** **carboni**

**PARA ATENCIÓ**

En el nom de Stock és incorrecte afegir-hi el nombre d'oxidació de l'element positiu si aquest element només té un nombre d'oxidació. Per exemple, seria incorrecte dir bromur d'alumini(III).

**Nomenclatura de Stock.** S'admet com una variant de l'anterior: prescindeix dels prefixos que indiquen el nombre d'àtoms de cada element. El nom de Stock d'un compost s'obté de la manera següent:

Nom de l'element electronegatiu + *-ur* + *de* + nom de l'element electropositiu

Si l'element electropositiu pot actuar amb diversos nombres d'oxidació, s'escriu el que utilitza en aquest compost entre parèntesis i en xifres romanes a continuació del nom, sense deixar espai entremig.

$CS_2$ (ve de $C_2S_4$)

**Sulfur** ***de*** **carboni(IV)**

**ACTIVITATS**

**1** Formula:

a) Clorur de bari
b) Tetraiodur d'estany
c) Trifluorur de nitrogen
d) Diclorur de mercuri
e) Pentaclorur de fòsfor
f) Sulfur de ferro(III)
g) Bromur de cobalt(II)
h) Nitrur d'alumini

**2** Anomena:

a) $PbCl_2$
b) CsCl
c) $AlF_3$
d) $BaI_2$
e) $Cr_2S_3$
f) $Na_3N$
g) SrTe
h) $K_2S$

**1. EXEMPLE RESOLT**

| Fórmula | Nom de composició | Nom de Stock |
|---|---|---|
| $AlBr_3$ | Tribromur d'alumini | Bromur d'alumini |
| $Na_2S$ | Sulfur de disodi | Sulfur de sodi |
| $IF_7$ | Heptafluorur de iode | Fluorur de iode(VII) |
| $Ba_3N_2$ | Dinitrur de tribari | Nitrur de bari |
| $CuCl_2$ | Diclorur de coure | Clorur de coure(II) |

## 3 Combinacions de l'hidrogen

Observa la col·locació del H a la taula d'electronegativitats de la IUPAC: està entre el grup 15 i el 16. Això vol dir que:

- El H és més negatiu que el N i tots els elements que té a l'esquerra. Les combinacions del H amb aquests elements s'anomenen **hidrurs**. A les fórmules d'aquests compostos el H es col·loca a la dreta.
- El H és menys negatiu que els elements dels grups 16 i 17. A les fórmules dels compostos del H amb elements dels grups 16 i 17, el H es col·loca a l'esquerra. Les combinacions del H amb els elements d'aquests grups s'anomenen així:

Nom de l'altre element + *-ur* + *d'hidrogen*

Excepció: la combinació amb el O ($H_2O$, aigua).

### 2. EXEMPLE RESOLT

| Fórmula | Nom de composició | Nom de Stock |
|---|---|---|
| RbH | Hidrur de rubidi | Hidrur de rubidi |
| $H_2S$ | Sulfur de dihidrogen | Sulfur d'hidrogen |
| HCl | Clorur d'hidrogen | Clorur d'hidrogen |
| $BaH_2$ | Dihidrur de bari | Hidrur de bari |
| $NiH_3$ | Trihidrur de níquel | Hidrur de níquel(III) |

### ACTIVITATS

**3** Formula:

a) Tetrahidrur de platí
b) Hidrur de sodi
c) Monohidrur de coure
d) Hidrur de ferro(III)
e) Hidrur de plom(II)
f) Seleniur d'hidrogen
g) Trihidrur de cobalt
h) Fluorur d'hidrogen
i) Trihidrur d'or
j) Hidrur de plata
k) Trihidrur de bor
l) Dihidrur de ferro

**4** Anomena:

a) $CaH_2$
b) HI
c) $PbH_4$
d) LiH
e) $CrH_3$
f) $H_2S$
g) $PtH_4$
h) $H_2Te$
i) $ZnH_2$
j) HBr
k) $CuH_2$
l) $NH_3$

**PARA ATENCIÓ**

La IUPAC admet el nom aigua per a $H_2O$ i el d'amoníac per a $NH_3$. Aquests són els noms que utilitzarem.

### 3.1. Combinacions del H amb elements dels grups 13 a 17

Les combinacions de l'hidrogen amb els elements dels grups 13 a 17 tenen, a més del nom sistemàtic anterior, un nom que s'utilitza per formular altres compostos derivats; s'anomenen *noms progenitors dels hidrurs*, i alguns són els noms pels quals es coneixia tradicionalment aquests compostos.

A la taula següent es mostren aquests noms, encara que aquest curs només n'has de recordar els que estan destacats en vermell.

| Noms progenitors dels hidrurs | | | | | |
|---|---|---|---|---|---|
| $BH_3$ | Borà | $CH_4$ | Metà | $NH_3$ | Amoníac |
| $H_2O$ | Aigua | $SiH_4$ | Silà | $PH_3$ | Fosfà |
| $H_2S$ | Sulfà | $GeH_4$ | Germà | $SnH_4$ | Estannà |

### 3.2. Compostos hidràcids

Amb la major part dels elements dels grups 16 i 17 el H forma compostos que s'anomenen tradicionalment hidràcids, a causa del seu caràcter àcid. A més del nom sistemàtic, la IUPAC admet que se'ls doni el nom tradicional, ja que té un ús molt estès.

El nom tradicional comença amb les paraules *àcid* de i va seguit del nom de l'altre element acabat en *hídric*:

| | Nom tradicional | Nom sistemàtic |
|---|---|---|
| | | |
| $H_2S$ | Àcid sulfhídric | Sulfur d'hidrogen |
| $H_2Se$ | Àcid selenhídric | Selenur d'hidrogen |
| $H_2Te$ | Àcid tel·lurhídric | Tel·lurur d'hidrogen |

| | Nom tradicional | Nom sistemàtic |
|---|---|---|
| HF | Àcid fluorhídric | Fluorur d'hidrogen |
| HCl | Àcid clorhídric | Clorur d'hidrogen |
| HBr | Àcid bromhídric | Bromur d'hidrogen |
| HI | Àcid iodhídric | Iodur d'hidrogen |

## ACTIVITATS

**5** Formula:

a) Metà
b) Àcid sulfhídric
c) Àcid tel·lurhídric
d) Àcid iodhídric
e) Àcid bromhídric
f) Fosfà
g) Àcid selenhídric
h) Àcid fluorhídric
i) Borà
j) Silà
k) Amoníac
l) Àcid clorhídric

**6** Anomena aquests compostos amb el nom sistemàtic i el nom tradicional que accepta la IUPAC:

a) HF
b) $H_2Se$
c) $CH_4$
d) $H_2Te$
e) $SiH_4$
f) $H_2S$
g) $PH_3$
h) HCl
i) $BH_3$
j) HBr

# 4 Combinacions de l'oxigen

Observa la col·locació del O a la taula d'electronegativitats de la IUPAC. Aquesta posició significa que:

- El O és el més electronegatiu de tots els elements de la taula periòdica, tret dels elements del grup 17 (F, Cl, Br, I). Els compostos formats per l'oxigen amb els elements dels grups de l'1 al 16 s'anomenen òxids. En la seva fórmula el O es col·loca a la dreta. Exemple: $CO_2$.
- El O és menys electronegatiu que els elements del grup 17 (F, Cl, Br, I). En les fórmules dels compostos del O amb elements del grup 17 el O es col·loca a l'esquerra. Aquests compostos s'anomenen així:

Nom de l'altre element + *-ur* + *d'oxigen*

Exemple: $OCl_2$. En cursos superiors veuràs que el F és l'únic element més negatiu que el O. Quan es combinen, el nombre d'oxidació del F és −1, i el del O, +2. Amb els altres elements el O actua amb nombre d'oxidació −2, i l'altre element, amb nombre d'oxidació positiu.

Tingues en compte que la col·locació de l'element a la fórmula depèn de la posició que ocupa a la taula d'electronegativitats de la IUPAC, però el signe del nombre d'oxidació depèn de les propietats reals dels elements. Observa els exemples de la taula.

| | Nre. d'oxidació | Nre. d'oxidació | | Fórmula | Nom |
|---|---|---|---|---|---|
| F | −1 | O | +2 | $OF_2$ | Difluorur d'oxigen |
| Cl | +3 | O | −2 | $O_3Cl_2$ | Diclorur de trioxigen |
| Cl | +7 | O | −2 | $O_7Cl_2$ | Diclorur d'heptaoxigen |

## 4.1. Òxids

Els **òxids** són les combinacions de l'oxigen amb un element més electropositiu, és a dir, que estigui a l'esquerra del O a la taula d'electronegativitats.

En els òxids l'oxigen actua amb nombre d'oxidació −2.

### Formular un òxid

| | |
|---|---|
| **1.** A l'esquerra, escriu el símbol de l'altre element amb el seu nombre d'oxidació. A la dreta, escriu el símbol de l'oxigen amb nombre d'oxidació −2. | $C^{+4}$ $O^{-2}$ |
| **2.** Fes que el nombre d'oxidació de l'element passi a ser el subíndex de l'oxigen, i viceversa. | $C^{+4}$ $O^{-2} \rightarrow C_2O_4$ |
| **3.** Simplifica la fórmula obtinguda. | $CO_2$ |

### ACTIVITATS

**7** Escriu la fórmula dels òxids següents:

a) $Cr^{+3}O^{-2}$

b) $Ca^{+2}O^{-2}$

c) $N^{+5}O^{-2}$

d) $S^{+6}O^{-2}$

### Anomenar un òxid

**Nomenclatura de composició.** S'anomenen així:

*Òxid de* + nom de l'element electropositiu

Tant la paraula òxid com el nom de l'altre element van precedits de partícules que indiquen el nombre d'àtoms de cada element a la fórmula:

- *mono*, per a un. En la major part dels casos, si no hi ha dubte, el prefix mono es pot ometre.
- *di*, per a dos.
- *tri*, per a tres.
- *tetra*, per a quatre.
- *penta*, per a cinc.
- *hexa*, per a sis.
- *hepta*, per a set.

$CO_2$

Diòxid *de* carboni

**Nomenclatura de Stock.** S'admet com una variant de l'anterior: prescindeix dels prefixos que indiquen el nombre d'àtoms de cada element. El nom de Stock d'un compost s'obté de la manera següent:

*Òxid de* + nom de l'altre element

Si l'altre element pot actuar amb diversos nombres d'oxidació, s'escriu el que utilitza en aquest compost, entre parèntesis i en xifres romanes, a continuació del nom i sense deixar espai entremig.

$CO_2$ (ve de $C_2O_4$)

Òxid *de* carboni(IV)

**3. EXEMPLE RESOLT**

| Fórmula | Nom de composició | Nom de Stock |
|---|---|---|
| $Cr_2O_3$ | Triòxid de dicrom | Òxid de crom(III) |
| CaO | Monòxid de calci | Òxid de calci |
| $N_2O_5$ | Pentaòxid de dinitrogen | Òxid de nitrogen(V) |
| $SO_3$ | Triòxid de sofre | Òxid de sofre(VI) |

**PARA ATENCIÓ**

En la nomenclatura de Stock és incorrecte afegir el nombre d'oxidació de l'element positiu si aquest element només té un nombre d'oxidació. Per exemple, seria incorrecte dir òxid de calci(II).

**ACTIVITATS**

**8** Formula:

a) Òxid de plom(II)
b) Òxid de dicoure
c) Pentaòxid de dinitrogen
d) Òxid de platí(IV)
e) Òxid d'estany(II)
f) Diòxid de manganès
g) Diòxid de sofre
h) Òxid de mercuri(I)
i) Òxid de plata
j) Diòxid de silici
k) Triòxid de dibor
l) Òxid de magnesi

**9** Anomena

a) CrO
b) $As_2O_3$
c) MnO
d) ZnO
e) $TeO_3$
f) $Ni_2O_3$
g) $SnO_2$
h) $P_2O_5$
i) $Bi_2O_3$
j) HgO
k) $Ag_2O$
l) SrO

## 4.2. Peròxids

Els **peròxids** són les combinacions de l'anió peròxid $O_2^{2-}$ amb metalls o amb hidrogen.

L'exemple més comú és el peròxid d'hidrogen ($H_2O_2$) conegut com aigua oxigenada.

### Formular un peròxid

| | |
|---|---|
| **1.** A l'esquerra, escriu el símbol de l'altre element amb el nombre d'oxidació corresponent. A la dreta, escriu el grup peròxid. | $Cu^{+1}\ \ O_2^{2-}$ |
| **2.** Fes que el nombre d'oxidació de l'element passi a ser el subíndex del grup peròxid, i viceversa. | $Cu^{+1}\ O_2^{2-} \rightarrow Cu_2O_2$ |
| **3.** La fórmula d'un peròxid ha de tenir un nombre parell d'àtoms de O. La major part de les fórmules dels peròxids no es poden simplificar. | $\mathbf{Cu_2O_2}$ |

### 4. EXEMPLE RESOLT

$Cr^{+3}\ O_2^{-2} \rightarrow Cr_2(O_2)_3 \rightarrow Cr_2O_6$

Aquesta fórmula no es pot simplificar.

S'obtindria un nombre senar d'àtoms de O.

$Ca^{+2}\ O_2^{-2} \rightarrow Ca_2(O_2)_2 \rightarrow Ca_2O_4 \rightarrow CaO_2$

Aquesta fórmula sí que es pot simplificar.
A la fórmula resultant tenim un nombre parell d'àtoms de O.

### Anomenar un peròxid

**Nomenclatura de composició.** S'escriu així:

*Òxid de* + nom de l'element electropositiu

Tant la paraula òxid com el nom de l'altre element van precedits de partícules que indiquen el nombre d'àtoms de cada element:

- *mono*, per a un. En la major part dels casos, si no hi ha dubte, el prefix *mono* es pot ometre.
- *di*, per a dos.
- *tri*, per a tres.
- *tetra*, per a quatre.
- *penta*, per a cinc.
- *hexa*, per a sis.
- *hepta*, per a set.

$Cu_2O_2$

**Diòxid *de* dicoure**

**Nomenclatura de Stock.** S'escriu així:

*Peròxid de* + nom de l'altre element

Si l'altre element pot actuar amb diversos nombres d'oxidació, s'escriu el que utilitza en aquest compost, entre parèntesis i en xifres romanes, a continuació del nom i sense deixar espai entremig.

$Cu_2O_2$

**Peròxid *de* coure(I)**

### ACTIVITATS

**10** Formula:

a) Peròxid d'alumini

b) Diòxid de disodi

c) Peròxid de manganès(II)

d) Peròxid de bari

**11** Anomena:

a) $CuO_2$

b) $H_2O_2$

c) $Fe_2O_6$

d) $Li_2O_2$

### 5. EXEMPLE RESOLT

| Fórmula | Nom de composició | Nom de Stock |
|---|---|---|
| $Cr_2O_6$ | Hexaòxid de dicrom | Peròxid de crom(III) |
| $CaO_2$ | Diòxid de calci | Peròxid de calci |
| $K_2O_2$ | Diòxid de dipotassi | Peròxid de potassi |
| $H_2O_2$ | Diòxid de dihidrogen | Peròxid d'hidrogen |

## 5 Hidròxids

Els hidròxids són els compostos que resulten de la combinació dels metalls amb l'**ió hidròxid ($OH^-$)**.

### Formular un hidròxid

| | |
|---|---|
| 1. A l'esquerra, escriu el símbol de l'altre element amb el nombre d'oxidació corresponent. A la dreta, escriu el grup hidròxid, entre parèntesis, amb el seu nombre d'oxidació. | $Co^{+2}$ $(OH)^-$ |
| 2. Fes que el nombre d'oxidació de l'element passi a ser el subíndex del grup hidròxid. Si el subíndex és 1, no fa falta escriure els parèntesis. | $Co^{+2}$ $(OH)^-$ → $Co(OH)_2$ |

### Anomenar un hidròxid

**Nomenclatura de composició.** S'escriu així:

*Hidròxid de* + nom de l'element electropositiu

La paraula hidròxid va precedida de la partícula que indica el seu subíndex a la fórmula, com en altres casos que ja hem vist.

$Co(OH)_2$

*Di*hidròxid ***de*** cobalt

**Nomenclatura de Stock.** S'admet com una variant de l'anterior: prescindeix del prefix que indica el subíndex del grup hidròxid. El nom de Stock d'un hidròxid s'obté de la manera següent:

*Hidròxid de* + nom de l'altre element

Si l'altre element pot actuar amb diversos nombres d'oxidació, s'escriu el que utilitza en aquest compost, entre parèntesis i en nombres romans, a continuació del nom sense deixar espai entremig.

$Co(OH)_2$

Hidròxid ***de*** cobalt(II)

**6. EXEMPLE RESOLT**

| Elements | Fórmula | Nom de composició | Nom de Stock |
|---|---|---|---|
| $Na^+$ $(OH)^-$ | NaOH | Hidròxid de sodi | Hidròxid de sodi |
| $Ca^{2+}$ $(OH)^-$ | $Ca(OH)_2$ | Dihidròxid de calci | Hidròxid de calci |
| $Cr^{3+}$ $(OH)^-$ | $Cr(OH)_3$ | Trihidròxid de crom | Hidròxid de crom(III) |

**ACTIVITATS**

**12** Formula:

a) Dihidròxid de coure

b) Dihidròxid de zinc

c) Hidròxid de platí(IV)

d) Hidròxid de mercuri(II)

**13** Anomena:

a) $Ni(OH)_2$

b) $Al(OH)_3$

c) $Fe(OH)_2$

d) CsOH

# 6 Àcids ternaris

Els **àcids ternaris** són compostos de caràcter àcid en la fórmula dels quals intervenen tres elements químics diferents: el H, el O i un element no metàl·lic o bé el Cr o el Mn.

## 6.1. Anions dels àcids ternaris

Quan un àcid ternari es dissol en aigua, perd hidrògens i forma anions. L'àcid pot perdre un hidrogen o més. L'anió resultant té tantes càrregues negatives com hidrògens hagi perdut.

El nom de l'anió es deriva del nom de l'àcid, canviant la terminació *-ic* per *-at*. Si l'anió conserva un hidrogen o més, el nom ho indica. A la taula es mostren els noms dels anions.

## 6.2. Sals dels àcids ternaris

Es formen per combinació d'un anió que procedeix d'un àcid ternari i un metall.

### Formular una sal

| | |
|---|---|
| 1. A l'esquerra escriu el símbol del metall amb el nre. d'oxidació. A la dreta escriu l'anió, entre parèntesis, amb la seva càrrega. | $Cu^{+1}$ $(SO_4)^{2-}$ |
| 2. Fes que el nre. d'oxidació del metall passi a ser el subíndex de l'anió, i viceversa. | $Cu^{+1}(SO_4)^{2-} \rightarrow Cu_2SO_4$ |
| 3. Simplifica la fórmula final. Si el subíndex és 1, no fa falta escriure els parèntesis. | $Cu_2SO_4$ |

### Anomenar la sal

**Nomenclatura de composició**

Nom de l'anió + *de* + nom del catió

**Nomenclatura de Stock**

Nom de l'anió + *de* + nom del catió sense les partícules que indiquen quantitat

**7. EXEMPLE RESOLT**

| Fórmula | Nom de composició | Nom de Stock |
|---|---|---|
| $Cu_2SO_4$ | Sulfat de dicoure | Sulfat de coure(I) |
| $Ca(HCO_3)_2$ | Dihidrogencarbonat de calci | Hidrogencarbonat de calci |

| Fórmula | Nom |
|---|---|
| $HNO_3$ | Àcid nítric |
| $HClO_3$ | Àcid clòric |
| $H_2CO_3$ | Àcid carbònic |
| $H_2SO_4$ | Àcid sulfúric |
| $H_3PO_4$ | Àcid fosfòric |

**Àcids ternaris** més freqüents, juntament amb el nom tradicional, també admès per la IUPAC.

| Fórmula | Nom |
|---|---|
| $(NO_3)^-$ | Nitrat |
| $(ClO_3)^-$ | Clorat |
| $(HCO_3)^-$ | Hidrogencarbonat |
| $(CO_3)^{2-}$ | Carbonat |
| $(HSO_4)^-$ | Hidrogensulfat |
| $(SO_4)^{2-}$ | Sulfat |
| $(H_2PO_4)^-$ | Dihidrogenfosfat |
| $(HPO_4)^{2-}$ | Hidrogenfosfat |
| $(PO_4)^{3-}$ | Fosfat |

### ACTIVITATS

**14** Formula:

a) Sulfat de bari

b) Clorat d'alumini

c) Hidrogenfosfat de calci

d) Hidrogensulfat de zinc

**15** Anomena:

a) $Ni(NO_3)_2$

b) $Ca_3(PO_4)_2$

c) $Fe(HSO_4)_3$

d) $NaHCO_3$

## ANNEX 3: Taula periòdica dels elements

* L'hidrogen, encara que estigui a l'esquerra de la taula periòdica, no és un metall.

Nombre atòmic: 20 · Massa atòmica (u): 40,08 · Símbol: Ca (els elements artificials, com el Tc, es representen amb caràcters buits) · Nom: Calci

| GRUP / PERÍODE | 1 | 2 | 3 | 4 | 5 | 6 | 7 | 8 |
|---|---|---|---|---|---|---|---|---|
| 1 | 1 H* Hidrogen 1,008 | | | | | | | |
| 2 | 3 Li Liti 6,941 | 4 Be Beril·li 9,012 | | | | | | |
| 3 | 11 Na Sodi 23,00 | 12 Mg Magnesi 24,31 | | | | | | |
| 4 | 19 K Potassi 39,10 | 20 Ca Calci 40,08 | 21 Sc Escandi 44,96 | 22 Ti Titani 47,87 | 23 V Vanadi 50,94 | 24 Cr Crom 52,00 | 25 Mn Manganès 54,94 | 26 Fe Ferro 55,85 |
| 5 | 37 Rb Rubidi 85,47 | 38 Sr Estronci 87,62 | 39 Y Itri 88,91 | 40 Zr Zirconi 91,22 | 41 Nb Niobi 92,91 | 42 Mo Molibdè 95,96 | 43 Tc Tecneci (98) | 44 Ru Ruteni 101,1 |
| 6 | 55 Cs Cesi 132,9 | 56 Ba Bari 137,3 | 57-71 Lantànids | 72 Hf Hafni 178,5 | 73 Ta Tàntal 180,9 | 74 W Tungstè 183,8 | 75 Re Reni 186,2 | 76 Os Osmi 190,2 |
| 7 | 87 Fr Franci (223) | 88 Ra Radi (226) | 89-103 Actínids | 104 Rf Rutherfordi (265) | 105 Db Dubni (268) | 106 Sg Seaborgi (271) | 107 Bh Bohri (270) | 108 Hs Hassi (277) |

| | Període | | | | | | |
|---|---|---|---|---|---|---|---|
| Lantànids → | 6 | 57 La Lantani 138,9 | 58 Ce Ceri 140,1 | 59 Pr Praseodimi 140,9 | 60 Nd Neodimi 144,2 | 61 Pm Prometi (145) | 62 Sm Samari 150,4 |
| Actínids → | 7 | 89 Ac Actini (227) | 90 Th Tori 232,0 | 91 Pa Protoactini (231) | 92 U Urani 238,0 | 93 Np Neptuni (237) | 94 Pu Plutoni (244) |

NO METALLS

METAL·LOIDES

METALLS

GASOS NOBLES

| 9 | 10 | 11 | 12 | 13 | 14 | 15 | 16 | 17 | 18 |
|---|---|---|---|---|---|---|---|---|---|
| | | | | | | | | | 2 4,003 **He** Heli |
| | | | | 5 10,81 **B** Bor | 6 12,01 **C** Carboni | 7 14,01 **N** Nitrogen | 8 16,00 **O** Oxigen | 9 19,00 **F** Fluor | 10 20,18 **Ne** Neó |
| | | | | 13 26,98 **Al** Alumini | 14 28,09 **Si** Silici | 15 30,97 **P** Fòsfor | 16 32,06 **S** Sofre | 17 35,45 **Cl** Clor | 18 39,95 **Ar** Argó |
| 27 58,93 **Co** Cobalt | 28 58,69 **Ni** Níquel | 29 63,55 **Cu** Coure | 30 65,38 **Zn** Zinc | 31 69,72 **Ga** Gal·li | 32 72,64 **Ge** Germani | 33 74,92 **As** Arsènic | 34 78,96 **Se** Seleni | 35 79,90 **Br** Brom | 36 83,80 **Kr** Criptó |
| 45 102,9 **Rh** Rodi | 46 106,4 **Pd** Pal·ladi | 47 107,9 **Ag** Plata | 48 112,4 **Cd** Cadmi | 49 114,8 **In** Indi | 50 118,7 **Sn** Estany | 51 121,8 **Sb** Antimoni | 52 127,6 **Te** Tel·luri | 53 126,9 **I** Iode | 54 131,3 **Xe** Xenó |
| 77 192,2 **Ir** Iridi | 78 195,1 **Pt** Platí | 79 197,0 **Au** Or | 80 200,6 **Hg** Mercuri | 81 204,4 **Tl** Tal·li | 82 207,2 **Pb** Plom | 83 209,0 **Bi** Bismut | 84 (209) **Po** Poloni | 85 (210) **At** Àstat | 86 (222) **Rn** Radó |
| 109 (276) **Mt** Meitneri | 110 (281) **Ds** Darmstadti | 111 (280) **Rg** Roentgeni | 112 (285) **Cn** Copernici | 113 (285) **Nh** Nihoni | 114 (289) **Fl** Flerovi | 115 (289) **Mc** Moscovi | 116 (293) **Lv** Livermori | 117 (294) **Ts** Tennessi | 118 (294) **Og** Oganessó |

| | | | | | | | | |
|---|---|---|---|---|---|---|---|---|
| 63 152,0 **Eu** Europi | 64 157,3 **Gd** Gadolini | 65 158,9 **Tb** Terbi | 66 162,5 **Dy** Disprosi | 67 164,9 **Ho** Holmi | 68 167,3 **Er** Erbi | 69 168,9 **Tm** Tuli | 70 173,1 **Yb** Iterbi | 71 175,0 **Lu** Luteci |
| 95 (243) **Am** Americi | 96 (247) **Cm** Curi | 97 (247) **Bk** Berkeli | 98 (251) **Cf** Californi | 99 (252) **Es** Einsteini | 100 (257) **Fm** Fermi | 101 (258) **Md** Mendelevi | 102 (259) **No** Nobeli | 103 (262) **Lr** Laurenci |

Direcció d'art: **José Crespo**

Projecte gràfic: **Estudi Pep Carrió**
Fotografia de coberta: **Leila Méndez**

Cap de projecte gràfic: **Rosa Marín**
Coordinació d'il·lustració: **Carlos Aguilera**
Cap de desenvolupament de projecte gràfic: **Javier Tejeda**
Desenvolupament gràfic: **Raúl de Andrés, Rosa Barriga, Olga de Dios, Jorge Gómez** i **Julia Ortega**

Direcció tècnica: **Jorge Mira Fernández**
Subdirecció tècnica: **José Luis Verdasco Romero**

Coordinació tècnica: **Francisco Moral** i **Jesús Muela**
Confecció i muntatge: **Conchi Garzón**
Correcció: **Lurdes Monguillot** i **Concepció Marco**
Documentació i selecció fotogràfica: **Sergio Aguilera** i **Nieves Marinas**

Fotografies: C. Díez Polanco; C. Jiménez/photoAlquimia; E. Marín; F. Orte; F. Po; J. A. Gutiérrez; J. C. Muñoz; J. Jaime; J. L. G. Grande; KAIBIDE DE CARLOS FOTÓGRAFOS; Larrión-Pimoulier; M. G. Vicente; M.ª A. Ferrándiz; Michele di Piccione; PUIGDENGOLAS FOTOGRAFÍA; S. Padura; A. G. E. FOTOSTOCK/Ludger Banneke-wilkin, Image Asset Managemen, Steffen Schellhorn, FLPA/Roger Tidman, euroluftbild de, NYPL/Science Source, Science Source, Paul Lawrence, Sunstar; COMSTOCK; DIGITALVISION; EFE/Esteban Cobo; EFE/SIPA-PRESS/F. Durand, Kamenko Pajic, AGENCE D.P.P.I/Philippe Millereau; FOCOLTONE; GARCÍA-PELAYO/Juancho; GETTY IMAGES SALES SPAIN/Photos.com Plus, Thinkstock; HIGHRES PRESS STOCK/AbleStock.com; I. PREYSLER; ISTOCKPHOTO/Getty Images Sales Spain; NASA/ NASA, ESA, M. Robberto (Space Telescope Science Institute/ESA) and the Hubble Space Telescope Orion Treasury Project Team; PHOTODISC; Ministerio de Trabajo y Asuntos Sociales; SWATCH; CASIO; WD; AMD; AUDI AG, Volkswagen-Audi España, S.A.; Dra. Mercedes Durfort Coll; J. Gómez; LUND OBSERVATORY, SWEDEN; MATTON-BILD; SERIDEC PHOTOIMAGENES CD; ARXIU SANTILLANA

© 2015 by Grup Promotor / Santillana Educación, S. L.
c/ Frederic Mompou, 11 (Vila Olímpica)
08005 Barcelona
Printed in Spain

ISBN: 978-84-9047-212-5
CP: 510008
Dipòsit legal: M-11648-2015